"十二五"职业教育规划教材

数控铣削编程与加工项目教程

耿国卿　主编

李　琦　彭广耀　赵艳红　副主编

U0254154

化学工业出版社

·北京·

本书以工作过程为导向，以典型工作任务为载体，以培养数控加工职业能力为核心，采用项目教学法将数控铣床与加工中心的基本操作、编程方法与编程技巧、数控铣削加工工艺有机结合起来，重点培养学生的数控铣削编程与加工技能和综合运用能力。全书包括1个项目准备和平面加工、轮廓加工、腔槽加工、钻孔加工、铰孔加工、镗孔加工、铣孔加工、螺纹加工、四轴加工、非圆曲面加工、综合零件加工11个项目，以及华中数控系统编程与操作1个附录。书中保留了编程指令的相对完整性和系统性，以方便学生对编程基本方法的学习并提高编程能力。书中许多内容是作者结合多年的实践经验和研究写成的，具有一定的实用性和生产指导价值。为方便教学，本书配套电子课件。

　　本书可作为高职院校的机电专业、数控专业以及模具专业的教学用书。也可作为中等职业学校教材和技术工人的培训教材，并可供机械制造业有关工程技术人员参考。

图书在版编目（CIP）数据

数控铣削编程与加工项目教程/耿国卿主编．—北京：化学工业出版社，2015.7（2024.8重印）
"十二五"职业教育规划教材
ISBN 978-7-122-24195-5

Ⅰ.①数… Ⅱ.①耿… Ⅲ.①数控机床-铣床-程序设计-高等职业教育-教材②数控机床-铣床-金属切削-加工-高等职业教育-教材 Ⅳ.①TG547

中国版本图书馆 CIP 数据核字（2015）第 119800 号

责任编辑：韩庆利	文字编辑：张燕文
责任校对：吴　静	装帧设计：刘丽华

出版发行：化学工业出版社（北京市东城区青年湖南街 13 号　邮政编码 100011）
印　　装：北京科印技术咨询服务有限公司数码印刷分部
787mm×1092mm　1/16　印张20½　字数 551 千字　2024 年 8 月北京第 1 版第 5 次印刷

购书咨询：010-64518888　　　售后服务：010-64518899
网　　址：http://www.cip.com.cn
凡购买本书，如有缺损质量问题，本社销售中心负责调换。

定　价：39.50 元

前 言 FOREWORD

　　本书是根据教育部关于职业教育教学改革的意见，依据有关国家职业标准，以培养职业能力为本位，适应数控技术人才市场需求，紧密结合生产实际，并注意及时跟踪先进技术的发展，融合多年的教学成果和实践经验编写的。

　　本书以 FANUC 系统为基础，以工作过程为导向，以典型工作任务为载体，以培养数控加工职业能力为核心，采用项目教学法将数控铣床与加工中心的基本操作、编程方法与编程技巧、数控铣削加工工艺有机结合起来，重点培养学生的数控铣削编程与加工技能和综合运用能力。全书包括 1 个项目准备和平面加工、轮廓加工、腔槽加工、钻孔加工、铰孔加工、镗孔加工、铣孔加工、螺纹加工、四轴加工、非圆曲面加工、综合零件加工 11 个项目，以及华中数控系统编程与操作 1 个附录。书中保留了编程指令的相对完整性和系统性，以方便学生对编程基本方法的学习并提高编程能力。

　　书中每个项目内容包括知识准备、指令学习和典型工作任务。在教材编写结构上采用"由浅入深"、"由易到难"的原则；在教学方法上，知识准备内容是完成工作任务所需要的工艺知识，以学生自学为主，培养学生的自学能力；指令学习是完成工作任务的技术手段，培养学生的编程能力，在教师的指导下学习。典型工作任务是重点培养学生完成一个完整工作任务所需要的分析能力、编程能力以及加工工艺知识的综合运用能力。书中许多内容是作者结合多年的实践经验和研究写成的，具有一定的实用性和生产指导价值。

　　本书由耿国卿主编，李琦、彭广耀、赵艳红副主编，米广杰、张海鹏、孙康岭、程春艳、于翔、李光梅参编。

　　本书配套电子课件，可赠送给用本书作为授课教材的院校和老师，如有需要，可登陆 www.cipedu.com.cn 下载。

　　由于水平所限，书中难免存在不足之处，敬请读者批评指正。

编者

目 录 CONTENTS

项目准备 数控机床基础知识及基本操作工

0.1 认识数控机床

0.1.1 数控机床基本知识

（1）数控铣床与加工中心概念

数控技术是用数字信息对机械运动和工作过程进行控制的技术，是 20 世纪后半叶最重要、发展最快的工业技术之一，它以制造过程为对象，以信息技术为手段，以数字坐标方式对运动部件进行位置控制为主要特征，为单件小批量生产的自动化开辟了可行的技术途径，也为现代柔性制造技术奠定了技术基础。

数字控制（Numerical Control，简称 NC）是用数字化的信息实现机床控制的一种方法，因此它的控制信息是数字量，而非模拟量。

数控机床（Numerical Control Machine Tool）是指采用了数字控制技术的机床，它通过数字化的信息对机床的运动及其加工过程进行控制，实现要求的机械动作，自动完成加工任务。数控机床是典型的技术密集且自动化程度很高的机电一体化加工设备。

数控铣床是一种用途广泛的机床，主要用于各类平面、曲面、沟槽、齿形、内孔等加工。

一般把带刀库和自动换刀装置（Automatic Tool Changer，简称 ATC）的数控镗铣床称为加工中心。它是在数控镗铣床的基础上增加了自动换刀装置，从而实现了工件一次装夹后即可进行铣削、钻削、镗削、铰削和攻螺纹等多种工序的集中加工。工件经一次装夹后，数字控制系统能控制机床按不同工序，自动选择和更换刀具，自动改变机床主轴转速、进给量和刀具相对工件的运动轨迹及其他辅助机能，依次完成工件几个面上多工序的加工。

加工中心由于工序的集中和自动换刀，减少了工件的装夹、测量和机床调整等时间，使机床的切削时间达到机床开动时间的 80％左右（普通机床仅为 15％～20％）；同时也减少了工序之间的工件周转、搬运和存放时间，缩短了生产周期，具有明显的经济效果。加工中心适用于零件形状比较复杂、精度要求较高、产品更换频繁的中小批量生产。

图 0-1 所示为立式数控铣床与立式加工中心。

（2）数控铣床与加工中心分类

数控铣床与加工中心按不同的方式可有如下分类方法。

① 按机床形态分类　按机床形态可分为立式、卧式和龙门数控铣床（加工中心）三大类。

主轴轴线与工作台垂直设置的称为立式数控铣床（加工中心）。它适合加工高度方向相对较小的板类、盘类、模具及小型壳体类复杂零件。

1

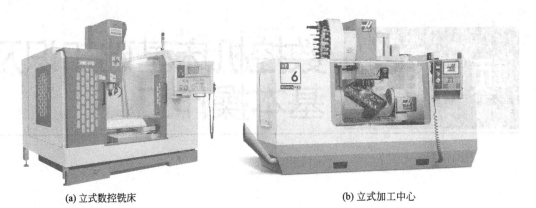

(a) 立式数控铣床   (b) 立式加工中心

图 0-1　立式数控铣床与立式加工中心

主轴轴线与工作台平行设置的称为卧式数控铣床（加工中心）。它适合加工箱体类零件。龙门式数控铣床（加工中心）用于加工特大型零件。

② 按控制方式分类　按控制方式可分为开环控制、半闭环控制和闭环控制的数控铣床（加工中心）三大类。

a. 开环数控铣床（加工中心）　指不带反馈的控制系统，系统内没有位置反馈元件，通常采用步进电机作为执行机构。输入的数据经过数控系统的运算，发出指令脉冲，通过环形分配器和驱动电路，使步进电机转过一个步距角，再经过传动机构带动工作台移动一个脉冲当量的距离。移动部件的移动速度和位移由输入脉冲的频率和脉冲个数决定。工作原理如图0-2所示。

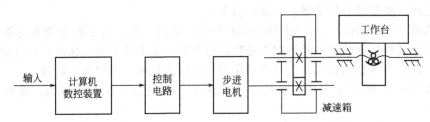

图 0-2　开环伺服系统

b. 半闭环数控铣床（加工中心）　在驱动电机端部或在传动丝杠端部安装角位移检测装置（光电编码器或感应同步器），通过检测电机或丝杠的转角间接测量执行部件的实际位置或位移，然后反馈到数控系统中，获得比开环系统更高的精度，但它的位移精度比闭环系统的要低，与闭环系统相比，易于实现系统的稳定性。现在大多数数控机床都广泛采用这种半闭环进给伺服系统。惯性较大的机床移动部件不包括在检测范围内。工作原理如图0-3所示。

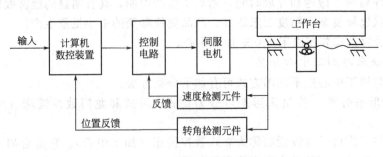

图 0-3　半闭环伺服系统

c. 闭环数控铣床（加工中心） 在机床移动部件上直接接有检测装置，将测得的结果直接反馈到数控系统中。实际上是将位移指令值与位置检测装置测得的实际位置反馈信号实时进行比较，根据其差值进行控制，使移动部件按照实际的要求运动，最终实现精确定位。工作原理如图 0-4 所示。

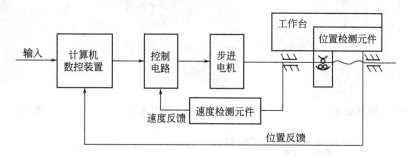

图 0-4　闭环伺服系统

③ 按坐标轴数和同时控制的坐标轴数分类　按坐标轴数和同时控制的坐标轴数可分为三轴二联动、三轴三联动、四轴三联动、五轴五联动等。三轴、四轴等是指机床的运动坐标轴数，联动是指控制系统可以同时控制运动的坐标轴数，从而实现刀具相对于工件的位置和速度控制。

其他的分类方式还有很多，例如按加工精度分类可以分为普通加工精度数控机床和高精度数控机床，按机床立柱的数量分类可以分为单柱式数控机床和双柱式数控机床等。

（3）数控铣床与加工中心的结构

数控铣床与加工中心一般由机床主体、控制装置、驱动装置、刀库及自动转刀装置、辅助装置等组成。

① 机床主体　是数控机床的本体，包括床身、床鞍、工作台、立柱、主轴箱、进给机构等。

② 控制装置　即 CNC 单元，它是数控机床的核心，由各种数控系统，如 FANUC 系统、SIEMENS 系统等完成对数控机床的控制。CNC 单元由信息的输入、处理和输出三个部分组成。CNC 单元接受数字化信息，经过数控装置的控制软件和逻辑电路进行译码、插补、逻辑处理后，将各种指令信息输出给伺服系统，伺服系统驱动执行部件作进给运动。

③ 驱动装置　是数控机床执行机构的驱动部件，包括主轴伺服电机和进给伺服电机等。

④ 刀库及自动转刀装置　加工中心带有刀库和自动换刀装置。刀库用于存放刀具，且可以按指令要求选刀并输送到换刀位置上。换刀装置从主轴上取出刀具送回刀库，然后从刀库中选取刀具装入主轴，完成自动换刀。

⑤ 辅助装置　是数控机床的一些配套部件，包括液压装置、气动装置、冷却系统、润滑系统、排屑装置等。

（4）数控铣床与加工中心的加工范围

数控铣床与加工中心是应用范围非常广泛的机床设备。通用数控铣床和加工中心在结构、工艺和编程等方面有许多相似之处，其区别主要在于数控铣床没有刀库和自动换刀装置（ATC），只能手动换刀，而加工中心因具备刀库和 ATC，故可将使用的刀具预先安排存放在刀库中，需要时再通过换刀指令自动换刀。数控铣床与加工中心可以对工件进行钻、扩、铰、锪和镗孔加工与攻螺纹等。其加工范围如图 0-5～图 0-8 所示。

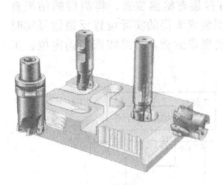
图 0-5　铣削加工

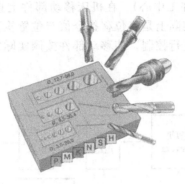
图 0-6　钻削加工

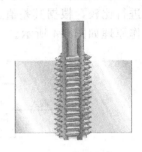
图 0-7　螺纹加工

用于小直径加工的夹持圆刀柄
刀具的单刃精镗头

单刀片式单刃镗削

刀夹和可调加长滑块安装在偏
心杆上的单刃精镗头

带刀夹的单刃精镗头

用于深孔加工带刀夹
的防振单刃精镗头

带安装在可调整加长滑块上的
刀夹的精镗头

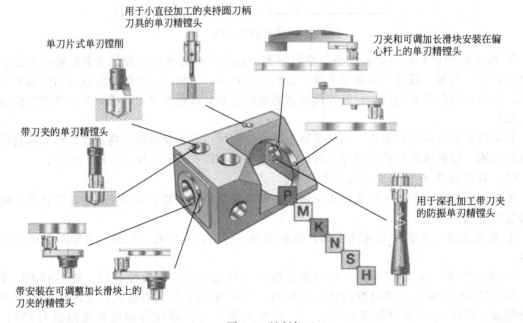
图 0-8　镗削加工

（5）数控铣床与加工中心的加工对象

数控铣削是机械加工中最常用和最主要的加工方法之一。通过手动换刀，数控铣床可以对工件进行钻、扩、铰、锪和镗孔加工与攻螺纹等。数控铣床一般用于加工不太复杂、工序不多的机械零件。

加工中心带有刀库，能自动换刀，提高加工效率。适宜于加工复杂、工序多、要求较高、需用多种类型的普通机床和众多刀具夹具，且经多次装夹和调整才能完成加工的零件。其加工的主要对象主要有箱体类零件、复杂曲面、异形件及盘、套、板类零件和特殊加工五类。

① 箱体类零件（图 0-9）　一般是指具有一个以上孔系，内部有型腔，在长、宽、高方向有一定比例的零件。这类零件在机床、汽车、飞机制造等行业用得较多。箱体类零件一般都需要进行多工位孔系及平面加工，精度要求较高，特别是形位公差要求较为严格，通常要经过铣、钻、扩、镗、铰、锪、攻螺纹等工序，需要刀具较多，在普通机床上加工难度大，工装套数多，费用高，加工周期长，需多次装夹、找正，手工测量次数多，加工时必须频繁地更换刀具，工艺难以制定，更重要的是精度难以保证。

数控铣削编程与加工项目教程

加工箱体类零件的加工中心，当加工工位较多，需工作台多次旋转角度才能完成的零件，一般选卧式镗铣类加工中心。当加工的工位较少，且跨距不大时，可选立式加工中心，从一端进行加工。

② 复杂曲面（图 0-10）　在机械制造业，特别是航天航空工业中占有特殊重要的地位。复杂曲面采用普通机加工方法是难以甚至无法完成的。在我国，传统的方法是采用精密铸造，可想而知其精度是低的。复杂曲面类零件如各种叶轮、导风轮、球面和各种曲面成形模具、螺旋桨和水下航行器的推进器，以及一些其他形状的自由曲面零件。

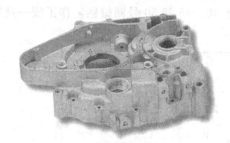

图 0-9　箱体类零件

图 0-10　复杂曲面

这类零件均可用五轴联动加工中心进行加工。复杂曲面用加工中心加工时，编程工作量较大，大多数采取自动编程技术。

③ 异形件（图 0-11）　是外形不规则的零件，大多需要点、线、面多工位混合加工。加工异形件时，形状越复杂，精度要求越高，使用加工中心越能显示其优越性。

④ 盘、套、板类零件（图 0-12）　带有键槽或径向孔，或端面有分布的孔系，曲面的盘、套类零件，如带法兰的轴套等，还有具有较多孔加工的板类零件，如各种电机盖等。端面有分布孔系、曲面的盘类零件宜选择立式加工中心，有径向孔的可选卧式加工中心。

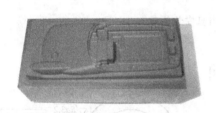

图 0-11　异形件

图 0-12　盘类零件

⑤ 特殊加工（图 0-13）　在熟练掌握了加工中心的功能之后，配合一定的工装和专用工具，利用加工中心可完成一些特殊的工艺，如在金属表面上刻字、刻线、刻图案。在加工中心的主轴上装上高频电火花电源，可对金属表面进行线扫描表面淬火；用加工中心装上高速磨头，可实现小模数渐开线圆锥齿轮磨削及各种曲线、曲面的磨削等。

0.1.2　数控刀具系统及装夹

数控刀具系统是针对数控机床所要求的必

图 0-13　特殊零件

须可快换和高效切削而发展起来的。它除了刀具本身外，还包括实现刀具快换所必需的定位、夹紧、抓拿以及刀具保护等机构。20世纪70年代工具系统以整体结构为主，到80年代初开始开发出了模块式结构的工具系统（分车削、镗铣两大类），80年代末期开发出了通用模块式结构（车、铣、钻等万能接口）的工具系统。

（1）加工中心的刀柄

① 加工中心刀柄与刀具安装关系　刀柄是机床主轴和刀具之间的连接工具，是加工中心必备的附具。刀柄与机床上的主轴孔相对应，已经标准化和系列化。ISO 7388和GB/T 10945—2006《自动换刀机床用7：24圆锥工具柄部40、45和50号圆锥柄》作了统一规定，图0-14所示为加工中心刀柄与刀具安装关系。

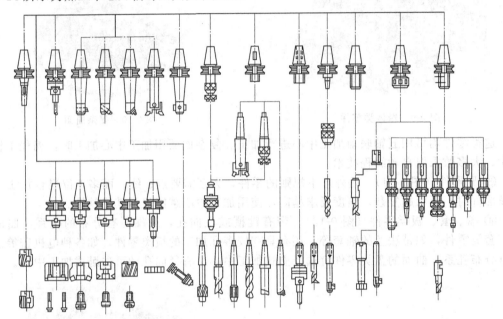

图0-14　加工中心刀柄与刀具安装关系

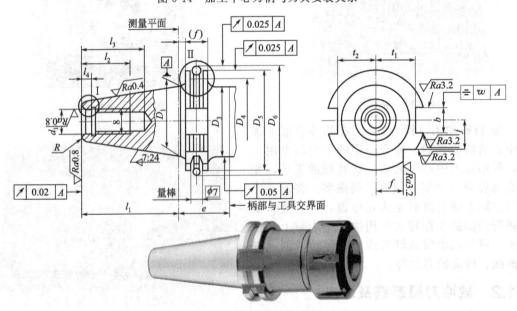

图0-15　加工中心刀柄

② 加工中心刀具柄部结构　图 0-15 所示为加工中心刀柄。装夹不同类型的刀具，选用相应的刀柄。

③ 拉钉　固定在锥柄尾部且与主轴内拉紧机构相配的拉钉也已标准化。如图 0-16 所示，拉钉分为 A 型和 B 型两种，具体选用哪种拉钉要根据机床主轴拉紧机构确定。

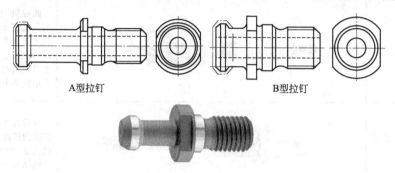

A型拉钉　　　　　　　　　　B型拉钉

图 0-16　拉钉

④ 卡簧　用弹簧夹头刀柄，安装不同直径的直柄铣刀时需要与之相配的卡簧，如图 0-17 所示。

图 0-17　卡簧

（2）常用刀具的装夹

卸刀座也称锁刀座，是装卸数控铣床和加工中心刀具的工具。如图 0-18 所示。铣刀的装卸应在专用卸刀座上进行，不允许直接在数控机床的主轴上装卸刀具，以免损坏数控机床的主轴，影响机床的精度。在装卸刀具时，把刀柄放入锁刀座，用扳手锁紧或旋开刀柄螺母。

图 0-18　锁刀座

刀具不要长期装在主轴上，以防止刀具锥柄与主轴锥孔粘合在一起难以取下甚至使主轴报废。长期不用时要把刀具卸下，涂上机油妥善保存。

项目准备　数控机床基础知识及基本操作

数控铣床和加工中心常用刀具的装夹如表 0-1 所示。

表 0-1 常用刀具的装夹

常用刀具的装夹	示意图	说明
圆柱铣刀装夹		圆柱铣刀装夹可用弹簧夹头式刀柄装夹。装夹时首先把卡簧装入锁紧螺母内,再装入刀柄,然后装入直刀柄铣刀,最后在锁刀座上用扳手上紧
带扁尾莫氏锥度刀具装夹	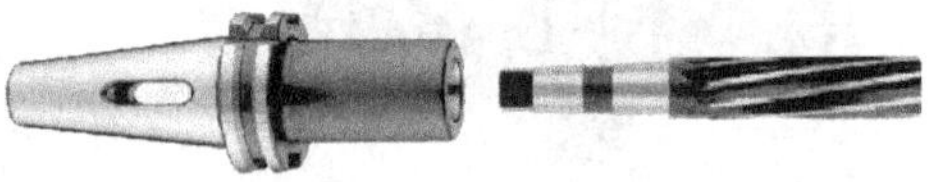	带扁尾莫氏锥度刀具如莫氏圆锥麻花钻、莫氏圆锥浅孔钻、锥柄铰刀等,可用锥柄钻头刀柄装夹
2°斜削平型直柄刀具装夹		用于 2°斜削平型直柄刀具如整体硬质合金钻头、浅孔钻等刀具装夹
直柄麻花钻装夹	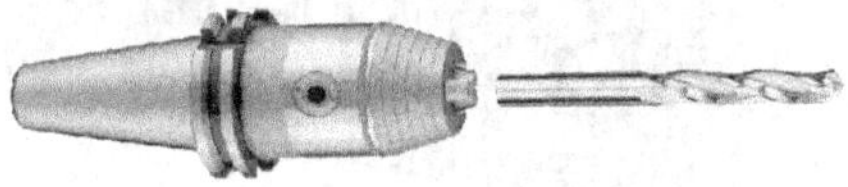	直柄麻花钻要用钻夹头装夹
丝锥装夹		丝锥要用专用弹性丝锥夹头装夹
套式铣刀装夹		套式铣刀装夹在刀柄上,然后用螺钉紧固
镗刀装夹	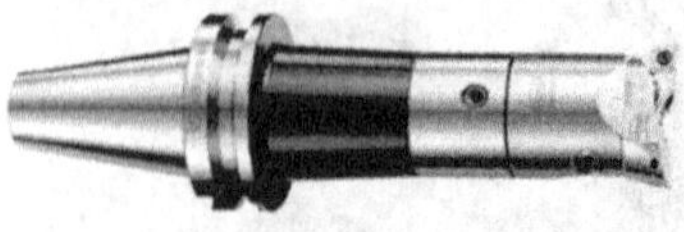	镗刀可用专用镗刀柄进行装夹。刀柄可带有微调装置

0.1.3 数控刀具选择及工艺特点

（1）数控加工刀具的选择

数控刀具的选择和切削用量的确定是数控加工工艺中的重要内容,它不仅影响数控机床的加工效率,而且直接影响加工质量。

① 选择数控刀具应该考虑的因素 数控铣床与加工中心的刀具主要有铣削刀具与孔加工刀具两大类。选择数控刀具应该考虑的因素如图 0-19 所示。

a. 被加工工件材料的类别。常用材料有有色金属、黑色金属和非金属等不同材料。

b. 被加工工件材料的性能。包括硬度、韧性、组织状态等。

c. 切削工艺的类别。有钻、铣、镗，粗加工、半精加工、精加工、超精加工等。

d. 被加工工件的几何形状（影响到连续切削或断续切削、刀具的切入和退出角度）、零件精度（尺寸公差、形位公差、表面粗糙度）和加工余量等因素。

e. 要求刀具能够承受的切削用量（切削深度、进给量、切削速度）。

f. 被加工工件的生产批量，它能直接影响到刀具的寿命。

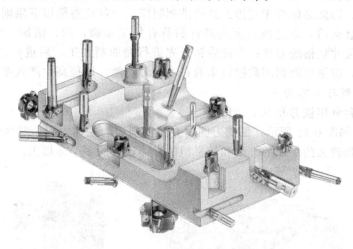

图 0-19　加工形状与刀具的选择

② 刀具长度尺寸的确定　刀具长度一般是指主轴端面至刀尖的距离。其中包括刀柄和刀具两部分。刀具长度的确定原则是：在满足各个部位加工要求的前提下，尽量减小刀具长度，以便提高工具系统的刚性。

制定加工工艺和程序编制时，一般只需初步估算出刀具长度的范围，以方便刀具的准备。刀具长度的确定是根据工件尺寸、工件在机床工作台上的装夹位置以及机床主轴端面距工作台面或距工作台中心的最大、最小距离等条件来决定的。

在加工中心与带刀库的数控铣床上一般采用模块式工具系统，为提高加工效率，必须预先确定刀具长度的尺寸。在不带刀库的数控铣床上虽然采用手动换刀，但为了提高生产效率和保证加工精度，一般也需配置几把模块式的刀体（或快换铣夹头），也需准确地预先确定刀具长度的尺寸。

③ 数控加工刀具的选择　刀具的选择是在数控编程的人机交互状态下进行的。应根据机床的加工能力、工件材料的性能、加工工序、切削用量以及其他相关因素正确选用刀具及刀柄。刀具选择总的原则是：安装调整方便、刚性好、耐用度和精度高。在满足加工要求的前提下，尽量选择较短的刀柄，以提高刀具加工的刚性。选取刀具时，刀具的类型应与被加工工件的尺寸和表面形状相适合。加工较大的平面应该选择面铣刀；加工凸台、凹槽及平面轮廓应选择立铣刀；加工毛坯表面或粗加工孔可选择镶硬质合金的玉米铣刀；曲面加工常采用球头铣刀；加工曲面较平坦的部位常采用环形铣刀；加工空间曲面、模具型腔或凸模成形表面多选用模具铣刀；加工封闭的键槽选择键槽铣刀。

在进行自由曲面（模具）加工时，由于球头刀具的端部切削速度为零，因此为保证加工精度，切削行距一般采用顶端密距，故球头刀具常用于曲面的精加工。而平头刀具在表面加工质量和切削效率方面都优于球头刀具，因此只要在保证不过切的前提下，无论是曲面的粗加工还是精加工，都应优先选择平头刀具。另外，刀具的耐用度和精度与刀具价格关系极大，在大多数情况下，选择好的刀具虽然增加了刀具成本，但由此带来的加工质量和加工效率的提高，则可以使整个加工成本大大降低。

在加工中心上，各种刀具分别装在刀库上，按程序规定随时进行选刀和换刀动作，因此必须采用标准刀柄，以便使钻、镗、扩、铣等工序用的标准刀具迅速、准确地装到机床主轴或刀库上去。编程人员应了解机床上所用刀柄的结构尺寸、调整方法以及调整范围，以便在编程时确定刀具的径向和轴向尺寸。

在经济型数控机床的加工过程中，由于刀具的刃磨、测量和更换多为人工手动进行，占用辅助时间较长，因此必须合理安排刀具的排列顺序。一般应遵循以下原则：尽量减少刀具数量；一把刀具装夹后，应完成其所能进行的所有加工步骤；粗、精加工的刀具应分开使用，即使是相同尺寸规格的刀具；先铣后钻；先进行曲面精加工，后进行二维轮廓精加工；在可能的情况下，应尽可能利用数控机床的自动换刀功能，以提高生产效率等。

（2）铣刀类型与工艺特点

下面介绍几种常用铣刀及其工艺特点。

① 面铣刀　如图 0-20 所示，面铣刀圆周方向切削刃为主切削刃，端部切削刃为副切削刃，主要用于面积较大的平面的铣削和较平坦的立体轮廓的多坐标加工。

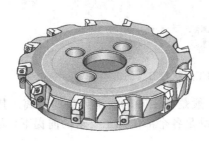

图 0-20　面铣刀

面铣刀座制成套式镶齿式结构，刀齿一般为硬质合金。硬质合金铣刀与高速钢铣刀相比，铣削速度较高，加工效率高，加工表面质量也较好，并可以加工带有硬皮和淬硬层的工件，因此应用广泛。

② 可转位立铣刀　如图 0-21 所示，可转位立铣刀可用来加工小平面和台阶面。

③ 可转位螺旋立铣刀　又称玉米铣刀，属于重型立铣刀，如图 0-22 所示。用于铣削铸钢件（含铸铁件）槽型（包括槽道）及直角台阶面的粗加工。刀刃由一个个可转位的刀片固定于刀体外圆柱表面而形成，并采用了先进的可换端齿头结构，与普通立铣刀相比，寿命大大提高，生产效率提高 4～5 倍，且价格低廉。

图 0-21　可转位立铣刀　　　　　　　图 0-22　可转位螺旋立铣刀

④ 立铣刀　是数控机床上用得最多的一种铣刀。常用的立铣刀按刀具形式分，有平底

刀、R角刀（圆鼻刀）和球头刀，如图0-23所示；按刀具材料分，有整体高速钢和焊接硬质合金两种类型。

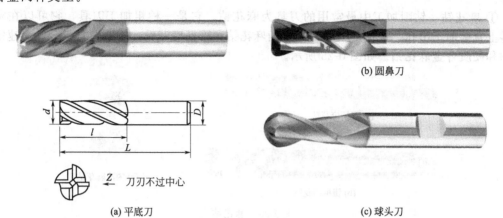

图0-23 立铣刀

立铣刀的圆柱表面和端面上都有切削刃，它们可同时进行切削，也可以单独切削。主要用于加工凹槽、台阶面和小的平面。

立铣刀圆柱表面的切削刃为主切削刃，端面上的切削刃为副切削刃。主切削刃一般为螺旋齿，这样可以增件切削平稳性，提高加工精度。由于普通立铣刀端面中心处无切削刃，所以普通立铣刀不能作轴向进给，端面刃主要用来加工与侧面相垂直的底平面。

为了能加工较深的沟槽，并保证有足够的备磨量，立铣刀的轴向长度一般较长。为改善切屑卷曲形状，增大容屑空间，防止切屑堵塞，刀齿数比较少，容屑槽圆弧半径比较大。当立铣刀直径较大时，可制成不等距结构，以增强抗振作用，使切削过程平稳。

平底刀主要用于平面粗、精加工和外形精加工等。由于平底刀的刀尖容易磨损，可能会影响加工精度。

圆鼻刀主要用于模具粗加工及平面粗、精加工和侧面精加工，适合加工硬度较高的材料。常用圆鼻刀的角半径为0.2～6mm。在加工时应优先选用圆鼻刀。

球头刀主要用于模具的曲面精加工。对于平面粗加工及光刀时，粗糙度大，效率低。

⑤ 键槽铣刀　主要用于加工键槽，如图0-24所示。它一般只有两个刀齿，圆柱表面和端面都有切削刃，端面刃延伸至中心，既像立铣刀，又像钻头，因此可以轴向进给。加工内轮廓时，选用带过中心刃的键槽铣刀进行加工。加工时，先轴向进给达到槽深，然后沿轮廓方向进行切削。但在轴向切削时加工能力较弱，可适当降低进给速度。重磨键槽铣刀时，只需磨端面切削刃，重磨后铣刀直径不变。

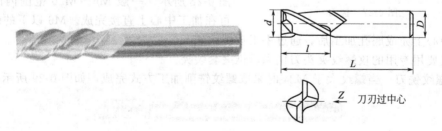

图0-24 键槽铣刀

（3）孔加工刀具类型与工艺特点

孔加工在金属切削中占很大的比重，应用广泛。在加工中心上加工孔的方法很多，根据孔的尺寸精度、位置精度及表面粗糙度等要求，一般有钻孔、扩孔、锪孔、铰孔、镗孔及铣孔等。

① 麻花钻　钻削加工中最常用的刀具为麻花钻，它是一种粗加工刀具，它可以在实体材料上直接加工出孔。按柄部形状分为直柄麻花钻和锥柄麻花钻；按制造材料分为高速钢麻花钻和硬质合金麻花钻。如图 0-25 所示。

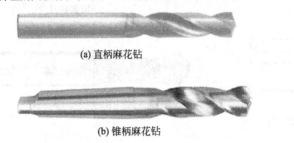

(a) 直柄麻花钻

(b) 锥柄麻花钻

(c) 内冷麻花钻

图 0-25　麻花钻

② 铰刀　是对中小直径孔进行半精加工和精加工的刀具，刀具齿数多，槽底直径大，导向性及刚性好。铰削时，铰刀从工件的孔壁上切除微量的金属层，使被加工孔的精度和表面质量得到提高。在铰孔之前，被加工孔一般需要经过钻孔或钻、扩孔加工。根据铰刀的结构不同，可分为圆柱孔铰刀和锥孔铰刀；根据铰刀制造材料不同可分为高速钢铰刀和硬质合金铰刀。如图 0-26 所示。

图 0-26　铰刀

图 0-27　镗刀

③ 镗刀　用来加工机座、箱体、支架等零件上的直径较大的孔，特别是精度要求高的孔和孔系。镗刀的类型按切削刃数量可分为单刃镗刀、双刃镗刀和多刃镗刀；按工件的加工表面特征可分为通孔镗刀、盲孔镗刀、阶梯孔镗刀和端面镗刀；按刀具结构可分为整体式、装配式和可调式。如图 0-27 所示。

④ 螺纹加工刀具

a. 丝锥　是攻螺纹并能直接获得螺纹尺寸的刀具，一般由合金工具钢或高速钢制成，如图 0-28 所示。一般 M6～M20 范围内的螺纹孔可在加工中心上直接完成。M6 以下的螺纹孔可在加工中心上完成底孔加工后，通过手工攻螺纹加工。

丝锥要用专用的攻螺纹夹头刀柄和丝锥夹套装夹。

b. 螺纹铣刀　当螺纹大于 M24 时采取螺纹铣削加工方式完成，如图 0-29 所示。

图 0-28　丝锥

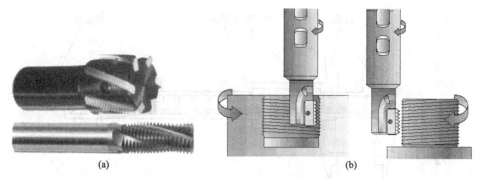

(a)　　　　　　　　　　　(b)

图 0-29　螺纹铣刀及螺纹铣削加工

0.1.4　常用测量工具

零件在加工过程中和在加工完成后都要进行测量和检验。

测量是确定被测量量值的操作,即将被测量与标准量进行比较,从而确定被测量量值的过程。这个过程中涉及被测对象、测量单位、测量方法和测量精度,称为测量四要素。在几何量的检测中,测量对象是几何量,包括长度、角度、表面粗糙度、形状和位置误差等;基本计量单位是 m;测量方法是对测量原理、计量器具和测量条件的综合;测量精度用来表示测量结果的可靠程度。

检验是确定被测的几何量是否在规定的极限范围内,从而判断是否合格的过程。检验不能得出被测量的量值。用千分尺测量轴的直径时,能够测得其具体的直径值,在将测得值与要求的极限值进行比较,若测得值在允许的范围内,则该项合格,否则为不合格。在大批量生产中,为了提高检验的效率和精度,通常设计专用的检验器具,如用光滑极限量规检验工件时,通规通、止规止,则该项合格,通规不通或止规不止,均为不合格。用量规检验时,能判断其合格性,但不知道具体量值的大小。

(1) 游标卡尺

游标卡尺是一种结构简单、使用方便、精度中等、应用最多的通用量具。游标卡尺可用来测量工件的长度、厚度、外径、内径、孔距和深度等。常用的游标卡尺的精度为 0.02mm。测量范围一般有 0～125mm、0～150mm、0～300mm、0～500mm、0～1000mm、0～1500mm、0～2000mm 几种。测量范围大于或等于 200mm 的卡尺配有微动装置。精密带表游标卡尺的精度可达 0.01mm(图 0-30)。

游标卡尺结构如图 0-31 所示,主要由两部分组成,即可移动的游标和主尺部分。从背面看,游标是一个整体,游标与尺身之间有一弹簧片,利用弹簧片的弹力使游标与尺身靠紧。游标上部有一紧固螺钉,可将游标固定在尺身上的任意位置。尺身和游标都有量爪,利用内测量爪可以测量槽的宽度和管的内径,利用外测量爪可以测量零件的厚度和管的外径。游标卡尺的测量功能如图 0-32 所示。

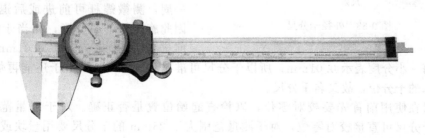

图 0-30　带表游标卡尺

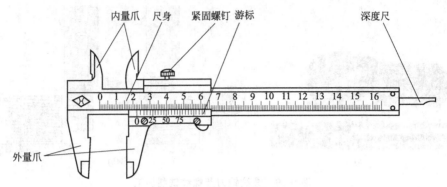

图 0-31　游标卡尺结构

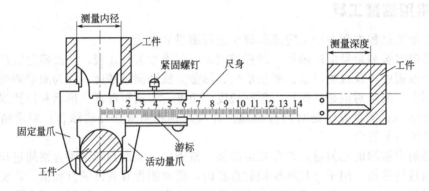

图 0-32　游标卡尺的测量功能

（2）外径千分尺

千分尺是最常用的精密量具之一。千分尺的种类很多，按其用途不同可分为外径千分尺、内径千分尺和螺纹千分尺等。下面介绍一下外径千分尺的结构和用法。

外径千分尺（又称螺旋测微器）是比游标卡尺更精密的测量长度的工具，用它测长度可以准确到 0.01mm，测量范围有 0～25mm、25～50mm、50～75mm、75～100mm 四种。

外径千分尺如图 0-33 所示。千分尺的测砧和固定刻度固定在尺架上，微分筒旋钮、微调旋钮和可动刻度、测微螺杆连在一起，通过精密螺纹套在固定刻度上。

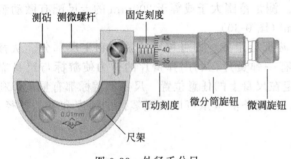

图 0-33　外径千分尺

千分尺是依据螺旋放大的原理制成的，即螺杆在螺母中旋转一周，螺杆便沿着旋转轴线方向前进或后退一个螺距的距离。因此，沿轴线方向移动的微小距离，就能用圆周上的读数表示出来。千分尺的精密螺纹的螺距是 0.5mm，可动刻度有 50 个等分刻度，可动刻度旋转一周，测微螺杆可前进或后退 0.5mm，因此旋转每个小分度，相当于测微螺杆前进或后退 0.5/50 ＝ 0.01mm。可见，可动刻度每一小分度表示 0.01mm，所以千分尺可准确到 0.01mm。由于还能再估计一位，可读到毫米的千分位，故又名千分尺。

千分尺在使用前首先要校对零位，以检查起始位置是否正确。对于测量范围在 0～25mm 的千分尺可直接校对零位，对于测量范围大于 25mm 的千分尺要用量块或专用校准棒校对零位，如有误差可对测量结果进行修正。

测量时，先把被测量工件表面擦干净，并准确地放在千分尺的测量面上，不得偏斜。然后转动微分筒旋钮，当测微螺杆快要接触工件时，必须改为转动微调旋钮，当发出"咔咔"的打滑声响时，表示螺杆与工件接触压力适当，应停止拧动。此时，严禁拧动微分筒旋钮。

（3）内径千分尺

内径千分尺是用绝对法测量孔径的计量器具，它可以直接读出孔径的尺寸数值，适用于盲孔和通孔的精密测量。它主要由测微头、接长杆、零位校对规等组成，如图 0-34 所示。测微头的工作原理、读数方法与外径千分尺基本相同，但因无测力装置，测量误差相应增大。测量时先根据被测件的基本尺寸按照其所附的接长杆连接顺序表进行连接组合，再将其放入被测孔内找到测量点，通过测微头读取其偏差值。

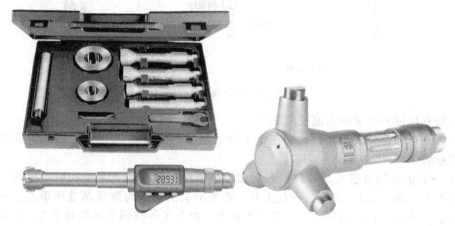

图 0-34　内径千分尺

内径千分尺的使用方法如下。

① 测量前，应使用内径千分尺专用标准环规对内径千分尺进行零位校正。记下零误差，对测量结果进行修正。

② 内径千分尺测量多为三点接触式。测量时，固定测头与被测表面接触，摆动活动测头的同时，转动微分筒，使活动测头在正确的位置上与被测工件接触，就可以从内径千分尺上读数。正确位置是指测量两平行平面间距离，应测得最小值；测量内径尺寸，在轴向前后摆动找到最小值，在径向要左右摆动找最大值。离开工件读数前，应用锁紧内径千分尺装置将测微螺杆锁紧，再进行读数。

三爪内径千分尺常用测量范围：6～8mm、8～10mm、10～12mm、12～16mm、16～20mm、20～25mm、25～30mm、30～40mm、40～50mm、50～63mm、62～75mm、75～88mm、87～100mm 等，一般精度为 0.005mm。

（4）百分表与杠杆表

百分表是一种精度较高的比较量具，它只能测出相对数值，不能测出绝对数值，主要用于测量形状和位置误差，也可用于机床上安装工件时的精密找正。百分表的读数准确度为0.01mm。如图 0-35（a）所示，当测量杆向上或向下移动 1mm 时，通过齿轮传动系统带动大指针转一圈，小指针转一格。刻度盘在圆周上有 100 个等分格，各格的读数值为0.01mm。小指针每格读数为 1mm。测量时指针读数的变动量即为尺寸变化量。刻度盘可以转动，以便测量时大指针对准零刻线。

百分表的读数方法为：先读小指针转过的刻度线（即毫米整数），再读大指针转过的刻度线（即小数部分），并乘以 0.01，然后两者相加，即得到所测量的数值。

杠杆表［图 0-35（b）］工作原理和读数方法与百分表类似，适合于在平板上进行比较

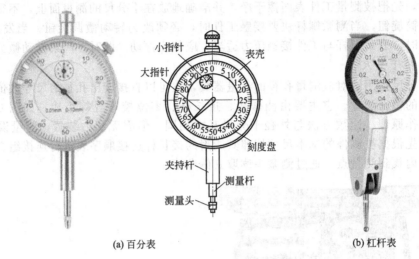

小指针
表壳
大指针
刻度盘
夹持杆
测量杆
测量头

(a) 百分表   (b) 杠杆表

图 0-35　百分表与杠杆表

测量，例如测形位公差及轴向或径向跳动。

千分表外形和百分表相同，区别在于千分表刻度一格为 0.001mm，因此它的测量精度更高，更精确。

① 百分表的使用方法　百分表一般用磁性表座进行装夹，表座吸在机床主轴、导轨面或工作台面上（图 0-36）。进行工件找正时，要使测头的轴线与测量基准面垂直。测头与测量面接触后，使指针转动两圈左右，移动工作台，校正工件被测量面相对于 X、Y 或 Z 轴方向的平行度或平面度。

使用杠杆表时，要使杠杆测头与测量面间成 15°夹角，测头与测量面接触后，指针转动半圈左右，如图 0-37 所示。

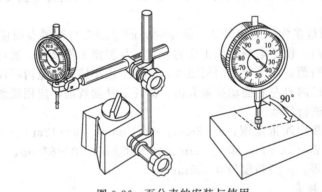

图 0-36　百分表的安装与使用

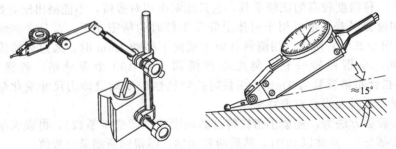

图 0-37　杠杆表的安装与使用

图 0-38 为百分表的应用举例。

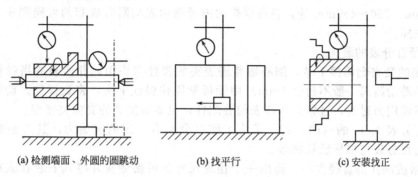

(a) 检测端面、外圆的圆跳动　　　　(b) 找平行　　　　(c) 安装找正

图 0-38　百分表的应用举例

② 使用注意事项

a. 使用前，应检查测量杆活动的灵活性。即轻轻推动测量杆时，测量杆在套筒内的移动要灵活，没有卡滞现象，每次手松开后，指针能回到原来的刻度位置。

b. 使用时，必须把百分表固定在可靠的夹持架上。切不可贪图省事，随便夹在不稳固的地方，否则容易造成测量结果不准确，或摔坏百分表。

c. 测量时，不要使测量杆的行程超过它的测量范围，不要使表头突然撞到工件上，也不要用百分表测量表面粗糙或有显著凹凸不平的工件。

d. 测量平面时，百分表的测量杆要与平面垂直，测量圆柱形工件时，测量杆要与工件的中心线垂直，否则，将使测量杆活动不灵或测量结果不准确。

e. 为方便读数，在测量前一般都让大指针指到刻度盘的零位。

f. 百分表不用时，应使测量杆处于自由状态，以免使表内弹簧失效。

（5）内径百分表

内径百分表（图 0-39）是最常用的测量内径尺寸的高精度的量具。主要用比较法测量孔的直径或形状误差。内径百分表一次调整后可测量多个基本尺寸相同的孔。

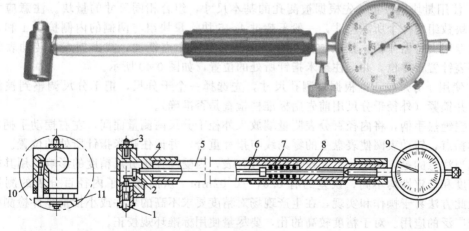

图 0-39　内径百分表
1—活动测头；2—等臂杠杆；3—固定测头；4—壳体；5—长臂；6—推杆；
7,10—弹簧；8—绝热手柄；9—百分表；11—定位护桥

内径百分表的分度值为 0.01mm，盘上刻有 100 格，大指针每转一圈为 1mm。另外表盘上还有一个小指针，即毫米指针，大指针转一圈，毫米指针转 1 个刻度，即 1mm。其测

量范围有 6～10mm、10～18mm、18～35mm、35～50mm，50～100mm、100～160mm、160～250mm、250～450mm 等，各种规格的内径指示表均附有成套的可换测头，可按测量尺寸自行选择。

① 内径百分表的装夹

a. 把表的装夹套筒擦干净，细心地装进表夹的弹性卡头中，并使表的指针转过一圈左右后（表的游动距离一般不超过 1mm）用锁母紧固住弹性卡头，将表锁住。旋紧卡头螺母时，注意不要用力过大，过紧会压坏表的装配杆，也要防把表的套筒夹变形。

压缩百分表 1mm 的目的，其一是为了使百分表有一定的起始力，其二是起到提示作用，此时的百分表与推杆已经接触。

b. 根据被测孔的直径大小，选用一个相应尺寸的可换测头并将其安装在表杆上。安装可换测头时，应尽量使其在活动范围的中间位置，这时产生的误差最小。

② 内径百分表的校正

a. 使用标准环规校正 为了确保测量孔径的准确性，尽可能使用标准环规来调整内径百分表的"零位"。尤其是在测量批量孔径的过程中，以避免因测量工具调整方法不当所产生的误差。校正内径百分表专用环规规格有 6mm、10mm、18mm、35mm、50mm、100mm、160mm、250mm。

此方法操作简便，并能保证校对零位的准确度。因校正零位需制造专用的标准环规，因此该方法只适合检测生产批量较大的零件。

操作方法如下。

ⅰ. 先按要测量孔的尺寸选好可换测头，将内径百分表装夹正确。

ⅱ. 选择与被加工孔径基本尺寸一致的标准环规，放在固定平台上；用左手握住绝热手柄，右手按下定位护桥，把活动测头压下，放入标准环规的孔内。

ⅲ. 左手拿稳环规，右手握持内径百分表的绝热手柄，使其轻轻左右摆动几次，找出指针的拐点，转动表的刻度盘，将表针置于零位，并记住毫米指针所处的位置。

ⅳ. 零位对好后，用手指轻压定位板使活动测头内缩，当可换测头脱离接触时，缓缓地将内径百分表从侧块内取出。

b. 使用量块组校正 先根据被测孔的基本尺寸，组合相同尺寸的量块。注意应力求用最少的块数组成一个所需尺寸，一般不超过 4～5 块。量块组与两侧的内侧护块 1 和 3 一起夹持在专用夹持器 4 内。然后放入内径百分表，轻轻左右摆动，找出拐点，转动表的刻度盘，将表针置于零位，并记住毫米指针所处的位置，如图 0-40 所示。

c. 使用千分尺校正 根据被测孔尺寸，先选择一个千分尺，把千分尺调整到被测值基本尺寸并锁紧（外径千分尺用前先用标准柱检查是否准确）。

手握绝热手柄，将内径百分表测量端放入外径千分尺两测量面间，左右摆动手柄，找到表针的拐点，转动表圈使表盘上的零刻线与指针重合，并记住毫米指针所处的位置。

应当注意的是，用千分尺来校正内径百分表，因受外径千分尺精度的影响，用其校对零位的精度和稳定性均不高，误差约有 0.01～0.02mm，从而降低了内径百分表的测量精确度。但此方法易于操作和实现，在生产现场对精度要求不高的单件或小批量零件检测时，仍得到较广泛的应用。对于精度较高的孔，要尽量使用标准环规校正。

③ 孔的测量

a. 安装 选择与工件被测孔径尺寸相应规格的测头，并正确安装。

b. 校正 用与被测孔基本尺寸一致或相近的标准环规校正零位。

c. 测量 将测量端倾斜放入被测孔内，定位护桥这边先进，再按压定位护桥将固定测杆这边放入，测量端放入被测孔内后将内径百分表与孔垂直，沿被测孔的轴线方向测几个截面，每个截面要在相互垂直的两个部位上各测一次。轻轻摆动手柄，观察表针找到最小值，并记下毫米指针的位置，如图 0-41 所示。

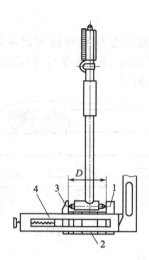

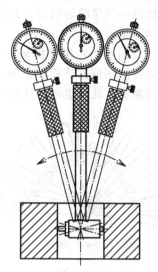

图 0-40　用量块组校正内径百分表零位
1,3—内侧护块；2—量块组；4—专用夹持器

图 0-41　用内径百分表测量工件

d. 读数　被测尺寸的读数值，应等于调整尺寸与内径百分表示值的代数和。

例如，被测孔的基本尺寸是 $\phi 52mm$，用 $\phi 50mm$ 的标准环规校正内径百分表，使大表针与零刻度正好对准，使毫米指针顺时针转过 3～4 个刻度，记住毫米指针所处的位置。

测量工件孔径，如果此时表的大指针正好指在零上，小指针即毫米指针相对零位逆时针方向转过 2 个刻度，即 2mm，表示工件孔径尺寸正好为 $\phi 52mm$；没有回到对零位的位置上，那就以零位这点为分界线，处在顺时针方向时为"负"，孔的实际尺寸＝52mm－差值（大指针一个刻度为 0.01mm）；处在逆时针方向为"正"，孔的实际尺寸＝52mm＋差值。

在使用内径百分表前，先确定表针的"正"、"负"方向：一般是压下测头，指针顺时针方向转动，表示尺寸减小；松开测头，指针逆时针方向转动，表示尺寸增大。

在加工工件时，开始的测量都是由游标卡尺来完成。只有接近最终的加工尺寸时，才用内径百分表测量。

④ 使用注意事项

a. 使用前检查表头的相互作用和稳定性，检查活动测头和可换测头是否表面光洁，连接稳固。

b. 远离液体，避免冷却液、切削液、水或油与内径百分表接触。

c. 在不使用时，要摘下百分表，使表解除其所有负荷，让测量杆处于自由状态。

d. 成套保存于盒内，避免丢失与混用。测杆、测头、百分表等配套使用，不要与其他表混用。

（6）塞尺

塞尺又称厚薄规或测隙规，是用来检测两结合面之间间隙的一种精密量具。塞尺一般是成组供应，每组塞尺是由不同厚度的金属薄片组成，每个薄片都有两个相互平行的测量面，并有较准确的厚度值。成组塞尺的外形如图 0-42 所示。

塞尺的测量准确度一般约为 0.01mm。用塞尺测量间隙时，应先用较薄的塞尺片插入被测间隙，如还有空隙，则依次换用稍厚的塞尺片插入，直到恰好塞入间隙后不过松也不过紧为止，这时该片塞尺的厚度即为被测间隙的大小。对于比较大的间隙，也可用多片塞尺重合一并塞入进行检测，但这样测量误差较大。

塞尺薄而且易断，使用时应特别小心。插入间隙时不要太紧，更不得用力硬塞。使用后应在表面涂以一薄层的防锈油，并收回到保护板内。

（7）**刀口尺**

刀口尺（图 0-43）用来检测平面度和直线度，配合塞尺使用也可达到定量检测效果。用于采用光隙法和痕迹法检验平面的几何形状误差（即直线度和平面度），间隙大时可用塞尺测量出间隙值。此尺也可用比较法进行高准确度的长度测量。

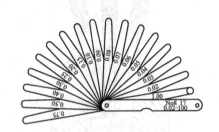

图 0-42　塞尺

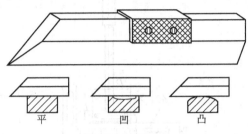

图 0-43　刀口尺

图 0-44　塞规

（8）**塞规**

对于批量较大、精度要求高的工件孔径，为了提高效率，可使用塞规测量。塞规由通端、止端和手柄组成，如图 0-44 所示。塞规的通端尺寸等于孔的最小极限尺寸，止端尺寸等于孔的最大极限尺寸。测量时，通端能塞入孔内，止端不能进入孔内，说明工件孔径合格。注意塞规止端不能强行塞入孔内。因此塞规只能检测孔径是否合格，而不能测量出其具体尺寸数值。用塞规测量孔径如图 0-45 所示

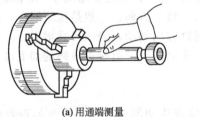

(a) 用通端测量

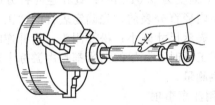

(b) 用止端测量

图 0-45　用塞规测量孔径

（9）**其他常用具量**

① 内测千分尺是用于测量内孔距离，包括测量小尺寸圆孔内径和内侧面槽的宽度，如图 0-46 所示。

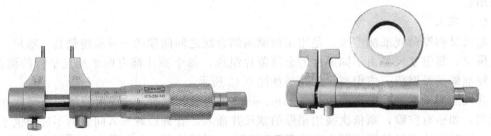

图 0-46　内测千分尺

② 壁厚千分尺固定测砧为球面，适用于测量管壁厚度，如图 0-47 所示。

③ 公法线千分尺用于测量齿轮公法线，如图 0-48 所示。

④ 深度千分尺用以测量阶梯形表面、盲孔和凹槽等的深度及孔口、凸缘等的厚度，如图 0-49 所示。

⑤ 游标量角器用于测量角度，如图 0-50 所示。

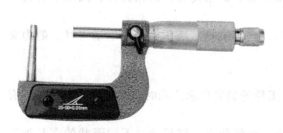

图 0-47　壁厚千分尺

图 0-48　公法线千分尺

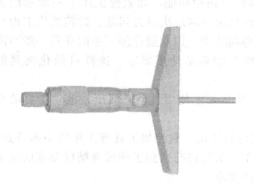

图 0-49　深度千分尺

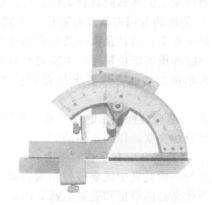

图 0-50　游标量角器

0.1.5　数控机床夹具分类及特点

为保证加工精度，在数控机床上加工零件时，必须先使工件在机床上正确地定位和可靠地夹紧。用于装夹工件的工艺装备就是机床夹具。在现代生产中，机床夹具是一种不可缺少的工艺装备。应用机床夹具，有利于保证工件的加工精度、稳定产品质量；有利于提高劳动生产率和降低成本；有利于改善工人劳动条件，保证安全生产；有利于扩大机床工艺范围，实现"一机多用"。

（1）机床夹具的分类

机床夹具的种类繁多，可以从不同的角度对机床夹具进行分类。常用的分类方法有以下几种。

① 按专门化程度分

a. 通用夹具　是指已经标准化、无需调整或稍加调整就可用于装夹不同工件的夹具。如三爪自定心卡盘和四爪单动卡盘、平口钳、回转工作台、分度头等。这类夹具主要用于单件、小批量生产。

b. 专用夹具　专为某一工件的一定工序加工而设计制造的夹具。结构紧凑，操作方便，主要用于产品固定的大批大量生产。

c. 可调夹具　是指加工完一种工件后，通过调整或更换个别元件就可加工形状相似、尺寸相近的其他工件。多用于中小批量生产。

d. 组合夹具　是指按一定的工艺要求，由一套预先制造好的通用标准元件和部件组合而成的夹具。这种夹具使用完后，可进行拆卸或重新组装夹具，具有缩短生产周期，减少专用夹具的品种和数量的优点。适用于新产品的试制及多品种、小批量的生产。

e. 随行夹具　是在自动线加工中针对某一种工件而采用的一种夹具。除了具有一般夹具所担负的装夹工件的任务外，还担负着沿自动线输送工件的任务。

② 按使用的机床类型分　车床夹具、铣床夹具、钻床夹具、镗床夹具、加工中心机床夹具和其他机床夹具等。

③ 按驱动夹具工作的动力源分　手动夹具、气动夹具、液压夹具、电动夹具、磁力夹具、真空夹具及自夹紧夹具等。

（2）数控机床夹具特点

作为机床夹具，首先要满足机械加工时对工件的装夹要求。同时，数控加工的夹具还有如下特点。

① 数控加工适用于多品种、中小批量生产，为能装夹不同尺寸、不同形状的多品种工件，数控加工的夹具应具有柔性，经过适当调整即可夹持多种形状和尺寸的工件。

② 传统的专用夹具具有定位、夹紧、导向和对刀四种功能，而数控机床上一般都配备有接触试测头、刀具预调仪及对刀部件等设备，可以由机床解决对刀问题。数控机床上由程序控制的准确的定位精度，可实现夹具中的刀具导向功能。因此数控加工中的夹具一般不需要导向和对刀功能，只要求具有定位和夹紧功能就能满足使用要求，这样可简化夹具的结构。

③ 为适应数控加工的高效率，数控加工夹具应尽可能使用气动、液压、电动等自动夹紧装置快速夹紧，以缩短辅助时间。

④ 夹具本身应有足够的刚度，以适应大切削用量切削。数控加工具有工序集中的特点，在工件的一次装夹中既要进行切削力很大的粗加工，又要进行达到工件最终精度要求的精加工，因此夹具的刚度和夹紧力都要满足大切削力的要求。

⑤ 为适应数控多面加工，要避免夹具结构包括夹具上的组件对刀具运动轨迹的干涉，夹具结构不要妨碍刀具对工件各部位的多面加工。

⑥ 夹具的定位要可靠，定位元件应具有较高的定位精度，定位部位应便于清屑，无切屑积留。如工件的定位面偏小，可考虑增设工艺凸台或辅助基准。

⑦ 对刚度小的工件，应保证最小的夹紧变形，如使夹紧点靠近支承点，避免把夹紧力作用在工件的中空区域等。当粗加工和精加工同在一个工序内完成时，如果上述措施不能把工件变形控制在加工精度要求的范围内，应在精加工前使程序暂停，让操作者在粗加工后精加工前变换夹紧力（适当减小），以减小夹紧变形对加工精度的影响。

（3）工件的装夹

① 工件装夹的定义　在机床上加工零件时，为保证加工精度，必须先使工件在机床上占据一个正确的位置，即定位；然后将工件压紧夹牢，使其在加工过程中保持这一正确位置不变，即夹紧。从定位到夹紧的全过程称为工件的装夹。

用来装夹工件的装置称为机床夹具，简称夹具。

② 装夹方案的确定　数控机床上，形状简单的单件小批量生产加工中，经常用平口钳、三爪卡盘等装夹方式。但为了提高加工效率和加工精度，应尽量采用组合夹具，必要时可以设计专用夹具。无论是采用组合夹具还是设计专用夹具，一定要考虑数控机床的特点。在数控机床上加工工件，由于工序集中，往往是在一次装夹中就要完成全部工序，因此对夹紧工件时的变形要给予足够的重视。此外，还应注意协调工件和机床坐标系的关系。在选择或设计专用夹具时，应注意以下几点。

a. 选择合适的定位方式　夹具在机床上安装位置的定位基准应与设计基准一致，即基准重合原则。所选择的定位方式应具有较高的定位精度，没有过定位干涉现象且便于工件的安装。为了便于夹具或工件的安装找正，最好从工作台某两个面定位。对于箱体类工件，最好采用一面两销定位。若工件本身无合适的定位面和定位孔，可以设置工艺基准面和工艺用孔。

b. 确定合适的夹紧方法　考虑夹紧方案时，要注意夹紧力的作用点和方向，必须保证最小的夹紧变形。夹紧力作用点应靠近主要支撑点或在支撑点所组成的三角形内，应力求靠近切削部位及刚性较好的地方。如果采用了相应的措施仍不能控制零件的变形，最好将粗、精加工分开；或粗、精加工采用不同的夹紧力。尽量减少装夹次数，尽可能做到在一次定位后就能加工出全部待加工表面。

c. 夹具结构要有足够的刚度和强度　夹具的作用是保证工件的加工精度，因此要求夹具必须具备足够的刚度和强度，以减小其变形对加工精度的影响。特别对于切削用量较大的工序，夹具的刚度和强度更为重要。

0.1.6　数控机床常用夹具的装夹方法

（1）机用平口钳装夹

在数控铣削加工中，当粗加工、半精加工和加工精度要求不高时，对于较小的零件通常利用机用平口钳进行装夹，如图 0-51(a) 所示。平口钳是一种通用夹具，一般用来装夹中小型工件。平口钳尺寸规格，是以其钳口宽度来区分的。

① 平口钳安装与校正

a. 选择规格与工件大小相匹配的平口钳，将平口钳与机床工作台擦拭干净，放在工作台上。

b. 用杠杆式百分表校正钳口，使钳口与相应的坐标轴 Y 轴（或 X 轴）平行，用木锤或铜锤敲击调整，使平行度误差在 0.01mm 内 [图 0-51(b)]。

c. 拧紧 T 形螺栓使平口钳紧固在工作台上。

d. 再用百分表校验一下平行度是否有变化。

② 工件的装夹

a. 根据所夹工件尺寸，调整钳口夹紧范围。

b. 把工件放入钳口内，在工件下面垫上比工件窄、厚度适当且加工精度较高的等高垫块。装夹高度以铣削尺寸高出钳口平面 3～5mm 为宜 [图 0-52(a)]。为了使工件紧密地靠在垫块上，应用铜锤或木锤轻轻敲击工件，直到用手不能轻易推动垫块时，再将工件夹紧。

c. 当工件为表面粗糙度值较大的铸件或锻件时，应在钳口与工件之间垫一层铜皮，以免损坏钳口，并能增加接触面积。

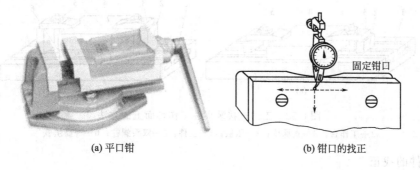

(a) 平口钳　　　　　　　　　　(b) 钳口的找正

图 0-51　平口钳及钳口的校正

d. 工件应当紧固在钳口中间的位置，不能装在一端夹紧［图0-52(b)］。如果工件为圆柱体，应垫V形块进行装夹［图0-52(c)］。

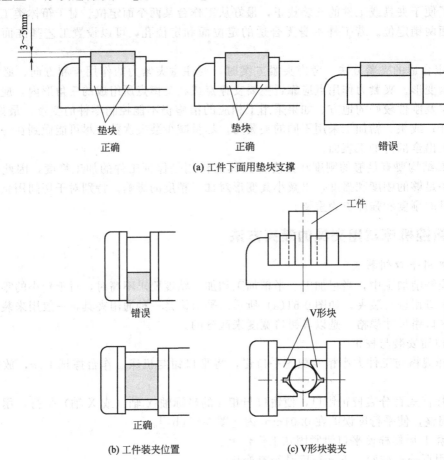

(a) 工件下面用垫块支撑

(b) 工件装夹位置　　　　(c) V形块装夹

图0-52　工件的装夹

（2）用压板直接装夹

① 工件的装夹　对于体积较大的工件，大都将其直接压在工作台面上，用组合压板夹紧。如果工件只进行非贯通的挖槽或钻孔，可以用如图0-53(a)所示方式装夹。如果工件需要进行贯通的挖槽或钻孔，则在工件下垫上厚度适当的且精度较高的等高垫铁，如图0-53(b)所示。

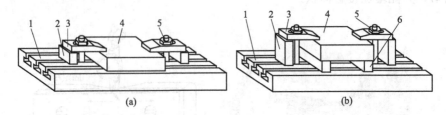

图0-53　工件直接装夹在工作台面上的方法
1—工作台；2—支承块；3—压板；4—工件；5—双头螺柱；6—等高垫铁

② 工件的找正

a. 锻件或铸件毛坯的找正　对于锻件或铸件毛坯的找正，先按加工表面的要求在工件上划出中心线、对称线和各待加工表面的加工线，加工时在机床上按线找正以使工件获得正确的位置。图 0-54 所示为划线找正。找正时可在工件底面垫上适当的铜片以获得正确的位置，也可将工件支承在几个千斤顶上，调整千斤顶的高低以获得工件正确的位置。此法受到划线精度的限制，找正精度比较低，多用于批量较小、毛坯精度较低以及大型零件的粗加工中。

b. 已加工表面毛坯的找正　如果毛坯的六个表面都已经进行了加工，在数控机床上需要进行挖槽或钻孔，这时可以用百分表对工件进行找正。将杠杆式百分表的磁力表座吸在机床主轴上，然后用手轮方式沿着 X 轴（或 Y 轴）方向移动工作台，用铜锤或木锤轻轻敲击工件，使工件的侧面与 X 轴（或 Y 轴）平行，最后夹紧，如图 0-55 所示。

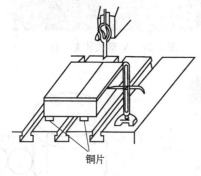

图 0-54　划线找正

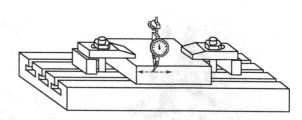

图 0-55　杠杆式百分表找正

③ 工件装夹时的注意事项

a. 必须将工作台面和工件底面擦拭干净，不能拖拉粗糙的铸件或锻件等，以免划伤工作台面。

b. 在工件的光洁表面或材料硬度较低的表面与压板之间，必须安置垫片（铜片或硬纸片），这样可以避免工件表面因受压力而损伤。

c. 压板的位置要安排妥当，要压在工件刚性最好的地方，夹紧力大小要适当，以免工件变形；压板不得与刀具发生干涉。

d. 支承压板的支承块高度要与工件高度相同或略高于工件，压板螺栓要尽量靠近工件，螺栓到工件的距离要小于螺栓到支承块的距离，以增大压紧力。

e. 螺栓必须拧紧，使工件装夹可靠，否则将会因压紧力不够或在加工过程中螺栓松动，造成工件、刀具的损坏，甚至发生意外事故。

（3）用角铁装夹

利用角铁装夹工件，适合于单件或小批量生产，如图 0-56 所示。工件安装在角铁上，工件与角铁侧面接触的表面为定位基准面。拧紧弓形夹上的螺钉，工件即被夹紧。这类角铁常用来安装要求表面互相垂直的工件。

（4）用 V 形铁装夹

圆柱形工件可以用 V 形铁装夹，利用压板将工件夹紧，如图 0-57 所示。

（5）用三爪卡盘装夹

三爪自动定心卡盘是一种常用的自动定心夹具，适用于装夹轴类、盘套类零件，如图 0-58 所示。

如图 0-59 所示，工件用百分表找正。找正时，将百分表固定在主轴上，触头接触工件外圆侧素线，上下移动主轴找正工件装夹的垂直度。

当找正工件外圆圆心时，手动旋转主轴，根据百分表的读数值在 XY 平面内移动工件，直到旋转主轴时百分表读数不变，此时，工件中心与主轴中心同轴。内孔找正方法与外圆相同，但找正内孔时常用杠杆式百分表。

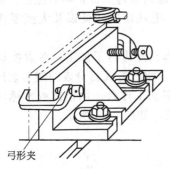

图 0-56　角铁装夹工件

图 0-57　V 形铁装夹工件

图 0-58　三爪卡盘

图 0-59　工件的找正

（6）用专用夹具装夹

图 0-60 所示盘类工件，设计专用夹具，以工件下端的锥形凸缘进行定位，加工效率和加工精度都很高，装夹方便快捷。

图 0-61 所示为连杆的专用夹具。该夹具靠工作台 T 形槽和夹具体上定位键确定其在数控铣床上的位置，并用 T 形螺栓紧固。

图 0-60　专用夹具装夹工件

图 0-61　连杆专用夹具装夹工件

（7）用组合夹具装夹

组合夹具是由一套预制好的标准元件组装而成的。标准元件有不同的形状、尺寸和规格，应用时可以按照需要选用某些元件，组装成各种形式。

① 组合夹具的优缺点

a. 优点　使用组合夹具可节省夹具的材料费、设计费、制造费，方便库存保管；另外，其组合时间短，能够缩短生产周期，反复拆装，不受零件尺寸改动限制，可以随时更换夹具定位易磨损件。

b. 缺点　组合夹具需要经常拆卸和组装；其结构与专用夹具相比显得复杂、笨重；对于定型产品大批量生产时，组合夹具的生产效率不如专用夹具生产效率高。

② 组合夹具的适用范围

a. 组合夹具适用于新产品研制，单件、小批量生产，适用于产品品种多、生产周期短的产品结构。

b. 适用于钻床、加工中心、镗床、铣床、磨床，也可以组合成装配工装、检查的检具和焊接夹具。

图 0-62 所示为槽系组合夹具的结构。图 0-63 所示为几种组合夹具的应用实例。

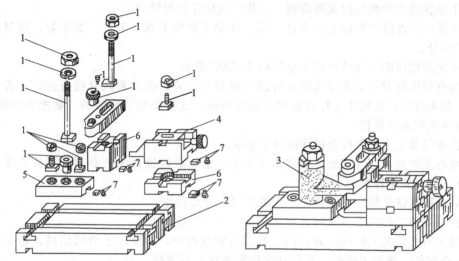

图 0-62　槽系组合夹具结构

1—紧固件；2—基础件；3—工件；4—活动 V 形铁合件；

5—支承件；6—垫铁；7—定位键及紧定螺钉

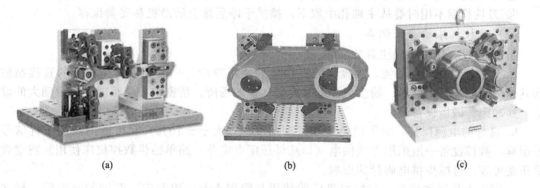

(a)　　　　　　　　　　(b)　　　　　　　　　　(c)

图 0-63　几种组合夹具的应用实例

0.2　数控机床基本操作

0.2.1　数控机床的安全操作规程及维护保养

数控设备的正确操作和维护保养是正确使用数控设备的关键因素之一。正确的操作使用能够防止机床非正常磨损，避免发生人身安全事故和设备故障；做好日常维护保养，可使设备保持良好的技术状态，延缓劣化进程，及时发现和排除故障隐患，从而保证安全运行。

（1）数控机床安全操作规程

在数控机床的操作中，要始终把安全放在第一位，严格按照操作规程及有关规章操作，以保障人身和设备的安全。

① 工作时请穿好工作服、安全鞋，不允许戴手套操作机床，也不允许系领带。

② 操作前必须熟知每个按钮的作用以及操作注意事项。

③ 按照机床说明书要求加装润滑油、液压油、切削液，接通外接气源。

④ 不要移动或损坏安装在机床上的警示牌。

⑤ 不要在机床的周围放置障碍物，工作空间应保持足够大。

⑥ 更换电气保险丝前应关掉机床电源。注意不要用手触及电机、变压器、控制板等有高压电的部分。

⑦ 不允许用压缩空气清洁机床电气柜及 CNC 单元。

⑧ 检查使用的刀具是否与机床允许的规格相符。装刀前必须认真检查拉钉是否拧紧在刀柄上，如未拧紧，在机床工作过程中刀具会松动，这样是非常危险的。数控铣床换刀时，要在机床停止状态下操作。

⑨ 检查气源压力是否符合机床的规定要求。

⑩ 检查工件是否已可靠地夹紧在工作台上。启动数控铣系统前必须仔细检查所有开关应处于非工作的安全位置。

⑪ 启动数控铣系统后，应首先进行机床回参考点操作。

⑫ 在正式加工前应单步运行进行试切以检查程序是否正确。

⑬ 加工时必须关上机床的防护门。机床运转过程中，不要用手清除切屑，避免用手接触机床运动部件。测量工件时，必须在机床停止状态下进行。

⑭ 在机床运行期间，要注意观察机床运行状态。遇到紧急情况，应迅速按下"急停按钮"，切断机床电源，并向管理人员报告。

⑮ 加工完毕后，应注意对机床进行清洁，及时对机床进行维护保养。

⑯ 刀具长期不用时要从主轴孔中取下，擦拭干净后涂上洁净机油妥善保存。

（2）数控机床维护及保养

① 数控设备使用中应注意的问题

a. 数控设备的使用环境。为提高数控设备的使用寿命，一般要求避免阳光的直接照射和其他热辐射，及太潮湿、粉尘过多或有腐蚀气体的场所。精密数控设备要远离振动大的设备，如冲床、锻压设备等。

b. 良好的电源保证。为了避免电源波动幅度大（大于±10%）和可能的瞬间干扰信号等影响，数控设备一般采用专线供电（如从低压配电室分一路单独供数控机床使用）或增设稳压装置等，可减少供电质量的影响。

c. 制定有效操作规程。在数控机床的使用与管理方面，应制定一系列切合实际、行之有效的操作规程。例如润滑、保养、合理使用及规范的交接班制度等，是数控设备使用及管理的主要内容。制定和遵守操作规程是保证数控机床安全运行的重要措施之一。实践证明，众多故障都可由遵守操作规程而减少。

d. 数控设备不宜长期封存。购买数控机床以后要充分利用，尤其是投入使用的第一年，使其容易出故障的薄弱环节尽早暴露，使其在保修期内得以排除。加工中，尽量减少数控机床主轴的启停次数，以降低对离合器、齿轮等器件的磨损。没有加工任务时，数控机床也要定期通电，最好是每周通电 1～2 次，每次空运行 1h 左右，以利用机床本身的发热量来降低机内的湿度，使电子元件不致受潮，同时也能及时发现有无电池电量不足报警，以防止系统设定参数的丢失。

e. 在雷雨天气时，由于雷电的瞬时高电压和大电流易冲击机床，使模块烧坏或数据丢失改变，造成不必要的损失，所以打雷时最好不要开启机床；在数控车间房顶上应架设避雷网；每台数控机床应接地良好。

② 数控系统的维护　数控机床种类多，各类数控机床因其功能、结构及系统的不同，各具不同的特性。其维护保养的内容和规则也各有其特色，具体应根据机床种类、型号及实际使用情况，并参照机床使用说明书要求，制定和建立必要的定期、定级保养制度。下面是一些常见、通用的日常维护保养要点。

a. 严格遵守操作规程和日常维护制度。数控设备操作人员要严格遵守操作规程和日常维护制度，操作人员技术业务素质的优劣是影响故障发生频率的重要因素。当机床发生故障时，操作者要注意保留现场，并向维修人员如实说明出现故障前后的情况，以利于分析、诊断出故障的原因，及时排除。

b. 防止灰尘污物进入数控装置内部。在机加工车间的空气中一般都会有油雾、灰尘甚至金属粉末，一旦它们落在数控系统内的电路板或电子器件上，容易引起元器件间绝缘电阻下降，甚至导致元器件及电路板损坏。有的用户在夏天为了使数控系统能超负荷长期工作，打开数控柜的门来散热，这是一种极不可取的方法，其最终将导致数控系统的加速损坏，应该尽量减少打开数控柜和强电柜门的次数。

c. 防止系统过热。应该检查数控柜上的各个冷却风扇工作是否正常。每半年或每季度检查一次风道过滤器是否有堵塞现象，若过滤网上灰尘积聚过多，不及时清理，会引起数控柜内温度过高。

d. 数控系统的输入/输出装置的定期维护。20 世纪 80 年代以前生产的数控机床，大多带有光电式纸带阅读机，如果读带部分被污染，将导致读入信息出错。为此，必须按规定对光电阅读机进行维护。

e. 直流电机电刷的定期检查和更换。直流电机电刷的过度磨损，会影响电机的性能，甚至造成电机损坏。为此，应对电机电刷进行定期检查和更换。对数控车床、数控铣床、加工中心等，应每年检查一次。

f. 定期检查和更换存储用电池。一般数控系统内对 CMOS、RAM 存储器件设有可充电电池维护电路，以保证系统不通电期间能保持其存储器的内容。在一般情况下，电池即使尚未失效，也应每年更换一次，以确保系统正常工作。电池的更换应在数控系统供电状态下进行，以防更换时 RAM 内信息丢失。

g. 备用电路板的维护。备用的印制电路板长期不用时，应定期装到数控系统中通电运行一段时间，以防损坏。

③ 机械部件的维护

a. 主传动链的维护。定期调整主轴驱动带的松紧程度，防止因带打滑造成的丢转现象；检查主轴润滑的恒温油箱，调节温度范围，及时补充油量，并清洗过滤器；主轴中刀具夹紧装置长时间使用后，会产生间隙，影响刀具的夹紧，需及时调整液压缸活塞的位移量。

b. 滚珠丝杠螺母副的维护。定期检查、调整滚珠丝杠螺母副的轴向间隙，保证反向传动精度和轴向刚度；定期检查丝杠与床身的连接是否有松动；丝杠防护装置有损坏要及时更换，以防灰尘或切屑进入。

c. 刀库及换刀机械手的维护。严禁把超重、超长的刀具装入刀库，以避免机械手换刀时掉刀或刀具与工件、夹具发生碰撞；经常检查刀库的回零位置是否正确，检查机床主轴回换刀点位置是否到位，并及时调整；开机时，应使刀库和机械手空运行，检查各部分工作是否正常，特别是各行程开关和电磁阀能否正常动作；检查刀具在机械手上锁紧是否可靠，发现不正常应及时处理。

④ 液压、气压系统维护　定期对各润滑、液压、气压系统的过滤器或分滤网进行清洗或更换；定期对液压系统进行油质化验检查，添加和更换液压油；定期给气压系统分水滤气器放水。

⑤ 机床精度的维护　定期进行机床水平和机械精度检查并校正。机械精度的校正方法有软硬两种：软方法主要是通过系统参数补偿，如丝杠反向间隙补偿、各坐标定位精度定点补偿、机床回参考点位置校正等；硬方法一般要在机床大修时进行，如进行导轨修刮、滚珠丝杠螺母副预紧调整反向间隙等。

（3）7S 管理

为了更好地与企业实现无缝对接，在实践教学中引进企业文化，有必要将"7S"管理融入教学，潜移默化地培养学生良好的职业素养，增强实训过程中师生的安全意识，维护设备和减少浪费、节约成本，提高课程教学的有效性，保证教学与管理质量。

7S 管理就是整理（Seiri）、整顿（Seiton）、清扫（Seiso）、清洁（Seiketsu）、素养（Shitsuke）、安全（Safety）、节约（Save）七个项目。7S 管理是指在生产现场对人员、机器、材料、方法、信息等生产要素进行有效管理，通过规范现场，营造一目了然的工作环境，培养员工（学生）良好的工作习惯，其最终目的是提升人的品质，养成良好的工作习惯，从而达到规范化管理。

① 整理：将实习必需品与非必需品区分开，增加作业面积，使物流畅通并防止误用等。

② 整顿：工作场所整洁，一目了然，减少取放物品的时间，提高工作效率，保持井井有条的工作秩序。

③ 清扫：清除现场内的脏污，清除作业区域的物料垃圾，使员工（学生）保持一个良好的工作情绪，并保证稳定的产品品质，最终达到生产零故障和零损耗。

④ 清洁：使整理、整顿和清扫工作成为一种惯例和制度，是标准化的基础，也是形成企业文化的开始。

⑤ 素养：让员工（学生）成为一个遵守规章制度并具有一个良好工作素养的人。

⑥ 安全：保障员工（学生）的人身安全，保证生产连续安全正常地进行，同时减少因安全事故而带来的经济损失。

⑦ 节约：对时间、空间、能源等方面合理利用，以发挥它们的最大效能，从而创造一个高效率的、物尽其用的工作场所。

0.2.2　数控机床操作面板与功能

图 0-64 所示为 FNAUC 0i Mate-MB 数控系统操作面板，它由显示屏、MDI 面板和机床控制面板组成。FNAUC 数控系统由 FNAUC 公司统一提供，但不同机床厂家生产的机床操作面板不尽相同。

（1）显示屏/MDI 面板各键的功用

图 0-65 所示为显示屏/MDI 面板。MDI 面板上各功能键功用见表 0-2。

图 0-64　FNAUC 0i Mate-MB 数控系统操作面板

图 0-65　显示屏/MDI 面板

表 0-2　MDI 面板上各功能键功用

按键	名称	功能说明
RESET	复位键	在自动方式下中止当前加工程序或取消报警
HELP	帮助键	显示系统帮助页面
SHIFT	切换键	用于上下字母的切换
INPUT	输入键	用于编辑程序和修改参数等操作
CAN	修改键	用于消除输入域内的数据
ALTER	替换键	用输入的数据替代光标所在的数据
INSERT	插入键	输入程序和把输入域之中的数据插入到当前光标之后的位置
DELETE	删除键	删除光标所在的数据;或者删除一个数控程序或者删除全部数控程序
POS	位置显示键	显示坐标位置页面
PROG	程序键	显示程序页面
OFFS/SETTING	参数输入页面	显示刀偏或设定页面
SYSTEM	系统参数键	显示系统参数页面
MESSAGE	报警信息键	显示报警信息
CUSTOM/GRAPH	图形模拟键	显示零件的轨迹图形及图形参数
← ↑ ↓ →	光标移动键	向上、下、左、右移动光标

项目准备　数控机床基础知识及基本操作

按键	名称	功能说明
PAGE↑ PAGE↓	翻页键	向上或向下翻页
EOB	换行键	分号";",用于程序段的结束或换行
	数字/字母键	输入数字或字母,上下符号用 SHIFT 键切换

（2）机床控制面板各键的功用

机床控制面板如图 0-66 所示。

图 0-66　机床控制面板

控制面板上各功能键功用见表 0-3。

表 0-3　控制面板上各功能键功用

功能键	名称	功能说明
系统电源开关	系统启动	用来开启数控系统
	系统停止	用来关闭数控系统
急停按钮	急停开关	在紧急情况下使用该按钮。按下急停按钮时,机床立即停止运动
进给、主轴开关	进给、主轴有效开关	用来切断进给、主轴运动的开关。"1"为开,"0"为关
程序保护开关	程序保护开关	在"1"位置,可以修改程序;在"0"位置,不能修改程序。用钥匙控制
系统启停键	循环启动	用来启动自动运行和 MDI 运行
	进给保持	按下此键可使进给暂停

功能键		名称	功能说明
方式选择旋钮		编辑方式	用于手动输入程序和编辑程序
		自动方式	选择好加工程序,按自动方式键,按下循环启动按钮后机床自动运行
		MDI方式	也称手动输入方式,具有输入一个程序段并执行程序段的功能。输入的程序不能存储
		DNC方式	在线加工方式,可通过计算机控制机床进行加工
		手轮方式	选择X、Y、Z方向,同时选择好手轮倍率,摇动手轮可实现连续或单步移动
		JOG方式	也称手动方式,在此方式下可进行X、Y、Z方向的移动
		回参考点	在此方式下进行返回参考点操作,建立工件坐标系
手轮		手轮	在手轮方式下,手轮顺时针转,机床往正方向移动,手轮逆时针转,机床往负方向移动
进给倍率旋钮		进给倍率旋钮	用来调节手动进给的倍率,倍率值从0～150%变化
主轴控制键		主轴正转	手动主轴正转
		主轴停止	手动主轴停止
		主轴反转	手动主轴反转
		主轴升速	主轴在旋转时,按一下,转速上升10%,最高到120%
		主轴降速	主轴在旋转时,按一下,转速下降10%,最低到50%
		主轴设定	按下此键,主轴按所选择的方向100%转速旋转
进给倍率键		手轮进给倍率选择	手轮进给倍率键,用于选择手轮移动倍率键,手轮每转一格机床分别移动0.001mm、0.010mm和0.100mm
程序重启动键		程序重启动	程序可从有选择的程序段重新启动运行,也可以用于快速检查程序
选择停止键		选择停止	在自动执行程序中,按下此开关,遇到有M01指令,程序暂停,冷却关断
机床锁住键		机床锁住	自动运行时,按下此开关,仅进行脉冲分配,但不输出脉冲到伺服电机上,即位置显示与机床同步,但机床不移动,执行M、S、T代码
超程解除键		超程解除	按下此键,手摇手轮向超程的反方向移动轴,解除超程警报
跳步键		跳步	用于执行程序时,不执行带有"/"的程序段

功能键		名称	功能说明
空运行键	 空运行	空运行	按下此键,机床快速运行,用来检验程序
单段键	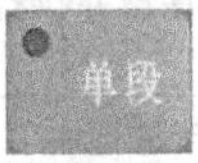 单段	单段	用于在自动方式下,使程序单段执行
松刀键	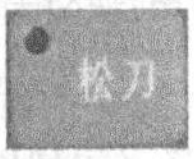 松刀	松刀	用于夹紧或松开刀具
冷却开关	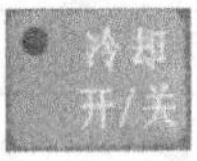 冷却开/关	冷却开关	用来接通或断开冷却液
参考点指示灯	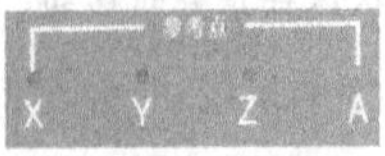 参考点 X Y Z A	回参考点指示灯	当进行机床回参考点操作时,某轴返回零点后,该轴的指示灯亮
轴选择键	 轴选择 X Y Z A	轴选择	用于手摇、手动以及回参考点时 X、Y、Z 及 A 轴的选择
轴移动键	 轴移动 − 快移 +	轴移动	在手动方式下,选择相应的轴后,按下此键分别向负方向、正方向移动,以及快速移动
报警指示灯	 报警 机床 润滑	机床报警指示灯	当 CRT 上出现 PLC 报警时,指示灯亮

0.2.3 数控机床基本操作

（1）开机

操作步骤:

① 打开机床电源开关（一般在数控机床后侧），接通机床电源。

② 按下机床面板上的 系统启动 开关,系统上电,显示屏显示初始页面。系统进行自检状态。

③ 打开 急停按钮 ,并按 RESET 复位键解除报警。系统进入待机状态,可以进行操作。

【注意】

·在系统启动正常后,方可操作面板开关及键,否则可能引起意想不到的运动并带来危险。

·不要连续短时频繁开关机,以减少电流对电气系统的冲击。

·如果开机后机床报警,检查急停按钮是否打开,是否超程,气压是否达到要求值。如果超程,则用手摇方式向超程相反的方向摇动刀架,并离开参考点一定距离,解除报警。

（2）关机

操作步骤:

① 首先按下 急停按钮，以减少电流对系统硬件的冲击。

② 按下机床面板上的 系统停止 开关，系统断电。

③ 关闭机床电源开关。

（3）回参考点

机床开机后，必须首先进行回参考点操作。当恢复急停按钮后，也要重新进行一次各轴回参考点操作。

操作步骤：

① 将 方式选择旋钮 转到"回参考点"位置，然后按轴选择键 Z，选择 Z 轴，指示灯亮。选择倍率键 ×100，然后一直按下轴移动键 +，Z 轴向上移动。当 Z 轴回到参考点时，Z 轴参考点指示灯亮，Z 轴回参考点完成。

② 然后进行 Y 轴回参考点操作。按下轴选择键 Y，选择 Y 轴，指示灯亮。然后一直按下轴移动键 +，Y 轴向其正方向移动。当 Y 轴回到参考点时，Y 轴参考点指示灯亮，Y 轴回参考点完成。

③ 最后进行 X 轴回参考点操作。按下轴选择键 X，选择 X 轴，指示灯亮。然后一直按下轴移动键 —，X 轴向其负方向移动。当 X 轴回到参考点时，X 轴参考点指示灯亮，X 轴回参考点完成。注意，X 轴是向负方向移动。

如果机床有 A 轴，按同样步骤完成 A 轴回参考点操作。

【注意】

• 不回参考点，机床会产生意想不到的运动，发生碰撞及伤害事故。机床重开机后必须进行回参考点操作。

• 当进行机床锁住、图形演示、机床空运行以及按下急停按钮操作后，有可能使机床系统坐标与实际坐标不一致，因此必须进行重回参考点操作。

• 为保证安全，回参考点时必须先回 +Z，再回 +Y 和 —X；否则有可能导致刀具和工件发生碰撞事故。

（4）手动方式

在手动方式（JOG）中，可以使工作台或坐标轴进行手动移动。

操作步骤：

将 方式选择旋钮 转到"JOG"位置，然后按轴选择键 Z，选择 Z 轴，指示灯亮。选择倍率键 ×100，然后一直按下轴移动键 +，Z 轴向上移动。按 — 键，Z 轴向负方向移动。如果同时按下 快移 键，Z 轴会快速移动。

按同样方法分别选择 X、Y 和 A 轴，可以使坐标轴按所选的方向移动。

（5）手轮方式

坐标轴的运动可以通过手轮来实现。在微动、对刀、移动工作台等操作中使用此功能。通过方式选择旋钮确定 X、Y、Z 轴方向，同时选择好手轮倍率来调节移动速度。

操作步骤：

将 方式选择旋钮 转到"手轮"位置，然后按轴选择键 Z，选择 Z 轴，指示灯亮。选择倍率键 ×100，然后旋转手轮，Z 轴移动。顺时针方向旋转手轮，坐标轴向正方向移动，反之，则向负方向移动。

按同样方法分别选择 X、Y 和 A 轴，可以使坐标轴按所选的方向移动。

【注意】

用手摇时动作要轻柔，并注意观察工作台的运动位置。当需要微动时，不要转动手柄，应该通过转动手轮外圈控制运动速度。

（6）MDI 方式

MDI 方式也称手动数据输入方式。它具有从 CRT/MDI 操作面板输入一个程序段的指令并执行该程序段的功能。

操作步骤：

将 方式选择旋钮 转到"MDI"位置，按 PROG 键进入程序页面，CRT 显示"O0000"程序名。输入程序段，按 循环启动 按钮，机床运行。

【注意】

MDI 方式中的程序不能存储。编程应在编辑方式中进行。

【例 0-1】 在 MDI 方式下使主轴正转，转速为 1000r/min。

操作如下：

将 方式选择旋钮 转到"MDI"位置，输入"M03 S1000;"，按 INSERT 插入键，CRT 显示输入的程序段：

```
O0000;
M03 S1000;
```

按 循环启动 按钮，机床主轴运行。如果停止，按下复位键 RESET 或主轴停止键 停止 。

（7）编辑方式

在编辑方式下，可以输入新程序或对已有的程序进行编辑和修改。

操作步骤：

① 将 方式选择旋钮 转到"编辑"位置，进入编辑方式。

② 按 PROG 键，输入新程序名，如"O1123"，第一个为英文字母 O，后边 4 位为数字。按 INSERT 插入键，屏幕显示输入的程序名。按 EOB 键，然后按 INSERT 键，屏幕显示分段并自动生成段号。依次输入程序。

③ 用 CAN 键可以取消输入的字符；按 DELETE 可以删除输入的内容。按 ALTER 键，可以替换原来的内容。编辑的位置通过光标移动。

【注意】

输入的程序名如果与内存的程序名重复，则产生报警。此时，需换一个程序名。

【例 0-2】 在编辑方式下输入下列程序段：

```
O1123;
N5 G90 G54;
N10 M03 S1000;
N15 M05;
N20 M02;
```

操作如下：

① 将 方式选择旋钮 转到"编辑"位置，进入编辑方式。

数控铣削编程与加工项目教程

② 按 $\boxed{\text{PROG}}$ 键，输入程序名 O1123→按 $\boxed{\text{INSERT}}$ 插入键→按 $\boxed{\text{EOB}}$ 键→按 $\boxed{\text{INSERT}}$ 键，屏幕显示分段并自动生成段号 N5，段号自动生成可以通过系统设置。

③ 输入 G90 G54→按 $\boxed{\text{EOB}}$ 键→按 $\boxed{\text{INSERT}}$ 键；输入 M03 S1000→按 $\boxed{\text{EOB}}$ 键→按 $\boxed{\text{INSERT}}$ 键；输入 M05→按 $\boxed{\text{EOB}}$ 键→按 $\boxed{\text{INSERT}}$ 键；输入 M02→按 $\boxed{\text{EOB}}$ 键→按 $\boxed{\text{INSERT}}$ 键；输入完成。

④ 按下复位键 $\boxed{\text{RESET}}$ 则光标移动至程序首段，或用箭头来移动光标位置。

（8）自动方式

在自动方式下，按下 $\boxed{\text{循环启动}}$ 按钮，事先编好的程序可以自动执行。按 $\boxed{\text{进给保持}}$ 钮，进给运动停止，但主轴运转等 M 功能不能停止。重新按下 $\boxed{\text{循环启动}}$ 按钮，程序继续自动执行。若使执行的程序停止，按下复位键 $\boxed{\text{RESET}}$。如有意外发生，立即按下急停按钮。

如果按下 $\boxed{\text{单段}}$ 键，则每按一次 $\boxed{\text{循环启动}}$ 按钮执行一段程序。

操作步骤：

① 将 $\boxed{\text{方式选择旋钮}}$ 转到"编辑"位置，进入编辑方式。按 $\boxed{\text{PROG}}$ 键，CRT 显示编写好的程序。或通过检索查找出需要的程序。

② 将 $\boxed{\text{方式选择旋钮}}$ 转到"自动"位置，机床进入自动运行方式。按下 $\boxed{\text{循环启动}}$ 按钮，事先编好的程序可以自动执行。如按下 $\boxed{\text{单段}}$ 键，则每按一次 $\boxed{\text{循环启动}}$ 按钮，执行一段程序。

③ 速度可以用进给倍率旋钮来调节，倍率值为 0~150%。

【注意】

• 在运行程序前，一定要确定已经进行回参考点操作和已经正确对刀，并检查程序的正确性。

• 不要随便运行系统里不熟悉的程序，因为每个程序在编写时对刀位置不一样，贸然运行有可能导致撞刀、撞毁机床以及造成人身伤害等严重后果。

• 运行程序前必须用光标箭头或按 $\boxed{\text{RESET}}$ 键将光标位置移动到程序首段（程序名）。否则光标在哪里则程序就从哪里执行，这样是很危险的，因为从程序的中间某段开始执行，工件坐标系选择可能不正确，绝对值和增量值编程方式也可能不正确，主轴可能没有运转，因此可能导致撞刀。

（9）选择程序

选择系统内存中原有的程序。

操作步骤：

① 将 $\boxed{\text{方式选择旋钮}}$ 转到"编辑"位置，进入编辑方式。

② 按 $\boxed{\text{PROG}}$ 键，进入加工程序列表页面。通过 $\boxed{\text{PAGE↑}}$ 和 $\boxed{\text{PAGE↓}}$ 进行翻页，可以查找系统存储的所有程序。输入所要选择的程序名，如"O1123"，按 $\boxed{\text{检索}}$ 软键，该程序将在屏幕上显示。

（10）删除一个程序

将系统内存中无用的程序删除，以释放系统内存空间。

操作步骤：

① 将 方式选择旋钮 转到"编辑"位置，进入编辑方式。

② 按 PROG 键，进入程序名单显示页面。输入所要删除的程序名，如"O1123"，按 DELETE 键，该程序被删除。

（11）删除全部程序

删除系统内存中所有程序。

操作步骤：

将 方式选择旋钮 转到"编辑"位置，进入编辑方式。按 PROG 键，进入程序名单显示页面。输入"O-9999"（第一个为英文字母 O），按 DELETE 键，所有程序被删除。

（12）手工装卸刀具

数控铣床需要手工装卸刀具，装卸刀具时一定要在机床停止运行状态下操作。

操作步骤：

① 上刀。将 方式选择旋钮 转到"JOG"位置。刀具锥柄和主轴锥孔应擦拭干净，左手紧握刀柄，右手按下 松刀 键，指示灯亮，这时主轴孔内有压缩空气向外吹出（有的机床面板上有"换刀允许"键，若有此键，则先按下该键，然后再按"松刀"键）。然后将刀具装入主轴孔内，使刀柄上的开槽与主轴上的拨块对正。再一次按下 松刀 键，刀具被夹紧，松开左手。在刀具没有完全夹持到主轴上以前不要松手。

② 卸刀。左手紧握刀柄，右手按下 松刀 键，在松开刀具的时候，主轴孔内有压缩空气向外吹出，以帮助刀具卸下。注意：这个时候左手一定握紧刀柄并且向上用力托着刀具，防止刀具掉下损坏。再一次按下 松刀 键，刀具被夹紧（空夹），完成操作。

（13）加工中心自动换刀

① 加工中心的刀库形式　加工中心的刀库种类很多，常见刀库的形式有斗笠式、圆盘式、链式以及篮式刀库等。

a. 斗笠式刀库　如图 0-67 所示。斗笠式刀库垂直向下布置，刀库存刀容量较小，一般为 12～24 把刀。斗笠式刀库结构简单，故障率低，常用在立式加工中心上。

b. 圆盘式刀库　如图 0-68 所示。圆盘式刀库是固定地址换刀刀库，即每个刀位上都有编号，一般从 1 编到 12、18、20、24 等，即为刀号地址。操作者把一把刀具安装进某一刀位后，不管该刀具更换多少次，总是在该刀位内。圆盘式刀库存刀量一般不超过 32 把。圆盘式刀库采用机械手换刀，换刀速度快，但是故障率相对较高。

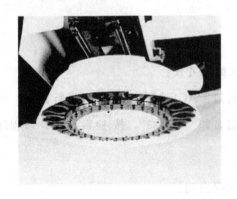

图 0-67　斗笠式刀库

图 0-68　圆盘式刀库

c. 链式刀库　如图 0-69 所示。这种刀库的刀座固定在链节上，可由链轮驱动其自动选刀。链式刀库有单排链式和多排链式几种，当存刀量多，链条太长时，可将链条折叠回绕，提高空间的利用率。因此链式刀库存刀量从 40 把至 160 把甚至更多。

d. 篮式刀库　如图 0-70 所示。篮式刀库是近几年才出现的一种新的刀库形式。德国巨浪（Chiron）公司的篮式刀库，能充分显示机床换刀快的特点，其换刀时间仅为 0.9s。

图 0-69　链式刀库

图 0-70　篮式刀库

② 自动换刀装置（ATC）与换刀过程　换刀机构在机床主轴与刀库之间交换刀具，常见的为机械手；也有不带机械手而由主轴直接与刀库交换刀具的，称为无机械手换刀（或称无臂式换刀）装置。

a. 无机械手换刀　由刀库与机床主轴的相对运动实现换刀。换刀时，先使刀库接近主轴，将主轴上的刀具夹持，主轴 Z 向向上运动，于是刀具取下；然后刀库旋转至要换的刀位，主轴 Z 向向下运动，将刀具装入主轴，完成换刀。

斗笠式刀库一般采取这种换刀形式。刀库在主轴头附近，换刀时需要主轴方向的上下动作，换刀时间长，降低了工作效率。同时也影响主轴方向的工作行程范围。

b. 采用机械手换刀　刀具交换装置（机械手）的职能是将机床主轴上的刀具与刀库或刀具传送装置上的刀具进行交换，机械手换刀动作一般包括：刀库选刀—主轴定向—机械手抓刀—松刀拔出—机械手交换刀具—装刀夹紧—机械手复位。

机械手刀具交换装置有单臂单手式机械手、回转式单臂双机械手、双臂机械手、多手式机械手。特别是双臂机械手刀具交换装置具有换刀时间短、动作灵活可靠等优点，应用最为广泛。双臂机械手进行一次换刀循环的基本动作为：抓刀（手臂旋转或伸出，同时抓住主轴和刀库里的刀具）；拔刀（主轴松开，机械手同时将主轴和刀库中的刀具拔出）；换刀（手臂转 180°，新、旧刀交换）；插刀（同时将新刀插入主轴，旧刀插入刀库，然后主轴夹紧刀具）；缩回（手臂缩回到原始位置）。机械手的手爪，大都采用机械锁刀的方式，有些大型的加工中心，也有采用机械加液压的锁刀方式，以保证大而重的刀具在换刀中不被甩出。

③ 加工中心换刀操作　加工中心备有刀库，加工中心的运行是从刀库中自动换刀并装入的。因此在运行程序前，要把装好刀具的刀柄装入刀库；在更换刀具或不需要刀具时，要把刀柄从刀库中取出。

当加工所需要的刀具比较多时，要将全部刀具在加工之前根据工艺设计放置到刀库中，并给每一把刀具设定刀具号码，然后由程序调用。步骤如下：将需用的刀具在刀柄上装夹好，并调整到准确尺寸；根据工艺和程序的设计将刀具和刀具号一一对应；机床回参考点操作；手动输入并执行"M06 T01"；手动将 1 号刀具装入主轴，此时主轴上刀具即为 1 号刀具；手动输入并执行"M06 T02"；手动将 2 号刀具装入主轴，此时主轴上刀具即为 2 号刀具；其他刀具按照以上步骤依次放入刀库。

具体操作步骤：

a. 把刀具装入刀库

ⅰ. 先保证刀库和主轴上没有刀具，否则可能发生刀库和主轴碰撞事故。如果主轴上有刀，先手动将刀具取下。如果刀库中有刀，则采用下述相反的方式，将刀具全部取下。Z 轴必须回参考点，取消长度补偿和刀具半径补偿。为保证安全，可以先进行程序初始化，在 MDI 方式下，输入：

```
M05 M09;          主轴停止,切削液关
G40 G49 G80;      取消刀具半径补偿,长度补偿,取消固定循环
G91 G28 Z0;       以当前点为中间点,Z轴回参考点
M06 T01;          换01号刀(主轴上没有刀具)
```

按 循环启动 ，这时刀库会在主轴上空抓一下，然后转到 01 号刀的位置，空装 01 号刀一次。

ⅱ. 待加工中心换刀动作结束以后，在手动方式 JOG 下，手动装上 01 号刀具。在 MDI 方式下，输入：

```
M06 T02;
```

按 循环启动 ，这时刀库会把主轴上 01 号刀取下放入刀库 01 号位置，然后空装 02 号刀一次。

ⅲ. 待加工中心换刀动作结束以后，在手动方式 JOG 下，手动装上 02 号刀具。在 MDI 方式下，输入：

```
M06 T03;
```

按 循环启动 ，这时刀库会把主轴上 02 号刀取下放入刀库 02 号位置，然后空装 03 号刀一次。

按上述步骤，依次将其余的刀装入刀库。

b. 把刀库中的刀具取下　先把主轴上的刀具用手动方式取下。然后按照装刀的相反步骤，依次将刀库中的刀具全部取下。

c. 自动换刀　可以用"M06 T ＿"指令更换所需要的刀具。例如，把主轴上的刀具放回刀库，然后换上 03 号刀具，在 MDI 方式下，输入：

```
M06 T03;
```

按 循环启动 ，这时刀库会把主轴上的刀取下放入刀库相应位置，然后把 03 号刀装入主轴。

【注意】

• 装入刀库的刀具必须与程序中的刀具号一一对应，否则会损伤机床和加工零件。

• 只有主轴回到机床零点，才能将主轴上的刀具装入刀库，或者将刀库中的刀具调到主轴上。

• 交换刀具时，主轴上的刀具不能与刀库中的刀具重号。例如主轴上已是"01"号刀具，则不能再从刀库中调"01"号刀具。

0.3 数控机床坐标系及对刀

0.3.1 数控机床坐标系

（1）机床坐标系

为了便于编程时描述机床的运动，简化程序的编制及保证程序的通用性，国际标准化组织对数控机床的坐标及方向制定了统一的标准即 ISO 441 标准。我国原机械工业部 1982 年颁布了 JB 3051—1982《数字控制机床坐标和运动方向的命名》的标准，与 ISO 441 等效。标准规定直线运动的坐标轴用 X、Y、Z 表示，围绕 X、Y、Z 轴旋转的圆周进给坐标轴分别用 A、B、C 表示。

① 机床坐标系规定原则　在数控机床上，机床的动作是由数控装置控制的，为了确定机床的成形运动和辅助运动，必须先确定机床上运动的方向和运动的距离，这就需要一个坐标系才能实现，这个坐标系就称为机床坐标系。

机床坐标系中 X、Y、Z 轴的关系，采用右手直角笛卡尔坐标系，如图 0-71 所示。用右手拇指、食指和中指分别代表 X、Y、Z 轴，三个手指互相垂直，所指方向分别为 X、Y、Z 的正方向。围绕 X、Y、Z 轴的回转运动分别用 A、B、C 表示，其正方向用右手螺旋定则确定。正方向用＋X、＋Y、＋Z、＋A、＋B、＋C 表示；相反的方向分别用＋X′、＋Y′、＋Z′、＋A′、＋B′、＋C′表示。

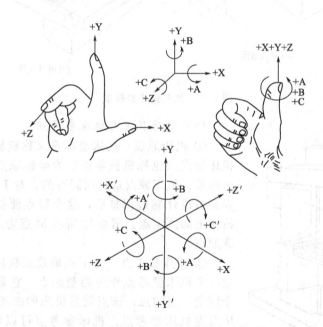

图 0-71　右手直角笛卡尔坐标系与右手螺旋定则

② 刀具相对工件而运动的原则　这一原则使编程人员在编写程序时不必考虑是刀具移向工件，还是工件移向刀具，而永远假定工件是静止的，刀具相对静止的工件而运动。

③ 运动方向的确定　确定机床坐标轴时，一般是先确定 Z 轴，再确定 X 轴，最后确定 Y 轴。机床的某一运动部件的运动正方向规定为增大工件与刀具之间距离的方向。即刀具远离工件为正方向，反之为负方向。

a. Z 轴坐标的运动　一般取产生切削力的轴线即主轴轴线为 Z 轴。主轴带动工件旋转的机床有车床等。主轴带动刀具旋转的机床有铣床等。当机床有几个主轴时，选择一个垂直于工件装夹面的主轴为 Z 轴，如龙门轮廓铣床。当机床无主轴时，选择与装夹工件的工作台面相垂直的直线方向为 Z 轴。

Z 轴的正方向是增大刀具和工件之间距离的方向。

b. X 轴坐标的运动　X 轴一般位于平行于工件装夹面的水平面内，是刀具或工件定位平面内运动的主要坐标。在没有主轴的机床上（如刨床），X 坐标平行于主要切削方向，以该方向为正方向。对于工件作回转切削运动的机床（如车床），在水平面内取垂直于工件回转轴线（Z 轴）的方向为 X 轴，刀具远离工件的方向为正方向。

c. Y 轴坐标的运动　Y 轴正方向，根据 X、Z 轴的运动，按照右手直角笛卡尔坐标系来确定，如图 0-72 所示。

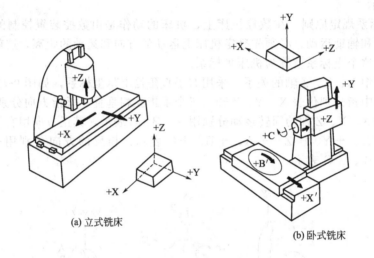

(a) 立式铣床　　　　　　　　　　　(b) 卧式铣床

图 0-72　数控铣床坐标系

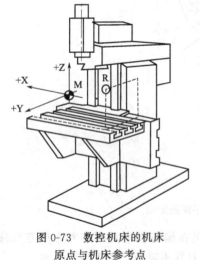

图 0-73　数控机床的机床
原点与机床参考点

（2）机床原点与机床参考点

① 机床原点　机床坐标系又称机械坐标系，它是以机床原点（也称机械零点）为坐标原点建立起来的直角坐标系。机床原点是机床固有的，对于某具体机床来说，在经过设计制造调整后，这个原点便被确定下来，它是机床上的固定点。图 0-73 所示 M 点为立式数控铣床的机床原点。

② 机床参考点　为了正确建立机床坐标系，通常设置一个机床参考点作为测量起点，它是机床坐标系中一个固定不变的点，该点就是机床的参考点。图 0-73 所示 R 点为机床参考点。机床参考点可以和机床零点重合，也可以不重合。当参考点和机床零点重合时，回参考点的操作也称回零。当机床开机后，应首先回参考点（或称回零）以便建立机床坐标系。当电源关断后便失去记忆，因此每次开机必须重新回参考点。如果没有回参考点操作，机床会产生意想不到的运动而发生危险。

机床原点的位置和机床参考点的位置是由机床生产厂家设定的，因此不同的机床有可能不同。

【例 0-3】 某型号数控铣床，进行回参考点操作：Z 轴按 $\boxed{+Z}$ 键，主轴由下向上运动至参考点（最高点），机械坐标显示为＋480；Y 轴按 $\boxed{+Y}$ 键，工作台向操作者（操作者面对机床）运动至参考点，机械坐标显示为＋480；X 轴按 $\boxed{-X}$ 键，工作台向右（操作者面对机床）运动至参考点，机械坐标显示为－780。试分析该机床的机床原点和参考点的位置。

分析：从回参考点的方向以及机械坐标可以知道，Z 轴的参考点在最高位置，该点的机械坐标为＋480，表示 Z 轴的零点在工作台面上；Y 轴的参考点在机床前端（靠近操作者一端），该点的机械坐标为＋480，Y 轴的零点在相反的一端；X 轴的参考点在机床最右端，该点的机械坐标为－780，X 轴的零点在机床最左端。机床原点和机床参考点不重合。

立式铣床 X、Y 轴的机械坐标系方向与机械原点大多与本例中一致，而 Z 轴的零点，有的在工作台面上（Z 轴最高点处机械坐标显示为正的某数值，例如＋480），有的在最高点处（Z 轴最高点处机械坐标显示为 0）。

（3）工件坐标系

工件坐标系也称编程坐标系，供编程使用。编程人员选择工件上的某一已知点为工件坐标系原点，建立一个新的坐标系。工件坐标系的原点的确定是通过对刀实现的。

设置工件坐标原点的一般原则如下。

① 工件零点选在工件图样的尺寸基准上，这样可以直接用图纸标注的尺寸作为编程点的坐标值，减少计算工作量。

② 能使工件方便地装夹、测量和检验。

③ 工件零点尽量选择在尺寸精度较高、粗糙度值较低的工件表面上，以提高加工精度和同一批零件的一致性。

④ 对于有对称形状的几何零件，工件零点最好选择在对称中心上。

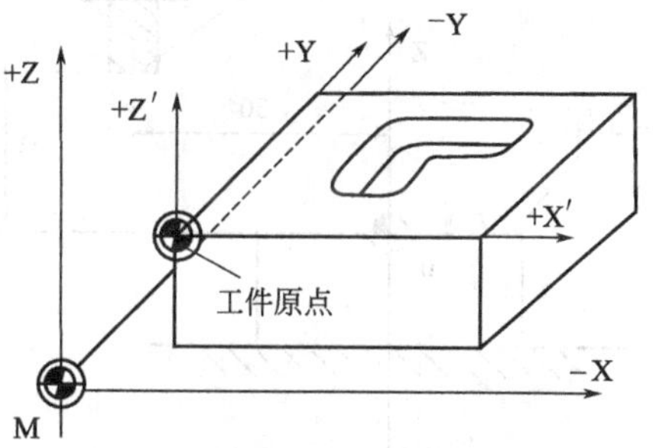

图 0-74 数控铣床工件坐标系原点的设置

数控铣床工件坐标系 X、Y 轴的零点一般设在工件对称中心线或轮廓的基准角上，Z 轴的零点设在工件表面上，也可以根据编程的需要设一个或多个工件坐标系，如图 0-74 所示。

0.3.2 坐标系设定

数控机床中控制刀具的位置，是用某坐标系的坐标值指令的。编程时，可以用机床坐标系、工件坐标系和局部坐标系。一般机床坐标系用得较少。

（1）机床坐标系设定 G53

机床上的一个用作加工基准的特定点称为机床零点，机床制造厂对每台机床设置机床零点。以机床零点为原点的坐标系称为机床坐标系。目前，大多数机床坐标系与标准坐标系平行。当机床通电之后，首先要执行手动返回参考点操作来建立机床坐标系，机床坐标系一旦建立，就保持不变，直到电源关闭为止。

机床坐标系可以用 G53 来选择。

指令格式：

G90 G53 X ＿ Y ＿ Z ＿ ；

式中，X、Y、Z 为机床坐标系中的坐标值。

执行 G53 指令，刀具以快速进给移动到指令位置。G53 为非模态指令。它只能用绝对值指令，而用增量值指令时则无效。

为使刀具移动到机床某一特定位置时，例如换刀位置，或指令在机床坐标系上执行的程序，用 G53 指令。执行 G53 指令时，机床必须手动或用 G28 指令回参考点；刀具半径补偿、刀具长度补偿及刀具偏置均应取消。

该指令一般在加工中心换刀时使用，只给定 Z 轴。需要注意的是，Z 参考点在机床最高点并且为机械零点时，才可用"G90 G53 Z0；"指令，如果 Z 轴的机械零点在工作台面上，就会撞刀。

（2）工件坐标系设定 G92

工件坐标系是编程时使用的坐标系。工件坐标系可用下述两种方法设定：用 G92 以及 G54～G59 指令来选择。

G92 指令格式：

G90 G92 X＿Y＿Z＿；

式中，X、Y、Z 为刀具基准点在工件坐标系中的坐标值，是绝对值指令。

该指令建立了工件坐标系。

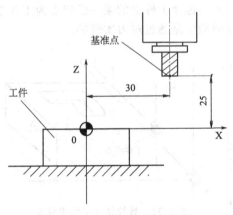

图 0-75 G92 设定工件坐标系

如图 0-75 所示，刀具基准点设在刀位点时，指令：

G90 G92 X30 Z25；

表示工件坐标系原点被设在距刀位点 X＝30、Z＝25 的位置上。

如果在刀具偏置状态用 G92 设定工件坐标系，则是没加刀偏前用 G92 设定的坐标系，因此在使用时，要先清除刀具偏置。对于刀具半径补偿，偏置量暂时被 G92 指令取消。

因 G92 指令是以刀具基准点为基准的，所以，在使用中要关注刀具的位置，一旦位置有误，则坐标系被移位。当重复使用时，要使刀具仍回到起始位置。

G92 中工件坐标系的设定值，在编程时，程序员无法确定，必须待工件在机床上装夹后，经操作者实测后方能填入。若再次使用，必须在工件装夹后，操作者再次修改设定值。重开机也必须重新设定。因此 G92 设定工件坐标系的方法比较麻烦。在实际应用中，一般采用 G54～G59 指令设定工件坐标系。

（3）工件坐标系设定 G54～G59

① G54～G59 设定工件坐标系　用 G54～G59 指令可以设定六个工件坐标系。机床开机回参考点后，通过 MDI 面板设定机床零点到各坐标原点的距离，然后用 G54～G59 指令调用工件坐标系。一般系统默认 G54 工件坐标系。

G54～G59 分别对应第 1～6 工件坐标系，如图 0-76 所示。

00（EXT）为外部工件原点偏移存储器，一般 X、Y、Z 的坐标值为 0。如果坐标值不为 0，例如 X50、Y50、Z50，则 G54～G59 所有 6 个工件坐标系的原点将偏移设定

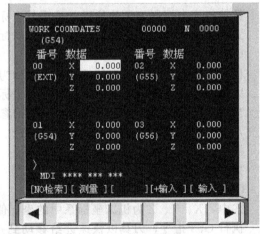

图 0-76 坐标系设定画面

的数值。在检验程序时，可以将 Z 轴输入一定坐标值，使刀具在高度上离开工件一定安全距离，然后空运行，以检查程序是否正确。空运行完成后记住要把 Z 轴坐标值改回 0。为了保证机床和刀具的安全，在对刀前和执行程序前应检查其坐标值是否为 0，防止误操作。

G54～G59 设定的坐标系，即使机床断电以后也不会消失，而且可以设置 6 个工件坐标系，比较实用，所以在加工中一般用 G54～G59 来设定工件坐标系。

② 工件坐标系的扩充　对有些机床，可交换的工件台数较多，6 个工件坐标系已远远不够，此时，FANUC 系统可扩充至 48 个甚至更多，并将扩充的工件坐标系的工件原点偏置值设定到相应的偏置量存储器中。

指令格式：

G54.1Pn；

或 G54 Pn；

Pn 为指定附加工件坐标系的代码。n＝1～48。如图 0-77 所示。

对刀方法与 G54～G59 相同。

（4）局部坐标系设定 G52

在工件坐标系中编程时，对某些图形若再用一个坐标系描述更简便，如不想用原坐标系偏移时，可利用局部坐标系设定指令。

指令格式：

G52 X ___ Y ___ Z ___；

式中，X、Y、Z 为指令局部坐标原点在工件坐标系中的坐标值。

它适合于所有的工件坐标系 1～6。因是局部坐标系，只在指令的工件坐标系中有效，而不影响其余的工件坐标系。因其方便，被广泛使用。局部坐标系与工件坐标系的关系如图 0-78 所示。

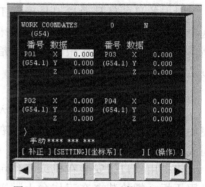

图 0-77　G54.1 Pn 工件坐标系画面

图 0-78 中，指令局部坐标系"G52 X40 Y30"，则局部坐标系 G52 就以 G54 工件坐标系中的（X40，Y30）位置为原点。在局部坐标系设定之后，若用 G90 绝对值指令的位置便是局部坐标系中的位置。

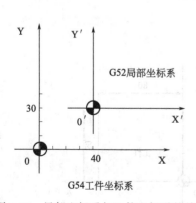

图 0-78　局部坐标系与工件坐标系的关系

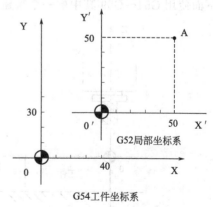

图 0-79　局部坐标系

【例 0-4】　如图 0-79 所示。在 G54 坐标系中设定 G52 局部坐标系，用 G00 快速到达 A 点。

项目准备　数控机床基础知识及基本操作

程序：

G90 G54;　　　　　　绝对值编程,选择 G54 工件坐标系

G52 X40 Y30;　　　　设定 G52 局部坐标系

G00 X50 Y50;　　　　快速到达局部坐标系中的 A 点

G52 X0 Y0;　　　　　取消局部坐标系

⋮

如果指令 "G52 X0 Y0 Z0",则指令的局部坐标系原点与工件坐标系原点重合,即取消了局部坐标系。

当指定 G52 指令后,就清除了刀具半径补偿、刀具长度补偿等刀具偏置,在后续的程序段中必须重新指定刀具长度补偿,否则会碰刀。

0.3.3　数控铣床与加工中心对刀

数控机床开机后,通过回参考点操作建立起机床坐标系。机床坐标系是由厂家设定的,加工时点的坐标以机床原点为基准进行计算将非常复杂,因此需要设定便于加工的坐标系和坐标原点,即工件坐标系。

对刀的目的就是通过刀具确定工件坐标系与机床坐标系之间的空间位置关系;通过对刀这个过程,必须求出工件原点在机床坐标系中的坐标,并将此数据输入到数控系统相应的存储器中。这样,在程序中调用时,指令中的坐标值都是针对所设定的工件坐标系给出的。对刀是数控加工中最重要的操作内容,其准确性将直接影响零件的加工精度。

（1）直接对刀

工件已装夹完成并在主轴上装入刀具后,通过手摇脉冲发生器操作移动工作台及主轴,使旋转的刀具与工件前、后、左、右侧面及工件的上表面作极微量的接触切削（产生微量切削或摩擦声）,然后进行刀偏设置,就可以建立工件坐标系了。

将机用平口钳安装在机床工作台上,用百分表校平（钳口与 X 轴方向平行）。如果工件是用压板、螺栓装夹在工作台上,需要用百分表将工件找正并夹紧。

例如,将工件为 50mm×50mm×20mm 的钢板坯料装夹到平口钳中,下用垫铁,工件露出钳口高 5～10mm,夹紧。

刀具的选用要根据所加工的工艺要求来确定。例如,铣削沟槽及小的平面,就选用平底键槽铣刀;如果是钻孔,就选用钻头;如果是镗孔,就选用镗刀。

下面使用 G54～G59 其中的一个来建立工件坐标系。

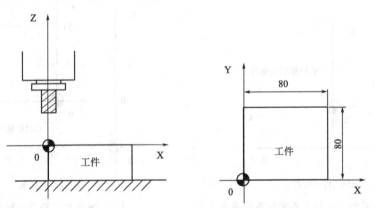

图 0-80　用 G55 设定工件坐标系

【例 0-5】　如图 0-80 所示,以工件的左下角为 X、Y 轴的坐标原点,以工件上表面为 Z

轴的坐标原点。用 G55 设定工件坐标系。键槽铣刀直径为 φ12mm，要求对刀操作，使刀具中心沿着工件轮廓切削，Z 轴背吃刀量为 0.5mm。

操作步骤如下。

① 装夹工件。机床开机，回参考点。

② 在 MDI 方式下使主轴正转，2000r/min。

③ 对刀。

Z 轴对刀：用手轮方式移动刀具，使刀具刚好接触到工件上表面（直接对刀），以工件上表面作为工件坐标系 Z 轴零点。刀具不能移动位置，按 OFFS/SETTING 键→按 坐标系 软键，将光标移动到 G55 坐标系，在 G55 坐标系中，输入"Z0"，按 测量 软键，系统自动计算工件坐标系 Z 轴零点对应在机械坐标系中的位置并保存数值。

X 轴对刀：手摇刀具离开工件到左侧，使刀具向右慢慢接近工件左侧面，当刀具刚好接触到工件左侧表面时，按 POS 键，此时显示 X、Y、Z 轴的机械坐标值，如图 0-81 所示。这时刀具中心距离工件左侧表面 6mm（半径），在工件坐标系 G55 的 X 栏中，输入"X−6"，按 测量 （表示刀具中心在工件坐标系 X 零点的负方向 6mm 处），系统自动计算工件坐标系 X 轴零点对应在机床坐标系中的位置并保存数值；或者换算出工件坐标系 X 零点在机床坐标系中 X 轴的坐标值，例如此时刀具中心 X 轴的机床机械坐标值读数为−386.836，计算工件左侧表面在机床坐标系中的坐标值＝−(386.836＋6)＝−392.836（由于机床坐标系 X 轴的零点在机床的最左端，向右移动为负），在工件坐标系 G55 的 X 栏中，输入"−392.836"，按 INPUT，将坐标值输入到系统中。

Y 轴对刀：手摇刀具到工件前侧（靠近操作者方向），使刀具慢慢接近工件表面，当刀具刚好接触到工件表面时，这时刀具中心距离工件表面距离为 6mm（半径），机械坐标值如图 0-81 所示，在工件坐标系 G55 的 Y 栏中，输入"Y−6"，按 测量 （表示刀具中心在工件坐标系 Y 零点的负方向 6mm 处）；或者换算出工件坐标系 Y 零点在机床坐标系中 Y 轴的坐标值，例如机床坐标系 Y 轴读数为 268.260，结果＝268.260−6＝262.260（由于机床坐标系 Y 轴的零点在机床的最后端，向操作者方向移动为正），在工件坐标系 G55 的 Y 栏中，输入"262.260"，按 INPUT，将坐标值输入到系统中，G55 坐标系建立，显示页面如图 0-82 所示。

图 0-81　机床坐标系显示画面

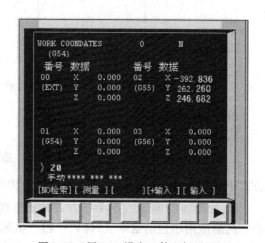

图 0-82　用 G55 设定工件坐标系画面

④ 移开刀具，按 RESET 键，主轴停止。

⑤ 编程时选择 G55 坐标系，刀具就会在该坐标系中按编程指令运行。

程序：

O1123;

N2 G17 G40 G49 G80 G90;   程序初始化

N5 G90 G55;   绝对值编程,选择 G55 工件坐标系

N10 M03 S2000;   主轴正转,2000r/min

N20 G00 X0 Y0;   快速定位至 X0,Y0

N25 Z10;   刀具快速定位至 Z10

N30 G01 Z-0.5 F100;   直线切削至 Z-0.5,进给速度 100mm/min

N35 Y80;   切削至 Y80

N40 X80;   切削至 X80

N45 Y0;   切削至 Y0

N50 X0;   切削至 X0

N55 G00 Z100;   快速提刀

N60 M05;   主轴停止

N65 M02;   程序结束

【例 0-6】 如图 0-83 所示，以工件的中心为 X、Y 轴的坐标原点，以工件上表面为 Z 轴的坐标原点。用 G56 设定工件坐标系。

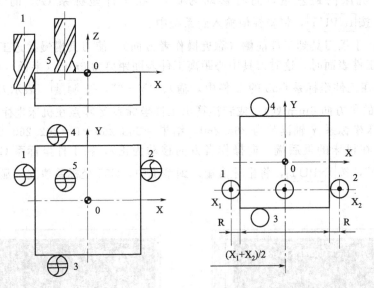

图 0-83 直接对刀

操作步骤如下。

① X 轴对刀：

a. 在 MDI 方式下输入 "M03 S1000" 指令，按 循环启动 按钮，使主轴转动。或在手动方式 JOG 下，按 主轴正转 按钮，使主轴转动。

b. 如图 0-83 所示。用手摇方式转动手摇脉冲发生器使刀具从左向右逐渐接近工件左侧面，然后改用小进给倍率（×1）一格一格地接近直到产生微量切削或摩擦声，记下该点的 X_1 坐标值（CRT 上显示的机械坐标值，例如 X-230.460），然后将刀具在 Z 轴方向提起至

安全高度移动到工件右侧，然后慢慢接近工件右侧面，当刚好接触到工件表面时，记下此时 X_2 的机械坐标值（例如 X－332.622），计算工件中心的坐标值输入到系统中 $[X=(X_1+X_2)/2=-(332.622+230.460)/2=-281.541]$，在机床操作面板上按 $\boxed{OFFS/SETTING}$ 键，然后按 CRT 下面的 $\boxed{坐标系}$ 软键，进入对刀页面，用箭头 $\boxed{\rightarrow}$ 或 $\boxed{\downarrow}$ 将光标移动到坐标系 G56 的 X 栏中，输入"－281.541"，按 $\boxed{INPUT}$，完成 G56 坐标系的 X 轴对刀。

② Y 轴对刀：方法同上，手摇刀具在工件前后侧面处刚好接触到工件前后表面时，分别记下前后两个位置处的 Y 轴机械坐标值 Y_1、Y_2，计算出 $Y=(Y_1+Y_2)/2$ 的坐标值，将其输入到 G56 坐标系 Y 栏中，完成 G56 坐标系的 Y 轴对刀。

③ Z 轴对刀：移动刀具接近工件上表面，当快接触时，使用小倍率进给，一格一格地转动手轮，使铣刀产生微量切削或刚好接触产生摩擦声，这时，在对刀页面里 G56 坐标系的 Z 轴上输入"Z0"，按 $\boxed{测量}$ 软键，Z 轴方向对刀完成。如图 0-84 所示。

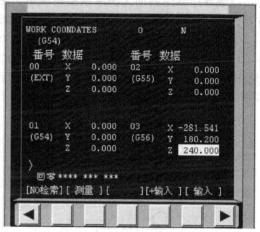

如果工件表面是已加工面，不允许有划伤，可以在主轴停转情况下，在刀具与工件之间加入塞尺进行对刀（X、Y 方向同样），这时应将塞尺的厚度减去。例如，塞尺的厚度为 0.1mm，在对刀页面 G56 坐标系的 Z 轴上，输入"Z0.1"，按 $\boxed{测量}$ 软键，Z 轴零点即为工件上表面。

图 0-84　机床对刀页面

直接对刀精度不高，可以用在毛坯的粗加工和精度要求不高的场合。对于要求比较高的场合，可以采用寻边器对刀、百分表对刀或机外对刀仪对刀。

（2）寻边器对刀

用寻边器对刀只能确定 X、Y 方向的机械坐标值，Z 轴方向可以用 Z 轴设定器来确定。

寻边器分偏心式和光电式等类型（图 0-85）。偏心式寻边器为机械式结构，对刀前，先把寻边器装夹在主轴上，然后使主轴旋转，当主轴轴线离工件侧面较远时，由于旋转作用，偏心式寻边器上下不同轴，产生偏心。用手摇方式使寻边器慢慢接近工件侧面，当寻边器上下同心时，此时主轴轴线与被测量工件表面距离等于寻边器测量圆柱半径值。光电式寻边器的测头一般为 10mm 的钢球，用弹簧拉紧在光电式寻边器的测杆上，内装有电池，当测头碰到工件时电路导通，发出光信号。因此使用光电式寻边器进行对刀时，工件材料必须是导电材料。

(a) 偏心式寻边器　　　　　　(b) 光电式寻边器

图 0-85　寻边器

项目准备　数控机床基础知识及基本操作

① 光电式寻边器对刀　用寻边器对 X、Y 轴对刀，步骤与直接对刀相似。如图 0-86 所示，以工件中心作为 X、Y 轴的坐标零点对刀。使主轴作 $50\sim100\text{r/min}$ 的转动，然后转动手轮使寻边器慢慢接近工件左侧面位置 1。当寻边器的 $S\phi10\text{mm}$ 的球头（半径为 5mm）与工件侧面的距离较小时，手摇脉冲发生器的倍率应选择 ×10 或 ×1，且一个脉冲一个脉冲地移动。到出现发光或蜂鸣时应停止移动，此时光电式寻边器正好与工件接触。然后记下当前位置的机械坐标值 X_1。Z 方向抬起，手轮移动寻边器使寻边器测头接触工件右侧面位置 2，记下该位置的机械坐标 X_2。Z 轴提起寻边器，然后将坐标值 $(X_1+X_2)/2$ 输入到相应工件坐标系中的 X 栏中。Y 轴方向对刀步骤相同。

需要注意的是，在寻边器退出时应注意其移动方向，如果移动方向发生错误会损坏寻边器，导致寻边器歪斜而无法继续准确使用。使用光电寻边器对刀时，工件必须是金属等导电材料，并且将工件各个侧面擦拭干净，以免影响导电性。

② 偏心式寻边器对刀　使主轴转速为 $200\sim300\text{r/min}$，当寻边器接触到工件侧面时，使用小进给倍率一格一格地摇动手轮，待偏心式寻边器上下同心（在上下没有达到准确位置时会出现虚像），按光电寻边器对刀方法中所述进行对刀。在观察偏心式寻边器的影像时，不能只在一个方向观察，应在互相垂直的两个方向进行。如图 0-87 所示。

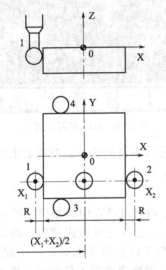

图 0-86　光电式寻边器对刀

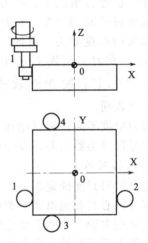

图 0-87　偏心式寻边器对刀

（3）Z 轴设定器对刀

利用 Z 轴设定器可以进行 Z 向对刀。Z 轴设定器有指针式和光电式等类型，如图 0-88 所示。通过指针或光电指示，判断刀具与对刀器是否接触，对刀精度一般可达 $\pm0.0025\text{mm}$，对刀器标定高度的重复精度一般为 $0.001\sim0.002\text{mm}$。对刀器带有磁性表座，可以牢固地附着在工件或夹具上。常用的 Z 轴设定器有 50mm 和 100mm 两种规格。

如图 0-89 所示，使用 50mm 规格的指针式 Z 轴设定器，首先要对 Z 轴设定器进行归零操作。先将工件表面和 Z 轴设定器擦拭干净。将平面块规或精度很高的圆棒置于 Z 轴设定器的标准面上，压平，转动上面的百分表，使指针归零，然后移开平面块规。将 Z 轴设定器放到工件上，慢速进给将刀具（刀具不要转动）接触 Z 轴设定器直到指针指到零，此时 Z 轴距离工件上表面 50mm。在对刀页面相应坐标系的 Z 轴上，输入"Z50"，按 测量 软键，Z 轴零点即为工件上表面。

(a) 指针式　　　　　(b) 光电式

图 0-88　Z 轴设定器

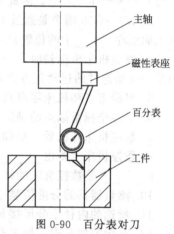

图 0-89　Z 轴设定器对刀

（4）百分表对刀

对于一些工件，上面已经加工出较大的孔或圆柱凸台，需要以孔或圆柱凸台的中心为 X、Y 的坐标原点，则采用杠杆式百分表或千分表对刀，如图 0-90 所示。操作步骤如下。

① 用磁性表座将杠杆式百分表吸在机床主轴上，用手拨着主轴转动或使主轴低速转动。

② 手动操作使表头按 X、Y、Z 的顺序逐渐靠近孔壁（或圆柱面），并压在测量表面上。

③ 使用小进给倍率，转动手摇脉冲发生器，逐步调整到使表头随主轴转动一周时，表针的跳动量在允许的范围内，例如 0.01mm，此时可以认为主轴的旋转中心与工件孔的中心重合。

④ 进行对刀设置：在选择的工件坐标系如 G54 中，输入 "X0"，按测量软键；输入 "Y0"，按测量软键。坐标系中的 X、Y 轴对好。

Z 轴对刀可以采用直接对刀或用 Z 轴设定器进行对刀。

图 0-90　百分表对刀

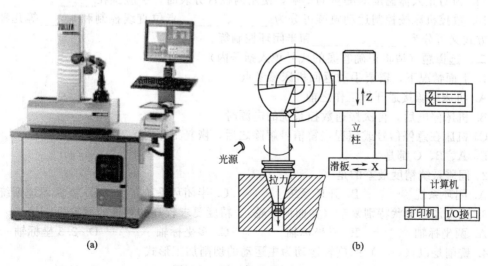

图 0-91　对刀仪及对刀原理

（5）机外对刀仪对刀

机外对刀仪用来测量刀具的长度、直径和刀具形状、角度。使用对刀仪对刀可避免直接对刀和使用对刀工具对刀时产生的误差，大大提高了对刀精度。由于使用对刀仪可以自动计算各把刀的刀长与刀宽的差值，并将其存入系统中，在加工另外的零件时就只需要对标准刀，这样就大大节约了时间。在更换新刀具时，用对刀仪测量出新刀具的主要参数，以便掌握与原刀具的偏差，然后通过修改补偿量确保其正确加工。此外，用对刀仪还可以测量刀具切削刃的角度和形状等参数，有利于提高加工精度。对刀仪及对刀原理如图 0-91 所示。

✖ 练习题

一、填空题（请将正确答案填在横线空白处）

1. 数控机床坐标系三坐标轴 X、Y、Z 及其正方向用_____判定，X、Y、Z 各轴的回转运动及其正方向＋A、＋B、＋C 分别用_____判断。

2. 起刀点即程序开始的起点，工件坐标系原点又称为程序零点，执行 G92 指令后，也就确定了_____与工件坐标系_____的相对距离，该指令只是设定坐标系，机床（刀具或工作台）并未产生_____，因此 G92 指令执行前的刀具位置，必须放在_____要求的位置上。

3. G54～G59 指令是通过 CRT/MDI 在设置方式下设定工件加工坐标系的，一经设定，加工原点在_____中的位置是不变的，它与刀具的当前位置_____。

4. 确定机床坐标轴时，一般是先确定____轴，再确定____轴，最后确定____轴。机床的某一运动部件的运动正方向规定为_____工件与刀具之间距离的方向。

5. 当参考点和机床零点重合时，回参考点的操作也称为_____。

6. 工件坐标系原点的确定是通过_____实现的。

7. 数控机床开机后，必须通过_____操作建立起机床坐标系。

8. 数控机床主要由_____、_____、_____、_____、_____组成。

9. _____是数控机床的核心，它由输入装置、_____、_____三部分组成。

10. 测量器具的分度值越小，其测量精度越_____。

11. 所选的内径千分尺接长杆，应从_____到_____依次连接在测微头上。

12. 在数控加工中，加工凸台、凹槽时选用_____刀。

13. 机床在使用过程中，在_____、_____等情况下会出现机床全部参数丢失的现象。

14. 为防止人体温度对测量的影响，使用内径百分表时，手应握在_____。

15. 数控机床按控制运动轨迹可分为_____、_____点位直线控制和_____等几种。按控制方式又可分为_____、_____和半闭环控制等。

二、选择题（请将正确答案的代号填入括号内）

1. 下面情况下，需要手动返回机床参考点（　　　）。

A. 机床电源接通开始工作之前

B. 机床停电后，再次接通数控系统的电源时

C. 机床在急停信号或超程报警信号解除之后，恢复工作时

D. A、B、C 都是

2. 伺服系统精度最差的是（　　　）。

A. 闭环系统　　　　B. 开环系统　　　　C. 半闭环系统　　　　D. 变频调速系统

3. 适宜加工形状特别复杂（如曲面叶轮）、精度要求较高的零件的数控机床是（　　　）。

A. 两坐标轴　　　　B. 三坐标轴　　　　C. 多坐标轴　　　　D. 2.5 坐标轴

4. 铣削是以（　　　）的旋转运动为主运动的切削加工形式。

A. 工件　　　　B. 铣刀　　　　C. Y 轴　　　　D. X 轴

5. 定心夹紧机构具有定心同时将工件（　　）的特点。

A. 定位　　　　　　　B. 校正　　　　　　　C. 平行　　　　　　　D. 夹紧

6. 数控机床的定位精度基本上反映了被加工零件的（　　）精度。

A. 同轴　　　　　　　B. 圆度　　　　　　　C. 孔距

7. 对于配合精度要求较高的圆锥加工，在工厂一般采用（　　）检验。

A. 圆锥量规涂色　　　B. 游标量角器　　　　C. 角度样板

8. 批量加工 $\phi 30^{+0.021}_{0}$ 的内孔，应选用的量具是（　　）。

A. 游标卡尺　　　　　B. 深度尺　　　　　　C. 内径表和千分尺

9. 在数控机床验收中，属于机床几何精度检查的项目是（　　）。

A. 回转原点的返回精度　　　　　　B. 箱体掉头镗孔同轴度

C. 主轴轴向跳动

10. 用水平仪检验机床导轨的直线度时，若把水平仪放在导轨的右端，气泡向右偏 2 格；若把水平仪放在导轨的左端，气泡向左偏 2 格，则此导轨是（　　）状态。

A. 中间凸　　　　　　B. 中间凹　　　　　　C. 不凸不凹

11. 五轴控制四轴联动数控机床至少有（　　）个数控轴

A. 5　　　　　　　　　B. 3　　　　　　　　　C. 4

12. 编排数控机床加工工艺时，为了提高加工精度，采用（　　）。

A. 精密专用夹具　　　　　　　　　B. 一次装夹多工序集中

C. 流水线作业　　　　　　　　　　D. 工序分散加工

13. FMS 是指（　　）。

A. 自动化工厂　　　　B. 计算机数控系统　　C. 柔性制造系统　　　D. 数控加工中心

14. 螺旋刃端铣刀的排屑效果较直刃端铣刀（　　）。

A. 差　　　　　　　　　B. 好　　　　　　　　　C. 一样　　　　　　　D. 不一定

15. 全闭环伺服系统与半闭环伺服系统的区别取决于运动部件上的（　　）。

A. 执行机构　　　　　B. 反馈信号　　　　　C. 检测元件

16. 内径百分表校对零位时不能使用的是（　　）。

A. 量块及其附件　　　B. 外径千分尺　　　　C. 游标卡尺　　　　　D. 标准环规

17. 从内径百分表上读出的数值是（　　）。

A. 极限偏差　　　　　B. 实际偏差　　　　　C. 公差

D. 上偏差　　　　　　E. 下偏差

18. 数控铣床中，设定坐标系可应用（　　）代码。

A. G90　　　　　　　　B. G91　　　　　　　　C. G92　　　　　　　D. G94

19. 在坐标系中，所有的坐标点均以一固定坐标原点作为坐标位置的起点，并以之计算各点的坐标值，这个坐标系称为（　　）。

A. 编程坐标系　　　　B. 工作坐标系　　　　C. 增量坐标系　　　D. 绝对坐标系

20. 机床运行"G54 G90 G00 X100 Y180；G91 G01 X－20 Y－80；"程序段后，机床坐标系中的坐标值为"X30 Y－20"，此时 G54 设置值为（　　）。

A. X－30 Y20　　　　B. X80 Y100　　　　　C. X－50 Y－120　　D. X30Y－20

21. 数控机床上把刀具远离工件的运动方向为坐标的（　　）方向。

A. 左　　　　　　　　　B. 右　　　　　　　　　C. 后　　　　　　　　D. 正

22. 下列关于 G54 与 G92 指令说法不正确的是（　　）

A. G92 是通过程序来设定加工坐标系的，G54 是通过 CRT/MDI 在设置参数方式下设定工件加工坐标系的

B．G92 所设定的加工坐标系原点与当前刀具所在的位置无关

C．G54 所设定的加工坐标系原点与当前刀具所在的位置无关

D．G54 与 G92 都是用于设定工件加工坐标系的

23．设置零点偏置（G54～G59）是从（　　　）输入。

A．程序段中　　　　　B．机床操作面板　　　　C．CNC 控制面板

24．在用 G54 与 G92 设定工件坐标系时，刀具起点（　　　）。

A．与 G92 无关、与 G54 有关　　　　　　　　B．与 G92 有关、与 G54 无关

C．与 G92、G54 均有关　　　　　　　　　　　D．与 G92、G54 均无关

25．检测工具的精度必须比被测的几何精度（　　　）个等级。

A．低一　　　　　　　　B．高一　　　　　　　C．低七　　　　　　　D．高九

三、判断题（正确的请在括号内打"√"，错误的打"×"）

1．数控铣床的机床原点即机床参考点，所以开机后回参考点也称为"回零"。（　　　）

2．机床零点与机床原点在数控机床上是同一个点。（　　　）

3．用 G92 设定工件坐标系后，机床关机后重新开机也不必重新设定。（　　　）

4．直接对刀时，机床主轴必须旋转。（　　　）

5．用寻边器对刀精度高于直接对刀。（　　　）

6．数控加工中心具有自动换刀功能，所以不需要对刀。（　　　）

7．工件坐标系原点必须与机床坐标系原点重合。（　　　）

8．夹具的制造误差通常应是工件精度的 1/3～1/5。（　　　）

9．机床夹具的三化就是标准化、系统化和通用化。（　　　）

10．CIMS 是指计算机集成制造系统，FMS 是指柔性制造系统。（　　　）

11．在系统断电时，用电池储存的能量来维持 RAM 中的数据，更换电池时一定要在数控系统通电的情况下进行。（　　　）

12．CNC 闭环系统的特点之一就是调试容易。（　　　）

13．使用三爪或四爪卡盘装夹工件，可限制工件三个方向的移动。（　　　）

14．炎热的夏季，可以将数控柜的门打开，以增加通风散热。（　　　）

15．在工件上既有平面需要加工，又有孔需要加工时，可采用先加工孔，后加工平面的加工顺序。（　　　）

四、简答题

1．用 G92 和 G54 指令设定工件坐标系有什么不同？哪种方法最常用？

2．简述直接对刀的过程与步骤。

3．什么是闭环系统？简述其特点及应用，并给出其原理框图。

4．常用键槽铣刀与立铣刀有何区别？各用于哪些场合？

5．孔加工刀具有哪些？加工精度如何？

6．观察刀柄结构，进行装夹刀具的练习。

7．根据孔的形状、直径大小和精度不同，孔的测量有哪些方法？各需要什么量（检）具，进行测量时注意什么事项？

8．什么是定位？什么是夹紧？两者之间的关系如何？

9．常见的工件装夹方式有哪些？轴类零件如何夹紧？

10．简述加工中心的换刀过程。

11．简述右手直角笛卡尔坐标系定义。

12．什么是机床坐标系？什么是工件坐标系？两者有什么关系？

13．什么是机床原点？什么是机床参考点？为什么要回机床参考点？

14. 常用的对刀方法有哪些？

五、综合题

如图 0-92 所示，工件毛坯尺寸为 80mm×80mm×20mm，材料为 45 钢。四周已加工。试完成下列任务：

(1) 制定装夹方案及加工工艺路线。

(2) $\phi 25^{+0.033}_{0}$ 孔已加工出 $\phi 23$mm 底孔，试确定对刀方法并进行对刀操作。

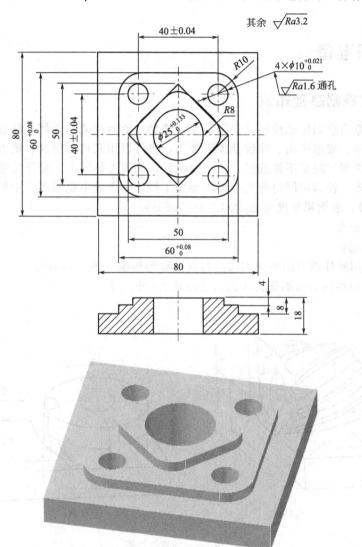

图 0-92 对刀操作

项目1 平面加工

1.1 知识准备

1.1.1 数控铣削基础知识

铣削加工是由绕固定轴旋转的铣刀与工件移动进给所完成的金属切除过程。可以对工件进行平面、沟槽、成形表面、螺纹及齿形加工，也可以用来切断材料。铣刀是多齿刀具，铣削时每个齿的切削过程是不连续的，散热情况好，铣刀刀体较大，便于传热，所以铣削速度可以很高。另外，铣刀可同时有几个刀齿参加工作，生产效率也较高。数控铣削的精度可达到 IT9～IT8 级，表面粗糙度可达 $Ra12.5～1.6\mu m$。

（1）铣削方式

① 周铣与端铣

a. 周铣　用圆柱铣刀的圆周刀齿进行铣削称为周铣［图 1-1(a)］。

b. 端铣　用端铣刀的端面刀齿进行铣削称为端铣［图 1-1(b)］。

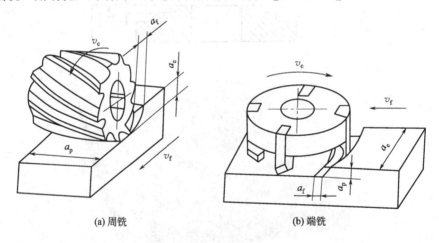

(a) 周铣　　　　　　　　　　　　(b) 端铣

图 1-1　周铣与端铣

端铣的加工质量好于周铣，而周铣的应用范围比端铣大。

周铣时，同时工作的刀齿数与加工余量有关，一般仅 1～2 个，而端铣时，同时工作的刀齿数与被加工表面的宽度有关，而与加工余量无关，即使在精铣时，也有较多的刀齿同时工作。因此，端铣的切削过程比周铣时平稳，有利于提高加工质量。

端铣时可利用修光刀齿修光已加工表面，因此端铣可达到较小的表面粗糙度值。

端铣刀直接安装在铣床的主轴端部，悬伸长度较小，刀具系统的刚度较好，而圆柱铣刀安装在细长的刀轴上，刀具系统的刚度远不如端铣刀。同时，端铣刀可方便地镶装硬质合金刀片，而圆柱铣刀多采用高速钢制造。所以，端铣时可以采用高速铣削，不仅大大提高了生产效率，也提高了已加工表面的质量。

② 顺铣和逆铣　用圆柱铣刀铣削时，其铣削方式可分为顺铣和逆铣两种。

a. 顺铣　当工件的进给方向与圆柱铣刀切削速度的方向相同时称为顺铣［图1-2(a)］。

b. 逆铣　当工件的进给方向与圆柱铣刀切削速度的方向相反时称为逆铣［图1-2(b)］。

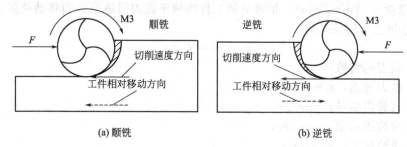

图 1-2　顺铣与逆铣

顺铣有利于提高刀具的耐用度和工件装夹的稳定性，但容易引起工作台窜动，甚至造成事故。因此顺铣时机床应具有消除丝杠与螺母之间间隙的装置，并且顺铣的加工范围应限于无硬皮的工件。精加工时，铣削力小，不易引起工作台的窜动，多采用顺铣。因为顺铣无滑移现象，加工后的表面质量较好。

顺铣时，铣刀始终有一个向下的分力压紧工件，使铣削平稳；顺铣时，每个刀齿的切削厚度是从最大减小到零，易于切入工件，而且切出时对已加工面的挤压摩擦也小，刀刃磨损较慢，加工表面质量较高；顺铣时，消耗在进给运动方向上的功率较小。顺铣时，刀刃从工件外表面切入，当工件是有硬皮和杂质的毛坯件时，刀刃易磨损和损坏；顺铣时，铣刀对工件的水平分力与进给方向相同，所以会拉动工作台，当丝杠与螺母、轴承的轴向间隙较大时，工作台被拉动将使铣刀每齿进给量突然增大，造成刀齿折断，刀轴弯曲，工件和夹具移动，甚至损坏机床。

逆铣多用于粗加工，加工有硬皮的铸件、锻件毛坯时采用逆铣；使用无丝杠螺母调整机构的铣床加工时，也应采用逆铣。逆铣时，由于刀刃不是从工件的外表面切入，故铣削表面有硬皮的工件，对刀刃损坏的影响较小，但此时每个刀齿的切削厚度是从零增大到最大值，由于刀齿的刃口总有一定的圆弧，所以，刀齿接触工件后要滑动一段距离才能切入工件，刀刃易磨损，并使已加工面受挤压和摩擦，影响加工表面的质量。

逆铣时，水平分力与工件进给方向相反，不会拉动工作台，丝杠与螺母、轴承之间总是保持紧密接触而不会松动，但逆铣时会产生向上的垂直分力，使工件有上抬的趋势，因此必须使工件装夹牢固，而且垂直分力在切削过程中是变化的，易产生振动，影响工件表面粗糙度。逆铣时消耗在进给方向上的功率较大。

（2）铣削用量的概念

铣削用量包括铣削速度、进给量、背吃刀量和侧吃刀量。背吃刀量和侧吃刀量在数控加工中通常称为切削深度和切削宽度。

① 铣削速度 v_c（m/min）　是指铣刀旋转时的线速度，计算公式为

$$v_c = \frac{\pi d_0 n}{1000}$$

式中　d_0——刀具直径，mm；

　　　n——主轴转速，r/min；

　　　v_c——切削速度，m/min。

② 进给量　铣削时的进给量有三种表示方法。

a. 每转进给量 f（mm/r） 指铣刀每转一转时，工件相对于铣刀沿进给方向移动的距离。

b. 每齿进给量 f_z（mm/齿） 指铣刀每转过一个齿，工件相对于铣刀沿进给方向移动的距离。

c. 进给速度 v_f（mm/min） 指每分钟工件相对于铣刀沿进给方向移动的距离。

三种进给量之间的关系为

$$v_f = fn = f_z Zn$$

式中　Z——铣刀的齿数；

　　　　n——铣刀转速，r/min；

　　　　f——每转进给量，mm/r；

　　　　f_z——每齿进给量，mm/齿；

　　　　v_f——进给速度，mm/min。

③ 背吃刀量 a_p（mm） 是平行于铣刀轴线方向的切削层尺寸。端铣时，a_p 为切削层深度；周铣时，a_p 为被加工表面的宽度。

④ 侧吃刀量 a_e（mm） 是垂直于铣刀轴线方向的切削层尺寸。端铣时，a_e 为被加工表面宽度；周铣时，a_e 为切削层深度。

各铣削要素如图 1-3 所示。

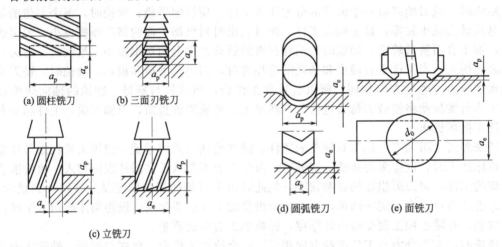

(a) 圆柱铣刀　　　(b) 三面刃铣刀　　　　　　　(d) 圆弧铣刀　　　(e) 面铣刀

(c) 立铣刀

图 1-3　各类铣削要素定义

（3）铣削用量的选择

切削用量的选择，应在保证工件加工精度和刀具耐用度不超过数控机床允许的动力和扭矩前提下，获得最高的生产率和最低的成本。在铣削过程中，如果能在一定时间内切除较多的金属，就有较高的生产率。选择切削用量的原则是：粗加工时，一般以提高生产率为主，但也应考虑经济性和加工成本；半精加工和精加工时，应在保证加工质量的前提下，兼顾切削效率、经济性和加工成本。具体数值应根据机床说明书、切削用量手册，并结合经验而定。

从刀具耐用度的角度出发，切削用量的选择次序是：根据侧吃刀量 a_e 先选较大的背吃刀量 a_p，再选较大的进给速度 v_f，最后确定铣削速度 v_c（转换为主轴的转速 n）。

① 背吃刀量 a_p 的选择 背吃刀量或侧吃刀量的选取主要由加工余量和对表面质量的要求决定。

a. 在工件表面粗糙度值要求为 $Ra12.5 \sim 25\mu m$ 时，如果圆周铣削的加工余量小于

5mm，端铣的加工余量小于6mm，粗铣一次进给就可以达到要求。但在余量较大、工艺系统刚性较差或机床动力不足时，可分多次进给完成。

b. 在工件表面粗糙度值要求为 $Ra3.2\sim12.5\mu m$ 时，可分粗铣和半精铣两步进行。粗铣时切削深度或切削宽度选取同前。粗铣后留 $0.5\sim1.0mm$ 余量，在半精铣时切除。

c. 在工件表面粗糙度值要求为 $Ra0.8\sim3.2\mu m$ 时，可分粗铣、半精铣、精铣三步进行。半精铣时切削深度或切削宽度取 $1.5\sim2mm$，精铣时周铣侧吃刀量取 $0.3\sim0.5mm$，面铣刀背吃刀量取 $0.5\sim1mm$。

大体参考范围如下：当侧吃刀量 $a_e<d_0/2$（d_0 为铣刀直径）时，取 $a_p=(1/3\sim1/2)d_0$；当侧吃刀量 $d_0/2\leqslant a_e<d_0$ 时，取 $a_p=(1/4\sim1/3)d_0$；当侧吃刀量 $a_e=d_0$（满刀切削时）时，取 $a_p=(1/4\sim1/5)d_0$。

当机床的刚性较好，且刀具的直径较大时，a_p 可取得更大些。

② 进给量的确定 每齿进给量 f_z 的选取主要取决于工件材料的力学性能、刀具材料、工件表面粗糙度等因素。工件材料的强度和硬度越高，f_z 越小；反之则越大。硬质合金铣刀的每齿进给量高于高速钢铣刀。工件表面粗糙度要求越高，f_z 就越小。

一般粗铣时，应首先选择每齿进刀量 f_z，其数值可按表 1-1～表 1-4 选取。然后按公式 $v_f=f_zZn$ 计算出进给速度，并按机床说明书选用接近值。对于半精铣和精铣，应根据工件表面粗糙度要求，按表 1-1 注中表选取每转进给量，然后按公式 $v_f=fn$ 计算出进给速度，并按机床说明书选用接近值。

表 1-1 高速钢端铣刀、圆柱铣刀和盘铣刀加工时的进给量

铣床（铣头）功率/kW	工艺系统刚性	粗齿和镶齿铣刀				细齿铣刀			
		端铣刀与盘铣刀		圆柱铣刀		端铣刀与盘铣刀		圆柱铣刀	
		每齿进给量 f_z/mm·齿$^{-1}$							
		钢	铸铁及铜合金	钢	铸铁及铜合金	钢	铸铁及铜合金	钢	铸铁及铜合金
>10	上等	0.20～0.30	0.30～0.45	0.25～0.35	0.35～0.50				
	中等	0.15～0.25	0.25～0.40	0.20～0.30	0.30～0.40				
	下等	0.10～0.15	0.20～0.25	0.15～0.20	0.25～0.30				
5～10	上等	0.12～0.20	0.25～0.35	0.15～0.25	0.25～0.35	0.08～0.12	0.20～0.35	0.10～0.15	0.12～0.20
	中等	0.08～0.15	0.20～0.30	0.12～0.20	0.20～0.30	0.06～0.10	0.15～0.30	0.06～0.10	0.10～0.15
	下等	0.06～0.10	0.15～0.25	0.10～0.15	0.12～0.20	0.04～0.08	0.10～0.20	0.05～0.08	0.08～0.12
<5	中等	0.04～0.06	0.15～0.30	0.10～0.15	0.12～0.20	0.04～0.06	0.12～0.20	0.05～0.08	0.06～0.12
	下等	0.04～0.06	0.10～0.20	0.06～0.10	0.10～0.15	0.04～0.06	0.08～0.15	0.03～0.06	0.05～0.10

注：1. 表中大进给量用于小的背吃刀量和侧吃刀量；小进给量用于大的背吃刀量和侧吃刀量。

2. 铣削耐热钢时，进给量与铣削钢时相同，但不大于 0.3mm/齿。

3. 上述进给量用于粗铣，半精铣按下表选取。

要求表面粗糙度 $Ra/\mu m$	半精铣时每转进给量 f/mm·r^{-1}						
	镶齿面铣刀和盘铣刀	圆柱铣刀直径 d_0/mm					
		40～80	100～125	160～250	40～80	100～125	160～250
		钢及铸钢			铸铁、铜及铝合金		
6.3	1.2～2.7	—					
3.2	0.5～1.2	1.0～2.7	1.7～3.8	2.3～5.0	1.0～2.3	1.4～3.0	1.9～3.7
1.6	0.23～0.5	0.6～1.5	1.0～2.1	1.3～2.8	0.6～1.3	0.8～1.7	1.1～2.1

表 1-2 硬质合金面铣刀、圆柱铣刀和圆盘铣刀加工平面和凸台时的进给量

机床功率 /kW	钢		铸铁、铜合金	
	不同牌号硬质合金的每齿进给量 f_z/mm·齿$^{-1}$			
	YT15	YT5	YG6	YG8
>10	0.09~0.18	0.12~0.18	0.14~0.24	0.20~0.29
5~10	0.12~0.18	0.16~0.24	0.18~0.28	0.25~0.38

注：1. 表列数值用于圆柱铣刀的背吃刀量 a_p≤30mm；当 a_p>30mm 时，进给量应减少 30%。

2. 用盘铣刀铣槽时，表列进给量应减小一半。

3. 用端铣刀加工，对称铣时进给量取小值；不对称铣时进给量取大值。主偏角大时取小值；主偏角小时取大值。

4. 加工材料的强度或硬度大时，进给量取小值；反之取大值。

5. 上述进给量用于粗铣。精铣时铣刀每转进给量按下表选择。

要求达到的表面粗糙度 Ra/μm	3.2	1.6	0.8	0.4
每转进给量 f/mm·r^{-1}	0.5~1.0	0.4~0.6	0.2~0.3	0.15

表 1-3 硬质合金立铣刀加工平面和凸台时的进给量

铣刀类型	铣刀直径 d_0 /mm	侧吃刀量 a_e/mm			
		1~3	5	8	12
		每齿进给量 f_z/mm·齿$^{-1}$			
带整体刀头的立铣刀	10~12	0.03~0.025	—	—	—
	14~16	0.06~0.04	0.04~0.03	—	—
	18~22	0.08~0.05	0.06~0.04	0.04~0.03	—
镶螺旋形刀片的立铣刀	20~25	0.12~0.07	0.10~0.05	0.10~0.03	0.08~0.05
	30~40	0.18~0.10	0.12~0.08	0.10~0.06	0.10~0.05
	50~60	0.20~0.10	0.16~0.10	0.12~0.03	0.12~0.06

注：大进给量用于在大功率机床上背吃刀量较小的粗铣；小进给量用于在中等功率的机床上背吃刀量较大的铣削。表列进给量可得到 Ra6.3~3.2μm 的表面粗糙度。

表 1-4 高速钢立铣刀的进给量

加工类型	工件材料	铣刀		铣削深度 a_p/mm				
		直径 d_0 /mm	齿数 Z	5	10	15	20	30
				每齿进给量 f_z/mm·齿$^{-1}$				
精铣	钢	8	5	0.01~0.02	0.008~0.015	—	—	—
		10	5	0.015~0.025	0.012~0.02	0.01~0.015	—	—
		16	3	0.035~0.05	0.03~0.04	0.02~0.03	—	—
			5	0.02~0.04	0.015~0.025	0.012~0.02	—	—
		20	3	—	0.05~0.08	0.04~0.06	0.025~0.05	—
			5	—	0.04~0.06	0.03~0.05	0.02~0.04	—
		25	3	—	0.06~0.12	0.06~0.1	0.04~0.08	0.025~0.05
			5	—	0.06~0.1	0.05~0.08	0.04~0.06	0.02~0.04
		32	4	—	0.07~0.12	0.06~0.10	0.05~0.08	0.04~0.06
			6	—	0.07~0.10	0.06~0.09	0.04~0.06	0.03~0.05
	铸铁、铜合金	8	5	0.015~0.025	0.012~0.02	—	—	—
		10	5	0.03~0.05	0.015~0.03	0.012~0.02	—	—
		16	3	0.07~0.10	0.05~0.08	0.04~0.07	—	—
			5	0.03~0.08	0.04~0.07	0.025~0.05	—	—
		20	3	0.08~0.12	0.07~0.12	0.06~0.10	0.04~0.07	—
			5	0.06~0.12	0.06~0.10	0.05~0.08	0.035~0.05	—

加工类型	工件材料	铣刀		铣削深度 a_p/mm				
		直径 d_0 /mm	齿数 Z	5	10	15	20	30
				每齿进给量 f_z/mm·齿$^{-1}$				
精铣	铸铁、铜合金	25	3	—	0.10~0.15	0.08~0.12	0.07~0.10	0.06~0.07
			5	—	0.08~0.14	0.07~0.10	0.04~0.07	0.03~0.06
		32	4	—	0.12~0.18	0.08~0.14	0.08~0.12	0.06~0.08
			6	—	0.10~0.15	0.08~0.12	0.07~0.10	0.05~0.07

③ 确定切削速度 在背吃刀量和进给量选好后，应在保证合理的刀具耐用度、机床功率等因素的前提下确定铣削速度，见表1-5。主轴转速 n 可根据选取的切削速度通过公式计算求得，然后圆整到机床说明书中的标准值。

表1-5 各种常用工件材料的铣削速度推荐范围

工件材料	硬度 /HBS	铣削速度 v_c/m·min^{-1}		工件材料	硬度 /HBS	铣削速度 v_c/m·min^{-1}	
		硬质合金铣刀	高速钢铣刀			硬质合金铣刀	高速钢铣刀
低、中碳钢	<220	80~150	21~40	工具钢	200~250	45~83	12~23
	225~290	60~115	15~36	灰铸铁	100~140	110~115	24~36
	300~425	40~75	9~20		150~225	60~110	15~21
高碳钢	<220	60~130	18~36		230~290	45~90	9~18
	225~325	53~105	14~24		300~320	21~30	5~10
	325~375	36~48	9~12	可锻铸铁	110~160	100~200	42~50
	375~425	35~45	6~10		160~200	83~120	24~36
合金钢	<220	55~120	15~35		200~240	72~110	15~24
	225~325	40~80	10~24		240~280	40~60	9~21
	325~425	30~60	5~9	铝镁合金	95~100	360~600	180~300

注：1. 粗铣时切削负荷大，v_c 应取小值；精铣时，为减小表面粗糙度值，v_c 取大值。

2. 采用可转位硬质合金铣刀时，v_c 可取较大值。

3. 铣刀结构及几何参数等改进后，v_c 可超过表列值。

4. 实际铣削后，如发现铣刀寿命太低，应适当降低 v_c。

（4）铣削加工顺序

① 先粗后精 铣削要按照粗铣→半精铣→精铣的加工顺序进行，最终达到图样要求。粗加工应以最高的效率切除表面的大部分余量，为半精加工提供定位基准和均匀适当的加工余量。半精加工为主要表面精加工做好准备，即达到一定的精度、表面粗糙度值和加工余量。加工一些次要表面要达到规定的技术要求。精加工后使各表面达到图样规定的要求。

② 先面后孔 平面加工简单方便，根据工件定位的基本原理，平面轮廓大而平整，以平面定位比较稳定可靠。以加工好的平面为精基准加工孔，这样不仅可以保证孔的加工余量较为均匀，而且为孔的加工提供了稳定可靠的精基准；另一方面，先加工平面，切除了工件表面的凸凹不平及夹砂等缺陷，可减少因毛坯凸凹不平而使钻头引偏和防止扩、铰孔时刀具崩刃；同时，加工中便于对刀和调整。

③ 先主后次 主要表面先安排加工，一些次要表面因加工面小，和主要表面有相对位置要求，可穿插在主要表面加工工序之间进行，但要安排在主要表面最后精加工之前，以免影响主要表面的加工质量。

1.1.2 平面加工刀具

（1）凸台面加工

凸台等小平面可以选用直柄立铣刀加工，其常用规格见表 1-6。立铣刀由于其端面的刀刃不过中心，因此不能垂直进给切削。刀具常用材料一般为高速钢和硬质合金。高速钢铣刀韧性好，抗冲击性较好，刃口可以磨得很锋利；硬质合金铣刀硬度高，可以选择较大的切削速度，但耐冲击性不如高速钢铣刀。

表 1-6　直柄立铣刀的规格

直柄立铣刀结构参数	d	d_1	L	l	齿数 粗	齿数 中	齿数 细
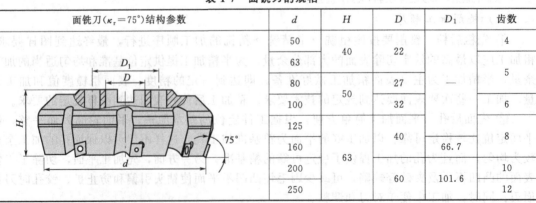	2	2	39	7	3	4	—
	3	3	40	8			
	4	4	43	11			
	5	5	47	13			
	6	6	57				
	8	8	63	19			
	10	10	72	22			5
	12	12	83	26			
	16	16	92	32			
	20	20	104	38			6
	25	25	121	45			
	32	32	133	53	4	6	8

（2）大平面加工

一般铸造或锻造毛坯，切除材料量较大，宜在普通机床上进行粗加工后，然后在数控铣床上进行半精加工和精加工。工件上较大平面加工一般用镶齿硬质合金面铣刀进行加工；小平面或台阶面一般用立铣刀加工。面铣刀的规格见表 1-7。

表 1-7　面铣刀的规格

面铣刀（$\kappa_r=75°$）结构参数	d	H	D	D_1	齿数
	50	40	22	—	4
	63		22		5
	80	50	27		
	100		32		6
	125	63	40		8
	160		40	66.7	
	200		60	101.6	10
	250				12

1.1.3 数控程序的结构

数控机床是一种高效的自动化加工设备，它按照零件加工程序，自动对零件进行加工。

因此，首先必须将所要加工零件的全部信息，包括工艺过程、刀具运动轨迹及方向、位移量、切削参数（主轴转速、进给量、背吃刀量等）以及辅助功能（换刀、主轴正反转、冷却液开关等）信息按照数控系统规定的指令代码及程序格式编写成数控加工程序，然后输入到数控装置，数控装置按照程序要求控制机床对零件进行加工。把从数控系统外部输入的直接用于加工的数控指令的集合称为数控加工程序，简称为数控程序。

在编制数控加工程序前，应首先了解：数控程序编制的主要工作内容，程序编制的工作步骤，每一步应遵循的工作原则等，最终才能获得满足要求的数控程序。理想的数控程序不仅应该保证能加工出符合图纸要求的合格零件，还应该使数控机床的功能得到合理的应用与充分的发挥，以使数控机床能安全、可靠、高效地工作。

数控编程大体经过了机器语言编程、高级语言编程、代码格式编程和人机对话编程与动态仿真几个阶段。在 20 世纪 70 年代，美国电子工业协会（EIA）和国际标准化组织（ISO）先后对数控机床坐标轴和运动方向、数控程序编程的代码、字符和程序段格式等制定了若干标准和规范（我国按照 ISO 标准也制定了相应的国家标准和部颁标准），从而出现了用代码和标示符号，按照严格的格式书写的数控加工源程序——代码格式编程程序。这种编写源程序技术的重大进步，意义极为深远。

数控系统的种类繁多，每种数控程序语言规则和格式也不尽相同，本教程以 ISO 国际标准为主来介绍加工程序的编制方法。当针对某一台数控机床编制加工程序时，应该严格按机床编程手册中的规定进行程序编制。

数控编程的方法一般分为手工编程与自动编程。

（1）手工编程

手工编程是指数控编程中各个阶段主要由人工来完成的工作过程。手工编程的优点如下。

① 适应性较强。可以适用于不同类型、不同档次、不同系列所有的数控系统。

② 程序设计质量高。手工编程可充分利用数控系统的指令功能及编程人员的工艺经验、加工经验及加工技巧，如子程序、循环指令、宏指令、镜像指令等，程序简洁明了，程序容量小，加工时间短，加工质量好。

③ 程序的可读性、可移植性强。手工编制的程序可读性强，易于修改。

④ 编程比较简单，容易掌握。编程不需要增加额外的软件和硬件，成本低。

一般对几何形状不太复杂的零件，所需的加工程序不长，计算比较简单，用手工编程比较合适。

手工编程的缺点是耗费时间较长，容易出现错误，无法胜任复杂形状零件的编程。

手工编程方法是编制加工程序的基础，也是机床现场加工调试的主要方法，无论是对数控机床编程人员、数控机床维修人员还是对数控机床操作人员来讲，都是必须掌握的基本功。

手工编程的一般步骤如图 1-4 所示。

① 分析零件图样和制定工艺方案　主要包括：对零件图样进行分析，明确加工的内容和要求；确定加工方案；选择合适的数控机床；选择或设计刀具和夹具；确定合理的走刀路线及选择合理的切削用量等。这一工作要求编程人员能够对零件图样的技术特性、几何形状、尺寸及工艺要求进行分析，并结合数控机床使用的基础知识，如数控机床的规格、性能、数控系统的功能等，确定加工方法和加工路线。

② 数值处理　在确定了工艺方案后，就需要根据零件的几何尺寸、加工路线等，计算刀具中心运动轨迹，以获得刀位数据。数控系统一般均具有直线插补与圆弧插补功能，对于加工由圆弧和直线组成的较简单的平面零件，只需要计算出零件轮廓上相邻几何元素交点或

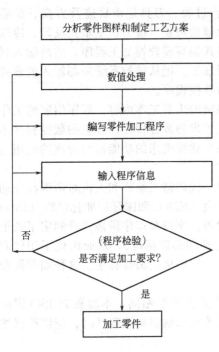

图 1-4　手工编程的工作过程

切点的坐标值，得出各几何元素的起点、终点、圆弧的圆心坐标值等，就能满足编程要求。当零件的几何形状与控制系统的插补功能不一致时，就需要进行较复杂的数值计算，一般需要使用计算机辅助计算。

③ 编写零件加工程序　在完成上述工艺处理及数值计算工作后，即可编写零件加工程序。程序编制人员使用数控系统的程序指令，按照规定的程序格式，逐段编写加工程序。

④ 程序的输入　将编写好的加工程序输入数控系统，就可控制数控机床的加工工作。输入方式有：光电阅读机、键盘、磁盘、磁带、存储卡、连接计算机的 DNC 接口及网络等。目前常用的方法是通过机床操作面板功能键或键盘直接将加工程序输入（MDI 方式）到数控机床程序存储器中或通过计算机与数控系统的通信接口将加工程序传送到数控机床的程序存储器中，由机床操作者根据零件加工需要进行调用。现在一些新型数控机床已经配置大容量存储卡存储加工程序，作为数控机床程序存储器使用。

⑤ 程序检验　一般在正式加工之前，要对程序进行检验。通常可采用机床空运转的方式，来检查机床动作和运动轨迹的正确性，以检验程序。在具有图形模拟显示功能的数控机床上，可通过显示走刀轨迹或模拟刀具对工件的切削过程，对程序进行检查。随着数控加工技术的发展，可采用数控加工仿真方法对数控加工程序进行校核。以上方法只能检查运动轨迹的正确性，但不能检查出被加工工件的精度，因此需要对工件进行首件试切。通过检查试件，不仅可确认程序是否正确，还可知道加工精度是否符合要求。当发现有加工误差或不符合图纸要求时，应分析误差产生的原因，以便修改加工程序或采取刀具尺寸补偿等措施，直到加工出符合图样要求的零件为止。

（2）自动编程

自动编程是指在计算机及相应的软件系统的支持下，自动生成数控加工程序的过程。

目前几乎所有大型 CAD/CAM 应用软件都具备数控编程功能。常用的软件有 UG、MasterCAM、Pro/ENGINEER、CATIA、Cimation、SolidWorks、I-DEAS、CAXA 等，其特点是采用简单、习惯的语言对加工对象的几何形状、加工工艺、切削参数及辅助信息等内容按规则进行描述，再由计算机自动地进行数值计算、刀具中心运动轨迹计算、后置处理，产生出零件加工程序单，并且对加工过程进行动态仿真，如果正确无误，则将加工指令输送到机床进行加工。对于形状复杂，具有非圆曲线轮廓、三维曲面等零件编写加工程序，采用自动编程方法效率高，可靠性好。在编程过程中，程序编制人员可及时检查程序是否正确，需要时可及时修改。由于使用计算机代替编程人员完成了繁琐的数值计算工作，并省去了书写程序单等工作量，因而可提高编程效率几十倍乃至上百倍，解决了手工编程无法解决的许多复杂零件的编程难题。

（3）程序的结构

程序是为使机床能按要求运动而编写的数控指令的集合。数控程序由三部分构成：程序名、程序内容、程序结束。程序内容由若干程序段组成，程序段由程序字组成，程序字由地址符和数字组成，它代表数控机床的一个位置或动作。程序的结构如图 1-5 所示。

① 程序名 系统可以存储多个程序，为相互区分，在程序的开始必须冠以程序名。FANUC 系统的程序名由英文字母 O 以及后面的四位数字组成，可编的范围是 O0001～O9999。其中 O0000 系统占用，作为在 MDI 方式下输入程序用。

② 程序段 由段号和程序字组成，FANUC 系统要求用结束符 "；" 结束。段号用 N 表示，范围从 N0001～N9999。段号可以通过修改系统参数自动生成。程序段号可以不写并不影响程序的执行和功能。为了方便修改，自动生成的程序段号间隔为 5 或 10，可以通过修改系统参数设置。例如：

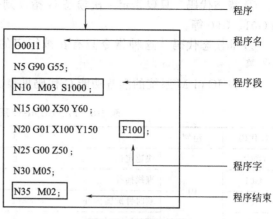

图 1-5 程序的结构

N15 G00 X50 Y60;

其中 N15 为段号；G00、X50、Y60 都是程序字；"；" 为结束符。

需要注意的是，系统在执行程序的时候，是按照程序段的先后顺序依次执行的，而不是按照段号的大小顺序执行的。

③ 程序字 由地址符（英文字母）和数字组成。地址决定功能。例如：

M03 S1000;

其中 M、S 为地址；数字 03、1000 与前边的地址相结合成为一个字，代表着不同的功能。

对于 X、Z 等坐标地址，后边的数字可以是正、负数，负号要写，正号不写。例如：X20，Z−40。

为了便于编写和检查，程序段中的程序字排列最好一致。一般的的顺序是：

N＿ M＿ S＿ T＿ G＿ X＿ Z＿ F＿

④ 程序结束 程序的最后必须用 "M02" 或 "M30" 等指令结束，否则系统报警。

1.1.4 数控机床的基本功能指令

数控机床的基本功能包括准备功能（G 功能）、辅助功能（M 功能）、刀具功能（T 功能）、主轴功能（S 功能）和进给功能（F 功能）。

为了让数控机床按照要求进行切削加工，就必须用程序的形式给它输入必要的指令加以控制。这种指令的规则和格式必须严格符合机床数控系统的要求和规范，否则机床就无法工作。目前国际上广泛使用 ISO 1056—1975（E）标准，我国指定的 JB 3208—1983 标准与国际标准等效。

（1）准备功能（G 功能）

准备功能指令又称 G 代码，由地址 G 和其后的两位数字组成，从 G00 到 G99。该指令的作用是指定数控机床的加工方式，为数控装置的辅助运算、刀补运算、固定循环等做好准备。

由于国际上使用 G 代码的标准化程度较低，只有若干个指令在各类数控系统中基本相同。即使相同的系统，不同的厂家生产的机床也不完全相同，因此必须严格按照具体机床的编程说明书进行编程。

G 代码有两种：模态代码和非模态代码。

① 模态代码　只要指定一次模态 G 指令则一直有效，直到被同组的 G 代码取代为止，如 G01、G90 等。

② 非模态代码　这种指令只有在被指定的程序段中才有效，程序结束时被注销，如 G04 等。

FANUC 0i-M 系统的准备功能 G 代码见表 1-8。

表 1-8　FANUC 0i-M 系统准备功能 G 代码

G 代码	组别	功能	G 代码	组别	功能
G00 *	01	快速定位	G45	00	刀具偏置值增加
G01		直线插补	G46		刀具偏置值减小
G02		顺时针圆弧插补	G47		2 倍刀具偏置值
G03		逆时针圆弧插补	G48		1/2 刀具偏置值
G04	00	暂停	G49 *	08	刀具长度补偿取消
G08	00	先行控制	G50	11	比例缩放关
G09		准确停止	G51		比例缩放开
G10		可编程数据输入	G52	00	局部坐标系设定
G11		可编程数据输入取消	G53		直接机床坐标系
G15	17	极坐标指令取消	G54 *	14	选择工件坐标系 1
G16		极坐标指令	G55		选择工件坐标系 2
G17 *	02	选择 XY 平面	G56		选择工件坐标系 3
G18		选择 ZX 平面	G57		选择工件坐标系 4
G19		选择 YZ 平面	G58		选择工件坐标系 5
G20	06	英寸输入	G59		选择工件坐标系 6
G21 *		毫米输入	G60	00	单方向定位
G22	04	存储行程检测功能有效	G61	15	准确停止方式
G23		存储行程检测功能无效	G62		自动拐角倍率
G25	24	主轴速度波动检测有效	G63		攻螺纹方式
G26		主轴速度波动检测无效	G64 *		切削方式
G27	00	返回参考点检测	G65	00	宏程序调用
G28		返回参考点	G66	12	宏程序模态调用
G29		从参考点返回	G67 *		宏程序模态调用取消
G30		返回 2、3、4 参考点	G68	16	坐标旋转/转换
G31		跳转功能	G69 *		坐标旋转/转换取消
G33	01	螺纹切削	G73	09	排屑钻孔循环
G37	00	自动刀具长度测量	G74		左旋攻螺纹循环
G39		拐角偏置圆弧插补	G76		精镗循环
G40 *	07	刀具半径补偿取消	G80 *		固定循环取消
G41		左刀具半径补偿	G81		钻孔循环
G42		右刀具半径补偿	G82		钻孔循环
G43	08	刀具长度正向补偿	G83		排屑钻孔循环
G44		刀具长度负向补偿			

G 代码	组别	功能	G 代码	组别	功能
G84		攻螺纹循环	G92	00	设定工件坐标系
G85		镗孔循环	G94 *	05	每分钟进给
G86	09	镗孔循环	G95		每转进给
G87		反镗循环	G96	13	恒表面速度控制
G88		镗孔循环	G97 *		恒表面速度控制取消
G89		镗孔循环	G98 *	10	固定循环返回初始点
G90 *	03	绝对值编程	G99		固定循环返回到 R 点
G91		增量值编程			

注：1. 00组 G 代码中，除了 G10、G11 之外其余都是非模态代码。其他组的 G 代码都是模态代码。
2. 带 * G 指令表示机床接通电源时默认的初始状态。

（2）辅助功能（M 功能）

辅助功能也称 M 功能，用以指令数控机床中的辅助装置的开关动作或状态，如主轴的正反转、冷却液开关等。辅助功能指令由地址 M 和后面的两位数字组成，从 M00 到 M99。由于数控机床实际使用的符合 ISO 标准的这种地址符（表 1-9）的标准化程度与 G 指令一样不高，指定代码少，不指定和永不指定代码多，因此 M 功能代码常因数控系统生产厂家及机床结构的差异和规格的不同而有所差别。因此，编程人员必须熟悉具体所使用数控系统的 M 功能指令的功能含义，不可盲目套用。

FANUC 0i-M 系统辅助功能 M 代码见表 1-9。

表 1-9 FANUC 0i-M 系统辅助功能 M 代码

M 代码	功能	M 代码	功能
M00	程序停止	M19	主轴定向
M01	程序选择停止	M30	程序结束
M02	程序结束并返回	M80	刀库前进
M03	主轴正转	M81	刀库后退
M04	主轴反转	M82	刀具松开
M05	主轴停止	M83	刀具夹紧
M06	刀具自动交换	M85	刀库旋转
M07/M08	切削液开	M98	调用子程序
M09	切削液关	M99	子程序结束并返回

（3）刀具功能（T 功能）

用地址及后面的数字，把代码信号和读取脉冲信号传送给机床，用来选择机床上刀库的刀具。一般 T 代码后面的数字为刀具号，最多允许使用的刀具数量由机床厂家以及刀库的容量决定。

如果机床配有刀库（加工中心），在换刀时使用 T 指令以及 M06 指令，可以把需要的刀换到主轴上。例如：

T01 M06;

执行该指令时，刀库转动到合适位置，先取下主轴上当前刀具，然后换上 01 号刀具。数字前面的 0 可以省略，如 T01 可以写作 T1。

数控机床上没有刀库，则无法进行自动换刀，只能通过手动换刀，此时，M00 指令使程序运行停止，由操作者手动换刀。换完刀后，按 循环启动 按钮，程序继续向下进行。

（4）主轴功能（S 功能）

主轴功能又称 S 功能，是指令主轴转速的指令，用地址 S 和其后面的数字直接指令-轴的转速（r/min）。

指定了 S 代码后，主轴转或不转，正转或反转，是否停止等动作，由 M 代码决定。例如：

    M03 S1200;

S1200 表示主轴正转，转速为 1200r/min。

（5）进给功能（F 功能）

进给功能，也称 F 功能，在加工零件时，用以指定切削进给速度，其进给的方式可以分为：每分钟进给和每转进给两种。

① 每分钟进给　即刀具每分钟走的距离，单位为 mm/min，必须通过 G94 指令来指定。一般数控铣床默认每分钟进给。每分钟进给与主轴转速大小无关，其进给进度不随主轴转速的变化而变化。例如：

    G01 G94 Z-60 F100;

表示进给量为 100mm/min。

② 每转进给　即主轴每转一圈，刀具向进给方向移动的距离，单位为 mm/r。

每转进给方式可以通过 G95 指令指定。

需要注意的是，G94、G95 均为模态代码，一旦指定，它就一直有效，直到被另外一个代码（G94 或 G95）取代。

1.1.5　数控编程的坐标尺寸指令

（1）坐标平面选择指令（G17/G18/G19）

坐标平面选择指令是用来选择圆弧插补平面和刀具补偿平面的。

G17 表示选择 XY 平面，G18 表示选择 ZX 平面，G19 表示选择 YZ 平面，如图 1-6 所示。一般数控铣床默认 G17，即选择 XY 平面。

（2）绝对值指令与增量值指令（G90/G91）

编程时表示刀具（或机床）运动位置的坐标通常有两种方式：绝对值坐标 G90 和增量值坐标 G91（又称相对值坐标）。G90、G91 均为模态代码，可以互相注销。

① 绝对值指令 G90　是指刀具（或机床）的位置坐标值都是以固定的坐标原点（工件坐标系原点）为基准计算的，此坐标系称为绝对坐标系。

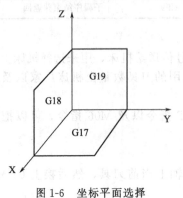

图 1-6　坐标平面选择

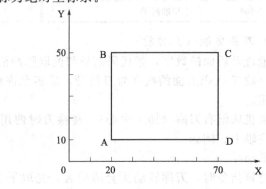

图 1-7　编程练习

【例1-1】 图1-7中，用G01指令加工矩形，使刀具中心轨迹为A→B→C→D→A，试用绝对值指令编程（Z轴深度1mm）。

操作步骤：

① 机床开机，回参考点。

② 对刀，以0点的工件上表面为X、Y、Z的零点，建立G56坐标系。

③ 输入程序。

④ 自动运行。

程序：

O0010;	程序名
N5 G17 G40 G49 G80 G90;	程序初始化
N10 G90 G56;	绝对值编程,指定G56工件坐标系
N15 M03 S800;	主轴正转,800r/min
N20 G00 X20 Y10;	快速到达A点
N25 Z10;	Z轴快速下降到工件上表面10mm处
N30 G01 Z-1 F100;	刀具进给至工件深度1mm,进给速度为100mm/min
N35 Y50;	直线插补到达B点
N40 X70;	到达C点
N45 Y10;	到达D点
N50 X20;	到达A点
N55 G00 Z50;	Z轴快速提刀
N60 M05;	主轴停止
N65 M02;	程序结束

② 增量值指令G91 增量值又称为相对值，它是相对于前一位置实际移动的距离，方向与坐标系一致。

【例1-2】 图1-7中，用G01指令加工矩形，使刀具中心轨迹为A→B→C→D→A，用增量值指令编程如下：

O0020;	程序名
N5 G17 G40 G49 G80 G90;	程序初始化
N10 G90 G56;	绝对值编程,指定G56工件坐标系
N15 M03 S800;	主轴正转,800r/min
N20 G00 X20 Y10;	快速到达A点
N25 Z10;	Z轴快速下降到工件上表面10mm处
N30 G01 Z-1 F100;	刀具进给至工件深度1mm,进给速度为100mm/min
N35 G91 G01 Y40;	增量值编程,直线插补到达B点,在该段G01可以省略
N40 X50;	到达C点
N45 Y-40;	到达D点
N50 X-50;	到达A点
N55 G90 G00 Z50;	绝对值编程,Z轴快速提刀
N60 M05;	主轴停止
N65 M02;	程序结束

（3）自动返回参考点指令（G28/G29）

机床开机后一般用手动进行回参考点操作；也可以用G28指令自动回参考点操作。对于参考点与机床原点重合的机床，当执行返回参考点操作后，机床位于机床坐标系原点。此时，机床主轴上刀具的基准点与机床零点重合。在机床坐标系中的显示为零。

① 自动返回参考点G28

指令格式：

G28 X __ Y __ Z __；

式中，X、Y、Z 为回参考点时经过的中间点的坐标。

执行 G28 指令时，使各轴从当前点快速移动至中间点 B 的位置，然后自动返回到参考点。在使用 G28 指令时，必须先取消刀具半径补偿和刀具长度补偿。

G28 在用 G90 绝对值指令时，中间点为工件坐标系的绝对值坐标；用 G91 指令时，则是中间点相对于起点位置的增量值。

【注意】

• 使用 G28 指令前，必须预先取消刀具半径补偿和刀具长度补偿，否则会发生不正确的动作。

• 由于 G28 是采用同 G00 一样的移动方式，其行走轨迹常为折线，较难预料，因此在使用 G28 指令时为防止撞刀常将 X、Y 和 Z 分开写，先用 "G28 Z _" 提刀至参考点位置，然后再用 "G28 X __ Y __" 回到 X、Y 方向的参考点。

一般，G28 指令用于刀具自动更换或者消除机械误差。在执行 G28 时，指令记忆了中间点 B 的位置，以供 G29 使用。

电源接通后，在没有手动返回参考点的状态下，指定 G28 时，从中间点自动返回参考点，与手动返回参考点相同。

在加工中心自动换刀前，常用 "G91 G28 Z0" 指令，以当前点为中间点的编程方式返回 Z 轴参考点。

② 从参考点自动返回 G29

指令格式：

G29 X __ Y __ Z __；

式中，X、Y、Z 为返回的目标点的坐标。

在 G90 时为目标点在工件坐标系中的绝对坐标值；G91 时为从中间点到目标终点的增量值。

执行 G29 指令时，各轴快速从参考点经过 G28 指令的中间点返回到指定的终点坐标位置。通常该指令紧跟在 G28 指令之后。

1.2 指令学习

数控镗铣床与数控加工中心在数控机床中所占的比重较大，应用也最为广泛。数控镗铣床与数控加工中心的主要区别在于数控加工中心带有刀库和自动换刀装置。因此，数控镗铣加工中心的编程方法，除换刀程序外，其他均与数控镗铣床相同。

1.2.1 快速定位指令 G00

G00 指令使刀具以快速移动速度移动到指定位置。移动速度由机床厂家在系统中设定，移动速度可以由操作面板上的 快速/手轮倍率 键调整。G00 指令只用于快速移动刀具或工件，不能用于切削加工。

指令格式：

G90/G91 G00 X __ Y __ Z __；

式中，X、Y、Z 为快速定位的终点坐标值。

若机床有第四轴 A 轴，则指令格式为：

G90/G91 G00 X __ Y __ Z __ A __；

式中，X、Y、Z为快速定位的终点坐标值；A为旋转轴坐标值，单位为（°）。

G00可以和绝对值指令G90结合，式中X、Y、Z则为坐标系中目标点的绝对坐标值；也可以和增量值指令G91结合，式中X、Y、Z则为从当前点至目标点的增量值。

需要注意的是，由于G00指令各轴的运动速度不一定相同，其运动轨迹也不一定是直线，所以在使用G00移动过程中一定注意防止刀具与工件相撞。

在实际应用中，为了防止刀具与工件相撞，常采用三轴不同段编程的方法，即：

```
⋮
G00 X __ Y __;
    Z __;
⋮
```

1.2.2 直线插补指令 G01

G01指令使刀具按F指令的速度移动到指定的位置。其轨迹为直线，用于切削运动。

指令格式：

G90/G91 G01 X __ Y __ Z __ F __;

式中，X、Y、Z为目标点坐标；F为进给速度，在G01指令中如果不指令F代码，则会默认前面F指令的进给速度值，如果前面没有F指令值，则被认为进给速度为零。

数控铣床和加工中心系统默认G94，即每分钟进给（mm/min）。

若机床有第四轴A轴，则指令格式为：

G90/G91 G01 X __ Y __ Z __ A __ F __;

式中，X、Y、Z为目标点坐标值；A为旋转轴坐标值，单位为（°）；F为进给速度，对于A轴，G94时的进给速度单位为（°）/min。

【例1-3】 如图1-8所示，工件毛坯外形尺寸为100mm×80mm×50mm，材料为45钢。用ϕ8mm键槽铣刀加工深2mm的矩形槽。编写加工程序。

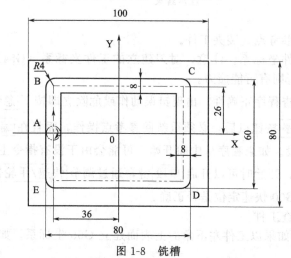

图1-8 铣槽

以工件中心的上表面为工件坐标系原点建立G54坐标系。

绝对值编程：

O2001;	程序名
N2 G17 G40 G49 G80;	初始化
N5 G90 G54;	绝对值编程,建立G54坐标系
N10 M03 S1000 M08;	主轴正转,1000r/min,切削液开

```
N15 G00 X-36 Y0;          快速定位至A
N20     Z5;               快速下刀至Z5
N25 G01 Z-2 F50;          Z轴进给至Z-2,进给速度为50mm/min
N30     Y26;              至B
N35     X36;              至C
N40     Y-26;             至D
N45     X-36;             至E
N50     Y0;               至A
N55 G00 Z100;            快速抬刀
N60 M05 M09;             主轴停止,切削液关
N65 M02;                 程序结束
```
增量值编程：
```
O2002;                   程序名
N2 G17 G40 G49 G80;      初始化
N5 G90 G54;              绝对值编程,建立G54坐标系
N10 M03 S1000 M08;       主轴正转,1000r/min,切削液开
N15 G00 X-36 Y0;         快速定位至A
N20     Z5;              快速下刀至Z5
N25 G01 Z-2 F50;         Z轴进给至Z-2,进给速度为50mm/min
N30 G91 Y26;             增量值编程,至B
N35     X72;             至C
N40     Y-52;            至D
N45     X-72;            至E
N50     Y26;             至A
N55 G00 G90 Z100;        绝对值编程,快速抬刀
N60 M05 M09;             主轴停止,切削液关
N65 M02;                 程序结束
```
操作步骤如下。

① 机床开机,回参考点。装夹工件。

② 对刀,建立工件坐标系。注意,对刀建立的工件坐标系（G54）必须与程序中选择的工件坐标系一致,否则有可能撞刀。

③ 输入程序,检查程序正确性。出现错误动作或危险立即按下 急停 按钮,检查并排除错误。注意,按了 急停 按钮以后,必须重新回参考点操作,而且在 编辑 状态下按 RESET 键使程序回到程序首段。如果程序从中间开始,可能会由于没有指令主轴转速而导致撞刀。

④ 自动运行程序,开始时可以开启 单段 键,通过调节 快速/手轮倍率 键降低G00运行速度,重点检查首段G00快速定位是否正确。

⑤ 加工完成,检查工件。

在【例1-3】中,如果以工件左下角的上表面建立G55坐标系,如图1-9所示,编写加工程序。

数控铣床加工程序：
```
O2003;                   程序名
N2 G17 G40 G49 G80;      初始化
N5 G90 G55;              绝对值编程,建立G55坐标系
N10 M03 S1000 M08;       主轴正转,1000r/min,切削液开
N15 G00 X14 Y40;         快速定位至A
```

N20　　Z5；	快速下刀至 Z5
N25 G01 Z-2 F50；	Z轴进给至 Z-2,进给速度为 50mm/min
N30　　Y66；	至 B
N35　　X86；	至 C
N40　　Y14；	至 D
N45　　X14；	至 E
N50　　Y40；	至 A
N55 G00 Z100；	快速抬刀
N60 M05 M09；	主轴停止,切削液关
N65 M02；	程序结束

加工中心编程：

O2004；	程序名
N1 G17 G40 G49 G80 G90；	初始化
N2 M06 T02；	自动换刀,02号刀
N5 G90 G55；	绝对值编程,建立 G55 坐标系
N10 M03 S1000 M08；	主轴正转,1000r/min,切削液开
N15 G00 X14 Y40；	快速定位至 A
N20　　Z5；	快速下刀至 Z5
N25 G01 Z-2 F50；	Z轴进给至 Z-2,进给速度为 50mm/min
N30　　Y66；	至 B
N35　　X86；	至 C
N40　　Y14；	至 D
N45　　X14；	至 E
N50　　Y40；	至 A
N55 G00 Z100；	快速抬刀
N60 M05 M09；	主轴停止,切削液关
N65 M02；	程序结束

加工中心程序比数控镗铣床程序只是多一段自动换刀指令。

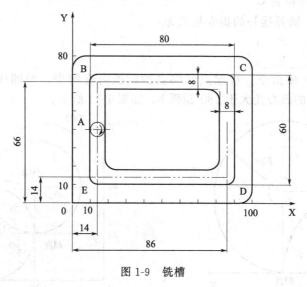

图 1-9　铣槽

1.2.3　圆弧插补指令 G02、G03

圆弧插补指令，可使刀具在指定的平面内，以 F 指令的进给速度沿着圆弧从始点至终点运动。

G02 为顺时针圆弧插补，G03 为逆时针圆弧插补。平面及方向选择如图 1-10 所示。

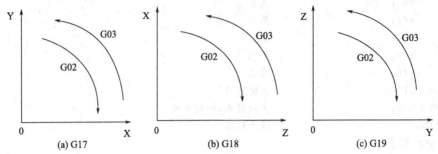

图 1-10　不同平面的 G02 与 G03 选择

G02、G03 有两种指令方式：用半径 R 指令圆心；用地址 I、J、K 指令圆心。

指令格式：

$$G17\begin{Bmatrix}G02\\G03\end{Bmatrix}X\_\_Y\_\_\begin{Bmatrix}R\_\_\\I\_\_J\_\_\end{Bmatrix}F\_\_;$$

$$G18\begin{Bmatrix}G02\\G03\end{Bmatrix}X\_\_Z\_\_\begin{Bmatrix}R\_\_\\I\_\_K\_\_\end{Bmatrix}F\_\_;$$

$$G19\begin{Bmatrix}G02\\G03\end{Bmatrix}Y\_\_Z\_\_\begin{Bmatrix}R\_\_\\J\_\_K\_\_\end{Bmatrix}F\_\_;$$

式中，X、Y、Z 为目标点坐标值；F 为进给速度；R 为圆弧半径；I、J、K 为圆心相对于圆弧起点的有向距离。

一般系统默认 G17 平面，G17 可以省略。

式中 X、Y，在 G90 绝对值编程时表示圆弧终点在工件坐标系中的坐标；在 G91 增量值编程时表示圆弧终点相对于起点的增量坐标。

（1）用半径 R 指令圆心

在 G17 平面内，圆弧插补的指令格式为：

G02X ＿ Y ＿ R ＿ F ＿；

G03X ＿ Y ＿ R ＿ F ＿；

圆弧中心用半径 R 指令。过起点和终点的圆弧可有两个，即圆弧对应的圆心角小于 180°的圆弧 a 和对应的圆心角大于 180°圆弧 b，如图 1-11 所示。

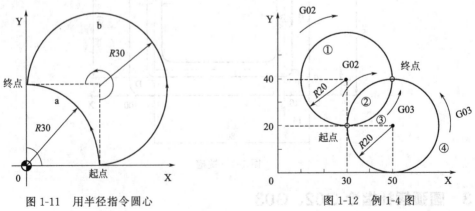

图 1-11　用半径指令圆心　　　　　　图 1-12　例 1-4 图

为了区分是指令哪段圆弧，圆弧对应的圆心角小于 180°圆弧，半径用正值（＋R）表示；对大于180°圆弧，半径用负值（－R）表示；对等于180°圆弧，半径用正值、负值均可。R为正值时"＋"号可以省略。

当为整圆时，即终点坐标与起点坐标重合，若用半径R指令，则不移动，即零度的圆弧。此时，必须用I、J、K指令整圆。

【例1-4】 编写如图1-12所示四段圆弧的加工程序。已知起点坐标为（X30，Y20），终点坐标为（X50，Y40）。

圆弧段的程序见表1-10。

表1-10 圆弧段的程序

圆弧角度	圆弧方向	绝对值编程	增量值编程
<180°	顺圆②	G90 G02 X50 Y40 R20 F80;	G91 G02 X20 Y20 R20 F80;
	逆圆③	G90 G03 X50 Y40 R20 F80;	G91 G03 X20 Y20 R20 F80;
>180°	顺圆①	G90 G02 X50 Y40 R-20 F80;	G91 G02 X20 Y20 R-20 F80;
	逆圆④	G90 G03 X50 Y40 R-20 F80;	G91 G03 X20 Y20 R-20 F80;

对于小于180°的圆弧段②，其绝对值编程为：

O1012;	程序名
N1 G17 G40 G49 G80 G90;	初始化
N5 G90 G54;	绝对值编程，建立G54工件坐标系
N10 M03 S1000;	主轴正转，1000r/min
N15 G00 X30 Y20;	快速定位至圆弧起点
N20　　Z10;	下刀
N25 G01 Z-1 F100;	Z轴进给至Z-1，进给速度为100mm/min
N30 G02 X50 Y40 R20 F80;	顺时针加工圆弧至圆弧终点（圆弧②）
N35 G00 Z100;	快速抬刀
N40　　X0 Y0;	快速定位至工件坐标系原点
N45 M05;	主轴停止
N50 M02;	程序结束

（2）用I、J、K指令圆心

圆弧中心可以用地址I、J、K指令，它们是圆弧起点指向圆心的矢量对应于X、Y、Z轴上的分量。I、J、K是带正负符号的增量值，如果方向与坐标轴方向一致，则为正值，如果相反，则为负值，如图1-13所示。

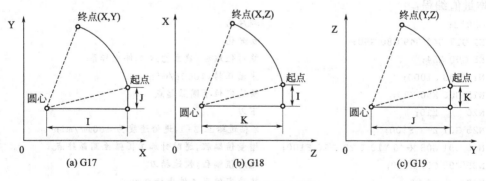

图1-13 用I、J、K指令圆心

当I、J、K为零时可以省略，在同一程序段中，如I、J、K与R同时出现，R有效，I、J、K无效。

当 X、Y、Z 同时省略时，表示终点与起点是同一位置，用 I、J、K 指令圆心时，则为 360°的整圆。

在 G17 平面内，圆弧插补的指令为：

G02X __ Y __ I __ J __ F __;

G03X __ Y __ I __ J __ F __;

【例 1-5】 编写如图 1-14 所示的圆弧程序，圆心坐标为（X30，Y10），起点坐标为（X50，Y20），终点坐标为（X10，Y30）。Z 向深度为 1mm。

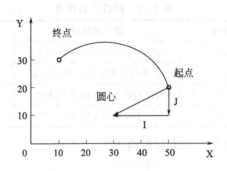

图 1-14 圆弧编程

绝对值编程：

O2011;	程序名
N1 G17 G40 G49 G80 G90;	初始化
N5 G90 G54;	绝对值编程，建立 G54 工件坐标系
N10 M03 S1000;	主轴正转，1000r/min
N15 G00 X50 Y20;	快速定位至圆弧起点
N20 　　Z10;	下刀
N25 G01 Z-1 F100;	Z 轴进给至 Z-1，进给速度为 100mm/min
N30 G03 X10 Y30 I-20 J-10 F100;	逆时针加工圆弧至圆弧终点
N35 G00 Z100;	快速抬刀
N40 　　X0 Y0;	快速定位至工件坐标系原点
N45 M05;	主轴停止
N50 M02;	程序结束

增量值编程：

O2012;	程序名
N1 G17 G40 G49 G80 G90;	初始化
N5 G90 G54;	绝对值编程，建立 G54 工件坐标系
N10 M03 S1000;	主轴正转，1000r/min
N15 G00 X50 Y20;	快速定位至圆弧起点
N20 　　Z10;	下刀
N25 G01 Z-1 F100;	Z 轴进给至 Z-1，进给速度为 100mm/min
N30 G91 G03 X-40 Y10 I-20 J-10 F100;	增量值编程，逆时针加工圆弧至圆弧终点
N35 G90 G00 Z100;	绝对值编程，快速抬刀
N40 　　X0 Y0;	快速定位至工件坐标系原点
N45 M05;	主轴停止
N50 M02;	程序结束

【例 1-6】 编写如图 1-15 所示整圆程序，分别以 A、B、C、D 为起点。

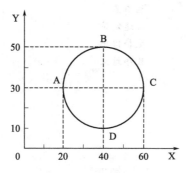

图 1-15　整圆编程

以 A 为起点：

　G02 I20 F100;或 G03 I20 F100;

以 B 为起点：

　G02 J-20 F100;或 G03 J-20 F100;

以 C 为起点：

　G02 I-20 F100;或 G03 I-20 F100;

以 D 为起点：

　G02 J20 F100;或 G03 J20 F100;

【例 1-7】　已知键槽铣刀直径为 ϕ8mm，刀心轨迹如图 1-16 所示，深度为 2mm。编写加工程序。

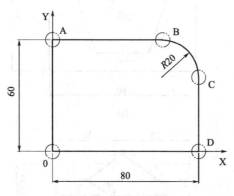

图 1-16　刀心轨迹

建立如图 1-16 所示 G54 坐标系，如要加工图中所示轮廓，ϕ8mm 铣刀中心轨迹为 O→A→B→C→D→O。通过数值计算，用绝对值编程，程序如下：

```
O2131;                      程序名
N1 G17 G40 G49 G80 G90;     初始化
N5 G90 G54;                 绝对方式编程,G54 工件坐标系
N10 M03 S1000;              主轴正转,1000r/min
N15 G00 X0 Y0;              快速定位至 O 点
N20    Z10;                 快速定位
N25 G01 Z-2 F80;            Z 向进给
N30    Y60;                 至 A 点
N35    X60;                 至 B 点
N40 G02 X80 Y40 R20;        至 C 点
N45 G01 Y0;                 至 D 点
```

N50 G01 X0;	至 0 点
N55 G00 Z100;	快速定位
N60 M05;	主轴停止
N65 M02;	程序结束

1.3 典型工作任务

1.3.1 凸台面加工

（1）任务描述

如图 1-17(a) 所示零件，材料为 45 钢，硬度为 220～260HBS。凸台为正五边形，要求精加工上表面，精加工余量为 0.5mm。编写凸台上表面加工程序。

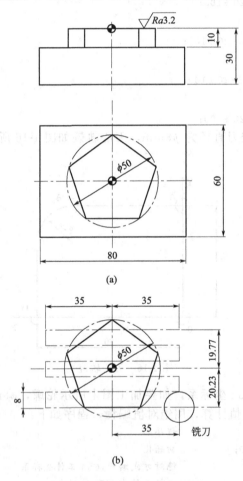

图 1-17 凸台零件图及走刀路径

（2）任务分析

该零件要求加工上凸台面，加工面积不大，可以选用 φ16mm 硬质合金立铣刀加工。此类加工采用子程序编程较为方便。

（3）任务实施

① 加工工艺方案

a. 以工件上表面中心为工件坐标系原点，建立 G54 坐标系。工件装夹在平口钳上，下用垫铁支承，使工件放平并高出钳口约 10mm，用铜锤轻轻敲打使工件与垫铁贴合。如果工件毛坯粗糙，可在钳口垫铜皮以增加接触面积。夹紧工件。

b. 加工顺序及走刀路线：一次垂直下刀至要求的高度尺寸，走刀路径如图 1-17(b) 所示，采用平行双向切削，每刀之间有 50% 的重叠量，在 CAD 上找出每个基点的坐标。

② 工、量、刀具选择

a. 工具　平口钳、垫铁、扳手、铜锤等。

b. 量具　杠杆式百分表及表座；0～125mm 游标卡尺。

c. 刀具　ϕ16mm 的硬质合金立铣刀，齿数为 4。

③ 切削用量选择

a. 吃刀量　工件表面铣平至尺寸要求。

b. 主轴转速　根据表 1-5，铣削速度选取范围为 60～115m/min，确定为 $v_c = 100$m/min，根据公式：

$$v_c = \frac{\pi d_0 n}{1000}$$

代入数值计算得主轴转速 $n = 1990$r/min，取 $n = 2000$r/min。

c. 进给量　根据表 1-3，由于背吃刀量不大，在表中按侧吃刀量为 5mm 来选取，选择每齿进给量为 0.04～0.03mm/齿，确定为 0.3mm/齿。铣刀齿数为 4，所以铣刀每转进给量为 0.03×4 = 0.12mm/r。由于主轴转速 $n = 2000$r/min，换算为每分钟进给量为 0.12×2000 = 240mm/min。

④ 工艺卡片（表 1-11）

表 1-11　工艺卡片

零件名称	零件编号	数控加工工艺卡片			
平板					
材料名称	材料牌号	机床名称	机床型号	夹具名称	夹具编号
钢	45	数控铣床		平口钳	

序号	工艺内容	切削转速 /r·min⁻¹	进给速度 /mm·min⁻¹	量具	刀具
1	装夹工件				
2	铣凸台面	2000	240	0～125mm 游标卡尺	ϕ16mm 立铣刀

⑤ 加工程序

```
O1212;
N5 G17 G40 G80 G49 G90;          设置初始状态
N10 G90 G54;                     绝对方式编程,建立 G54 工件坐标系
N15 M03 S2000;                   主轴正转,2000r/min
N20 G00 X35 Y-20.23;             快速定位到起刀点
N25     Z10;                     快速下刀
N30     Z-0.5;                   快速下刀至要求尺寸
```

79

N35 G01 X-35 F240;	切削进给
N40 G91 Y8;	增量编程,Y向进给一个刀具半径
N45　　　X70;	切削进给
N50　　　Y8;	增量编程,Y向进给一个刀具半径
N55　　　X-70;	切削进给
N60　　　Y8;	增量编程,Y向进给一个刀具半径
N65　　　X70;	切削进给
N70　　　Y8;	增量编程,Y向进给一个刀具半径
N75　　　X-70;	切削进给
N80　　　Y8;	增量编程,Y向进给一个刀具半径
N85　　　X70;	切削进给
N90 G90 G00 Z50;	绝对值编程,抬刀
N95 M05;	主轴停止
N100 M02;	程序结束

1.3.2　大平面加工

（1）任务描述

图 1-18 所示为一平板零件，材料为 Q235 钢，毛坯厚度 71mm，硬度为 210HBS。需要加工上表面，编写平面加工程序。

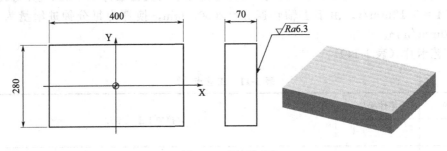

图 1-18　平面加工

（2）任务分析

加工零件时，通常会遇到这种情况，例如毛坯材料的表面凹凸不平，比较粗糙，需要先加工出一个表面作为定位装夹的基准面，然后采用"互为基准"的原则，加工出另外的表面。

该零件要求进行平面加工，加工精度不高，只需要铣平并达到粗糙度要求即可。选用面铣刀加工，采用 G01 指令编程。

（3）任务实施

① 加工工艺方案

a. 以工件上表面中心为工件坐标系原点，建立 G55 坐标系。先把平口钳装夹在数控铣床工作台上，用百分表校正平口钳，使钳口与铣床工作台 X 方向平行。工件装夹在平口钳上，下用垫铁支承，使工件放平并高出钳口约 10mm，用铜锤轻轻敲打使工件与垫铁贴合。如果工件毛坯粗糙，可在钳口垫铜皮以增加接触面积。夹紧工件。

b. 加工顺序及走刀路线：不分粗、精加工，一次垂直下刀至要求的高度尺寸，刀心轨迹如图 1-19 所示，采用平行双向切削，可以提高加工效率，每刀之间有一定的重叠量，可以在 CAD 上找出每个基点的坐标，刀具从 1 点下刀→直线加工至 2 点→至 3 点→至 4 点→至 5 点→至 6 点→至 7 点→至 8 点抬刀，完成平面加工。

② 工、量、刀具选择

a. 工具　平口钳、垫铁、扳手、铜锤等。

b. 量具　杠杆式百分表及表座；0～125mm 游标卡尺。

c. 刀具　采用 ϕ125mm 的硬质合金镶齿面铣刀，齿数为 8。

③ 切削用量选择　刀具采用 ϕ125mm 的硬质合金镶齿面铣刀，齿数为 8。选择合适的切削用量。

a. 背吃刀量　由于工件表面只需要铣平，所以取 $a_p = 1$mm。

b. 主轴转速　根据表 1-5，铣削速度选取范围为 80～150m/min，确定为 $v_c = 150$m/min，根据公式：

$$v_c = \frac{\pi d_0 n}{1000}$$

代入数值计算得主轴转速 $n = 382$r/min，取 $n = 400$r/min。

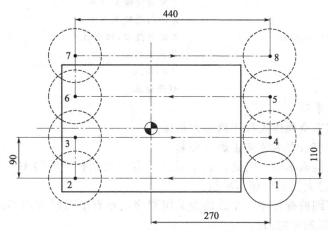

图 1-19　平面加工刀路设计

c. 进给量　根据表 1-2 选择每齿进给量 0.12～0.18mm/齿，确定为 0.15mm/齿。铣刀齿数为 8，所以铣刀每转进给量为 0.15×8＝1.2mm/r。由于主轴转速 $n = 400$r/min，换算为每分钟进给量为 1.2×400＝480mm/min。

④ 工艺卡片（表 1-12）

表 1-12　工艺卡片

零件名称	零件编号	数控加工工艺卡片			
平板					
材料名称	材料牌号	机床名称	机床型号	夹具名称	夹具编号
钢	Q235	数控铣床		平口钳	

序号	工艺内容	切削转速 /r·min⁻¹	进给速度 /mm·min⁻¹	量具	刀具
1	装夹工件				
2	铣平面	400	480	0～125mm 游标卡尺	ϕ125mm 面铣刀

⑤ 加工程序

```
O1234;
N5 G17 G40 G80 G49 G90;                    设置初始状态
N10 G90 G55;                               绝对方式编程,建立 G55 工件坐标系
N20 M03 S400;                              主轴正转,400r/min
N30 G00 X270 Y-110;                        快速定位至 1 点,刀具移出毛坯外,便于下刀
N40    Z10 M08;                            Z 轴快速定位,切削液开
N50 G01 Z-1 F200;                          切深 1mm
N60 G91 G01 X-440 F480;                    增量方式,X 方向进给至 2 点
N70    Y90;                                Y 方向进给至 3 点
N80    X440;                               X 方向进给至 4 点
N90    Y90;                                Y 方向进给至 5 点
N100   X-440;                              X 方向进给至 6 点
N110   Y90;                                Y 方向进给至 7 点
N120   X440;                               X 方向进给至 8 点
N130 G90 G00 Z100 M09;                     Z 方向提刀,切削液关
N140   X0 Y0;                              快速定位
N150 M05;                                  主轴停止
N160 M02;                                  程序结束
```

（4）操作注意事项

① 操作者应按安全操作规程正确操作机床。

② 刀具、工件应按要求装夹正确并夹紧。

③ 对刀操作应准确熟练,时刻注意手动移动方向及调整进给倍率大小,避免因移动方向错误和进给倍率过大而发生撞刀事故。

④ 加工前应仔细检查程序,尤其检查关键程序,垂直下刀时要用 G01 指令；一个轮廓加工完毕设置抬刀以避免撞刀。

⑤ 加工时应关好防护门。

⑥ 首次切削最好采用单段方式,避免意外事故发生。

⑦ FANUC 系统机床坐标系和工件坐标系的位置关系在机床锁住前后有可能发生不一致,因此在使用机床锁住功能后,应手动重回参考点。

⑧ 如有意外事故发生,立即按下紧急停止按钮。排除故障后,一定重新回参考点。

※ 练习题

一、填空题（请将正确答案填在横线空白处）

1. 一个完整的加工程序由若干个_____组成,程序的开头是_____,中间是_____,最后是_____。

2. 数控铣床开机后系统一般默认的 G 指令有_____、_____、_____、_____等。

3. 绝对值指令是指刀具（或机床）的位置坐标值都是以_____为基准计算的。

4. 在精铣内外轮廓时,为改善表面粗糙度,应采用_____的铣削方式。

5. 对铝镁合金,为了降低表面粗糙度值和提高刀具耐用度,采用_____的铣削方式。

6. 切削用量中对切削温度影响最大的是_____。

7. 影响切削力最大的铣刀角度是_____。

8. 精加工时选择切削用量的顺序：首先是_____,其次_____,最后是切削速度。

9. 逆铣常用于_____加工,顺铣常用于_____加工。

10. 粗铣平面时,因加工表面质量不均,选择铣刀时直径要_____一些。精铣时,铣

刀直径要_____，最好能包容加工面宽度。

二、选择题（请将正确答案的代号填入括号内）

1. 以下这些指令字中，属于准备功能的是（　　　）。
   A. M03
   B. G90
   C. X25
   D. S800

2. 以下这些指令字中，属于非模态代码的是（　　　）。
   A. G90
   B. G04
   C. G00
   D. M09

3. 一个完整的加工程序要用下列指令进行结束（　　　）。
   A. G00
   B. M01
   C. M02
   D. M30

4. 加工中心上自动换刀指令为（　　　）。
   A. T01
   B. M06
   C. M80
   D. M19

5. M 代码控制机床各种（　　　）。
   A. 运动状态
   B. 刀具变换
   C. 辅助动作状态
   D. 固定循环

6. 切削用量中对切削温度影响最大的是（　　　）。
   A. 切削速度
   B. 进给量
   C. 背吃刀量

7. 平面的质量主要从（　　　）和表面粗糙度两个方面来衡量。
   A. 垂直度
   B. 平行度
   C. 平面度
   D. 直线度

8. 在工件上既有平面需要加工，又有孔需要加工时，可以采用（　　　）。
   A. 粗铣平面→钻孔→精铣平面
   B. 先加工平面，后加工孔
   C. 先加工孔，后加工面
   D. 任何一种加工形式

9. 已加工表面和待加工表面之间的垂直距离称为（　　　）。
   A. 进给量
   B. 背吃刀量
   C. 切削宽度

10. 用 ϕ12mm 的刀具进行轮廓加工，要求精加工余量为 0.4mm，则粗加工偏移量为（　　　）。
    A. 12.4mm
    B. 11.6mm
    C. 6.4mm

11. 对于铣削短而宽或厚的工件，宜采取（　　　）的加工方式。
    A. 对称铣
    B. 逆铣
    C. 顺铣
    D. 立铣

12. 一般而言，增大工艺系统的（　　　）才能有效地降低振动强度。
    A. 刚度
    B. 强度
    C. 精度
    D. 硬度

13. 钢的含碳量越高，淬火后的（　　　）。
    A. 塑性不变
    B. 塑性越高
    C. 硬度越低
    D. 塑性越低

14. 为降低工件表面粗糙度，精铣时适当增加（　　　）。

A. 铣削速度   B. 铣削深度

C. 铣削宽度   D. 进给速度

三、判断题（正确的请在括号内打"√"，错误的打"×"）

1. 数控铣床在铣削加工进行中可以用 M08 指令打开切削液进行冷却。（　　）

2. 数控机床的图形模拟显示及空运转，可以检验运动轨迹的正确性，也可以检验出零件的加工精度。（　　）

3. 立式数控铣床只能在 G17 平面内加工，不能在 G18 平面加工。（　　）

4. 不同的数控系统的 G 代码意义完全一样，而 M 代码的意义则不一定相同。（　　）

5. 数控机床的加工程序可以是绝对编程或增量编程，但不能混合使用。（　　）

四、简答题

1. 简述手工编程的一般步骤。

2. M00、M01、M02 和 M03 有什么区别？各用在什么场合？

3. 编程时为什么一般要进行程序初始化？

4. 什么是顺铣？什么是逆铣？数控机床的顺铣和逆铣各有什么特点？

5. 简述数控加工的加工顺序安排原则。

五、综合题

1. 请按 G90 方式和 G91 方式完成下面的编程练习（表 1-13），在坐标图（图 1-20）中绘出刀具的运动轨迹。G00 运动轨迹用虚线表示，G01 用粗实线表示。不考虑 Z 轴。

表 1-13　编程练习

绝对方式编程	增量方式编程
O2211；	O2212；
G17 G40 G49 G80 G90；	G17 G40 G49 G80 G90；
G90 G56；	G90 G56；
M03 S800；	M03 S800；
G00 X0 Y0；	G00 X0 Y0；
X40 Y20；	X40 Y20；
G01 Y70 F100；	G91 G01 Y40 F100；
X50 Y80；	X30；
X70；	Y20；
Y60；	X60；
X130；	Y-20；
Y80；	X30；
X150；	Y-40；
X160 Y70；	X-120；
Y20；	G90 G00 X0 Y0；
X40；	M05；
G00 X0 Y0；	M02
M05；	
M02；	

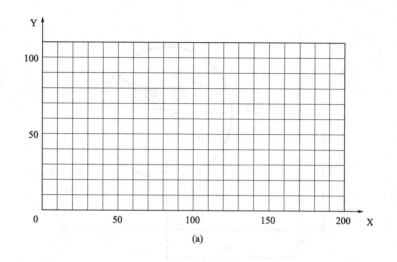

(a)

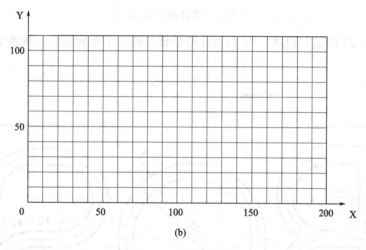

(b)

图 1-20　综合题 1 图

2. 按刀心轨迹编写图 1-21、图 1-22 的加工程序，加工深度为 1mm。

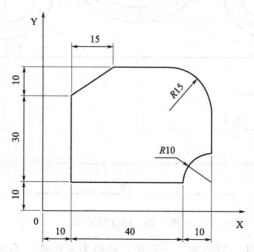

图 1-21　综合题 2 图（一）

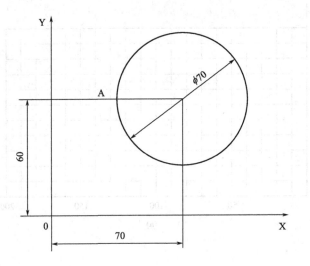

图 1-22　综合题 2 图（二）

3. 编写图 1-23 的加工程序，用 ϕ3mm 键槽铣刀铣三个相同的槽，深度为 1mm。

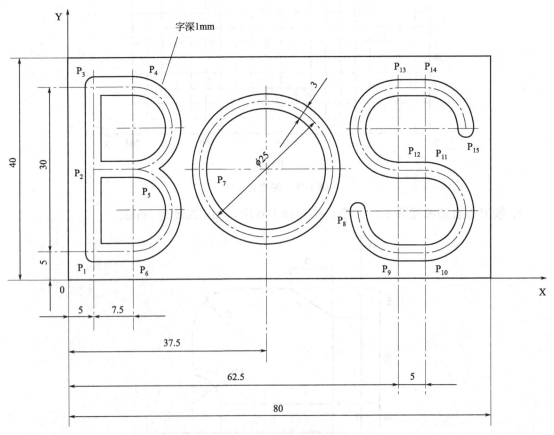

图 1-23　综合题 3 图

4. 如图 1-24 所示零件，需要加工上表面，材料为灰铸铁，毛坯加工余量为 5mm。试确定加工工艺方案，编写平面加工程序（沟槽不加工）。

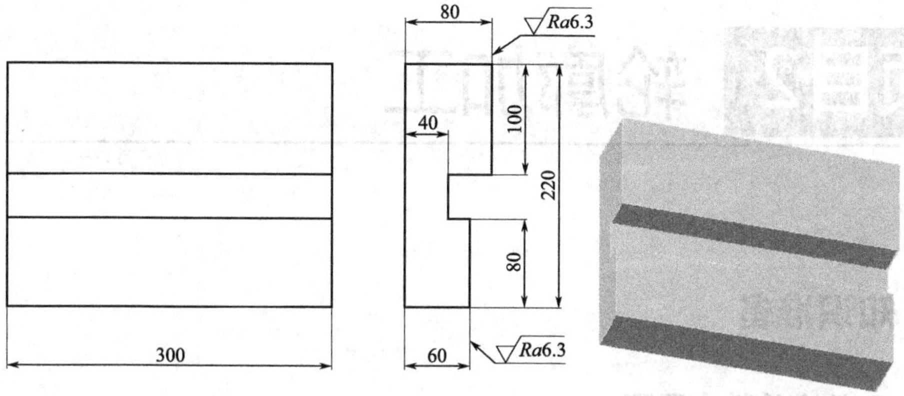

图 1-24　综合题 4 图

项目2 轮廓加工

2.1 知识准备

2.1.1 工件定位基本原理

在机床上加工零件时，为保证加工精度，必须先使工件在机床上占据一个正确的位置，即定位；然后将工件压紧夹牢，使其在加工过程中保持这一正确位置不变，即夹紧。从定位到夹紧的全过程称为工件的装夹。

（1）六点定位原理

如图 2-1 所示，工件在空间具有六个自由度，即沿 x、y、z 三个直角坐标轴方向上的移动自由度 $\vec{x}$、$\vec{y}$、$\vec{z}$ 和绕着这三个坐标轴转动的自由度 $\hat{x}$、$\hat{y}$、$\hat{z}$。因此，要完全确定工件的位置，就必须消除这六个自由度，通常用六个支承点（定位元件）来限制工件的自由度，其中每个支承点限制相应的一个自由度，如图 2-2 所示。在 xOy 平面上，不在同一直线上的三个支承点限制了工件的 $\hat{x}$、$\hat{y}$、$\vec{z}$ 三个自由度，这个平面称为主基准面；在 yOz 平面上，沿长度方向布置的两个支承点限制了工件的 $\vec{x}$、$\hat{z}$ 两个自由度，这个平面称为导向平面；工件在 xOz 平面上，被一个支承点限制了 $\vec{y}$ 一个自由度，这个平面称为止动平面。

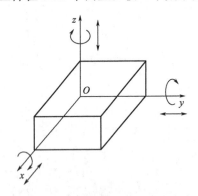

图 2-1　工件在空间中的六个自由度

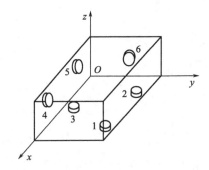

图 2-2　工件的六点定位

综上所述，若要使工件在夹具中获得唯一确定的位置，就需要在夹具上合理设置相当于定位元件的六个支承点，即可消除六个自由度，这就是工件的六点定位原理。

（2）六点定位原理的应用

六点定位原理相对于任何形状工件的定位都是适用的，如果违背这个原理，工件在夹具中的位置就不能完全确定。然而，使用工件六点定位原理时，必须根据具体加工要求灵活运用，工件形状不同，定位点的布置情况会各不相同，宗旨是使用最简单的定位方法，使工件在夹具中迅速获得正确的位置。

① 完全定位　工件的六个自由度全部被夹具中的定位元件所限制，而在夹具中占有完全确定的唯一位置，称为完全定位。

② 不完全定位　根据工件加工表面的不同加工要求，定位支承点的数目可以少于六个。有些自由度对加工要求有影响，有些自由度对加工要求没有影响，只要合理分布与加工要求有关的支承点，就可以用最少的定位元件达到定位的要求，这种情况称为不完全定位。不完全定位是允许的，下面举例说明。

五点定位如图 2-3 所示，钻削加工小孔 ϕD，工件以内孔和一个端面在夹具的心轴和平面上定位，限制工件的 $\vec{x}$、$\vec{y}$、$\vec{z}$、$\hat{x}$、$\hat{y}$ 五个自由度，相当于五个支承点定位。工件绕心轴的转动 $\hat{z}$ 不影响工件小孔 ϕD 的加工。

四点定位如图 2-4 所示，铣削加工通槽 B，工件以长外圆在夹具的双 V 形块上定位，限制工件的 $\vec{x}$、$\vec{y}$、$\hat{x}$、$\hat{y}$ 四个自由度，相当于四个支承点定位。工件的 $\vec{z}$、$\hat{z}$ 两个自由度不影响对通槽 B 的加工要求。

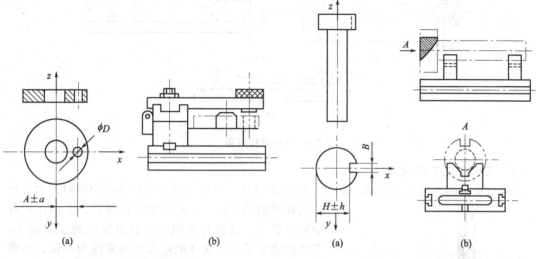

图 2-3　五点定位示例　　　　　　　　图 2-4　四点定位示例

③ 欠定位　按照加工要求应该限制的自由度没有被限制的定位称为欠定位。欠定位是不允许的，因为欠定位保证不了加工要求。铣削如图 2-5 所示零件的上通槽，应该限制 $\hat{x}$、$\hat{y}$、$\vec{z}$ 三个自由度以保证槽底面与 A 面的平行度及尺寸 $60_{-0.2}^{\ 0}$ mm 的加工要求；应该限制 $\vec{x}$、$\hat{z}$ 两个自由度以保证槽底侧面与 B 面的平行度及尺寸 (30 ± 0.1) mm 的加工要求；$\vec{y}$ 自由度不影响通槽的加工，可以不限制。如果 $\vec{z}$ 没有被限制，$60_{-0.2}^{\ 0}$ mm 就没有办法保证；如果 $\hat{x}$ 或 $\hat{y}$ 没有限制，槽底与 A 面的平行度就不能保证。

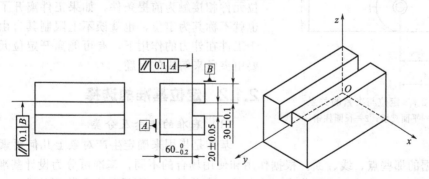

图 2-5　限制自由度与加工要求的关系

④ 过定位　工件的一个或几个自由度被不同的定位元件重复限制的定位称为过定位。

如图 2-6(a) 所示的连杆定位方案，长销限制了 $\vec{x}$、$\vec{y}$、$\hat{x}$、$\hat{y}$ 四个自由度，支承板限制了 $\hat{x}$、$\hat{y}$、$\vec{z}$ 三个自由度，其中 $\hat{x}$、$\hat{y}$ 被两个定位元件重复限制，这就产生了过定位。当连杆小头孔与端面有较大垂直度误差时，夹紧力 F_J 将使长销弯曲或使连杆变形，如图 2-6(b)、(c) 所示，造成连杆加工误差。若采用 2-6(d) 所示方案，将长销改为短销，就不会产生过定位。

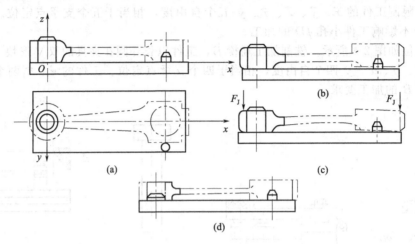

图 2-6　连杆定位方案

（3）定位与夹紧的关系

定位与夹紧的任务是不同的，两者不能互相取代。分析工件在夹具中的定位时，容易产生两种错误的理解。一种错误的理解是，工件在夹具中被夹紧了，其位置不能动，自由度也就被限制了，工件也就定了位。这种把定位和夹紧混为一谈，是概念上的错误。如图 2-7 所示，工件在平面支承 1 和两个长圆柱销 2 上定位，工件放在实线和虚线位置都可以夹紧，但是工件在 x 方向的位置不能确定，钻出的孔的位置也不能确定（出现尺寸 A_1 和 A_2）。

另一种错误的理解认为工件定位后，仍具有沿定位支承相反的方向移动的自由度，这种理解显然也是错误的。因为工件的定位是以工件的定位基准面与定位元件相接触为前提条件，如果工件离开了定位元件也就不称其为定位，也就谈不上限制其自由度了。至于工件在外力的作用下，有可能离开定位元件，那是要由夹紧来解决的问题。

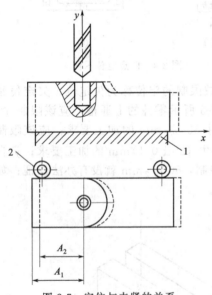

图 2-7　定位与夹紧的关系
1—平面支承；2—长圆柱销

2.1.2　定位基准的选择

（1）基准的概念及分类

基准是指用来确定生产对象上几何要素间的几何关系所依据的那些点、线、面。根据作用和使用场合的不同，基准可分为设计基准和工艺基准两大类，其中工艺基准又可分为工序基准、定位基准、测量基准和装配基准。

① 设计基准　零件图上用来确定零件上某些点、线、面位置所依据的点、线、面。如图 2-8(a) 所示零件，对于尺寸 20mm 而言，A、B 两面互为设计基准；如图 2-8(b) 所示

零件，$\phi30mm$ 和 $\phi50mm$ 的设计基准是轴心线，对于同轴度而言，$\phi50mm$ 的轴心线是 $\phi30mm$ 外圆同轴度的设计基准；如图 2-8(c) 所示零件，D 是 C 槽的设计基准；如图 2-8 (d) 所示的主轴箱体，F 面的设计基准是 D 面，孔Ⅲ和Ⅳ的设计基准是 D 面和 E 面，孔Ⅱ 的设计基准是孔Ⅲ和Ⅳ的轴心线。

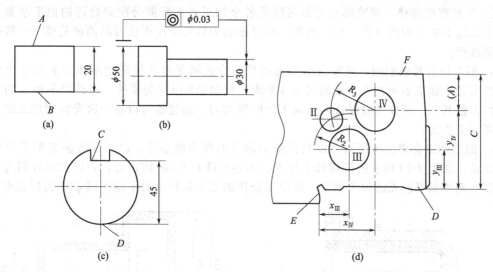

图 2-8　设计基准

② 工艺基准　是零件加工与装配过程中所采用的基准，可分为以下四种。

a. 工序基准　是指工序图上用来标注本工序加工的尺寸和形位公差的基准。就其实质来说，工序基准是用来确定本工序加工表面位置的基准，从工序基准到加工表面间的尺寸即是工序尺寸。工序基准一般与设计基准重合，有时为了加工、测量方便，而与定位基准或测量基准相重合。

b. 定位基准　是指加工中，使工件在机床上或夹具中占据正确位置所依据的基准。

如用直接找正装夹工件，找正面就是定位基准；用划线找正装夹，所划线就是基准；用夹具装夹，工件与定位元件相接触的面就是定位基准（定位基面）。

作为定位基准的点、线、面，可能是工件上的某些面，也可能是看不见摸不着的中心线、中心平面、球心等，往往需要通过工件某些定位表面来体现，这些表面称为定位基面。例如用三爪卡盘夹着工件外圆，体现以轴线为定位基准，外圆面为定位基面。严格地说，定位基准与定位基面有时并不是一回事，但可以代替，只是中间存在一个误差的问题。

c. 测量基准　是指工件在加工中或加工后测量时所用的基准。

d. 装配基准　是指装配时，用以确定零件在部件或产品中的相对位置所采用的基准。

上述各类基准应尽可能使其重合。在设计机械零件时，应尽可能以装配基准作为设计基准，以便直接保证装配精度。在编制零件加工工艺规程时，应尽可能以设计基准为工序基准，以便保证零件的加工精度。在加工和测量工件时，应尽量使定位基准和测量基准与工序基准重合，以便消除基准不重合误差。

（2）定位基准的选择

定位基准是零件在加工过程中，安装、定位的基准，通过定位基准，使工件在机床或夹具上获得正确的位置。对机械加工的每一道工序来说，都要求考虑其安装、定位的方式和定位基准的选择问题。

定位基准有粗基准和精基准之分，定位基准的选择就有粗基准的选择和精基准的选择。

零件开始加工时，所有的表面都未加工，只能以毛坯面作定位基准，这种以毛坯面为定位基准的称为粗基准。

在随后的工序中，用加工后的表面作为定位基准的称为精基准。在加工中，首先使用的是粗基准，但在选择定位基准时，为了保证零件的加工精度，首先考虑的是选择精基准，精基准选择之后，再考虑合理选择粗基准。

① 粗基准的选择　要重点考虑如何保证各个加工表面都能分配到合理的加工余量，保证加工面与不加工面的位置、尺寸精度，同时还要为后续工序提供可靠的精基准。一般按下列原则选择。

a. 相互位置要求原则　选取与加工表面相互位置精度要求较高的不加工表面作为粗基准，以保证不加工表面与加工表面的位置要求。如图 2-9 所示的零件，应选择不加工的外圆表面作为粗基准，不仅可以保证内孔加工后壁厚均匀，而且还可以在一次安装中加工出大部分需要加工的面。

b. 加工余量合理分配原则　以余量最小的表面作为粗基准，以保证各表面都有足够的加工余量。如图 2-10 所示的阶梯轴毛坯大、小端外圆有 5mm 的偏心，若以大端外圆为粗基准，则小端外圆可能无法加工出来，所以应选择加工余量较小的小端外圆 $\phi58$ 为粗基准。

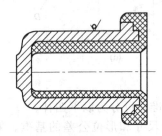

图 2-9　套筒粗基准的选择

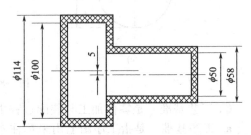

图 2-10　阶梯轴粗基准的选择

c. 重要表面原则　如图 2-11 所示为机床床身导轨加工，为保证重要表面的加工余量，应选择重要加工表面机床床身导轨面为粗基准。先以导轨面作为粗基准来加工床脚底面，然后以底面作为精基准加工导轨面，如图 2-11(a) 所示，这样才能保证床身的重要表面——导轨面加工时所切去的金属层尽可能薄且均匀，以保留组织紧密、耐磨的金属表面。而图 2-11(b) 所示则为不合理的定位方案。

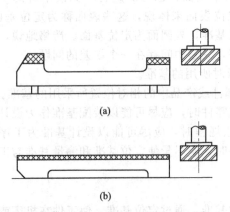

(a)

(b)

图 2-11　床身导轨加工粗基准的选择

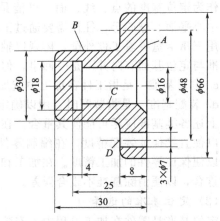

图 2-12　粗基准重复使用的误差

d. 不重复使用原则　因为粗基准未经加工，表面较为粗糙而且精度低，在第二次安装时，其在机床上（或夹具中）的实际位置与第一次安装时可能不一样，从而产生误差，导致相应加工表面出现较大的误差。因此，粗基准一般不重复使用。如图 2-12 所示零件，若在

加工端面 A、内孔 C 和钻孔 D 时，均使用未加工的 B 表面定位，则钻孔的位置精度就会相对于内孔和端面产生误差。

对于复杂的大型零件，从兼顾各方面的要求出发，可采用划线找正的方法来选择粗基准以合理地分配余量

e. 便于工件装夹原则　选择毛坯上平整光滑，没有飞边、浇口、冒口和其他缺陷的表面作为粗基准，以使定位准确，夹紧可靠。

② 精基准的选择　选择精基准时，重点考虑的是减少工件的定位误差，保证零件的加工精度和加工表面之间的位置精度，同时也要考虑零件的装夹方便、可靠、准确。一般应遵循以下原则。

a. 基准重合原则　直接选用加工表面的设计基准为定位基准，称为基准重合原则。采用基准重合原则可以避免由定位基准和设计基准不重合引起的定位误差（基准不重合误差）。

如图 2-13(a) 所示零件，欲加工孔，其设计基准是面 2，要求保证尺寸 A。在用调整法加工时，若以面 1 为定位基准，如图 2-13(b) 所示，则直接保证的尺寸是 C，尺寸 A 是通过控制 B 和 C 来间接保证的。因此，尺寸 A 的公差为

$$T_A = A_{max} - A_{min} = C_{max} - B_{min} - (C_{min} - B_{max}) = T_B + T_C$$

由此可以看出，尺寸 A 的加工误差中增加了一个从定位基准（面 1）到设计基准（面 2）之间尺寸 B 的误差，这个误差就是基准不重合误差。当本道工序 C 的加工精度不能满足要求时，还需提高前道工序尺寸 B 的加工精度，增加了加工难度。

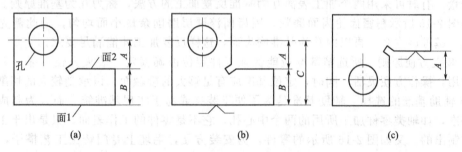

图 2-13　设计基准与定位基准的关系

若按如图 2-13(c) 所示用面 2 定位，则符合基准重合原则，可以直接保证尺寸 A 的精度要求。

应用基准重合原则时，要具体情况具体分析。定位过程中产生的基准不重合误差，是在用夹具装夹、调整法加工一批工件时产生的。若用试切法加工，设计要求的尺寸一般可直接测量，不存在基准不重合误差问题。在带有自动测量功能的数控机床上加工时，可在工艺中安排坐标系测量检查工步，即每个零件加工前由 CNC 系统自动控制测量头检测设计基准并自动计算、修正坐标值，消除基准不重合误差。因此，这种情况下不必遵循基准重合原则。

b. 基准统一原则　同一零件的多道工序尽可能选择同一个（一组）定位基准，称为基准统一原则。这样既可以保证各加工表面间的相互位置精度，避免或减少因基准转换而引起的误差，而且简化了夹具的设计与制造工作，降低了成本，缩短了生产准备周期。例如轴类零件加工，采用两端中心孔作为统一定位基准，加工各阶梯轴外圆表面，可保证其同轴度误差。

基准重合和基准统一原则是选择精基准的两个重要原则，但有时会遇到两者相互矛盾的情况。这时对尺寸精度要求较高的表面应服从基准重合原则，以避免允许的工序尺寸实际变动范围减小，给加工带来困难，除此之外，主要考虑基准统一原则。

c. 自为基准原则　精加工和光整加工工序要求余量小而均匀，选择加工表面本身作为

定位基准，称为自为基准原则。

如图 2-14 所示的床身导轨面磨削，在磨床上用百分表找正导轨面相对于机床运动方向的正确位置，然后磨去薄而均匀的一层磨削余量，以满足对床身导轨面的质量要求。采用自为基准原则时，只能提高加工表面本身的尺寸精度、形状精度，而不能提高加工表面的位置精度，加工表面的位置精度应由前道工序保证。此外，研磨、铰孔都是自为基准的例子。

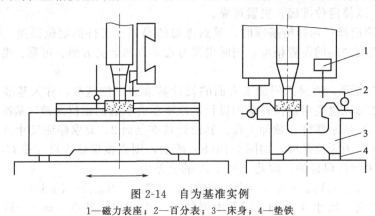

图 2-14　自为基准实例

1—磁力表座；2—百分表；3—床身；4—垫铁

　　d. 互为基准原则　为使各加工表面间有较高的位置精度，或为使加工表面具有均匀的加工余量，有时可采用两个加工表面互为基准反复加工的方法，称为互为基准原则。

如图 2-15 所示精密齿轮齿面磨削，因齿面淬硬层磨削余量小而均匀，为此需先以齿面分度圆为基准磨内孔，再以内孔为基准磨齿面，这样反复加工才能满足要求。

　　e. 装夹方便原则　所选精基准应能保证工件定位准确稳定，装夹方便可靠，夹具结构简单适用，操作方便灵活。同时，定位基准应有足够大的接触面，以承受较大的切削力。

　　③ 辅助基准的选择　辅助基准是为了便于装夹或易于实现基准统一而人为制成的一种定位基准，如轴类零件加工所用的两个中心孔，它不是零件的工作表面，只是出于工艺上的需要才制出的。又如图 2-16 所示的零件，为安装方便，毛坯上专门铸出工艺搭子，也是典型的辅助基准，加工完毕后应将其从零件上切除。

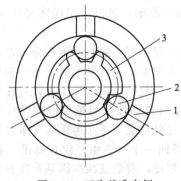

图 2-15　互为基准实例

1—卡盘；2—滚柱；3—齿轮

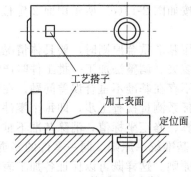

图 2-16　辅助基准实例

2.1.3　加工余量及工序尺寸的确定

（1）加工余量与工序尺寸

① 加工余量与工序尺寸　加工余量是指在加工过程中所切去的金属层的厚度。加工余量有工序加工余量和加工总余量（毛坯余量）之分。工序加工余量是相邻两工序的工序尺寸

之差；加工总余量（毛坯余量）是毛坯尺寸与零件图样的设计尺寸之差。显然，总余量 $Z_总$ 与工序余量 Z_i 的关系为

$$Z_总 = \sum_{i=1}^{n} Z_i$$

式中，n 为零件某表面加工经历的工序数目。

对于回转表面（外圆和内孔等）加工余量是直径上的余量，在直径上是对称分布的，故称为对称余量；而在加工中，实际切除的金属层厚度是加工余量的一半，因此又有双面余量和单面余量之分。对于平面，由于加工余量只在一面单向分布，因而只有单面余量。

无论是双面余量、单面余量，还是外表面、内表面，都涉及工序尺寸的问题。每道工序完成后应保证的尺寸称为该工序的工序尺寸。由于加工中不可避免地存在误差，因而，工序尺寸也有公差，这种公差称为工序公差。

工序尺寸、工序公差、加工余量三者的关系如图 2-17 所示。

由于工序加工余量是相邻两工序工序尺寸之差，则本工序的加工余量的基本值 $Z_b = a - b$，最小加工余量是前工序最小工序尺寸和本工序最大工序尺寸之差，即 $Z_{bmin} = a_{min} - b_{max}$；最大加工余量是前工序最大工序尺寸和本工序最小工序尺寸之差，即 $Z_{bmax} = a_{max} - b_{min}$。其中 a 表示前道工序的工序尺寸，b 表示本道工序的工序尺寸。

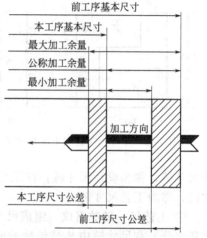

图 2-17　加工余量及其公差

② 加工余量的确定　在保证加工质量的前提下，加工余量越小越好。确定加工余量有以下三种方法。

a. 经验估算法　工艺人员根据生产的技术水平，靠经验来确定加工余量。为了防止余量不足而产生废品，通常所取的加工余量都偏大。此法一般用于单件小批量生产。

b. 查表修正法　根据各工厂长期的生产实践与试验所积累的有关加工余量资料，制成各种表格并汇编成手册，如机械加工工艺手册、机械工艺工程师手册、机械加工工艺设计手册等。确定加工余量时，查阅这些手册，再根据本厂的实际情况进行适当的修正后确定。

数控铣床上通常采用经验估算法或查表修正法确定精加工余量，推荐值如表 2-1 所示。

表 2-1　精加工余量推荐值　　　　　　　　　　　　　　　　　　　mm

加工方法	刀具材料	精加工余量	加工方法	刀具材料	精加工余量
轮廓铣削	高速钢	0.2～0.4	铰孔	高速钢	0.1～0.2
	硬质合金	0.3～0.6		硬质合金	0.2～0.3
扩孔	高速钢	0.5～1	镗孔	高速钢	0.1～0.5
	硬质合金	1～2		硬质合金	0.3～1.0

c. 分析计算法　根据计算公式和一定的试验资料，对影响加工余量的各项因素进行分析，并计算确定加工余量。这种方法比较合理，但必须有比较全面和可靠的试验资料，目前较少采用。

③ 工序公差的确定　工件上的设计尺寸及其公差是经过各加工工序后得到的。每道工序的工序尺寸都不相同，它们逐步向设计尺寸接近。为了最终保证工件的设计要求，各中间

工序的工序尺寸及其公差需要计算确定。

加工余量确定后，就可计算工序尺寸。基准重合时工序尺寸及其公差的计算比较简单。例如，对外圆和内孔的多工序加工均属于这种情况。计算顺序是：先确定各工序的基本尺寸，即由工件的设计尺寸开始，由最后一道工序向前推算，直到毛坯尺寸。工序公差按各工序的经济精度确定，并按"入体原则"确定上、下偏差，毛坯尺寸则按双向对称取上、下偏差。

（2）工艺尺寸链

工序基准或定位基准与设计基准不重合时，工序尺寸及其公差计算比较复杂，需用工艺尺寸链来分析计算。

① 尺寸链的基本概念　在零件加工或机器装配过程中，由相互连接的尺寸按照一定的顺序排列成为封闭的尺寸组称为尺寸链。

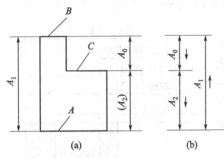

图 2-18　零件加工过程中的尺寸链

如图 2-18 所示零件图样上标注的尺寸 A_1、A_0，设 A、B 面已加工，现采用调整法加工 C 面，若以设计基准 B 作为定位基准，定位和夹紧都不方便；若以 A 面作为定位基准，直接保证的是对刀尺寸 A_2，图样上要求的设计尺寸 A_0 将由本工序尺寸 A_2 和上工序尺寸 A_1 来间接保证，当 A_1 和 A_2 确定之后，A_0 随之确定。像这样一组相互关联的尺寸，组成封闭的形式，如同链条一样环环相扣，形象地称为尺寸链。

在零件图纸上，用来确定表面之间相互位置的尺寸链，称为设计尺寸链；在工艺文件上，由加工过程中的同一零件的工艺尺寸组成的尺寸链，称为工艺尺寸链。

② 工艺尺寸链的组成　组成尺寸链的各个尺寸称为尺寸链的环，而环又有组成环和封闭环之分。在尺寸链中凡是最后被间接获得的尺寸，称为封闭环。封闭环一般以下标"0"表示。如图 2-18 中的 A_0 就是封闭环。

应该特别指出：在计算尺寸链时，区分封闭环是至关重要的，封闭环搞错了，一切计算结果都是错误的。在工艺尺寸链中，封闭环随着加工顺序的改变或测量基准的改变而改变，区分封闭环的关键在于要紧紧抓住"间接获得"或"最后形成"的设计尺寸这一概念。

在加工过程中直接形成的尺寸（在零件加工的工序中出现或直接控制的尺寸），称为组成环。任一组成环的变动，必然引起封闭环的变动，根据它对封闭环影响的不同，组成环可分为增环和减环。

增环：组成环中，由于该环的变动引起封闭环同向变动（即该环尺寸增大时封闭环尺寸随着增大，该环尺寸减小时封闭环尺寸随着减小）的环称为增环。用该尺寸上加上向右箭头表示，如 $\vec{A_i}$。

减环：如果该环的变动引起封闭环反向变动（即该环尺寸增大时封闭环尺寸随着减小，该环尺寸减小时封闭环尺寸随着增大）的环称为减环。用该尺寸上加上向左箭头表示，如 $\overleftarrow{A_j}$。

当尺寸链中的组成环较多时，根据定义来区别增、减环比较麻烦，可用简易的方法来判断：在尺寸链简图中，先在封闭环上任定一方向画一箭头，然后沿着此方向绕尺寸链回路依次在每一组成环上画出一箭头，凡是组成环上所画箭头方向与封闭环箭头方向相同的为减环，相反的为增环。

在一个尺寸链中，只有一个封闭环。组成环和封闭环的概念是针对一定尺寸链而言的，是一个相对的概念。同一尺寸，在一个尺寸链中是组成环，在另一尺寸链中有可能是封闭环。

③ 工艺尺寸链计算的基本公式　工艺尺寸链的计算方法有极值法和概率法两种，生产中一般多采用极值法计算工艺尺寸，其基本计算公式如下。

a. 封闭环的基本尺寸 A_0　等于所有增环的基本尺寸之和减去所有减环的基本尺寸之和。

$$A_0 = \sum_{i=1}^{m} \vec{A_i} - \sum_{j=1}^{n} \overleftarrow{A_j}$$

式中，m 为增环的数目；n 为减环的数目。

b. 封闭环的上偏差 $ES(A_0)$　等于所有增环的上偏差之和减去所有减环的下偏差之和。

$$ES(A_0) = \sum_{i=1}^{m} ES(\vec{A_i}) - \sum_{j=1}^{n} EI(\overleftarrow{A_j})$$

c. 封闭环的下偏差 $EI(A_0)$　等于所有增环的下偏差之和减去所有减环的上偏差之和。

$$EI(A_0) = \sum_{i=1}^{m} EI(\vec{A_i}) - \sum_{j=1}^{n} ES(\overleftarrow{A_j})$$

d. 封闭环的公差 T_0　等于所有组成环公差之和。

$$T_0 = \sum_{i=1}^{m} T_i + \sum_{j=1}^{n} T_j$$

显然，在工艺尺寸链的计算中，封闭环的公差大于任一组成环的公差。当封闭环公差一定时，若组成环的数目较多，各组成环的公差就会过小，造成工序加工困难。因此，在分析尺寸链时，应使尺寸链组成环数最少，即遵循尺寸链最短原则。

④ 工艺尺寸链的应用　在机械加工过程中，每一道工序的加工结果都以一定的尺寸值表示出来，尺寸链反映了相互关联的一组尺寸之间的关系，也就反映了这些尺寸所对应的加工工序之间的相互关系。

从一定意义上讲，尺寸链的构成反映了加工工艺的构成。特别是加工表面之间位置尺寸的标注方式，在一定程度上决定了表面加工的顺序。通常在工艺尺寸链中，组成环是各工序的工序尺寸，即各工序直接得到并保证的尺寸；封闭环是间接得到的设计尺寸或工序加工余量。

在零件工艺过程制定中遇到的尺寸链的应用情况是：已知封闭环和部分组成环的尺寸，求剩余的一个组成环的尺寸。

a. 定位基准与设计基准不重合　零件加工中，当定位基准与设计基准不重合时，要保证设计尺寸的要求，必须求出工序尺寸来间接保证设计尺寸，要进行工序尺寸的换算。

【例 2-1】　如图 2-19(a) 所示的零件，D 孔的设计尺寸是 $\phi100\pm0.15$mm，设计基准是 C 孔的轴线。在加工 D 孔前，A 面、B 孔、C 孔已加工，为了使工件装夹方便，加工 D 孔时以 A 面定位，按工序尺寸 A_3 加工，试求 A_3 的基本尺寸及极限偏差。

计算步骤如下。

① 画出尺寸链简图。其尺寸链简图如图 2-19(b) 所示。

② 确定封闭环。这时孔的定位基准与设计基准不重合，设计尺寸 A_0 是间接得到的，因而 A_0 是封闭环。

③ 确定增环、减环。A_2、A_3 是增环，A_1 是减环。

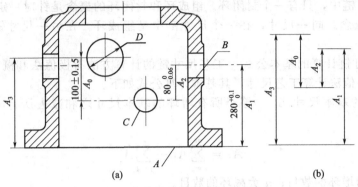

图 2-19　定位基准与设计基准不重合

④ 利用基本计算公式进行计算。

$$A_0 = \sum_{i=1}^{m} \vec{A}_i - \sum_{j=1}^{n} \overleftarrow{A}_j \Rightarrow A_0 = A_2 + A_3 - A_1 \Rightarrow 100 = 80 + A_3 - 280 \Rightarrow A_3 = 300 \text{mm}$$

$$\text{ES}(A_0) = \sum_{i=1}^{m} \text{ES}(\vec{A}_i) - \sum_{j=1}^{n} \text{EI}(\overleftarrow{A}_j) \Rightarrow 0.15 = 0 + \text{ES}(A_3) - 0 \Rightarrow \text{ES}(A_3) = 0.15 \text{mm}$$

$$\text{EI}(A_0) = \sum_{i=1}^{m} \text{EI}(\vec{A}_i) - \sum_{j=1}^{n} \text{ES}(\overleftarrow{A}_j) \Rightarrow -0.15 = -0.06 + \text{EI}(A_3) - 0.1 \Rightarrow \text{EI}(A_3) = 0.01 \text{mm}$$

所以工序尺寸 $A_3 = 300^{+0.15}_{+0.01}$ mm。

b. 设计基准与测量基准不重合　测量时，由于测量基准和设计基准不重合，需测量的尺寸不能直接测量，只能由其他测量尺寸来间接保证，也需要进行尺寸换算。

【例 2-2】　如图 2-20(a) 所示，加工时尺寸 $10^{\ 0}_{-0.36}$ mm 不便测量，改用深度游标尺测量孔深 A_2，通过孔深 A_2、总长 $50^{\ 0}_{-0.17}$ mm（A_1）来间接保证设计尺寸 $10^{\ 0}_{-0.36}$ mm（A_0），求孔深 A_2。

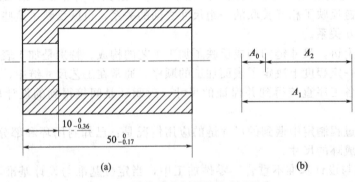

图 2-20　设计基准与测量基准不重合

计算步骤如下。

① 画出尺寸链简图。其尺寸链简图如图 2-20(b) 所示。

② 确定封闭环。这时孔深的测量基准与设计基准不重合，设计尺寸 A_0 是通过 A_2 间接得到的，因而 A_0 是封闭环。

③ 确定增环、减环。A_1 是增环，A_2 是减环。

④ 利用基本计算公式进行计算。

$$10 = 50 - A_2 \Rightarrow A_2 = 40 \text{mm}$$
$$0 = 0 - \text{EI}(A_2) \Rightarrow \text{EI}(A_2) = 0$$

$$-0.36=-0.17-\mathrm{ES}(A_2)\Rightarrow\mathrm{ES}(A_2)=0.19\mathrm{mm}$$

所以孔深 $A_2=40^{+0.19}_{0}\mathrm{mm}$。

c. 工序尺寸的基准有加工余量时工艺尺寸链的计算 零件图上有时存在几个尺寸从同一基准面进行标注，当该基准面精度和表面粗糙度要求较高时，往往是在工艺过程的精加工阶段进行最后加工。这样，在进行该面的最终一次加工时，要同时保证几个设计尺寸，其中只有一个设计尺寸可以直接保证，其他设计尺寸只能间接获得，需要进行尺寸计算。下面以实例来说明。

【例 2-3】 图 2-21(a) 所示为齿轮内孔局部简图。内孔和键槽的加工顺序为：

① 半精镗孔至 $\phi 84.8^{+0.07}_{0}\mathrm{mm}$；

② 插键槽至尺寸 A；

③ 淬火；

④ 磨内孔至尺寸 $\phi 85^{+0.035}_{0}\mathrm{mm}$，同时保证键槽深度 $90.4^{+0.20}_{0}\mathrm{mm}$。

求插键槽工序的深度尺寸 A。

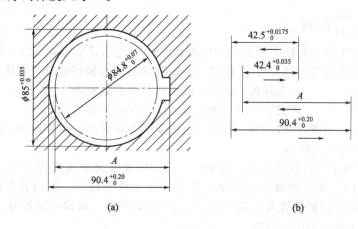

图 2-21 内孔键槽加工尺寸链

计算步骤如下。

① 画出尺寸链简图。在这里要注意直径的基准是轴线，其尺寸链简图如图 2-21(b) 所示。

② 确定封闭环。键槽深度 $90.4^{+0.2}_{0}$ 是间接得到的，因而 $90.4^{+0.2}_{0}$ 是封闭环。

③ 确定增环、减环。如图 2-21(b) 所示。

④ 利用基本计算公式进行计算。

$$90.4=A+42.5-42.4\quad 即\ A=90.3\mathrm{mm}$$
$$0.2=\mathrm{ES}(A)+0.0175-0\quad 即\ \mathrm{ES}(A)=0.1825\mathrm{mm}$$
$$0=\mathrm{EI}(A)+0-0.035\quad 即\ \mathrm{EI}(A)=0.035\mathrm{mm}$$

所以插键槽的尺寸 $A=90.3^{+0.183}_{+0.035}\mathrm{mm}$。

2.2 指令学习

2.2.1 刀具长度补偿 G43、G44、G49

刀具长度补偿指令对于立式铣床（加工中心）而言，一般用于刀具轴向（Z 向）的补偿，它把刀具的长度补偿值设定于刀具偏置存储器中。有了刀具长度补偿功能，当加工中因刀具磨损、重磨、换新刀或调整 Z 向尺寸，使长度发生变化时，可以不必修改程序中的坐标值，只要修改长度补偿值即可。

当加工一个零件需要多把刀，各刀的长度不同，编程时不必考虑刀具的长短对坐标值的影响，只要把其中的一把刀设为标准刀，其余各刀相对标准刀设置长度补偿值即可。

指令格式：

$$\begin{Bmatrix} G43 \\ G44 \end{Bmatrix} \begin{Bmatrix} G00 \\ G01 \end{Bmatrix} Z \underline{\quad} H \underline{\quad} (F \underline{\quad});$$

$$G49 \begin{Bmatrix} G00 \\ G01 \end{Bmatrix} Z \underline{\quad};$$

式中，G43 为长度正补偿；G44 为长度负补偿；G49 为取消长度补偿；Z 为程序中指令的 Z 向坐标值；H 为长度补偿代号，后面一般用两位数字表示，前面一位为 0 时可以省略，如 H01 可以省略为 H1。

当 Z 轴省略时，可视为：

$$G91 \begin{Bmatrix} G43 \\ G44 \end{Bmatrix} \begin{Bmatrix} G00 \\ G01 \end{Bmatrix} Z0 \ H \underline{\quad};$$

使用 G43、G44 时，无论 Z 值是绝对值编程 G90 还是增量值编程 G91，程序中指定的 Z 轴移动指令的终点坐标值，都要与 H 代码指令的存储器中的偏移量进行运算。

执行 G43 时：　　　　Z 实际值＝Z 指令值＋H ＿＿中的偏置值

执行 G44 时：　　　　Z 实际值＝Z 指令值－H ＿＿中的偏置值

在实际应用中，一般习惯用 G43 指令，向正或负方向移动，依靠改变 H 指令的刀具偏置存储器中数值的正负来实现。

【例 2-4】 对单把刀具设置不同长度补偿：已知机床 Z 轴最高点为参考点，且该点的机械坐标为＋480；以工件上表面中心为原点建立 G56 工件坐标系。试设置长度补偿偏置值；画图表示，当用 G43 设置偏置值分别为 0、10、－10，执行下面程序时各刀位点的位置。程序中 H ＿＿分别为 H01、H02、H03。

程序：

```
G90 G56;
M03 S1000;
G00 X0 Y0;
G43 G00 Z10 H ＿＿;
G01 Z0 F100;
G49 G00 Z100;
M05;
M02;
```

机床 Z 轴最高点为参考点，且该点的机械坐标为＋480。使主轴转动，手轮移动刀具至工件上表面的中心，然后对刀。即工件上表面为 G56 工件坐标系 Z 轴的零点。

机床建立 G56 工件坐标系后，在 MDI 方式下，按 OFSSET 键进入刀具补偿页面，在 H 代码偏置号 01 栏里，输入偏置值 0，按 INPUT 键；在 H 代码偏置号 02 栏里，输入偏置值 10，按 INPUT 键；在 H 代码偏置号 03 栏里，输入偏置值－10，按 INPUT 键。如图 2-22 所示。

① 当执行程序"G43 G00 Z10 H01；G01 Z0 F100；"时，程序调用 01 号长度补偿，其偏置值为 0，根据公式：Z 实际值＝Z 指令值＋H01 中的偏置值＝0＋0＝0mm，刀具刀位点在工件上表面上，如图 2-23(a) 所示。

② 当执行程序段"G43 G00 Z10 H02；G01 Z0 F100；"时，程序调用 02 号长度补偿，其偏置值为 10，根据公式：Z 实际值＝Z 指令值＋H02 中的偏置值＝0＋10＝10mm，刀具刀位点在工件上表面以上 10mm，如图 2-23(b) 所示。

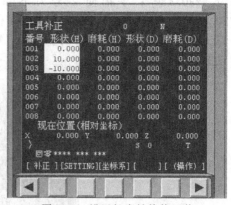

图 2-22　设置长度补偿偏置值

③ 当执行程序段"G43 G00 Z10 H03；G01 Z0 F100；"时，程序调用 03 号长度补偿，其偏置值为－10，根据公式：Z 实际值＝Z 指令值＋H03 中的偏置值＝0＋（－10）＝－10mm，刀具刀位点在工件上表面以下 10mm，如图 2-23(c) 所示。

当加工复杂零件需要多把刀具时，为每把刀具设定一个坐标系不方便。这时使用刀具补偿功能可在一个工件坐标系下实现多把刀具的编程与加工。使用刀具补偿指令时，必须先确定基准。用基准刀具时，以工件坐标系原点对应的 Z 轴的机械坐标为长度基准。

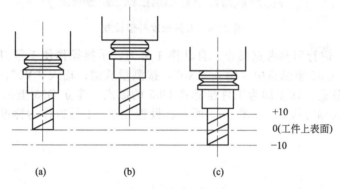

图 2-23　刀具长度补偿

对于机床 Z 轴最高点为参考点，且该点的机械坐标为机械零点的数控机床，可以不使用基准刀具，以机械坐标零点（Z 轴最高点）为长度基准，这种方法应用广泛。下面通过两个例子来说明设置方法。

【例 2-5】　如图 2-24 所示，某立式加工中心，当 Z 轴回参考点时（Z 轴最高点），Z 轴的机械坐标显示数值为"480.000"；手摇使 1 号刀下降至接触工件上表面时，Z 轴机械坐标显

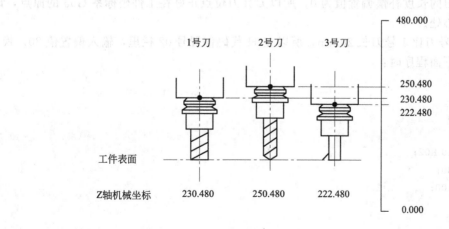

图 2-24　刀具长度补偿

示为"230.480";手摇使 2 号刀下降至接触工件上表面时,Z 轴机械坐标显示为"250.480";手摇使 3 号刀下降至接触工件上表面时,Z 轴机械坐标显示为"222.480";即 2 号刀比 1 号刀长 20mm,3 号刀比 1 号刀短 8mm。试用 1 号刀为基准刀,建立坐标系 G55 并为三把刀设置长度补偿值。

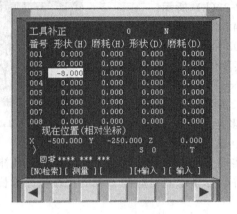

图 2-25　刀具长度补偿设置

① 机床开机,进行回参考点操作。自动换 1 号刀,手摇操作使 1 号刀刚好接触到工件上表面的中心,在 G55 坐标系中,输入"X0",按测量软键;输入"Y0",按测量软键;输入"Z0",按测量软键。该点即为工件坐标系 G55 的原点,建立 G55 坐标系。在 H 代码偏置号 01 栏里,输入偏置值 0,如图 2-25 所示。设置完毕,1 号刀作为标准刀具。当执行下面程序时:

```
G90 G55 ;
M06 T1;
M03 S1000;
G00 X0 Y0;
G43 G00 Z10 H02;
G01 Z0 F100;
G49 G00 Z100;
M05;
M02;
```

由于 1 号刀的长度补偿偏置值为 0,所以刀具刀位点正好在工件坐标系 G55 的原点,即工件上表面中心处。

② 由于 2 号刀比 1 号刀长 20mm,所以在 H 代码偏置号 02 栏里,输入偏置值 20。换 2 号刀,当执行下面程序时:

```
G90 G55;
M06 T2;
M03 S1000;
G00 X0 Y0;
G43 G00 Z10 H02;
G01 Z0 F100;
G49 G00 Z100;
M05;
M02;
```

由于 2 号刀的长度补偿偏置值为 20,G43 为长度正补偿。当执行 H02 号长度补偿时,刀具在 Z 轴正方向（即向上）移动一个补偿值 20mm，2 号刀的刀位点在"Z0"位置正好是工件上表面中心处。

③ 由于 3 号刀比 1 号刀短 8mm，所以在 H 代码偏置号 03 栏里，输入偏置值-8。换上 3 号刀，当执行下面程序时：

```
G90 G55;
M06 T3;
M03 S1000;
G00 X0 Y0;
G43 G00 Z10 H03;
G01 Z0 F100;
G49 G00 Z100;
M05;
M02;
```

刀具在 Z 轴负方向（即向下）移动一个补偿值 8mm，3 号刀的刀位点在"Z0"位置也正好是工件上表面中心处。

【例 2-6】 如图 2-26 所示，某立式加工中心，当 Z 轴回参考点时（Z 轴最高点），Z 轴的机械坐标显示数值为"0.000"；手摇使 1 号刀下降至接触工件上表面时，Z 轴坐标显示为"-262.260"；手摇使 2 号刀下降至接触工件上表面时，Z 轴坐标显示为"-242.260"；手摇使 3 号刀下降至接触工件上表面时，Z 轴坐标显示为"-270.260"；即 2 号刀比 1 号刀长 20mm，3 号刀比 1 号刀短 8mm。试用机械坐标零点（Z 轴最高点）为长度基准，建立坐标系并为三把刀设置长度补偿值。

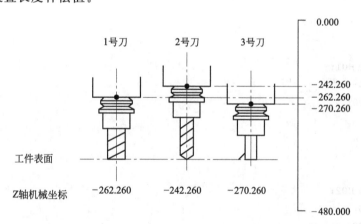

图 2-26 刀具长度补偿

① 调用 T1 刀：输入指令"M06T1;"，按循环启动按钮，机床换 1 号刀。

以机械坐标 Z0（Z 轴最高点）为工件坐标原点建立 G55 坐标系：X、Y、Z 轴分别回参考点，刀具位于 Z 轴最高点，机械坐标显示为 0.000；此时不要动 Z 轴，在 G55 坐标系画面中输入"Z0"，按"测量"软键。

设置 1 号刀的长度补偿：使主轴正转（例如 500r/min），手摇使 1 号刀到达工件上表面，发出摩擦声，此时机械坐标显示-262.260，在 H 代码偏置号 01 栏里，输入偏置值-262.260，如图 2-27 所示。

然后分别进行 X、Y 轴对刀。

② 调用 T2 刀：输入指令"M06T2;"，按循环启动按钮，机床换 2 号刀。

设置 2 号刀的长度补偿：手摇使 2 号刀到达工件上表面，发出摩擦声，此时机械坐标显示－242.260，在 H 代码偏置号 02 栏里，输入偏置值－242.260，如图 2-27 所示。

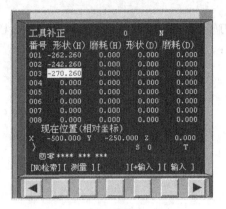

图 2-27　刀具长度补偿设置

③ 调用 T3 刀：输入指令"M06T3;"，按循环启动按钮，机床换 3 号刀。

设置 3 号刀的长度补偿：手摇使 3 号刀到达工件上表面，发出摩擦声，此时机械坐标显示－270.260，在 H 代码偏置号 03 栏里，输入偏置值－270.260，如图 2-27 所示。

这样，设置好每把刀的长度补偿后，当需要调用哪把刀，就调用几号长度补偿 H 代码偏置号。当运行下面程序时：

```
G00 G40 G49 G80 G90;
G90 G55 ;
M06 T1;
M03 S1000;
G00 X0 Y0;
G43 G00 Z10 H01;
G01 Z0 F100;
G49 G00 Z100;
M05;
M06 T2;
M03 S1000;
G00 X0 Y0;
G43 G00 Z10 H02;
G01 Z0 F100;
G49 G00 Z100;
M05;
M06 T3;
M03 S1000;
G00 X0 Y0;
G43 G00 Z10 H03;
G01 Z0 F100;
G49 G00 Z100;
M05;
M02;
```

三把刀的刀位点都会在工件上表面中心处。如果不使用长度补偿，执行"G01 Z0 F100;"时，刀具会处在 Z 轴最高点上（机械坐标 Z0 处）。

【例 2-7】 Z 轴回参考点时（最高点）机械坐标显示为 0.000。在选用一个工件坐标系

（G54）的前提下，采用不同刀具加工零件不同部位时，刀具长度补偿指令的应用如图 2-28 所示。

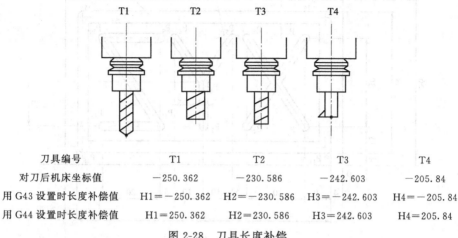

刀具编号	T1	T2	T3	T4
对刀后机床坐标值	−250.362	−230.586	−242.603	−205.84
用 G43 设置时长度补偿值	H1=−250.362	H2=−230.586	H3=−242.603	H4=−205.84
用 G44 设置时长度补偿值	H1=250.362	H2=230.586	H3=242.603	H4=205.84

图 2-28　刀具长度补偿

机床回参考点操作。建立 G54 工件坐标系。以机械原点为长度基准，通过图 2-28 的刀具选择及对刀结果，编写程序使四把刀的刀尖在工件表面以上 10mm 的位置上定位。该程序也可以校验刀具长度补偿设置是否正确。

```
O2011;                    文件名
N10 G40 G49 G80 G90;      程序初始化
N20 M6 T1;                调用 1 号刀
N30 G54 G90 M03 S600;     G54 工件坐标系,绝对值编程,主轴正转,600r/min
N40 G00 G43 H1 Z10;       Z 轴快速定位,调用 1 号长度补偿
N50 G49 G00 Z0;           取消长度补偿,Z 快速定位到机械原点
N60 M05;                  主轴停止
N70 M6 T2;                调用 2 号刀
N80 M03 S450;             主轴正转,450r/min
N90 G00 G43 H2 Z10;       Z 轴快速定位,调用 2 号长度补偿
N100 G49 G00 Z0;          取消长度补偿,Z 快速定位到机械原点
N110 M05;                 主轴停止
N120 M6 T3;               调用 3 号刀
N130 M03 S650;            主轴正转,650r/min
N140 G00 G43 H3 Z10;      Z 轴快速定位,调用 3 号长度补偿
N150 G49 G00 Z0;          取消长度补偿,Z 快速定位到机械原点
N160 M05;                 主轴停止
N170 M6 T4;               调用 4 号刀
N180 M03 S600;            主轴正转,600r/min
N190 G00 G43 H4 Z10;      Z 轴快速定位,调用 4 号长度补偿
N200 G49 G00 Z0;          取消长度补偿,Z 快速定位到机械原点
N210 M05;                 主轴停止
N220 M02;                 程序结束,返回起始段
```

【例 2-8】　加工如图 2-29 所示图形，用 φ3mm 铣刀铣出 X、Y、Z 三个字母，字深 2mm；用 φ4mm 铣刀铣出矩形槽，槽深 2mm。试用长度补偿功能编程。

以工件左下角的上表面为工件坐标系原点建立 G55 坐标系。1 号刀为 φ3mm 键槽铣刀，长度补偿代号为 H01；2 号刀为 φ4mm 键槽铣刀，长度补偿代号为 H02。

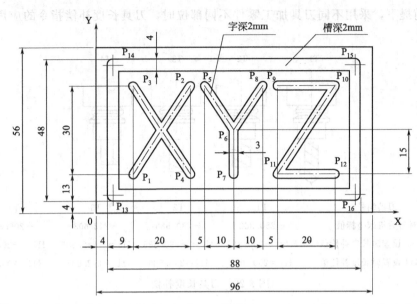

图 2-29　零件图

程序如下：

O2012；	文件名
G17 G40 G49 G80 G90；	初始化
G90 G55；	绝对值编程,建立 G55 工件坐标系
M06 T01；	调用 1 号刀具
M03 S1000；	主轴正转,1000r/min
G00 X13 Y17；	快速定位到 P$_1$ 点
G43 Z10 H01；	Z 轴快速定位,调用 1 号长度补偿
M08；	切削液开
G01 Z-2 F50；	Z 向进给,进给速度 50mm/min
X33 Y47；	至 P$_2$ 点
G00 Z6；	抬刀
X13；	快速定位到 P$_3$ 点
G01 Z-2；	Z 向进给
X33 Y17；	至 P$_4$ 点
G00 Z6；	抬刀
X38 Y47；	快速定位到 P$_5$ 点
G01 Z-2；	Z 向进给
X48 Y32；	至 P$_6$ 点
Y17；	至 P$_7$ 点
G00 Z6；	抬刀
X58 Y47；	快速定位到 P$_8$ 点
G01 Z-2；	Z 向进给
X48 Y32；	至 P$_6$ 点
G00 Z6；	抬刀
X63 Y47；	快速定位到 P$_9$ 点
G01 Z-2；	Z 向进给
X83；	至 P$_{10}$ 点
X63 Z17；	至 P$_{11}$ 点

X83;	至 P$_{12}$点
G49 G00 Z50;	取消刀具长度补偿,Z轴快速定位
M09;	切削液关
M05;	主轴停止
M06 T02;	调用 2 号刀具
M03 S1000;	主轴正转,1000r/min
G00 X6 Y6;	快速定位到 P$_{13}$点
G43 Z10 H02;	Z轴快速定位,调用 2 号程度补偿
M08;	切削液开
G01 Z-2 F50;	Z 向进给
Y50;	至 P$_{14}$点
X90;	至 P$_{15}$点
Y6;	至 P$_{16}$点
X6;	至 P$_{13}$点
G49 G00 Z50;	取消刀具长度补偿,Z轴快速定位
M05;	主轴停止
M02;	程序结束

2.2.2 刀具半径补偿 G41、G42、G40

先看一个例子。

【例 2-9】 编写如图 2-30 所示轮廓的精加工程序。已知铣刀为 ϕ10mm,加工深度 3mm,周边精加工余量 0.5mm。

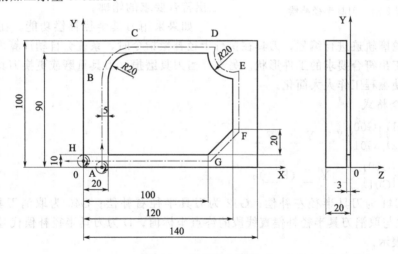

图 2-30 加工凸台轮廓

建立如图 2-30 所示 G56 坐标系,如要加工图中所示轮廓,ϕ10mm 铣刀中心必须沿着点画线的轨迹运动。因此,铣刀中心从 A→B→C→D→E→F→G→H,加工出图纸要求的轮廓。通过数值计算,用绝对值编程,程序如下:

O2101;	程序名
N1 G17 G40 G49 G80 G90;	初始化
N5 G90 G56;	绝对方式编程,G56 工件坐标系
N10 M03 S1000;	主轴正转,1000r/min
N15 G00 X15 Y0;	快速定位至 A 点
N20 Z10;	快速定位

```
N25 G01 Z-3 F80;            Z向进给
N30    Y70;                 至B点
N35 G02 X40 Y95 R25 F80;    至C点
N40 G01 X105.796;           至D点
N45 G03 X125 Y76.037 R15;   至E点
N50 G01 Y27.804;            至F点
N55    X102.071 Y5;         至G点
N60    Y5;                  至H点
N65 G00 Z100;               快速定位
N70 M05;                    主轴停止
N75 M02;                    程序结束
```

从本例中可以看出，若要加工一个轮廓，需要向外放大一个刀具半径尺寸，如果形状复杂，数值计算是非常麻烦的。当采用刀具半径补偿功能，则编程时只是按照轮廓轨迹进行编

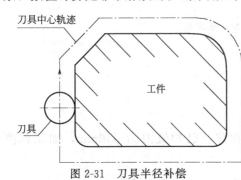

图 2-31　刀具半径补偿

程，不再需要复杂的数值计算，编程将变得非常方便。学习刀具半径补偿指令后，可以用半径补偿功能重新编写程序相对照。

在数控铣床上进行轮廓加工时，因为铣刀具有一定的半径，所以刀具中心轨迹和工件轮廓不重合，如图 2-31 所示。而编程是按刀具中心轨迹进行的，这样就需要进行复杂的计算，以使刀具中心沿工件轮廓法向偏离一个半径尺寸，从而加工出符合要求的轮廓。

如果采用刀具半径补偿功能，在编程时就可以按照工件轮廓轨迹进行编程，刀具在执行半径补偿指令时，系统会自动计算出刀具中心轨迹，从而加工出符合要求的工件形状。另外，当刀具磨损、刀具重磨或更换刀具时，也不必更改程序，使编程工作大大简化。

（1）指令格式

$$G17 \begin{Bmatrix} G41 \\ G42 \end{Bmatrix} \begin{Bmatrix} G00 \\ G01 \end{Bmatrix} X \_\_ Y \_\_ (F \_\_) D \_\_ ;$$

$$G17 G40 \begin{Bmatrix} G00 \\ G01 \end{Bmatrix} X \_\_ Y \_\_ (F \_\_) ;$$

式中，G41 为刀具半径左补偿；G42 为刀具半径右补偿；G40 为取消刀具半径补偿；X、Y 为建立与取消刀具半径补偿直线段的终点坐标值；D 为刀具半径补偿代号，后面一般用两位数字表示。

G17 可省略。其他平面指令 G18、G19 原则一样。

G40、G41、G42 都是模态指令，可以互相注销。

另外，若刀具偏置号为 0，也会产生取消刀具补偿的结果：

$$G17 \begin{Bmatrix} G41 \\ G42 \end{Bmatrix} \begin{Bmatrix} G00 \\ G01 \end{Bmatrix} X \_\_ Y \_\_ (F \_\_) D00 ;$$

【说明】

• 刀具半径左补偿 G41：沿着刀具的前进方向看（假设工件不动），刀具位于工件左侧。这时相当于顺铣，如图 2-32（a）所示。

• 刀具半径右补偿 G42：沿着刀具的前进方向看（假设工件不动），刀具位于工件右侧。这时相当于逆铣，如图 2-32（b）所示。

• 刀具半径补偿取消 G40：即取消 G41 或 G42 指令的刀具半径补偿，使刀具中心与编程轨迹重合。

刀具半径补偿功能还可以使同一加工程序完成不同的加工任务。例如，用同一程序完成零件的粗加工、精加工及刀具磨损后的补偿，只需在刀补表中更改相关的半径补偿值即可。

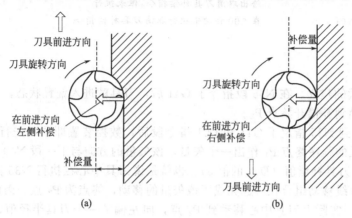

图 2-32　刀具半径补偿方向

（2）编程举例

【例 2-10】　用刀具半径补偿方法编制如图 2-33 所示轮廓的加工程序。已知平底铣刀直径为 $\phi 10mm$。

建立如图 2-33 所示坐标系。在刀具补偿画面里的半径补偿 01 栏里，输入刀具半径值 5，按 INPUT 键，如图 2-34 所示。

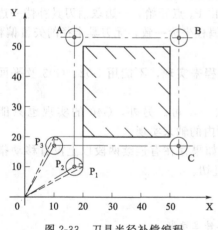

图 2-33　刀具半径补偿编程

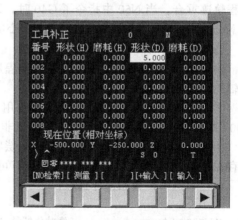

图 2-34　刀具半径补偿设置

程序如下：

程序	说明
O2013;	程序名
N5 G17 G40 G49 G80 G90;	初始化
N10 G90 G54;	绝对值编程,建立 G54 工件坐标系
N15 M03 S1000;	主轴正转,1000r/min
N20 G00 X0 Y0;	快速定位到 O
N25　　Z10;	Z 轴快速定位
N30 G01 Z-2 F100;	Z 轴进刀
N35 G41 X20 Y10 F100 D01;	刀具左补偿建立,补偿量由 D01 指定,至 P_2

```
N40    Y50;                    至A
N45    X50;                    至B
N50    Y20;                    至C
N55    X10;                    至 P3
N60 G40;                       给出取消刀具补偿指令,但未执行
N65 G00 X0 Y0;                 在 G00 移动中执行取消刀具补偿指令
N70 M05;
N75 M02;
```

分析如下:

① 刀具补偿的建立。在 N35 段指令了 G41 后,刀具就进入偏置状态,刀具从无补偿状态的 O 点,运动到补偿开始点 P2。

当系统运行到 N35 指定了 G41 和 D01 指令段后,数控装置即同时先行读入 N40、N45 两段,在 N35 段的程序终点 P1 作出一个矢量,该矢量的方向与下一段 N40 的前进方向垂直向左,大小等于刀具补偿值(D01 的值 5)。也就是说刀具中心在执行 N35 段中的 G41 的同时,就与 G01 直线移动组合在一起完成了该矢量的移动,终点为 P2 点。因此,尽管 N35 段的坐标为 P1 点,实际上刀具中心移动到 P2 点,向左偏了一个刀具半径值,这就是 G41 与 D01 的作用。

② 刀具补偿进行状态。G41、G42 都是模态指令,一旦建立便一直有效,直到被 G40 撤消为止。从 N40 到 N55 程序段,刀具中心轨迹始终偏离程序轨迹一个刀具半径的距离。

在刀具补偿进行状态中,G01、G00、G02、G03 都可以使用。它也是每段都先行读入两段,自动按照启动阶段的矢量作法,作出每个沿前进方向左侧(G42 为右侧)加上刀具补偿的矢量路径,如图 2-33 中的点画线所示。

③ 刀具补偿的取消。到刀具偏移轨迹完成后,就必须用 G40 取消补偿,使刀具中心与编程轨迹重合。当 N60 中指令了 G40 时,刀具中心由 P3 点开始,一边取消刀具补偿一边移向 N65 段中指定的终点 O,这时刀具中心的坐标与编程坐标一致,无刀具半径的矢量偏移。

(3)注意事项

① G41 只能用 G00、G01 在同一个程序段中编程来实现,不能用 G02、G03 及平面以外轴的移动来实现。

② G40 必须与 G41 或 G42 成对使用,两者缺一不可。另外,G40 的实现也只能用 G00,G01 指令,而不能用 G02、G03 及非指定平面内的轴来实现。

③ 在刀具半径补偿建立后的刀具补偿状态中,如果存在有连续两段以上没有移动指令或存在非指定平面轴的移动指令段,则有可能产生过切。

如在本例中,假如这样编程:

```
O2013;
N5 G90 G54;                    绝对值编程,建立 G54 工件坐标系
N10 M03 S1000;                 主轴正转,1000r/min
N15 G00 X0 Y0;                 快速定位到 O
N20 G41 X20 Y10 D01;           左刀具补偿建立,补偿量由 D01 指定,至 P2
N21 G00 Z10;                   刀具至 Z10 处
N22 G01 Z-2 F100;              刀具至 Z-2 处
N25 G01 Y50 F100;              至A
N30    X50;                    至B
N35    Y20;                    至C
N40    X10;                    至 P3
N41 G00 Z50;                   刀具至 Z50 处
```

```
N45 G40;                    给出取消刀具补偿指令,但未执行
N50 G00 X0 Y0;              在 G00 移动中执行取消刀具补偿
N55 M05;
N60 M02;
```

程序在 N20 段中已经开始半径补偿,但在程序 N21、N22 中出现了两段连续的 Z 轴移动,当从 N20 程序段刀具补偿建立后,进入刀具补偿进行状态,系统只能读入后面 N21、N22 两段,但由于 Z 轴是非刀具半径补偿平面(XY)轴,而又读不到 N25 以后的程序段,也就作不出偏移矢量,刀具确定不了前进方向,此时刀具中心未加上刀具补偿而直接移动到了无补偿的 P_1 点,当执行 N25 段时,刀具中心从 P_1 点移动到 A 点,于是就产生了过切。如图 2-35 所示。

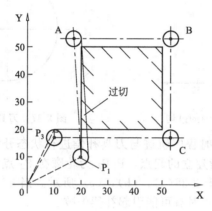

图 2-35　刀具半径补偿中的过切

为避免过切,上面的程序也可改为:

```
O2013;
N5 G90 G54;                绝对值编程,建立 G54 工件坐标系
N10 M03 S1000;             主轴正转,1000r/min
N15 G00 X0 Y0;             快速定位到 O
N20 G00 Z10;              刀具至 Z10 处
N25 G41 X20 Y10 D01;      左刀具补偿建立,补偿量由 D01 指定,至 P2
N30     Z-2 ;             刀具至 Z-2 处
N35 G01 Y50 F100;         至 A
N40     X50;             至 B
N45     Y20;             至 C
N50     X10;             至 P3
N55 G00 Z50;             刀具至 Z50 处
N60 G40;                 给出取消刀具补偿指令,但未执行
N65 G00 X0 Y0;           在 G00 移动中执行取消刀具补偿
N70 M05;
N75 M02;
```

④ 在执行 G41、G42、G40 指令时,刀具必须移动一定距离,该距离必须大于刀具半径补偿值,也就是刀具补偿建立与取消轨迹的长度必须大于刀具半径补偿值,否则会产生过切现象,有时会产生报警。若该距离为零,刀补将在 G41 或 G42 后一程序段的移动指令中执行,取消刀补也会在 G40 指令前一段移动指令中执行。如图 2-36 所示,刀具补偿距离 P_0P_1 必须大于刀具半径(刀具半径补偿值),否则会产生过切。

⑤ 为提高轮廓的加工精度,在采用 G00、G01 方式引入与取消刀具半径补偿时,刀具

可采用切向切入和切向退出，而不直接移动到工件轮廓，以免产生明显的刀痕。如图 2-37 所示，加工工件外轮廓时沿工件上表面 A 切向切入；加工完成后沿弧面 B 切向切出。加工内轮廓也是一样。

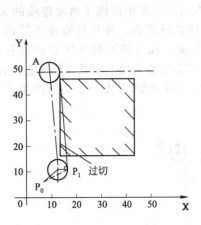

图 2-36 刀具半径补偿中的过切

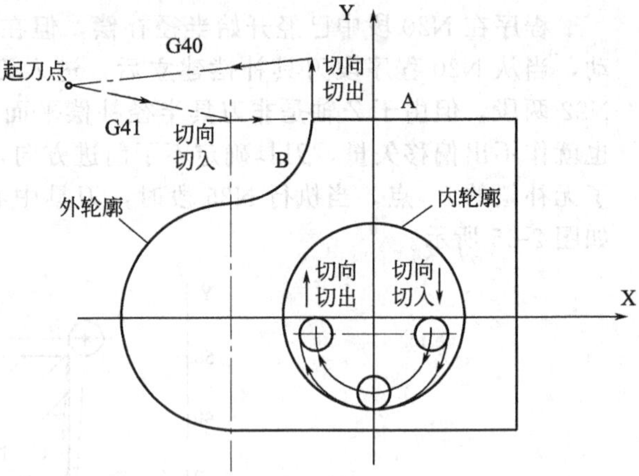

图 2-37 刀具半径补偿中的切入、切出

⑥ 刀具补偿建立与取消时程序轨迹与刀具补偿进行状态开始的前进方向密切相关。如图 2-38 所示，P_0 为刀具补偿建立的起点，P_1P_2 为轮廓在 P_2 点的切向延长线，图中 α 的角度应满足 $90° < \alpha \leq 180°$，如图 2-38(a)、(b)、(c) 所示。当 $\alpha > 180°$ 时，有可能发生过切，如图 2-38(d) 所示。当 $\alpha \leq 90°$ 时有可能引起补偿失败。

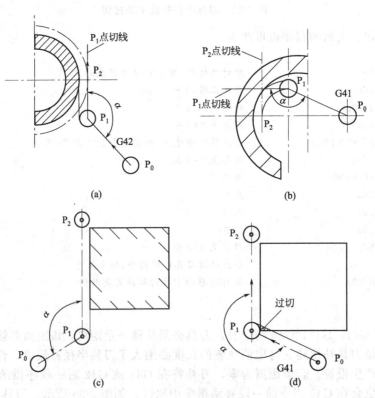

图 2-38 刀具半径补偿建立与取消轨迹

⑦ 在调用子程序时，主程序中也应慎用刀具半径补偿。因为有可能在调用子程序时产

生连续两段没有移动指令或非指定平面轴的移动指令，则补偿可能失败。因此最好在子程序中使用半径补偿功能。

（4）刀具半径补偿的应用

① 避免计算刀心轨迹，直接用零件的轮廓尺寸编程。

② 刀具因磨损、重磨、换新刀而引起刀具半径变化时，利用刀具半径补偿功能可以不必修改程序，只要改变偏置值即可。

③ 用同一程序、同一尺寸刀具加工时，利用刀具半径补偿功能，可进行粗、精加工。在粗加工时，刀具半径补偿偏置值输入 $r+\Delta$，r 为刀具半径，Δ 为精加工余量。粗加工完成进行精加工时，偏置值输入 r，则加工出实际轮廓。

④ 在加工时可以通过改变偏置值来控制工件轮廓尺寸精度。

【例 2-11】 用刀具半径补偿方法编制如图 2-39 所示内轮廓的精加工程序。刀具直径 $\phi 8mm$，槽深 2mm，内轮廓精加工余量 1mm。

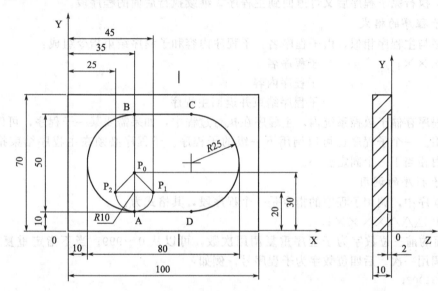

图 2-39 刀具补偿加工零件

加工路线：$P_0 \rightarrow P_1 \rightarrow A \rightarrow B \rightarrow C \rightarrow D \rightarrow A \rightarrow P_2 \rightarrow P_0$。

以工件左下角的上表面为原点建立工件坐标系 G55。

采用刀具半径右补偿 G42，长度正补偿 G43，编制程序如下：

O2008;	程序名
G90 G55;	绝对值编程，G55 工件坐标系
M03 S1000;	主轴正转，1000r/min
G00 X35 Y30;	快速定位到 P_0 点上方
G43 Z10 H01;	Z轴快速定位，长度补偿
M08;	切削液开
G01 Z-2 F100;	Z 向进刀
G42 X45 Y20 D01;	在 P_1 点建立刀具半径右补偿
G02 X35 Y10 R10 F100;	P_1 点→A点切向切入
G02 X35 Y60 R25;	A→B
G01 X65;	B→C
G02 X65 Y10 R25;	C→D
G01 X35 Y10;	D→A

```
G02 X25 Y20 R10;              A点→P₂点切向切出
G40 G01 X35 Y30;             到 P₀点,取消刀具半径补偿
G01 Z5;                        Z 向抬刀
M09;                           切削液关
G49 G00 Z50;                  Z 向快速退回,取消长度补偿
M05;                           主轴停止
M02;                           程序结束
```

2.2.3 子程序

在一个加工程序的若干位置上,如果包括有一个或多个在写法上完全相同或相似的内容,为了简化程序编制,把这些程序段单独抽出,按一定格式编成子程序并单独加以命名,原来的程序称为主程序。主程序在执行过程中如果需要某一子程序,可以通过调用指令来调用子程序,执行完子程序后又可返回到主程序,继续执行后面的程序段。

(1) 子程序的格式

子程序与主程序相似,由子程序名、子程序内容和子程序结束指令组成:

```
O ××××;              子程序名
  ⋮                    子程序内容
M99;                   子程序结束并返回主程序
```

将子程序存储于数控系统内,主程序在执行过程中,如果需要某一子程序,可以通过一定指令调用。一个子程序也可以调用下一级的子程序。子程序必须在主程序结束指令后建立,其作用相当于一个固定循环。

(2) 子程序的调用

在主程序中,调用子程序的指令是一个程序段,其格式为:

M98 P △△△××××;

P 后面的前三位数字为子程序重复调用次数,可以从 0～999;当不指定重复次数时,子程序只调用一次。后四位数字为子程序号。例如:

```
M98 P51002;
```

该程序指令连续调用子程序"O1002"共 5 次。

子程序调用指令(M98 P ＿)可以与运动指令在同一个程序段中使用。例如:

```
G00 X100 M98 P1200;
```

该指令是在 X 运动后调用"O1200"1 次。

(3) 子程序的嵌套

子程序调用下一级子程序称为嵌套,上一级子程序与下一级子程序的关系,与主程序与第一层子程序的关系相同。FANUC 系统中子程序可以嵌套 4 级。

(4) 子程序应用注意事项

① 主程序中的模态 G 代码可被子程序中同组 G 代码所更改。例如在例 2-12 中,主程序中的 G90 代码被子程序中的 G91 代码更改,当执行完子程序后返回到主程序时,主程序需要重新指令 G90,否则主程序会继续执行 G91。

② 最好不要在刀具半径补偿状态下的主程序中调用子程序,因为当子程序中连续出现两段以上非移动指令或非刀补平面轴运动指令时容易出现过切等错误,因此半径补偿最好放在子程序中。

【例 2-12】 用子程序编写如图 2-40 所示 ϕ76mm 平面的加工程序。已知立铣刀直径 ϕ16mm,走刀步距为 8mm,吃刀深度为 0.5mm。

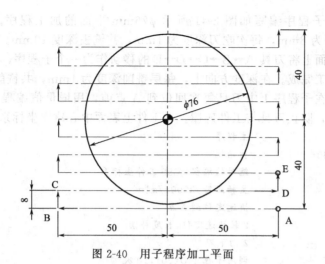

图 2-40　用子程序加工平面

在此例中，将刀具从 A→B→C→D→E 作为一个子程序，然后调用 5 次，就可以把整个平面加工完成。子程序中一般用增量值编程，由于 G91 为模态代码，因此调用完成子程序返回主程序后，需要改回 G90。以平面上表面中心对刀建立坐标系。程序如下：

O2014;	主程序
G17 G40 G49 G80;	初始化
G90 G55;	绝对值编程，G55 工件坐标系
M03 S2000;	主轴正转，2000r/min
G00 X50 Y-40;	快速定位到 A 点
G43 Z10 H01	Z 轴快速定位，长度补偿
G01 Z-0.5 F200;	Z 向进刀
M98 P51014;	调用子程序 O1014，5 次
G90 G49 G00 Z50;	绝对值编程，取消长度补偿，提刀
M05;	主轴停止
M02;	程序结束
O1014;	子程序
G91 G01 X-100 F200;	增量值编程，刀具至 B 点
Y8;	刀具至 C 点
X100;	刀具至 D 点
Y8;	刀具至 E 点
M99;	子程序结束，返回主程序

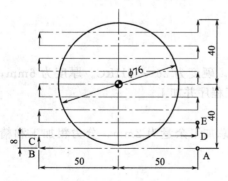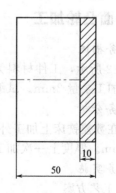

图 2-41　用子程序加工平面

【例 2-13】 用子程序编写如图 2-41 所示 ϕ76mm 平面的加工程序。已知立铣刀直径 ϕ16mm，走刀步距为 8mm，每次吃刀深度为 1mm，共铣去深度 10mm。

此例中，在平面上将刀具 A→B→C→D→E 的移动作为一个子程序，然后调用 5 次，就可以把整个平面加工完成。在深度方向上，每层铣削深度为 1mm，共铣削 10 次。采用子程序嵌套编程。注意在子程序 1 中刀具每次回位到 A 点前，用增量值编程抬刀，抬刀距离要大于总的切削深度，防止刀具与工件碰撞。以工件上表面中心建立坐标系。程序如下：

O2345;	主程序
G17 G40 G49 G80;	初始化
G90 G55;	绝对值编程，G55 工件坐标系
M03 S2000;	主轴正转，2000r/min
G00 X50 Y-40;	快速定位到 A 点
G43 Z10 H01	Z 轴快速定位，长度补偿
G01 Z0 F500;	Z 向下刀
M98 P101001;	调用子程序 O1001,10 次
G90 G49 G00 Z50;	绝对值编程，取消长度补偿，提刀
M05;	主轴停止
M02;	程序结束
O1001;	分层切削子程序
G91 G01 Z-1 F500;	增量值编程，Z 轴方向下刀 1mm
M98 P51002;	调用 O1002 子程序 5 次，切削平面
G00 Z30;	抬刀增量距离 30mm，防止刀具碰撞工件
G90 X50 Y-40;	绝对值编程，定位到 A 点上方
G91 G01 Z-30 F500;	增量值编程，下刀 30mm，回到上次吃刀深度
M99;	返回主程序
O1002;	平面切削子程序
G91 G01 X-100 F150;	增量值编程，刀具至 B 点
Y8;	刀具至 C 点
X100;	刀具至 D 点
Y8;	刀具至 E 点
M99;	返回上级子程序 O1002

2.3 典型工作任务

2.3.1 平面凸轮加工

（1）任务描述

如图 2-42 所示，工件材料为 45 钢，硬度为 26～32HRC。厚度为 6mm，ϕ20mm 孔已加工，毛坯加工余量 2mm。试编写加工程序并加工。

（2）任务分析

该零件在数控铣床上加工外轮廓，总加工余量为 2mm，分为粗加工和精加工，精加工余量为 0.5mm。厚度上一次加工完成。

（3）任务实施

① 加工工艺方案

数控铣削编程与加工项目教程

a. 该任务是加工凸轮外轮廓, 凸轮的设计基准为 $\phi20mm$ 孔的中心线, 采用图 2-43 所示的定位心轴, 工件用螺母压紧, 心轴下面装夹在三爪卡盘上。工件毛坯下面与三爪卡盘之间留约 10mm 距离, 以防止刀具碰撞。为了有利于加工精度, 采用顺时针加工 (顺铣)。$\phi4mm$ 的孔为定位孔。

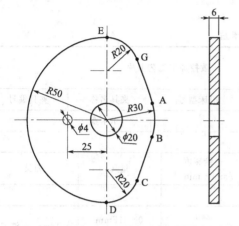

图 2-42 平面凸轮

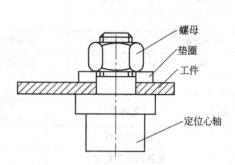

螺母
垫圈
工件
定位心轴

图 2-43 凸轮的装夹

对工件进行找正, 使加工余量分配均匀。以工件 $\phi20mm$ 孔中心的上表面为原点进行对刀, 建立 G54 坐标系。

b. 加工顺序及走刀路线: 如图 2-44 所示, 分为粗加工和精加工, 采用 $\phi16mm$ 的硬质合金立铣刀, 刀具半径为 8mm, 精加工余量 0.5mm, 所以设置半径补偿值为 D=8+0.5=8.5mm。粗加工完成后测量工件, 修改刀具半径补偿值, 然后重新运行程序精加工至尺寸精度要求。刀具切向切入和切向切出。采用顺铣的方式加工。走刀路径为: 刀具从 P_0 点出发, 直线进给到 P_1 点, 并建立刀具半径左补偿, 然后圆弧切入到 D→E→G→A→B→C→D 点, 然后圆弧切出到 P_2 点, 撤销半径补偿回到 P_0 点。

c. 基点的坐标: AG、BC 段为圆弧的切线, 在 CAD 上求出各点的坐标值: A (X28.284, Y10)、B (X28.284, Y−10)、C (X18.856, Y−36.667)、D (X0, Y−50)、E (X0, Y50)、G (X18.856, Y36.667); 起刀点 P0 (X0, Y−90)、P1 (X20, Y−70)、P2 (X−20, Y−70)、切入 (切出) 圆弧半径为 R20。

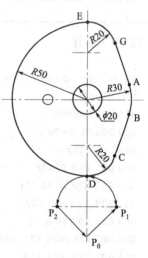

图 2-44 走刀路径

② 工、量、刀具选择

a. 工具 采用三爪定心卡盘和定位心轴装夹。

b. 量具 0~125mm 游标卡尺, 杠杆式百分表及表座。

c. 刀具 采用 $\phi16mm$ 的硬质合金立铣刀, 齿数为 3。

③ 切削用量选择

a. 背吃刀量 $a_p=6mm$, 粗铣时侧吃刀量 $a_e=1.5mm$, 精铣时侧吃刀量 $a_e=0.5mm$。

b. 主轴转速 根据表 1-5, 铣削速度选取范围为 $60\sim115m/min$, 确定为 $v_c=100m/min$, 根据公式

$$v_c=\frac{\pi d_0 n}{1000}$$

计算得主轴转速 $n=1990r/min$，取 $n=2000r/min$。

c. 进给量 根据表 1-4，选择每齿进给量为 0.035～0.05mm/齿，确定为 0.04mm/齿。铣刀齿数为 3 齿，所以铣刀每转进给量为 0.12mm/r。由于主轴转速 $n=2000r/min$，换算为每分进给量为 240mm/min，精铣每分钟进给量为 200mm/min。

④ 工艺卡片（表 2-2）

表 2-2 工艺卡片

零件名称	零件编号	数控加工工艺卡片			
凸轮					
材料名称	材料牌号	机床名称	机床型号	夹具名称	夹具编号
钢	45	数控铣床		三爪卡盘	

序号	工艺内容	切削转速 /r·min⁻¹	进给速度 /mm·min⁻¹	量具	刀具
1	装(卸)工件				
2	粗铣凸轮外轮廓	2000	240	0～125mm 游标卡尺	ϕ16mm 立铣刀
3	精铣凸轮外轮廓		200		

⑤ 加工程序

O2011;	程序名
N5 G17 G40 G80 G49 G90;	设置初始状态
N10 G90 G54;	绝对方式,建立工件坐标系
N15 M03 S2000;	主轴正转,2000r/min
N20 G00 X0 Y-90 ;	快速定位至起刀点 P_0
N25 Z10;	快速下刀
N30 G01 Z-8 F240;	Z 向进给至-8mm
N35 G41 X20 Y-70 D1;	刀具半径补偿,至 P_1
N40 G03 X0 Y-50 R20;	圆弧切入
N45 G02 X0 Y50 R50;	加工圆弧至 E
N50 G02 X18.856 Y36.667 R20;	加工圆弧至 G
N55 G01 X28.284 Y10;	直线切削至 A
N60 G02 X28.284 Y-10 R30;	加工圆弧至 B
N65 G01 X18.856 Y-36.667;	直线切削至 C
N70 G02 X0 Y-50 R20;	加工圆弧至 D
N75 G03 X-20 Y-70 R20;	圆弧切出至 P_2
N80 G40 G00 X0 Y-90;	撤消刀具补偿,回到 P_0
N85 G00 Z100;	提刀
N90 M05;	主轴停止
N95 M02;	程序结束

粗加工完成后，测量工件，调整半径补偿值，然后重新运行程序，精加工。

2.3.2 外六方轮廓加工

（1）任务描述

如图 2-45 所示，工件材料为 45 钢，硬度为 220～260HBS。毛坯已在车床上加工，外六

方已车成 $\phi61$mm 的圆；$\phi45$mm 圆台处已车成 $\phi50$mm 的圆。试编写加工程序并加工。

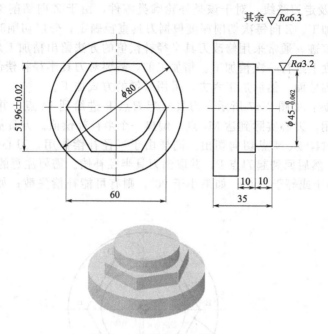

图 2-45　外轮廓加工零件

（2）任务分析

该零件在数控铣床上加工凸台的外轮廓，毛坯已经在车床上加工过，因此侧面的加工余量不大，可以一刀加工出。在高度方向上分两刀加工。加工分为粗加工和精加工，采用立式铣刀来加工。

（3）任务实施

① 加工工艺方案

a. 由于毛坯已经过粗加工，因此需要用百分表进行精确找正，使加工余量分配均匀。如图 2-46 所示，找正时，将百分表固定在主轴上，触头接触工件外圆侧母线，上下移动主轴找正工件装夹的垂直度。

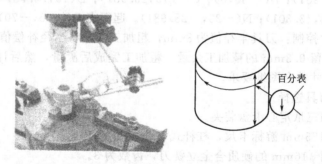

图 2-46　工件的装夹与找正

当找正工件外圆圆心时，手动旋转主轴，根据百分表的读数值在 XY 平面内移动工件，直到旋转主轴时百分表读数不变，此时，工件中心与主轴中心同轴，记下此时的 X、Y 机床坐标系的坐标值，可将该点（圆柱中心）作为 XY 平面的工件坐标系原点。然后设置工件坐标系 G55。内孔找正方法与外圆相同，但找正内孔时常用杠杆式百分表。

Z 轴对刀可以采用 Z 轴设定器或试切法对刀。

b. 加工顺序及走刀路线：对于该类外轮廓类零件，由于 Z 向切削深度较大，可以采用分层切削的方法加工。Z 向每次切削深度根据刀具直径确定。分层切削时，为了避免出现分层切削时的接刀痕迹，通常采用修改刀具半径补偿值的方法留出精加工余量，待分层切削完成后，再在总深度上进行一次精加工。精加工前，需要对刀具半径补偿值进行修改。

先加工上边圆柱面，然后加工六方。采用顺铣的方式加工。

c. 基点的坐标：如图 2-47 所示。刀具从起刀点 P 进给到 M 点，并进行刀具半径左补偿。由于补偿作用，刀心实际到达 M₁ 点，偏离一个半径补偿值。刀具从 M 点切向切入→A→B→C→E→F→N，从 N 点切向切出。同样由于半径补偿作用，刀心偏离了一个半径值，实际到达 N₁ 点。然后回到起刀点 P，并取消刀具半径补偿。需要注意的是，角度∠PMB 必须大于 90°，并小于或等于 180°；如果小于 90°，则有可能补偿失败；如果大于 180°，则可能产生过切。

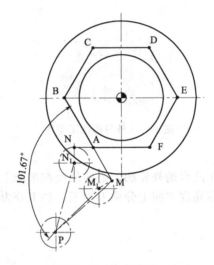

图 2-47 走刀路径

可利用 CAD 上求基点的方法求出各基点的坐标：

A(−15,−25.981)；B(−30,0)；C(−15,25.981)；D(15,25.981)；E(30,0)；F(15,−25.981)；M(−5,43.301)；N(−25,−28.981)。起刀点 P(−35,−70)。

d. 零件的尺寸控制：刀具半径值为 8mm，粗加工前，将半径补偿值设置为 8.3mm，在零件的轮廓尺寸上留 0.3mm 的精加工余量。粗加工完成后测量，然后计算，调整半径补偿值，以保证深度尺寸符合图纸要求。

② 工、量、刀具选择

a. 工具 采用三爪定心卡盘装夹。

b. 量具 0～125mm 游标卡尺，杠杆式百分表及表座。

c. 刀具 采用 ϕ16mm 的硬质合金立铣刀，齿数为 3。

③ 切削用量选择

a. 背吃刀量 取 a_p＝5mm。

b. 主轴转速 根据表 1-5，铣削速度选取范围为 60～115m/min，确定为 v_c＝60m/min，根据公式

$$v_c = \frac{\pi d_0 n}{1000}$$

计算得主轴转速 $n=1194$r/min，取 $n=1200$r/min。

c. 进给量　选择每齿进给量 $0.04\sim0.06$mm/齿，确定为 0.04mm/齿。铣刀齿数为 3 齿，所以铣刀每转进给量为 0.12mm/r。由于主轴转速 $n=1200$r/min，换算为每分进给量为 144mm/min，取 150mm/min。粗加工取每分钟进给量为 150mm/min，精加工取每分钟进给量为 100mm/min。

④ 工艺卡片（表2-3）

表 2-3　工艺卡片

零件名称	零件编号	数控加工工艺卡片			
外六方件					
材料名称	材料牌号	机床名称	机床型号	夹具名称	夹具编号
钢	45	数控铣床		三爪卡盘	

序号	工艺内容	切削转速 /r·min^{-1}	进给速度 /mm·min^{-1}	量具	刀具
1	装（卸）工件				
2	粗铣圆柱凸台和六方凸台	1200	150	$0\sim125$mm 游标卡尺	$\phi16$mm 立铣刀
3	精铣圆柱凸台和六方凸台		100		

⑤ 加工程序

O2000;	主程序
N5 G17 G40 G80 G49 G90;	设置初始状态
N10 G90 G55;	绝对方式,建立工件坐标系
N20 M03 S1200;	主轴正转,1200r/min
N30 G00 X-35 Y-70 ;	快速定位至起刀点 P
N40 　Z10 M08;	Z 向快速定位,切削液开
N50 G01 Z0 F150;	Z 向进给
N60 M98 P22001;	调用子程序 O2001,2 次
N70 G90 G01 Z-10;	Z 向进给
N80 M98 P22002;	调用子程序 O2002,2 次
N90 G90 G00 Z50 M09;	提刀,切削液关
N100 M05;	主轴停止
N110 M00;	程序停止

（粗加工完,测量工件,调整刀补,按循环启动按钮,进行精加工）

N120 M03 S1200;	主轴正转,1200r/min
N130 G90 G00 X-35 Y-70 ;	快速定位至起刀点 P
N140 　Z10 M08;	Z 向快速定位,切削液开
N150 G01 Z0 F150;	Z 向进给
N160 M98 P2003;	调用子程序 O2003,1 次
N170 G90 G01 Z-10;	Z 向进给
N180 M98 P2004;	调用子程序 O2004,1 次
N190 G90 G00 Z100 M09;	提刀,切削液关
N200 M05;	主轴停止

```
N210 M02;                                        程序停止

O2001;                                           粗加工圆柱子程序
N10 G91 G01 Z-5 F150;                            每次切深 5mm
N20 G90 G41 G01 X-22.5 Y-22.5 D01;               建立刀具半径补偿
N30    Y0;                                        圆弧切向切入
N40 G02 I22.5 F190;                              切削圆柱面
N50 G01 Y22.5;                                   圆弧切向切出
N60 G40 G00 X-35 Y-70;                           撤消刀具补偿至起刀点 P
N70 M99;                                         返回主程序


O2002;                                           粗加工六方子程序
N10 G91 G01 Z-5 F150;                            每次切深 5mm
N20 G90 G41 G01 X-5 Y-43.301 D01;                建立刀具半径补偿,M 点
N30    X-30 Y0;                                   至 B 点
N40    X-15 Y25.981;                              至 C 点
N50    X15;                                       至 D 点
N60    X30 Y0;                                    至 E 点
N70    X15 Y-25.981;                              至 F 点
N80    X-25;                                      至 N 点
N90 G40 G00 X-35 Y-70;                           撤消刀具补偿至起刀点 P
N100 M99;                                        返回主程序


O2003;                                           精加工圆柱子程序
N10 G91 G01 Z-10 F100;                           切深 10mm
N20 G90 G41 G01 X-22.5 Y-22.5 D02;               建立刀具半径补偿
N30    Y0;                                        圆弧切向切入
N40 G02 I22.5 F190;                              切削圆柱面
N50 G01 Y22.5;                                   圆弧切向切出
N60 G40 G01 X-50 Y-50;                           撤消刀具补偿至起刀点 P
N70 M99;                                         返回主程序


O2004;                                           精加工六方子程序
N10 G91 G01 Z-10 F100;                           切深 10mm
N20 G90 G41 G01 X-5 Y-43.301 D02;                建立刀具半径补偿,M 点
N30    X-30 Y0;                                   至 B 点
N40    X-15 Y25.981;                              至 C 点
N50    X15;                                       至 D 点
N60    X30 Y0;                                    至 E 点
N70    X15 Y-25.981;                              至 F 点
N80    X-25;                                      至 N 点
N90 G40 G00 X-35 Y-70;                           撤消刀具补偿至起刀点 P
N100 M99;                                        返回主程序
```

✖ 练习题

一、填空题（请将正确答案填在横线空白处）

1. 在选择工艺尺寸链的封闭环时，应该尽量选择_____作为封闭环。

2. 轮廓加工中，在接近拐角处应适当降低切削速度，以克服_____现象。

3. 在数控铣床上精铣外轮廓时，应将刀具沿_____方向进刀和退刀。

4. 基准不重合误差主要是由设计基准和_____不同引起的。

5. 零件的最终轮廓加工应安排在最后一次走刀连续加工，其目的主要是为了保证零件的_____要求。

6. 工件定位时，几个定位支承点重复限制同一个自由度的现象，称为_____。

7. 测量平面度误差时，常将平面平晶工作面贴在被测表面上，并稍加压力，就会有干涉条纹出现。干涉条纹越多，则平面度误差_____。

8. 定位误差由两部分组成，即基准位置误差和_____误差。

9. 套类零件采用心轴定位时，长心轴限制了_____个自由度；短心轴限制了_____个自由度。

10. 改变刀具半径补偿值的_____可以实现同一轮廓的粗、精加工，改变刀具半径补偿值的_____可以实现同一轮廓的凸模和凹模的加工。

二、选择题（请将正确答案的代号填入括号内）

1. 在 FANUC 0i 系统中，结束子程序调用指令是（　　）。

A. M98　　　　　　　B. M99　　　　　　　C. M02　　　　　　　D. M90

2. 在尺寸链中，能间接获得、间接保证的尺寸，称为（　　）。

A. 增环　　　　　　　B. 组成环　　　　　　C. 封闭环　　　　　　D. 减环

3. 工件采用心轴定位时，定位基准面是（　　）。

A. 心轴外圆柱面　　　　　　　　　　B. 工件内圆柱面

4. 在平面磨床上磨削平面时，要求保证被加工平面与底平面之间的尺寸精度和平行度，这时应限制（　　）个自由度。

A. 5　　　　　　　　　B. 4　　　　　　　　　C. 3　　　　　　　　　D. 2

5. 在平面磨床上磨削工件的平面时，不能采用下列哪一种定位？（　　）

A. 完全定位　　　　　B. 不完全定位　　　　C. 过定位　　　　　　D. 欠定位

6. 工件以外圆柱面在长 V 形块上定位时，限制了工件（　　）自由度。

A. 6　　　　　　　　　B. 5　　　　　　　　　C. 4　　　　　　　　　D. 3

7. 在数控铣削中，顺铣、逆铣交替进行的进给方式（　　）。

A. 单向走刀　　　　　B. 环切走刀　　　　　C. 往复走刀

8. 长度补偿指令（　　）是将运动指令终点坐标值减去偏置值。

A. G41　　　　　　　　B. G42　　　　　　　　C. G43　　　　　　　　D. G44

9. 程序中含有某些固定顺序或重复出现的语句时，这些顺序或语句可作为（　　）存入存储器，反复调用以简化程序。

A. 主程序　　　　　　B. 子程序　　　　　　C. 宏程序　　　　　　D. C 语言

10. 在 FANUC0i 系统中，子程序可以嵌套（　　）级。

A. 1　　　　　　　　　B. 2　　　　　　　　　C. 3　　　　　　　　　D. 4

三、判断题（正确的请在括号内打"√"，错误的打"×"）

1. 进行刀补就是将编程轮廓数据转换为刀具中心轨迹数据。（　　）

2. 在立式铣床上加工封闭式键槽时，通常采用立铣刀铣削，而且不必钻落刀孔。（　　）

3. 若切削用量小，工件表面没有硬皮，铣床有间隙调整机构，采用顺铣较有利。（　　）

4. 数控铣床可以用加工中心的刀柄，但加工中心不能用数控铣床的刀柄。（　　）

5. 工件材料的硬度或强度越高，切削力越大，塑性、韧性越好，切削力越小。（　　）

6. 在加工中心上，可以同时预置多个加工坐标系。（　　）

7. 用面铣刀铣平面时，其直径尽可能取较大值，这样可提高铣削效率。（　　）

8. 铣削时若发现切屑不易排出，可改用较大螺旋角的铣刀。（　　）

9. 键槽铣刀可作轴向进给，立铣刀和球头铣刀不宜作轴向进给。（　　）

10. 在顺铣与逆铣中，对于右旋立铣刀铣削时，用 G41 是逆铣，用 G42 是顺铣。（　　）

11. 在 FANUC 0i 系统中，子程序还可以调用子程序。（　　）

12. 在 FANUC 0i 系统中，一个主程序只能有一个子程序。（　　）

13. 在工件内、外轮廓加工中，刀具半径左补偿就是顺铣，右补偿就是逆铣。（　　）

14. 刀具半径补偿功能在加工时可以通过改变偏置值来控制工件轮廓尺寸精度。（　　）

15. 精加工的进给量最好大于粗加工时的进给量。（　　）

四、简答题

1. 什么是定位与夹紧，两者之间的关系如何？

2. 简述六点定位的原理与应用。

3. 粗基准、精基准选择的原则是什么？试举例说明。

4. 刀具半径补偿有哪些应用？

5. 在数控铣床上按"工序集中"的原则组织加工有何优点？

五、综合题

1. 试为一把刀进行对刀并设置长度补偿。

2. 试为三把刀进行对刀并设置长度补偿。

3. 如图 2-48 所示外轮廓，加工深度为 2mm，刀具为 $\phi12mm$ 的立铣刀，试用三种方式进行编程：用刀心轨迹编程；用刀具半径左补偿编程；用刀具半径右补偿编程。比较加工结果。

4. 用半径补偿方式编写如图 2-49 所示零件的加工程序。加工深度为 5mm，刀具自定。

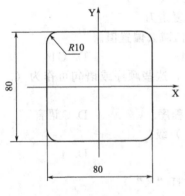

图 2-48　综合题 3 图

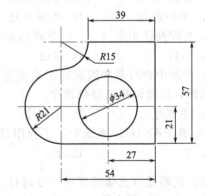

图 2-49　综合题 4 图

5. 如图 2-50 所示外轮廓，毛坯尺寸为 150mm×120mm×20mm，材料为 Q235 钢。试确定加工工艺方案，编写零件外轮廓的加工程序。

6. 如图 2-51 所示为一对组合件，两者相互配合，材料为 45 钢。试制定加工工艺，编写加工程序并完成组合件的加工。

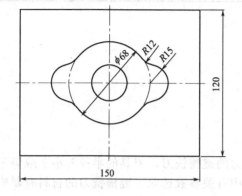

图 2-50　综合题 5 图

件1　　　　　　　全部 $\sqrt{Ra3.2}$　件2　　　　　全部 $\sqrt{Ra3.2}$

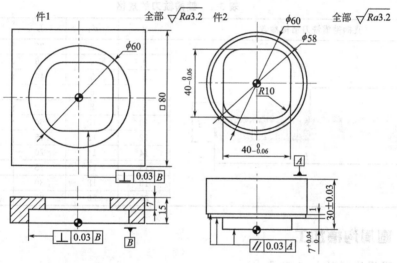

技术要求:
1. 件1由件2配作而成,配合间隙小于0.04, 换位后配合间隙小于0.06。
2. 配合件组合总高为30±0.04,件2侧母线与件1上平面垂直度小于0.04。
3. 工件表面去毛倒棱。

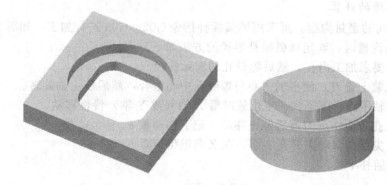

图 2-51　综合题 6 图

项目3 腔槽加工

3.1 知识准备

3.1.1 平面腔槽加工

平面腔槽零件的加工中，一般选用能垂直下刀的键槽铣刀，刀具的半径要小于或等于内轮廓的最小圆弧半径。其切削用量可按平面铣削中有关参数选取。键槽铣刀的材料有硬质合金和高速钢两种，规格见表 3-1。

表 3-1 键槽铣刀的规格 mm

直柄键槽铣刀结构参数	d	d_1	L	l	齿数
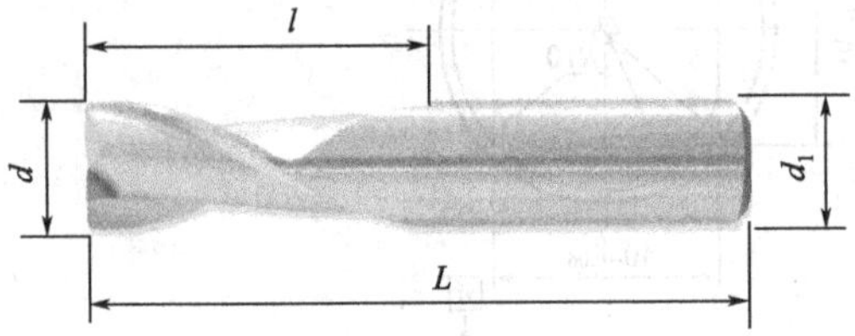	3	3	32	5	
	4	4	36	8	
	5	5	40		
	6	6	45	10	
	8	8	50	14	
	10	10	60	18	2
	12	12	65	22	
	14	14	70	24	
	16	16	75	28	
	18	18	80	32	
	20	20	85	36	

3.1.2 圆周沟槽加工

（1）圆周沟槽的加工刀具

圆周沟槽一般采用可转位槽刀和硬质合金 T 形槽刀加工。它可加工圆周内外沟槽，不允许轴向进给；当槽的宽度大于刀片的宽度时，要多次加工。槽刀的常用规格见表 3-2。

（2）圆周沟槽的计算

对于零件周向的密封沟槽，可采用圆弧插补指令 G02、G03 进行加工，如图 3-1 所示。

① 在铣削内沟槽时，确定圆弧插补半径的方法如下。

a. 首先根据要求加工出孔，然后测量孔的实际孔径。

b. 在主轴上装上铣刀，使主轴中心与螺纹孔中心重合，然后使主轴旋转。

c. 手动使主轴下降，下降到一定位置时沿 X 轴（或 Y 轴）慢慢移动。

d. 当刀尖在孔表面切出刀痕后停止移动，记下移动量 a。

e. 手动使刀尖反向移动离开孔表面，在 Z 向退出刀具。

f. 计算圆弧插补半径：

$$R = a + h$$

式中，h 为沟槽深度，mm；a 为偏移量，mm；R 为插补半径，mm。

表 3-2 槽刀的常用规格

槽刀结构		参 数				

可转位槽刀及刀片

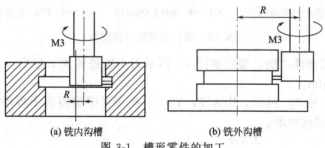

d_c	d_m	L_1	L	齿数
20	20	60	110	1
25	25	75	131	
32	32	96	156	2
40	40	120	190	

a	b	d	d_1	s
1.6	1.4	6.35	2.8	2.38
1.85	1.7			
2.15	2			
1.1	0.9	9.525	4.4	3.97
1.3	1.3			
1.6	1.4			
1.85	1.7			
2.15	2			
2.65	2.2			

焊接硬质合金槽刀

D	d	L_1	L	d_1	齿数
16	12		100	7	4
20				10	
25	16	15	120	13	6
30				15	
32				15	
35					
40	25		140	21	
45				23	
50				24.5	8

H(3/4/5/6/8/10/12)

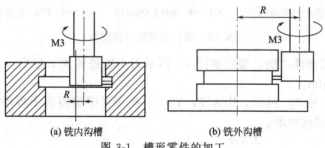

(a) 铣内沟槽 　　　(b) 铣外沟槽

图 3-1　槽形零件的加工

② 铣削外沟槽时，确定圆弧插补半径的方法如下。

a. 首先根据要求加工出圆柱，然后测量圆柱的实际直径。

b. 在主轴上装上铣刀，使主轴中心与螺纹孔中心重合，然后使主轴旋转。

c. 使主轴中心偏离圆柱中心一定安全距离，手动使主轴下降，下降到一定位置时沿 X 轴（或 Y 轴）慢慢移动。

d. 当刀尖在圆柱表面切出刀痕后停止移动，记下移动量 a。

e. 手动使刀尖反向移动离开圆柱表面，在 Z 向退出刀具。

f. 计算圆弧插补半径：

$$R = a - h$$

式中，h 为沟槽深度，mm；a 为偏移量，mm；R 为插补半径，mm。

3.2 指令学习

3.2.1 镜像加工指令

当加工某些对称图形时，为了避免重复编制相类似的程序，缩短加工时间，可采用镜像加工功能。当工件相对于某一轴具有对称形状时，可以利用镜像功能和子程序，只对工件的一部分进行编程，加工出工件的对称部分。当某一轴的镜像有效时，该轴执行与编写方向相反的运动。

指令格式：

G51.1 X __ Y __；

⋮

G50.1 X __ Y __；

式中，G51.1 为建立镜像；G50.1 为取消镜像；X、Y 为对称轴。

如当 X＝0 时，图形相对于 X＝0 这个轴，即 Y 轴对称，如图 3-2(a) 所示，就如同在 Y 轴上放一面镜子一样，所以称镜像。当 Y＝0 时，图形相对于 Y＝0 这个轴，即 X 轴对称，如图 3-2(b) 所示；当 X＝0、Y＝0 时，图形相对于原点对称，如图 3-2(c) 所示。

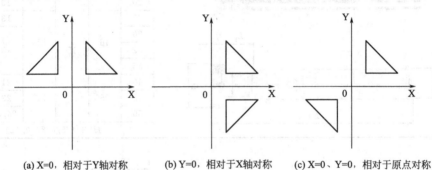

(a) X=0，相对于Y轴对称　　　(b) Y=0，相对于X轴对称　　　(c) X=0、Y=0，相对于原点对称

图 3-2　镜像功能的对称图形

【例 3-1】　使用镜像功能，编制如图 3-3 所示刀心轨迹的加工程序。刀具为 $\phi2$mm 的中心钻，切削深度 1mm。

计算坐标：A(X30，Y12)，B(X12，Y30)。把图形①编制成子程序，然后采用镜像功能调用子程序加工其他图形。

```
O1122;                    主程序
N10 G90 G55;              绝对值编程,建立 G55 工件坐标系
N20 M03 S1000;            主轴正转,1000r/min
N30 G00 X0 Y0;            快速定位
N40    Z10;               Z 向快速定位
N50 G01 Z-1 F100;         Z 向进给
N60 M98 P0002;            调用子程序 O0002,加工图形①
N70 G51.1 X0;             Y 轴(X=0)镜像,相对于 Y 轴对称
N80 M98 P0002;            调用子程序 O0002,加工图形②
N90 G51.1 Y0;             X、Y 轴镜像(X0 继续有效),相对于原点对称
N100 M98 P0002;           加工图形③
N110 G50.1 X0;            只取消 Y 轴(X=0)镜像,X 轴镜像继续有效
```

N120 M98 P0002;	调用子程序 O0002,加工图形④
N130 G50.1 X0 Y0;	取消 X、Y 轴镜像功能
N140 G00 Z10;	Z 向快速定位
N150 M05;	主轴停止
N160 M02;	程序结束
O0002;	子程序
N10 G01 X30 Y12 F100;	0→A
N20 G02 X12 Y30 R18;	A→B
N30 G01 X0 Y0;	B→0
N40 M99;	

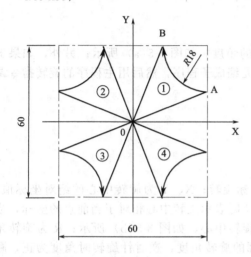

图 3-3 利用镜像功能加工零件   图 3-4 利用镜像功能加工零件

【例 3-2】 如图 3-4 所示,使用镜像功能编制加工程序。

可以将一个图形的加工程序编制成子程序,然后利用镜像功能和调用子程序完成加工。键槽铣刀直径为 ϕ6mm,切削深度为 2mm。

O1223;	主程序
N10 G90 G55;	绝对值编程,建立 G55 工件坐标系
N20 M03 S1000;	主轴正转,1000r/min
N30 G00 X0 Y0;	快速定位
N40 M98 P0005;	调用子程序 O0005,加工图形①
N50 G51.1 X0;	Y 轴(X=0)镜像,相对于 Y 轴对称
N60 M98 P0005;	调用子程序 O0005,加工图形②
N70 G51.1 X0 Y0;	X、Y 轴镜像,相对于原点对称
N60 M98 P0005;	加工图形③
N50 G50.1 X0;	只取消 Y 轴(X=0)镜像,X 轴镜像继续有效
N60 M98 P0005;	调用子程序 O0005,加工图形④
N70 G50.1 X0 Y0;	取消 X、Y 轴镜像功能
N80 M05;	
N90 M02;	
O0005;	子程序
N10 G43 Z10 H01;	刀具长度补偿

N20 G41 G00 X10 Y4 D01;	刀具半径补偿,至 A 点
N30 G01 Z-2 F100;	Z 向进给
N40　　Y30;	至 B 点
N50　　X20;	至 C 点
N60 G03 X30 Y20 R10;	加工圆弧至 D 点
N70 G01 Y10;	至 E 点
N80　　X4;	至 F 点
N90 G00 Z10;	抬刀
N100 G40 G00 X0 Y0;	取消刀具半径补偿
N110 G49 G00 Z50;	取消刀具长度补偿
N120 M99;	子程序结束,返回主程序

3.2.2　坐标旋转指令

利用坐标旋转指令,可将工件旋转某一指定的角度,如图 3-5(a) 所示;另外,如果工件的形状由许多相同的图形组成,则可将图形单元编成子程序,然后用主程序的旋转指令调用。这样可以简化编程。

指令格式:

G68 X＿ Y＿ R＿;

⋮

G69;

式中,G68 为建立坐标旋转;G69 为取消坐标旋转;X、Y 为旋转中心的绝对坐标值,G90 时表示旋转中心在工件坐标系中的坐标,G91 时表示旋转中心相对于当前点的坐标,当X,Y 省略时,G68 指令默认为当前的位置即为旋转中心,如图 3-5(b) 所示;R 为旋转角度 (0≤R≤360°),表示实际轮廓相对于编程轮廓的旋转角度,逆时针旋转时角度为正,顺时针旋转时角度为负。

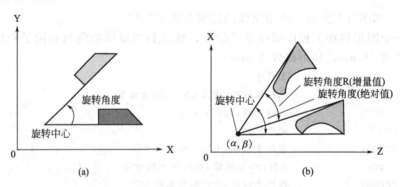

图 3-5　坐标系旋转与旋转中心的确定

【注意】

• 在有刀具半径补偿的情况下,使用旋转指令时,最好先旋转后建立刀补;轮廓加工完成后,最好先取消刀补再取消旋转,以免刀具路径的变化产生过切现象;在有缩放功能的情况下,先缩放后旋转。

• 当程序在绝对方式下时,G68 程序段后的第一个程序段必须使用绝对方式移动指令,才能确定旋转中心。如果这一程序段为增量方式移动指令,那么系统将以当前位置为旋转中心,按 G68 给定的角度旋转坐标,如图 3-5(b) 所示。

• 坐标系旋转取消指令 G69 程序段后的第一个程序段必须使用绝对方式移动指令编程;

如果使用增量编程，将不执行正确的移动。

【例 3-3】 用直径为 ϕ4mm 的铣刀加工如图 3-6 所示的槽，槽深为 3mm。两槽中心间隔 30mm。编制加工程序。

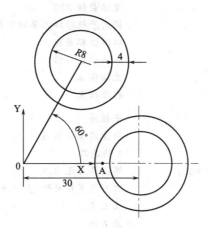

图 3-6　坐标系旋转加工

程序如下：

程序	说明
O2010;	
G90 G54;	绝对方式编程，建立 G54 坐标系
M03 S800;	主轴正转，800r/min
G00 X20 Y0;	快速定位于起刀点 A
G43 G00 Z10 H01;	长度补偿
G01 Z-3 F50;	进刀
G02 I10 F50;	加工圆槽
G00 Z10;	提刀
G68 X0 Y0 R60;	坐标系旋转 60°
G00 X20 Y0;	快速定位
G01 Z-3 F50;	进刀
G02 I10 F50;	加工圆槽
G69;	取消坐标旋转指令
G49 G00 Z100;	提刀，取消长度补偿
M05;	主轴停止
M02;	程序结束

【例 3-4】 用直径为 ϕ12mm 的键槽铣刀加工如图 3-7 所示的槽，槽深为 5mm。编制加工程序。各点坐标如下：A(X16，Y27.71)；B(X19.5，Y33.78)；C(X23，Y39.84)；D(X27.71，Y16)；E(X33.78，Y19.5)；E(X39.84，Y23)。

程序如下：

程序	说明
O2020;	主程序
G90 G55;	绝对值编程，G55 工件坐标系
M03 S600;	主轴正转，600r/min
G00 X0 Y0;	水平方向定位
G43 Z100 H01;	长度补偿
Z5;	降刀
M98 P2001;	调用子程序加工第一个槽
G68 X0 Y0 R90;	坐标旋转 90°

M98 P2001;	调用子程序加工第二个槽
G68 X0 Y0 R180;	坐标旋转180°
M98 P2001;	调用子程序加工第三个槽
G68 X0 Y0 R270;	坐标旋转270°
M98 P2001;	调用子程序加工第四个槽
G69;	取消坐标旋转
G49 G00 Z100;	取消长度补偿
M05;	主轴停止
M02;	程序结束
O2001;	子程序
G00 X19.5 Y33.77;	快速定位至B点
G01 Z0 F50;	Z轴进刀
G02 X33.77 Y19.5 Z-5 R39 F80;	螺旋降刀至E点
G42 G01 X39.84 Y23 D01;	右刀具半径补偿,至F点
G02 X27.71 Y16 R7;	至D点
G03 X16 Y27.71 R32;	至A点
G02 X23 Y39.84 R7;	至C点
G02 X39.84 Y23 R46;	至F点
G40 G01 X33.77 Y19.5;	取消刀具补偿,至E点
G03 X19.5 Y33.77 R39;	至B点
G00 Z5;	提刀
M99;	返回主程序

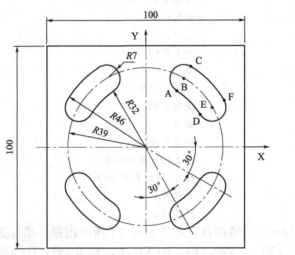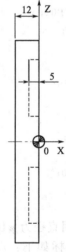

图 3-7　坐标系旋转加工

3.2.3　比例缩放指令

利用 G51 指令可对编程的形状进行缩小和放大（比例缩放），如图 3-8 所示。

指令格式：

（1）沿所有轴以相同比例缩放

G51 X＿ Y＿ Z＿ P＿；

⋮

G50；

（2）沿各轴以不同的比例缩放

G51 X ＿ Y ＿ Z ＿ P ＿ I ＿ J ＿ K ＿ ；

⋮

G50；

式中，G51 为建立缩放；G50 为取消缩放；X、Y、Z 为比例缩放中心的绝对坐标值；P 为缩放比例；I、J、K 为各轴对应的缩放比例。

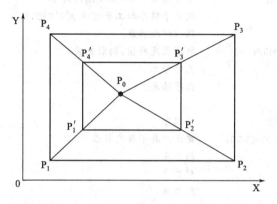

图 3-8　比例缩放（$P_1P_2P_3P_4 \rightarrow P_1'P_2'P_3'P_4'$）
（P_0 为缩放中心）

【注意】

- 各轴用不同的比例缩放，缩放比例为负值（－）时，形成镜像。
- 对于圆弧，各轴指定不同的缩放比例，刀具也不会走出椭圆的轨迹。
- 在刀具补偿的情况下，先进行缩放，再进行刀具半径补偿和长度补偿比较合适。

【例 3-5】　如图 3-9 所示，用比例缩放功能编写零件的精加工程序，选用 $\phi16mm$ 的立铣刀加工。

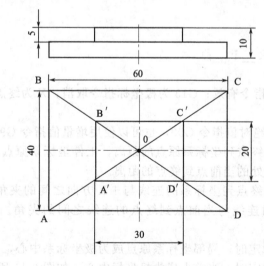

图 3-9　比例缩放

O5121	主程序
N10 G40 G49 G80 G90；	初始化
N20 M6 T1；	调用 1 号刀具：$\phi16mm$ 的立铣刀
N30 G90 G54；	绝对值编程，G54 工件坐标系

```
N40 M03 S450;                    主轴正转,450r/min
N50 G00 X-50 Y-40;               快速定位到起刀点
N40 G43 G00 Z10 H1 M08;          Z轴快速定位,调用1号刀具长度补偿
N70 G01 Z-10 F100;               Z轴进给
N80 M98 P5001;                   调用子程序,加工长方体ABCD
N90 G01 Z-5 F100;                Z轴提升至Z-5
N100 G51 X0 Y0 P0.5;             设定缩放中心,缩放比例为0.5
N110 M98 P5001;                  调用子程序加工长方体A'B'C'D'
N120 G50;                        取消缩放功能
N130 G49 G00 Z100 M09;           取消长度补偿,切削液关
N140 M05;                        主轴停止
N150 M02;                        程序结束

O5001;                           子程序
G41 G01 X-30 Y-30 D1 F100;       建立刀具半径左补偿
        X-30 Y20;                到B点
        X30;                     到C点
        Y-20;                    到D点
        X-40;                    过A点切出
G40 G00 X-50 Y-40;               取消半径补偿
M99;                             子程序结束,返回主程序
```

3.2.4 极坐标指令

通常情况下一般使用直角坐标系（X，Y，Z），但工件上的点也可以用极坐标定义。如果一个工件或一个部件，当其尺寸以到一个固定点（极点）的半径和角度来设定时，往往就使用极坐标系。

指令格式：

G16；

G01 X __ Y __ F __ ；

(G02/G03X __ Y __ R __ F __ ；)

G15；

式中，G16 为极坐标指令有效；G15 为极坐标指令取消；X 为终点极坐标半径；Y 为极坐标角度，单位为（°）。

半径和角度可以使用绝对值指令 G90，也可以使用增量值指令 G91。

在 G90 方式时，X 为终点到坐标系原点的距离，工件坐标系原点现为极坐标系的原点。在 G91 方式，X 为刀具所处的当前点到终点的距离。

在 G90 方式时，Y 为终点到坐标系的连线与＋X 方向之间的夹角。在 G91 方式时，Y 为当前点到坐标系原点的连线与当前点到终点的连线之间的夹角。逆时针为正，顺时针为负。

① 当半径用绝对值指定时，局部坐标系原点成为极坐标系中心，如图 3-10 所示。

② 当半径用增量值指定时，当前点成为极坐标中心，如图 3-11 所示。

极坐标的平面选择与圆弧插补的平面选择方法相同，即使用 G17/G18/G19 指令选择平面。用所选择平面的第 1 轴指令半径，第 2 轴指令角度。例如，选择 XY 平面时，地址 X 指令半径，地址 Y 指令角度，规定所选平面第 1 轴（正方向）的逆时针方向为角度的正方向，顺时针方向为角度的负方向。

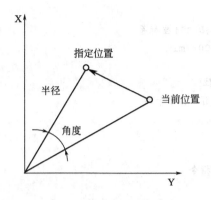

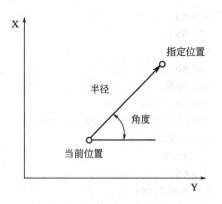

图 3-10　半径为绝对值、角度为增量值编程　　　图 3-11　半径为增量值、角度为绝对值编程

【注意】

• 选择极坐标时，指定圆弧插补或螺旋线切削（G02、G03）时，用半径指定。

• 下列指令即使使用轴地址代码，也不视作极坐标指令：暂停 G04；程序改变偏置值 G10；设定局部坐标系 G52；改变工件坐标系 G92；选择机床坐标系 G53；存储行程校验 G22；坐标系旋转 G68；比例缩放 G51。

【例 3-6】　如图 3-12 所示，用极坐标指令编程，编写加工圆周孔程序，三孔均布。

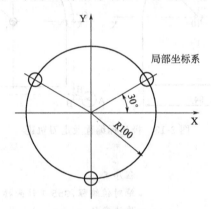

图 3-12　极坐标编程

① 半径和角度均为绝对值指令时：

```
O1234;                          程序名
G90 G54;                        绝对方式编程,G54 坐标系
M03 S600;                       主轴正转,600r/min
G00 X0 Y0;                      快速定位
G00 Z30;                        Z轴快速定位
G17 G90 G16;                    极坐标指令有效,XY平面
G99 G81 X100 Y30 Z-20 R10 F80;  第 1 孔,30°
        Y150;                   第 2 孔,150°
        Y270;                   第 3 孔,270°
G15 G80;                        取消极坐标指令
G00 Z100;                       提刀
M05;                            主轴停止
M02;                            程序结束
```

② 半径是绝对值指令，角度为增量值指令时：

O1235;	程序名
G90 G54;	绝对方式编程,G54坐标系
M03 S600;	主轴正转,600r/min
G00 X0 Y0;	快速定位
G00 Z30;	Z轴快速定位
G17 G90 G16;	极坐标指令有效,XY平面
G99 G81 X100 Y30 Z-20 R10 F80;	第1孔
G91 Y120;	第2孔
Y120;	第3孔
G15 G80;	取消极坐标指令
G90 G00 Z100;	提刀
M05;	主轴停止
M02;	程序结束

【例 3-7】 如图 3-13 所示，用极坐标指令编写工件外轮廓的加工程序。选用 ϕ10mm 的立铣刀，铣削深度为 3mm。

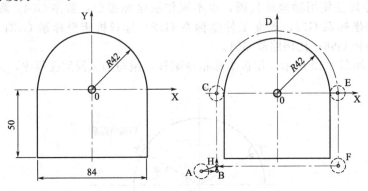

图 3-13 极坐标编程及走刀轨迹

程序如下：

O2230;	程序名
G90 G55;	绝对值编程,G55工件坐标系
G00 X0 Y0;	快速定位
Z10;	Z轴快速定位
G00 X-60 Y-60;	快速定位至起刀点A
G01 Z-3 F100;	Z向进刀
G41 G01 X-42 D01 F100;	刀具半径左补偿,至点B
Y0;	切削进给至点C
G17 G16 G90;	指令极坐标
G90 G02 X42 Y0 R42;	绝对值编程,G02圆弧插补到点D
(G91 G02 X42 Y-180 R42;)	(增量值编程,G02圆弧插补到点D)
G15;	取消极坐标
G90 G01 Y-50;	直线切削至点F
X-50;	直线切削至点H
G40 G00 X-60 Y-60;	取消刀具半径补偿,至起刀点A
Z50;	抬刀
X0 Y0;	快速定位
M05;	主轴停止
M02;	程序结束

数控铣削编程与加工项目教程

3.3 典型工作任务

3.3.1 平面圆环槽加工

（1）任务描述

如图 3-14 所示，工件毛坯尺寸为 160mm×100mm×20mm，材料为铝合金。采用键槽铣刀，刀具直径为 $\phi4mm$，槽深为 4mm，试编写加工程序并加工。

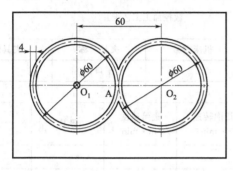

图 3-14　平面圆环槽加工

（2）任务分析

该任务是在工件上加工圆环槽，编程较简单。任务的重点是注意刀具的进刀、退刀安全和正确选择切削用量。

（3）任务实施

① 加工工艺方案

a. 先把平口钳装夹在数控铣床工作台上，用百分表校正平口钳，使钳口与铣床工作台 X 方向平行。工件装夹在平口钳上，下用垫铁支承，使工件放平并高出钳口 5～10mm，夹紧工件。由于工件材料较软，为防止夹伤夹坏工件侧面，可以在钳口处垫铜皮。

b. 加工顺序及走刀路线：对于该类槽形零件，在加工过程中注意刀具从安全高度下刀至参考面高度时要用 G01，不要用 G00，防止撞坏刀具，另外，刀具从槽中退出时，先 Z 向退出，然后再 X、Y 向退刀，避免撞坏刀具。

用刀心轨迹编程，不用刀具半径补偿功能。

以 O_1 为工件坐标系原点，切削起点为 A 点。先加工 O_1 圆槽，然后加工 O_2 圆槽。

② 工、量、刀具选择

a. 工具　工件采用平口钳装夹，下用垫铁支承。

b. 量具　采用 0～125mm 游标卡尺测量。

c. 刀具　采用 $\phi4mm$ 的高速钢键槽铣刀。

③ 切削用量选择　选择合适的切削用量，见工艺卡片。

④ 工艺卡片（表 3-3）

⑤ 加工程序

O1200;	主程序名
N10 G90 G55;	绝对方式,建立工件坐标系
N20 M03 S1000;	主轴正转,1000r/min
N30 G00 X30 Y0;	快速定位至 A 点

```
N40      Z10;                    Z 向快速定位
N50 G01 Z-4 F50;                Z 向进给
N60 G02 I-30;                   加工 $O_1$ 圆槽
N70 G03 I30;                    加工 $O_2$ 圆槽
N80 G00 Z100;                   提刀,切削液关
N100 M05;                       主轴停止
N110 M02;                       程序结束
```

表 3-3 工艺卡片

零件名称	零件编号	数控加工工艺卡片				
材料名称	材料牌号	机床名称	机床型号	夹具名称		夹具编号
铝合金	LF2	数控铣床		平口钳		

序号	工艺内容	切削转速 /r·min⁻¹	进给速度 /mm·min⁻¹	量具	刀具
1	装(卸)工件				
2	铣圆环槽	1000	50	0～125mm 游标卡尺	ϕ4mm 键槽铣刀

3.3.2 平面凹槽加工

（1）任务描述

如图 3-15 所示,工件材料为 45 钢,零件上有 8 个槽,槽深为 2mm。

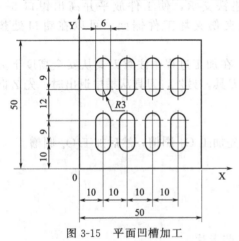

图 3-15 平面凹槽加工

（2）任务分析

该任务为多槽加工,槽排列有规律,可以用子程序编程。

（3）任务实施

① 加工工艺方案 以工件左下角的上表面为原点建立 G54 工件坐标系。用直径为 ϕ6mm 键槽铣刀加工。需要注意的是,由于 G90 和 G91 均为模态代码,当从主程序 G90 方式调用子程序中的 G91 增量方式后,再回到主程序,系统依然继续保持 G91 状态,因此,调用完子程序后,不要忘记了在主程序里改回 G90 方式,如下面主程序中 N60 段所示。

② 工、量、刀具选择

a. 工具 工件采用平口钳装夹,下用垫铁支承。

b. 量具 采用 0～125mm 游标卡尺测量。

c. 刀具 采用 ϕ6mm 的高速钢键槽铣刀。

③ 切削用量选择 选择合适的切削用量,见工艺卡片。

④ 工艺卡片（表 3-4）

表 3-4　工艺卡片

零件名称	零件编号	数控加工工艺卡片				
材料名称	材料牌号	机床名称	机床型号		夹具名称	夹具编号
钢	45	数控铣床			平口钳	
序号	工艺内容		切削转速 /r·min⁻¹	进给速度 /mm·min⁻¹	量具	刀具
1	装(卸)工件					
2	铣平面凹槽		1000	50	0～125mm 游标卡尺	φ6mm 键槽铣刀

⑤ 加工程序

```
O2118;                    主程序
N10 G90 G54;              绝对坐标编程,建立 54 工件坐标系
N20 M03 S1000;            主轴正转,1000r/min
N30 G00 X10 Y10;          快速定位
N40     Z10;              Z 向快速定位
N50 M98 P40002;           调用 O0002 子程序 4 次
N60 G90 G00 Z50;          重新指令 G90 绝对方式,Z 向快速抬刀
N70     X0 Y0;            快速定位
N80 M05;                  主轴停止
N90 M02;                  程序结束

O0002;                    子程序
G91 G01 Z-12 F50;         增量方式,Z 负向进给
    Y9;                   Y 正向进给,加工第 1 个槽
G00 Z12;                  抬刀
    Y12;                  Y 正向移动
G01 Z-12;                 Z 负向进给
    Y9;                   Y 正向进给,加工第 2 个槽
G00 Z12;                  抬刀
    Y-30;                 Y 负向移动
    X10;                  X 正向移动到第 2 列槽起点
M99;                      子程序结束,返回主程序
```

3.3.3　平面平行槽加工

（1）任务描述

如图 3-16 所示沟槽板零件，材料为 45 钢，毛坯尺寸为 86mm×60mm×20mm，编写程序并加工。

（2）任务分析

该例中采取"分层铣削"的加工工艺，即在一个切削深度上（2.5mm）完成所有的水平面方向的加工，然后降刀铣削下一深度。

（3）任务实施

① 加工工艺方案　以工件上表面的左下角为工件坐标系原点建立 G55 坐标系。每个沟

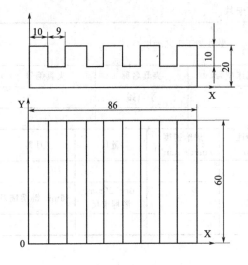

图 3-16　平面平行槽加工

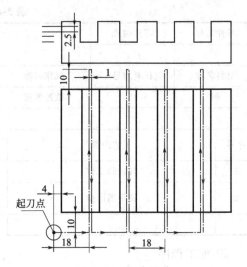

图 3-17　刀路设计

槽在宽度上（X方向）走两刀，铣出宽9mm的沟槽。平面上的4个沟槽形状都相同，编写一个沟槽的加工程序，然后用子程序调用加工完成4个槽的加工。Z轴方向，每次切深2.5mm，通过两级子程序嵌套，4次完成总切深。刀路设计如图3-17所示。

　　② 工、量、刀具选择

　　a. 工具　工件采用平口钳装夹，下用垫铁支承。

　　b. 量具　采用0～125mm游标卡尺测量。

　　c. 刀具　采用φ8mm的高速钢键槽铣刀。

　　③ 切削用量选择　选择合适的切削用量，见工艺卡片。

　　④ 工艺卡片（表3-5）

表 3-5　工艺卡片

零件名称	零件编号	数控加工工艺卡片			
材料名称	材料牌号	机床名称	机床型号	夹具名称	夹具编号
钢	45	数控铣床		平口钳	

序号	工艺内容	切削转速 /r·min⁻¹	进给速度 /mm·min⁻¹	量具	刀具
1	装(卸)工件				
2	铣平面平行槽	1000	50	0～125mm 游标卡尺	φ8mm 键槽铣刀

　　⑤ 加工程序

```
O1234;                  主程序
N10 G90 G55;            绝对值编程,建立工件坐标系
N20 M03 S1000;          主轴正转,1000r/min
N30 G00 X-4 Y-10;       刀具中心快速定位到起刀点
N40 G00 Z20;            Z向快速移动到工件上表面20mm处
N50    Z2;              Z向定位到起刀点上方2mm处
```

N60 G01 Z0 F100;	Z向进刀至零件上表面
N70 M98 P41001;	调用O1001子程序4次
N80 G90 G00 Z100;	指令G90绝对方式,Z轴退到100mm处
N90 M05;	主轴停止
N100 M02;	程序结束
O1001;	1级子程序
G91 G01 Z-2.5 F50;	增量方式编程,每次切深2.5mm
M98 P41002;	调用O1002子程序4次
G01 X-76;	X方向返回初始位置
M99;	子程序结束,返回主程序
O1002;	2级子程序
G91 G01 X18;	增量值编程,刀具X正方向增量进给18mm
Y80;	Y正方向增量进给80mm,切槽
X1;	X正方向增量进给1mm
Y-80;	Y负方向增量进给80mm,切去槽宽1mm余量
M99;	子程序结束,返回到上级子程序

注意,在子程序中往往采用G91增量方式编程,在返回主程序时要注意换成G90绝对方式,如在主程序N80段。

3.3.4 平面内腔加工

（1）任务描述

如图3-18所示,工件材料为45钢,毛坯厚度为20mm,硬度为210HBS。试编写加工程序并加工。

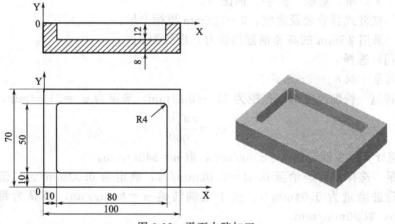

图3-18 平面内腔加工

（2）任务分析

该零件要求进行内轮廓加工,圆角半径为4mm,所以采用φ8mm的键槽铣刀加工。Z轴方向上采用分层铣削,每次铣削深度为2mm;由于XY平面去除的面积较大,因此采用子程序进行编程。

（3）任务实施

① 加工工艺方案

a. 工件装夹在平口钳上,下用垫铁支承,使工件放平并高出钳口约10mm,用百分表对工件进行找平，夹紧工件。以工件上表面中心为工件坐标系原点，建立 G55 坐标系。

b. 加工顺序及走刀路线

用两重调用子程序加工。

第一重子程序设为长方形型腔切削深度为 2mm 的程序。

第二重子程序为同一切削深度时的刀心轨迹，如图 3-19 所示。刀心轨迹 A→B→C→D→E 作为一个循环单元，重复 3 次，再加上 M→N 走刀，即可加工出一个长方形的型腔。

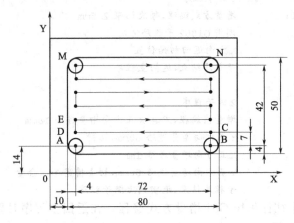

图 3-19　刀心轨迹

现设 Y 向刀具移动步距为 $b=7$mm，由于刀具直径 $d=8$mm，所以 AB 与 CD 的切削轨迹有 $d-b=1$mm 的重叠量。Y 向刀具移动量应该等于长方形型腔的宽度 $B-d$。如果循环次数为 n，则计算公式为 $2nb+d=B$，$2n×7+8=50$，得 $n=3$。

② 工、量、刀具选择

a. 工具　平口钳、垫铁、扳手、铜锤等。

b. 量具　杠杆式百分表及表座；0～125mm 游标卡尺。

c. 刀具　采用 ϕ8mm 的高速钢键槽铣刀，齿数为 2。

③ 切削用量选择

a. 背吃刀量　取 $a_p=2$mm。

b. 主轴转速　铣削速度选取范围为 21～40m/min，确定为 $v_c=21$m/min，根据公式

$$v_c = \frac{\pi d_0 n}{1000}$$

代入数值计算得主轴转速 $n=836$r/min，取 $n=840$r/min。

c. 进给量　选择每齿进给量 0.01～0.02mm/齿，确定为 0.02mm/齿。铣刀齿数为 2，所以铣刀每转进给量为 0.04mm/r。由于主轴转速 $n=840$r/min，换算为每分进给量为 33.6mm/min，取 30mm/min。

④ 工艺卡片（表 3-6）

表 3-6　工艺卡片

零件名称	零件编号	数控加工工艺卡片			
材料名称	材料牌号	机床名称	机床型号	夹具名称	夹具编号
钢	45	数控铣床		平口钳	

序号	工艺内容	切削转速 /r·min⁻¹	进给速度 /mm·min⁻¹	量具	刀具
1	装(卸)工件				
2	铣内轮廓	840	30	0~125mm 游标卡尺	φ8mm 键槽铣刀

⑤ 加工程序

O1234;	主程序
N5 G17 G40 G80 G49 G90;	设置初始状态
N10 G90 G55;	绝对方式,建立工件坐标系
N20 M03 S840;	主轴正转,840r/min
N30 G43 G00 Z50 H01;	Z轴定位,调用1号长度补偿
N40　　X14 Y14	刀具中心快速定位到A点上方
N50　　Z10 M08;	Z向快速移动到工件上表面10mm处,切削液开
N60　　Z2;	Z向定位到A点上方2mm处
N70 M98 P62001;	调用O2001子程序6次
N80 G90 G00 Z50;	重新指令G90绝对方式,Z向提刀
N90 G49 G00 Z100 M09;	取消长度补偿,Z向提刀
N100 G00 X0 Y0;	快速移动到工件原点
N110 M05;	主轴停止
N120 M02;	程序结束
O2001;	子程序1
N10 G91 G01 Z-4 F30;	增量方式,Z向进刀
N20 M98 P32002;	调用O2002子程序3次
N30 G01 X72;	M→N
N40 G00 Z2;	快速抬刀
N50　　X-72 Y-42;	N→A
N60 M99;	子程序结束返回主程序
O2002;	子程序2
N10 G91 G01 X72 F30;	增量方式,A→B
N20　　Y7;	B→C
N30　　X-72;	C→D
N40　　Y7;	D→E
N50 M99;	子程序结束返回上级子程序

(4) 操作注意事项

① 对于直径较小的键槽铣刀,进给量要选择合适,不可过大,以免损坏铣刀。

② 利用光电式寻边器对刀时,手动时要注意X、Y方向的运动,防止撞坏寻边器。

3.3.5　圆周槽加工

(1) 任务描述

如图3-20所示,工件材料为铝合金,槽宽为4mm,试编写加工程序。

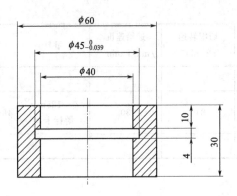

图 3-20　圆周槽的加工

（2）任务分析

本任务为加工圆周内沟槽，根据以上计算方法，计算得出圆弧插补半径：$a=5\text{mm}$，$h=2.5\text{mm}$，根据公式 $R=a+h$，则

$$R=a+h=5+2.5=7.5\text{mm}$$

（3）任务实施

① 加工工艺方案

a. 以工件上表面中心点为坐标系原点，建立 G55 坐标系。采用三爪定心卡盘装夹。孔已加工，要用百分表以孔中心为基准进行对刀。以工件上表面孔中心为工件坐标系原点建立工件坐标系。

b. 加工顺序及走刀路线：先加工出孔 $\phi40\text{mm}$，然后铣沟槽，在本任务中，孔已经加工，只铣削沟槽，铣刀 $D=\phi30\text{mm}$，宽度为 4mm；与沟槽宽度相同，采用 G03 顺铣的方法进行加工，刀心轨迹如图 3-21 所示。

如果槽底加工质量要求高，可以采用 1/4 圆弧切入、切出的方法进行铣削。

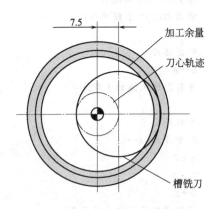

图 3-21　刀心轨迹

② 工、量、刀具选择

a. 工具　采用三爪定心卡盘装夹。用百分表进行工件找正。

b. 量具　采用 0～125mm 游标卡尺测量。

c. 刀具　采用宽 $H=4\text{mm}$、刀盘直径 $D=\phi30\text{mm}$ 的槽铣刀。

③ 切削用量选择　切削用量见工艺卡片。

④ 工艺卡片（表 3-7）

表 3-7　工艺卡片

零件名称	零件编号	数控加工工艺卡片				
材料名称	材料牌号	机床名称	机床型号		夹具名称	夹具编号
铝合金	LF2	数控铣床			三爪卡盘	

序号	工艺内容	切削转速 /r·min⁻¹	进给速度 /mm·min⁻¹	量具	刀具
1	装(卸)工件				
2	铣沟槽	1000	100	0~125mm 游标卡尺	宽 4mm，φ30mm 槽铣刀

⑤ 加工程序

O1220;	程序名
N10 G17 G40 G80 G49 G90;	设置初始状态
N20 G90 G55;	绝对值编程,G55 工件坐标系
N30 M06 T1;	调用 1 号刀具,宽 4mm 的铣刀
N40 M03 S1000;	主轴正转,1000r/min
N50 G90 G00 X0 Y0;	快速定位
N60 G90 G43 G00 Z20 H01 M08;	Z 轴定位,调用 1 号长度补偿
N70 G01 Z-14 F50;	Z 向进给至沟槽深度
N80 X7.5 Y0;	X 方向进给至槽底
N90 G03 I-7.5 F100;	圆弧插补铣槽
N100 G01 X0 F100;	X 方向退刀至孔中心
N110 G49 G00 Z100 M09;	取消长度补偿,提刀
N120 M05;	主轴停止
N130 M02;	程序结束

（4）操作注意事项

进刀和退刀时，要使主轴中心与孔中心重合垂直进退刀，不要有 X、Y 方向上的运动，以免撞刀。

练习题

一、填空题（请将正确答案填在横线空白处）

1. 立铣刀与键槽铣刀的区别是键槽铣刀的端面中心_____切削刃。

2. 圆周沟槽一般采用可转位键槽铣刀和_____加工。

3. 整圆加工不能使用_____格式编程。

4. 当圆周沟槽的宽度大于刀片的宽度时，要_____加工。

5. 测量圆周内沟槽直径尺寸需要用_____。

二、选择题（请将正确答案的代号填入括号内）

1. 粗糙度的评定参数 Ra 的名称是（　　）。

A. 轮廓算术平均偏差　　　　　　　B. 轮廓几何平均偏差

C. 微观不平度十点平均高度　　　　D. 微观不平度五点平均高度

2. 基于主轴悬臂刚性不足的考虑，卧式数控铣床的 Z 轴运动一般由（　　）移动实现。

A. 主轴座升降　　B. 工作台前后　　C. 工作台升降　　D. 主轴伸缩

3. 数控铣削刀具系统的拉钉与刀柄通常采用（　　）连接。

A. 右旋螺纹　　　B. 左旋螺纹　　　C. 平键　　　　D. 花键

4. 在铣削加工中，为了使工件保持良好的稳定性，应选择工件上（　　）表面作为主要定位面。

A. 任意面　　　　　B. 所有面　　　　　C. 最小面　　　　　D. 最大面

5. 指令"G02 X20 Y20 R-10 F100；"所加工的轨迹是（　　）。

A. 整圆　　　　　B. 夹角≤180°的圆弧　　　C. 180°＜夹角＜360°的圆弧

三、判断题（正确的请在括号内打"√"，错误的打"×"）

1. 数控机床的日常维护保养应该是以维修人员为主，操作工人辅助进行的。（　　）

2. 铣削韧性好的钢料所用刀具，硬质合金的 YT 类比 YG 类更合适些。（　　）

3. 刀具补偿执行过程的动作指令只能用 G00/G01 不能用 G02/G03。（　　）

4. 圆弧插补指令中的 I、J、K 一定是增量尺寸。（　　）

5. 加工圆周内外沟槽时可以允许轴向进给。（　　）

四、简答题

1. 加工平面凹槽和圆周沟槽时各选用什么刀具？加工中应注意哪些事项？

2. 简述铣削内沟槽时确定圆弧插补半径的方法。

五、综合题

1. 用子程序编写图 3-22 所示零件的加工程序。刀具为 φ6mm 键槽铣刀，深度为 2mm。

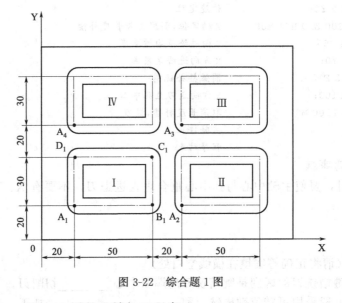

图 3-22　综合题 1 图

2. 编写图 3-23～图 3-27 零件的精加工程序。

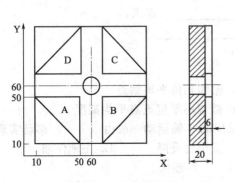

图 3-23　坐标镜像编程

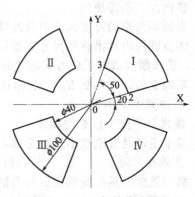

图 3-24　坐标镜像编程

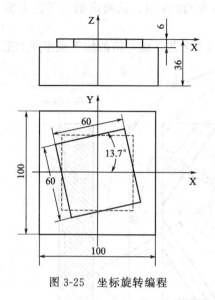

图 3-25　坐标旋转编程

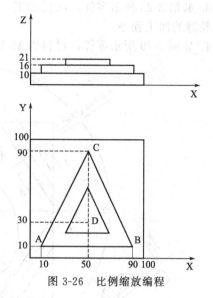

图 3-26　比例缩放编程

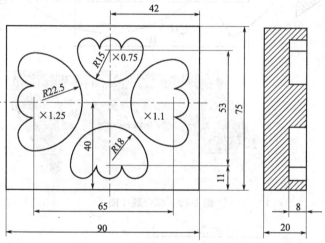

图 3-27　坐标旋转与比例缩放编程

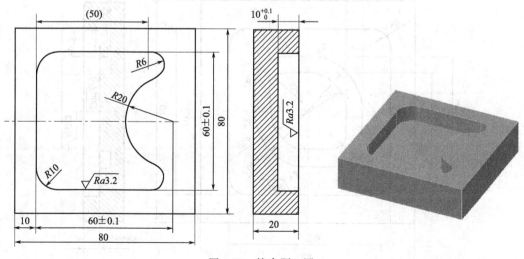

图 3-28　综合题 3 图

3. 如图 3-28 所示零件，需要加工上表面，材料为 Q235 钢。试确定加工工艺方案，编写内轮廓的加工程序。

4. 如图 3-29 所示零件，材料为 45 钢。试制定加工工艺，编写槽的加工程序并加工。

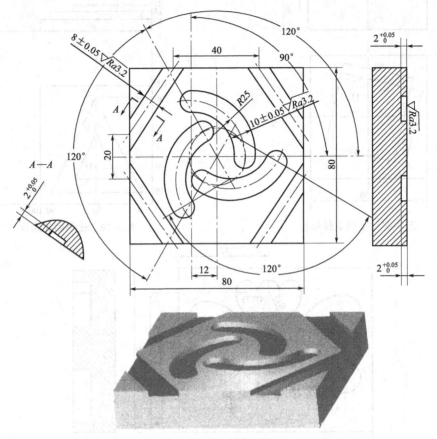

图 3-29　综合题 4 图

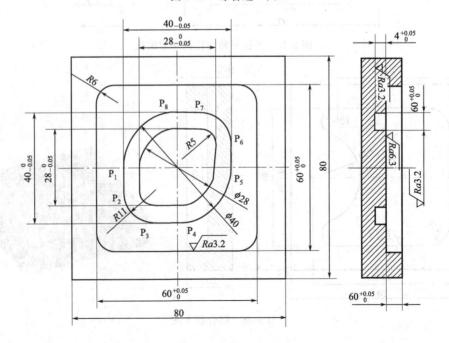

图 3-30　综合题 5 图

5. 如图 3-30 所示零件，需要加工上表面，材料为 Q235。试确定加工工艺方案，编写零件凹槽的加工程序。

6. 如图 3-31 所示零件，材料为 45 钢，编写圆周槽的加工程序并加工，刀具自定。

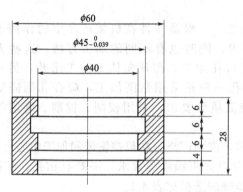
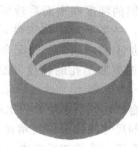

图 3-31　综合题 6 图

项目4 钻孔加工

4.1 知识准备

4.1.1 孔的加工方法

内孔表面也是零件上的主要表面之一，根据零件在机械产品中的作用不同，不同结构的内孔有不同的精度和表面质量要求，同时也有不同的加工方法。这些方法归纳起来可以分为两类：一类是对实体工件进行孔加工，即从实体上加工出孔；另一类是对已有的孔进行半精加工和精加工。非配合孔一般是采用钻削加工，配合孔则需要在已加工孔的基础上，根据被加工孔的精度和表面质量要求，采用铰削、镗削、磨削等加工方法进一步加工。

孔加工在金属切削中占很大的比重，应用广泛。在数控铣床和加工中心上加工孔的方法很多，根据孔的尺寸精度、位置精度及表面粗糙度等要求，一般有钻孔、扩孔、锪孔、铰孔、镗孔及铣孔等，孔的加工方法与步骤的选择见表 4-1。

表 4-1 孔的加工方法与步骤的选择

序号	加工方案	精度等级(IT)	表面粗糙度值 Ra /μm	适用范围
1	钻	11～13	50～12.5	加工未淬火钢及铸铁的实心毛坯,也可用于加工有色金属(但粗糙度值较大),孔径<15～20mm
2	钻-铰	9	3.2～1.6	
3	钻-粗铰-精铰	7～8	1.6～0.8	
4	钻-扩	11	6.3～3.2	同上,但孔径>15～20mm
5	钻-扩-铰	8～9	1.6～0.8	
6	钻-扩-粗铰-精铰	7	0.8～0.4	
7	粗镗(扩孔)	11～13	6.3～3.2	除淬火钢外各种材料,毛坯有铸出孔或锻出孔
8	粗镗(扩孔)-半精镗(精扩)	8～9	3.2～1.6	
9	粗镗(扩孔)-半精镗(精扩)-精镗	6～7	1.6～0.8	

由于孔加工是对零件内表面的加工，对加工过程的观察、控制困难，加工难度要比外圆表面等开放型表面的加工大得多。孔的加工过程主要有以下几方面的特点。

① 孔加工刀具多为定尺寸刀具，如钻头、铰刀等，在加工过程中，刀具磨损造成的形状和尺寸的变化会直接影响被加工孔的精度。

② 由于受被加工孔直径大小的限制，切削速度很难提高，影响加工效率和加工表面质量，尤其是在对较小的孔进行精密加工时，为达到所需的速度，必须使用专门的装置，对机床的性能也提出了很高的要求。

③ 刀具的结构受孔的直径和长度的限制，刚性较差。在加工时，由于轴向力的影响，

容易产生弯曲变形和振动，孔的长径比（孔深度与直径之比）越大，刀具刚性对加工精度的影响就越大。

④ 孔加工时，刀具一般是在半封闭的空间工作，切屑排除困难；冷却液难以进入加工区域，散热条件不好。切削区热量集中，温度较高，影响刀具的耐用度和钻削加工质量。

在孔加工中，必须解决好由于上述特点带来的问题，即冷却问题、排屑问题、刚性导向问题和速度问题。虽然在不同的加工方法中这些问题的影响程度不同，但每一种孔的切削加工方法都必须在解决相应问题的基础上才能得到应用。

在选择加工设备方面，如果零件上被加工孔的种类较少，换刀次数不多，可以选择数控铣床加工。反之，则选择加工中心，以提高生产效率。

4.1.2　钻孔加工

钻孔是用钻头在工件实体上加工出孔的方法。钻孔精度可达到 IT13～IT11 级，表面粗糙度 Ra 为 50～12.5μm，钻孔直径范围为 0.1～100mm。尺寸较大的孔一般在毛坯制造时铸出或锻出。

钻削加工中最常用的刀具为麻花钻，它是一种粗加工刀具。按柄部形状分为直柄麻花钻和锥柄麻花钻；按制造材料分为高速钢麻花钻和硬质合金麻花钻，如图 4-1 所示。在数控铣床和加工中心上，钻孔前一般用中心钻先钻一小孔进行定位，以提高孔的位置精度。中心钻和定位钻如图 4-2 所示。

图 4-1　麻花钻

(a)　　　　　　　　　　　　(b)

图 4-2　中心钻和定位钻

钻孔时，钻头是在半封闭空间工作，因此必须解决排屑与冷却问题。增大麻花钻螺旋槽的螺旋角有利于排屑，但会使钻头的刚性变差，因此小直径钻头，为提高钻头刚性，槽的螺旋角可取小些。钻软材料如铝合金时，为改善排屑，螺旋角可取大些。为改善冷却效果，可使用内冷式钻头，适当增大冷却液的压力，也有利于切屑的排出。

在钢制工件上钻孔时可使用乳化液；铸铁工件钻孔一般不用冷却液，可使用煤油；铝合金可用煤油冷却，不要用含硫的切削液。

钻孔时需要注意如下事项。

① 在钻孔前应铣平加工表面，用中心钻预钻一中心孔，也可用小钻头预钻，然后再钻孔，以避免因工件表面凹凸不平钻偏。

② 当钻孔直径 $d>30$mm 时，应分两次钻削，第一次采用较小直径［约等于 (0.5～0.7)d］的钻头钻孔，以减小轴向力。第二次采用大直径的钻头或扩孔钻加工到所需直径。

由于横刃在第二次钻削时不参加切削，故可采用较大的进给量，使孔的表面质量和生产率均得到提高。

③ 在钻较小、较深的孔时，宜采用较小的进给量，以减小钻削的轴向力，减小钻头弯曲，减小钻孔的偏斜。

4.1.3　钻孔切削用量选择

钻削用量选择参考表 4-2～表 4-4。

表 4-2　高速钢钻头钻孔时的进给量

钻头直径 d_0 /mm	钢 σ_b/MPa			铸铁、铜、铝合金硬度	
	<800	800～1000	>1000	≤200HBS	>200HBS
	进给量 f/mm·r^{-1}				
≤2	0.05～0.06	0.04～0.05	0.03～0.04	0.09～0.11	0.05～0.07
>2～4	0.08～0.10	0.06～0.08	0.04～0.06	0.18～0.22	0.11～0.13
>4～6	0.14～0.18	0.10～0.12	0.08～0.10	0.27～0.33	0.18～0.22
>6～8	0.18～0.22	0.13～0.15	0.11～0.13	0.36～0.44	0.22～0.26
>8～10	0.22～0.28	0.17～0.21	0.13～0.17	0.47～0.57	0.28～0.34
>10～13	0.25～0.31	0.19～0.23	0.15～0.19	0.52～0.64	0.31～0.39
>13～16	0.31～0.37	0.22～0.28	0.18～0.22	0.61～0.75	0.37～0.45
>16～20	0.35～0.43	0.26～0.32	0.21～0.25	0.70～0.86	0.43～0.53
>20～25	0.39～0.47	0.29～0.35	0.23～0.29	0.78～0.96	0.47～0.57
>25～30	0.45～0.55	0.32～0.40	0.27～0.33	0.90～1.10	0.54～0.66
>30～60	0.60～0.70	0.40～0.50	0.30～0.40	1.00～1.20	0.70～0.80

注：1. 表列数据适用于在大刚性零件上钻孔，精度在 IT12～IT13 级以下，或未注公差，钻孔后还用钻头、扩孔钻或镗刀加工。在下列条件下需乘以修正系数：在中等刚性零件上（箱体形状的薄壁零件、零件上薄的突出部分）钻孔时，乘以系数 0，75；钻孔后要用铰刀加工的精确孔、低刚性零件上钻孔、斜面上钻孔以及钻孔后用丝锥攻螺纹的孔，乘以系数 0.50。

2. 钻孔深度大于 3 倍直径时应乘以如下修正系数：

钻孔深度（孔深以直径的倍数表示）	$3d_0$	$5d_0$	$7d_0$	$10d_0$
修正系数 K	1.0	0.9	0.8	0.75

表 4-3　硬质合金 YG8 钻头钻灰铸铁时的进给量

钻头直径 d_0 /mm	铸铁的硬度			
	≤200HBS		>200HBS	
	工艺要求分类			
	I	II	I	II
	进给量 f/mm·r^{-1}			
≤8	0.22～0.28	0.18～0.22	0.18～0.22	0.13～0.17
>8～12	0.30～0.36	0.22～0.28	0.25～0.30	0.18～0.22
>12～16	0.35～0.40	0.25～0.30	0.28～0.34	0.20～0.25
>16～20	0.40～0.48	0.27～0.33	0.32～0.38	0.23～0.28
>20～24	0.45～0.55	0.33～0.38	0.38～0.43	0.27～0.32
>24～26	0.50～0.60	0.37～0.44	0.40～0.46	0.32～0.38
>26～30	0.55～0.65	0.40～0.50	0.45～0.50	0.36～0.44

数控铣削编程与加工项目教程

表 4-4　高速钢钻头钻孔时的切削速度　　　　　　　　　　　　　　　　m/s

加工材料	硬度/HBS	切削速度 v_c	加工材料	硬度/HBS	切削速度 v_c
低碳钢	100～125 125～175 175～225	0.45 0.40 0.35	铸钢	低碳 中碳 高碳	0.40 0.30～0.40 0.25
中高碳钢	125～175 175～225 225～275 275～325	0.37 0.33 0.25 0.20	球墨铸铁	140～190 190～225 225～260 260～300	0.50 0.35 0.28 0.20
合金钢	175～225 225～275 275～325 325～375	0.30 0.25 0.20 0.17	可锻铸铁	110～160 160～200 200～240 240～250	0.70 0.42 0.33 0.20
高速钢	200～250	0.22	铝合金、镁合金		1.25～1.50
灰铸铁	100～140 140～190 190～220 220～260 260～320	0.55 0.45 0.35 0.25 0.15	铜合金		0.33～0.80

4.2　指令学习

4.2.1　固定循环指令

在数控加工中，一般来说，一个动作就应编制一个程序段。但是在钻孔、镗孔等加工时，往往需要快速接近工件、工进速度钻孔以及孔加工完后快速返回三个固定动作。固定循环指令是数控系统为简化编程工作，将一系列典型动作预先编好程序，成为一个特定指令，执行固定循环动作。固定循环功能主要用于孔加工，包括钻孔、镗孔、攻螺纹等，使用一个程序段就可以完成一个孔加工的全部动作，从而简化编程工作。

（1）固定循环指令功能

固定循环指令的功能见表 4-5。

表 4-5　FANUC 系统固定循环指令的功能

G 代码	钻削（−Z 方向）	在孔底动作	回退（＋Z 方向）	应　用
G73	间歇进给		快速移动	高速深孔往复排屑钻循环
G74	切削进给	暂停→主轴正转	切削进给	反转攻左螺纹循环
G76	切削进给	主轴定向停止	快速移动	精镗循环
G80				取消固定循环
G81	切削进给		快速移动	点钻、钻孔循环
G82	切削进给	暂停	快速移动	镗孔、钻阶梯孔循环
G83	间歇进给		快速移动	深孔往复排屑钻循环
G84	切削进给	暂停→主轴反转	切削进给	正转攻右旋螺纹循环
G85	切削进给		切削进给	精镗孔循环
G86	切削进给	主轴停止	快速移动	镗孔循环
G87	切削进给	主轴正转	快速移动	反镗孔循环
G88	切削进给	暂停→主轴停止	手动移动	镗孔循环
G89	切削进给	暂停	切削进给	精镗阶梯孔循环

固定循环通常由六个基本动作组成，如图4-3所示。

① X、Y轴定位。刀具快速定位到孔加工的位置。

② 快速进给到R点平面。刀具自初始点快速进给到R点平面，准备切削。

③ 孔加工。以切削进给方式钻孔或镗孔等。

④ 孔底的动作。包括暂停、主轴定向停止、刀具位移等动作。

⑤ 返回到R点平面。

⑥ 快速返回到初始点平面。

固定循环动作图形符号说明见表4-6。

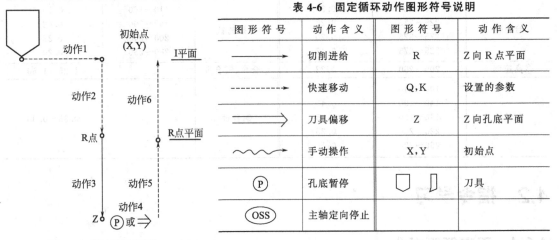

表4-6　固定循环动作图形符号说明

图形符号	动作含义	图形符号	动作含义
→	切削进给	R	Z向R点平面
----→	快速移动	Q,K	设置的参数
⟹	刀具偏移	Z	Z向孔底平面
∿∿	手动操作	X,Y	初始点
ⓅP	孔底暂停	▽ ▽	刀具
OSS	主轴定向停止		

图4-3　固定循环动作

（2）固定循环指令格式及说明

指令格式：

$$\begin{Bmatrix} G90 \\ G91 \end{Bmatrix} \begin{Bmatrix} G99 \\ G98 \end{Bmatrix} G\Box\Box X \_ Y \_ Z \_ R \_ Q \_ P \_ F \_ K \_ ;$$

式中，G□□表示固定循环指令G73～G89。

G90，G91：绝对方式与增量方式选择。固定循环指令中地址R与Z的数值指定与G90或G91的方式选择有关。如图4-4所示，采用绝对方式G90时，R与Z一律取其终点绝对坐标值；采用增量方式G91时，R是指自初始点到R点的增量距离，Z是指自R点到孔底的增量距离。

G98，G99：返回点平面选择。在返回动作中G98指令返回到初始点平面，G99指令返回到R点平面，如图4-5所示。通常，最初的孔加工用G99，最后加工用G98，可以减少辅助时间。用G99状态加工孔时，初始点平面也不变化。

X，Y：孔加工位置X、Y轴坐标值。

Z：孔加工位置Z轴坐标值。采用G90指令时Z值为孔底绝对坐标值；采用G91方式时Z值为R点到孔底的增量距离。如图4-4所示。

R：采用G90方式时为R点平面的绝对坐标值；采用G91方式时为初始点到R点的增量距离。如图4-5所示。

Q：在G73、G83方式中，Q规定每次加工的深度；在G76、G87方式中，Q为刀具的偏移量。Q值始终为增量值，且用正值表示，与G91的选择无关。

P：规定在孔底的暂停时间，用整数表示，以ms为单位。

F：切削进给速度，一般用mm/min为单位。这个指令是模态的，即使取消了固定循

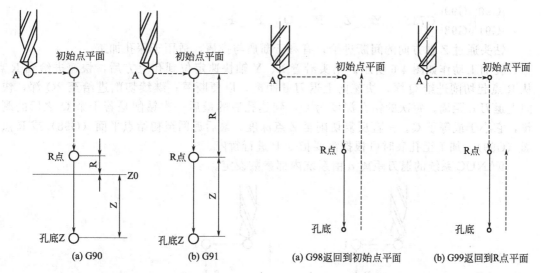

(a) G90	(b) G91

图 4-4　绝对方式与增量方式选择 G90、G91

(a) G98返回到初始点平面	(b) G99返回到R点平面

图 4-5　返回点平面选择 G98、G99

环，在其后的加工中仍然有效。

K：用 K 值规定固定循环重复加工次数，表示对等间距孔进行重复钻孔，因此循环指令中的 X、Y 值应为增量值。K 仅在被指定的程序段内有效。以增量方式 G91 编程时，指定第一孔位置；以绝对方式 G90 编程时，则会在相同的位置重复钻孔。K 省略不写时系统默认为 K＝1。当 K＝0 时，则系统存储加工数据，但不执行加工。

固定循环指令是模态指令，一旦指定则一直有效，直到用 G80 指令取消为止。此外 G00、G01、G02、G03 指令也可以起取消固定循环指令的作用。

固定循环指令中的数据不一定全部都写，根据需要可省去若干地址和数据。

（3）固定循环指令使用注意事项

① 在使用固定循环之前，必须使主轴旋转，例如"M03 S600"。在使用主轴停止指令 M05 之后，一定注意再次使主轴旋转。

② 在固定循环指令中，其程序段必须有 X、Y、Z、R 的位置数据，否则不执行固定循环功能。

③ 在固定循环指令的程序段尾，若指令了"G04 P ＿"，则是在完成固定循环之后执行暂停指令 G04，而固定循环指令中的 P 不被 G04 变更。

④ 在固定循环方式中，G43、G44 仍起到长度补偿的作用。

⑤ 取消固定循环指令除了 G80 外，G00、G01、G02、G03 也能起到取消固定循环作用，编程时应注意。

⑥ 当主轴旋转控制指令使用在 G74、G84、G86、G88 指令时，如果连续加工的孔间距较小或初始点到 R 点的距离很短，则在进入孔加工的切削动作前，主轴可能没有达到正常转速。在这种情况下，必须在每个孔加工动作间插入一个暂停指令（G04 指令），使主轴获得正常的转速。

⑦ 在固定循环中途，若按下复位或急停按钮使数控系统停止，但这时孔加工方式和孔加工数据还被存着，所以在重新开始加工时要特别注意，应使固定循环剩余动作进行到结束后，再执行其他动作。

4.2.2　高速深孔往复排屑钻孔循环 G73

编程格式：

$$\begin{Bmatrix} G90 \\ G91 \end{Bmatrix} \begin{Bmatrix} G99 \\ G98 \end{Bmatrix} G73X \_\_ Y \_ Z \_ R \_ Q \_ F \_ K \_;$$

钻头通过 Z 轴方向的间断进给，有利于断屑与排屑，适用于深孔加工。

孔加工动作如图 4-6 所示。钻头沿着 X、Y 轴快速定位到孔上方后，快速进给到 R 点，从 R 点起切削进给 Q 深，快速向上退刀 d 距离，以便断屑；继续切削进给至 2Q 深，快速向上退刀 d 距离，每次的钻孔深度为 Q，到达孔底的最后一次钻削是若干个 Q 之后的剩余量，它小于或等于 Q。一直反复切削至 Z 点深度，最后返回至初始点平面（G98）或 R 点平面（G99）。加工至孔底时可根据需要指令 P 进行暂停。

FANUC 系统的退刀距离 d 由系统内部参数设定。

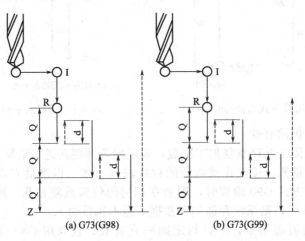

图 4-6　高速深孔往复排屑钻孔循环指令 G73

【例 4-1】　用 G73 指令加工如图 4-7 所示零件上的 2 个直径为 ϕ10mm 的孔。

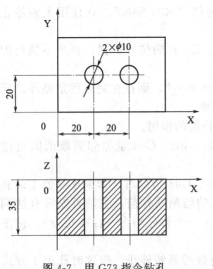

图 4-7　用 G73 指令钻孔

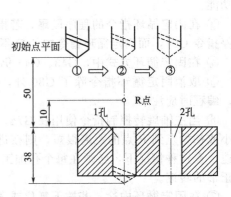

图 4-8　G73 指令动作顺序

如图 4-8 所示，钻孔前，先将钻头移动到初始点平面①的位置，执行 G73 指令，钻头快速移动到 1 孔上方②位置，然后快速进给到 R 点，循环加工 1 孔，加工完后返回至初始点平面②位置，然后快速移动到 2 孔上方③位置，加工 2 孔。加工完后返回至初始点平面③位置。

① 绝对方式编程　用绝对方式编程，先加工完 1 孔，钻头返回到初始点平面，然后再次指令 G73，加工 2 孔。

```
O3011;                          程序名
G17 G40 G49 G80 G90;            程序初始化
G90 G54;                        绝对方式,G54 工件坐标系
M03 S600;                       主轴正转,600r/min
G00 X0 Y0;                      快速定位
    Z50 M08;                    Z 轴快速定位(初始点平面),切削液开
G98 G73 X20 Y20 Z-38 R10 Q10 F80;   钻孔循环,加工 1 孔
    X40;                        钻孔循环,加工 2 孔
G00 Z100 M09;                   提刀,切削液关
    X0 Y0                       快速定位
M05;                            主轴停止
M02;                            程序结束
```

② 增量方式编程　用增量方式编程，先加工完 1 孔，钻头返回到初始点平面，由于重复 2 次，所以在此位置移动一个增量距离到达 2 孔上方，然后加工 2 个孔。

```
O3012;                          程序名
G17 G40 G49 G80 G90;            程序初始化
G90 G54;                        绝对值方式,G54 工件坐标系
M03 S600;                       主轴正转,600r/min
G00 X0 Y0;                      快速定位
    Z50 M08;                    Z 轴快速定位(初始平面),切削液开
    Y20;                        快速定位
G91 G98 G73 X20 Z-48 R-40 Q10 F80 K2;   钻孔循环,加工 1 孔后,移动一个增量距离,加工 2 孔
G90 G00 Z100 M09;               提刀,切削液关
    X0 Y0;                      快速定位
M05;                            主轴停止
M02;                            程序结束
```

4.2.3　深孔往复排屑钻孔循环 G83

编程格式：

$$\begin{Bmatrix} G90 \\ G91 \end{Bmatrix} \begin{Bmatrix} G99 \\ G98 \end{Bmatrix} \ G83 \underline{\ \ } X \underline{\ \ } Y \underline{\ \ } Z \underline{\ \ } R \underline{\ \ } Q \underline{\ \ } F \underline{\ \ } K \underline{\ \ };$$

它与 G73 指令略有不同的是每次钻头间歇进给后退回到 R 点平面，排屑更彻底。

孔加工动作如图 4-9 所示。刀具沿着 X、Y 轴快速定位后，快速移动到 R 点，从 R 点起切削进给 Q 深，快速退回到 R 点平面，然后再快速进给至第一次 Q 深度上 d 点，切削进给至 2Q 深，快速退回至 R 点平面，一直反复执行至 Z 点深度，最后刀具快速退回至初始点平面（G98）或 R 点平面（G99）。加工时孔底可根据需要指令 P 进行暂停。

FANUC 系统的距离 d 由系统内部参数设定。

【例 4-2】　用 G83 指令加工如图 4-10 所示零件上的 3 个直径为 $\phi 8mm$ 的深孔。

设定 Q=16mm，R 点的 Z 向绝对坐标为 2mm，FANUC 系统中 d 由系统参数设定为 2mm，建立如图 4-10 所示的 G58 工件坐标系。

其工作原理如图 4-11 所示。首先刀具从起刀点 A 移动到初始点平面 B 点，然后快速移动到 R 点平面。从 R 点平面钻削进给一个距离 Q 值（例中 Q=16mm），到 1 孔孔底处，然后快速返回到 R 点平面。当第二次钻削时，刀具先快速移动到刚加工完的孔底上方一个距离 d

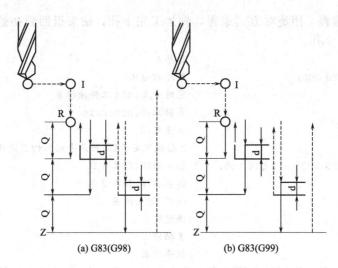

(a) G83(G98)　　　　　　　(b) G83(G99)

图 4-9　深孔往复排屑钻孔循环指令 G83

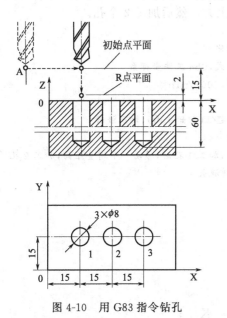

图 4-10　用 G83 指令钻孔

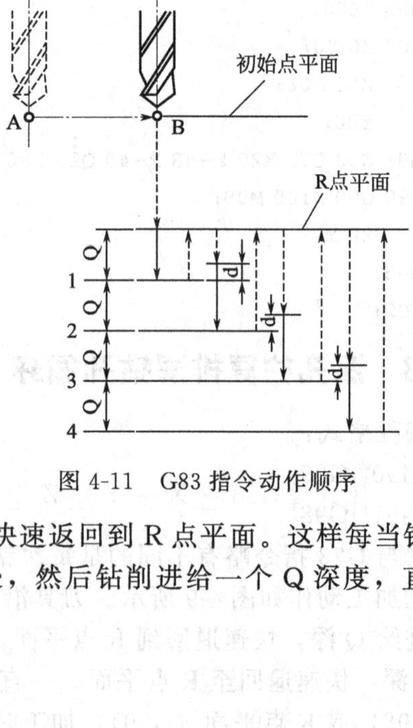

图 4-11　G83 指令动作顺序

处，然后钻削进给至 2Q 深度的 2 孔孔底处。然后又快速返回到 R 点平面。这样每当钻削一刀，都要快速移动到上一刀的孔底上方一个距离 d 处，然后钻削进给一个 Q 深度，直到加工完毕返回到 R 点平面。

① 绝对方式编程

```
O1166;                               程序名
N10 G40 G49 G80 G90 G58;             绝对坐标编程,建立 G58 工件坐标系
N20 M03 S600 M08;                    主轴正转,600r/min
N30 G00 X0 Y0;                       快速定位
N40    Z15;                          Z 轴快速定位到初始点平面
N50 G99 G83 X15 Y15 Z-60 R2 Q16 F80; 钻 1 孔,间断钻削,每次返回 R 点平面
N60    X30;                          钻 2 孔,每次返回 R 点平面
N70    X45;                          钻 3 孔,每次返回 R 点平面
N80 G00 Z50 M09;                     提刀
```

```
N90 G00 X0 Y0;                         快速定位
N100 M05;                              主轴停止
N110 M02;                              程序结束
```
② 增量方式编程
```
O1167;                                 程序名
N10 G40 G49 G80 G90 G58;               绝对坐标编程,建立 G58 工件坐标系
N20 M03 S600 M08;                      主轴正转,600r/min
N30 G00 X0 Y15;                        快速定位
N40     Z15;                           Z轴快速定位到初始点平面
N50 G91 G99 G83 X15 Z-62 R-13 Q16 F80 K3;  钻 1 孔后,前进一个增量距离,继续钻 2 孔、3 孔
N60 G90 G00 Z50 M09;                   提刀
N70     X0 Y0;                         快速定位
N80 M05;                               主轴停止
N90 M02;                               程序结束
```

4.2.4　钻孔循环 G81 与锪孔循环 G82

编程格式:

$$\begin{Bmatrix} G90 \\ G91 \end{Bmatrix}\begin{Bmatrix} G99 \\ G98 \end{Bmatrix} G81X\_\_Y\_\_Z\_\_R\_\_F\_\_K\_\_;$$

$$\begin{Bmatrix} G90 \\ G91 \end{Bmatrix}\begin{Bmatrix} G99 \\ G98 \end{Bmatrix} G82X\_\_Y\_\_Z\_\_R\_\_P\_\_F\_\_K\_\_;$$

孔加工动作如图 4-12 所示。刀具沿着 X、Y 轴快速定位后,快速移动到 R 点,从 R 点至 Z 点执行钻孔切削进给加工,最后刀具快速退回至初始点平面或 R 点平面。

G82 指令与 G81 指令唯一不同之处是 G82 指令在孔底有暂停,因而适用于加工不通孔、锪孔或镗阶梯孔;而 G81 指令用于一般的钻孔、中心钻点钻中心孔。

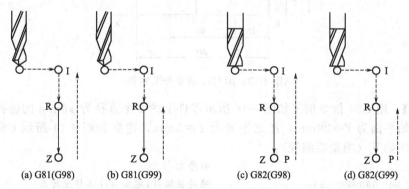

(a) G81(G98)　　(b) G81(G99)　　　(c) G82(G98)　　　(d) G82(G99)

图 4-12　钻孔循环指令 G81、锪孔循环指令 G82

【例 4-3】　用 G81 指令加工如图 4-13 所示零件上的 3 个直径为 ϕ8mm 的孔,钻削孔深为 8mm。

确定起始平面为 Z＝15mm,R 点平面为 Z＝3mm,建立如图 4-13 所示 G56 工件坐标系。

程序如下(绝对值编程):
```
O2007;                                 程序名
G40 G49 G80 G90 G56;                   绝对值编程,G56 工件坐标系
M03 S600;                              主轴正转,600r/min
G00 X0 Y0;                             快速定位
```

```
G43 Z15 H01;                            Z轴快速定位,建立刀具长度补偿
M08;                                    切削液开
G90 G99 G81 X15 Y15 Z-8 R3 F80;         钻1孔,返回到R点平面
    Y35;                                钻2孔,返回到R点平面
G98 X45 Y25;                            钻3孔,返回到初始点平面
G49 G00 Z50;                            取消刀具长度补偿
    X0 Y0;                              回到起刀位置
M09;                                    切削液关
M05;                                    主轴停止
M02;                                    程序结束
```

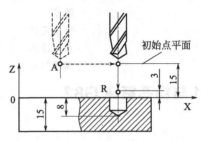

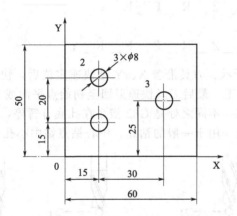

图 4-13 用 G81 指令加工零件

【例 4-4】 用 G81 指令加工如图 4-14 所示零件上的 3 个直径为 φ6mm 的通孔。

确定起始平面为 Z=20mm, R 点平面为 Z=3mm, 建立如图 4-14 所示 G57 工件坐标系。编写程序如下 (增量值编程):

```
O2117;                                  程序名
N10 G40 G49 G80 G90 G57;                绝对值编程,建立 G57 工件坐标系
N20 M03 S1000;                          主轴正转,1000r/min
N30 G00 X0 Y0;                          快速定位到 0 点上方
N40     Z20;                            Z轴快速定位到初始点平面
N50 G91 G99 G81 X10 Y5 Z-11 R-17 F80 K3;  刀具加工三个孔,每次返回到 R 点平面
N60 G90 G00 Z20;                        返回到初始平面
N70 M05;                                主轴停止
N80 M02;                                程序结束
```

程序段 N50 中，由于采用 G91 增量方式编程，R=-17，指的是从初始平面向 Z 轴负方向（向下）增量移动 17mm 的距离，即为 R 点平面的位置；Z=-11，指的是从 R 点平面向 Z 轴负方向增量移动 11mm 的距离，即为孔底位置。

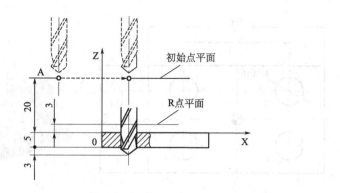

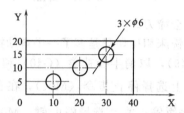

图 4-14 用 G81 指令加工零件

K＝3，即孔循环加工次数是 3 次。从初始位置 0 点的上方，X 增量移动＋10，Y 增量移动＋5，到达 1 孔的位置，加工 1 孔；加工完 1 孔后，X 增量移动＋10，Y 增量移动＋5，到达 2 孔的位置，加工 2 孔；加工完 2 孔后，X 增量移动＋10，Y 增量移动＋5，到达 3 孔的位置，加工 3 孔。加工每个孔时都是返回到 R 点平面。这样循环加工 3 次，然后退回到初始平面，加工结束。

4.2.5　取消固定循环指令 G80

固定循环 G73～G76、G81～G89 都是模态代码，必须用 G80 指令取消固定循环；同时 R 点和 Z 点也被取消。另外，还可以用 G00、G01、G02、G03 指令取消固定循环。

编程格式：

G80；

4.3　典型工作任务

4.3.1　钻孔加工

（1）任务描述

如图 4-15 所示，毛坯尺寸为 100mm×60mm×20mm，材料为 45 钢，硬度为 230HBS。4 个 φ16mm 孔为通孔。试编写孔的加工程序。

（2）任务分析

本任务为钻孔加工。在工件上钻孔可用固定循环指令，根据孔的加工形式选用相应的固定循环指令。当长径比小于 5 时为浅孔（孔深与孔径之比 $L/D<5$）；当长径比 $L/D>5$ 时为深孔。钻浅孔以及中心孔时，一般用 G81 指令；钻深孔时一般用 G83 指令，以利于排屑。

数控铣床编程当需要两把以上刀具时要用手工换刀，换刀时先将切削液关闭（M09），主轴停止（M05），并用 M00 指令使程序停止，然后手动换刀。换刀完成后一定注意，必须

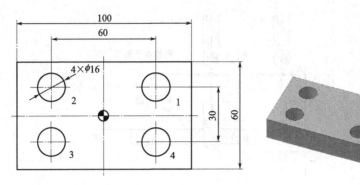

图 4-15　钻孔加工

重新指令主轴转动，否则会撞刀。

加工中心编程与数控铣床相比，只是多了一个自动换刀指令，其他程序相同。换刀前一般要求取消长度补偿（G49），取消半径补偿（G40）和取消固定循环（G80），并关闭切削液，停止主轴。还可以加上选择停止指令（M01），在自动执行程序中，当按下 选择停止 键，遇到 M01 指令，程序暂停；关闭 选择停止 键，M01 不起作用，程序继续往下执行。

（3）任务实施

① 加工工艺方案

a. 以工件上表面对称中心为原点，建立工件坐标系 G54。分别为 2 把刀具设置长度补偿。

b. 加工顺序及走刀路线：本任务中的孔为浅孔，可以采用 G81 指令，先用 $\phi4mm$ 中心钻定心，然后用 $\phi16mm$ 高速钢麻花钻钻孔，用乳化液冷却。

② 工、量、刀具选择

a. 工具　工件采用平口钳装夹，用百分表校正钳口，并对工件找正。下用垫铁支承。注意垫铁不要与孔干涉。

b. 量具　采用 0～150mm 游标卡尺测量。

c. 刀具　采用 $\phi4mm$ 中心钻定心、$\phi16mm$ 高速钢麻花钻钻孔。

③ 切削用量选择

a. 主轴转速　铣削速度为 0.25m/s，确定为 $v_c=0.25m/s=15m/min$，根据公式

$$v_c=\frac{\pi d_0 n}{1000}$$

计算得主轴转速 $n=298r/min$，取 $n=300r/min$。

b. 进给量　选择进给量 0.22～0.28mm/r，确定为 0.25mm/r。由于主轴转速 $n=300r/min$，换算为每分进给速度为 75mm/min，取整为 80mm/min。

④ 工艺卡片（表 4-7）

表 4-7　工艺卡片

零件名称	零件编号	数控加工工艺卡片			
工件材料	材料牌号	机床名称	机床型号	夹具名称	夹具编号
钢	45	数控铣床		平口钳	

序号	工艺内容	切削转速 /r·min⁻¹	进给速度 /mm·min⁻¹	量具	刀具
1	装(卸)工件				
2	钻中心孔	1000	100		φ4mm 中心钻 (T1)
3	钻孔 φ16mm	300	80	0~150mm 游标卡尺	φ16mm 麻花钻 (T2)

⑤ 加工程序

a. 数控铣床编程

```
O2011;
N5 G17 G40 G49 G80 G90;                        设置初始状态
N10 G90 G54;                                   绝对值编程,建立工件坐标系
N20 M03 S1000 M08;                             主轴正转,1000r/min,切削液开
N30 G00 X0 Y0;                                 快速定位
N40 G43 Z30 H01;                               长度补偿
N50 G99 G81 X30 Y15 Z-3 R10 F100;              钻孔循环,点钻1孔,返回R点平面
N60      X-30 Y15;                             点钻2孔
N70      X-30 Y-15;                            点钻3孔
N80      X30 Y-15;                             点钻4孔
N90 G00 Z200 M09;                              提刀,切削液关
N100     X0 Y0;                                快速定位
N110 M05;                                      主轴停止
N120 M00;                                      程序停止
```

程序停止,手动取下1号刀中心钻,换为2号刀麻花钻,然后按 循环启动 按钮,程序从 N130 段继续加工。注意下面的程序段必须指令主轴转速。

```
N130 M03 S300 M08 G90 G54;                     主轴正转,600r/min,切削液开
N140 G43 Z30 H02;                              长度补偿
N150 G99 G81 X30 Y15 Z-28 R10 F80;             钻孔循环,钻1孔,返回R点平面
N160     X-30 Y15;                             钻2孔
N170     X-30 Y-15;                            钻3孔
N180     X30 Y-15;                             钻4孔
N190 G00 G49 Z200 M09;                         提刀,取消长度补偿,切削液关
N200     X0 Y0;                                快速定位
N210 G80;                                      取消固定循环
N220 M05;                                      主轴停止
N230 M02;                                      程序结束
```

b. 加工中心编程

```
O2012;
N5 G17 G40 G49 G80 G90;                        设置初始状态
N10 M06 T1;                                    调用1号刀具:φ4mm 中心钻
N20 G90 G54;                                   绝对值编程,建立工件坐标系
N30 M03 S1000 M08;                             主轴正转,1000r/min,切削液开
N40 G00 X0 Y0;                                 快速定位
```

N40 G43 Z30 H01;	长度补偿
N50 G99 G81 X30 Y15 Z-3 R10 F100;	钻孔循环,点钻 1 孔,返回 R 点平面
N60　　X-30 Y15;	点钻 2 孔
N70　　X-30 Y-15;	点钻 3 孔
N80　　X30 Y-15;	点钻 4 孔
N90 G00 G49 Z100 M09;	提刀,取消长度补偿,切削液关
N100　　X0 Y0;	快速定位
N110 M05;	主轴停止
N115 M01;	选择停止,按下 选择停止 键有效
N120 M06 T2;	调用 2 号刀具:ϕ16mm 麻花钻
N130 M03 S300 M08 G90 G54;	主轴正转,600r/min,切削液开
N140 G43 Z30 H02;	长度补偿
N150 G99 G81 X30 Y15 Z-28 R10 F80;	钻孔循环,钻 1 孔,返回 R 点平面
N160　　X-30 Y15;	钻 2 孔
N170　　X-30 Y-15;	钻 3 孔
N180　　X30 Y-15;	钻 4 孔
N190 G00 G49 Z100 M09;	提刀,取消长度补偿,切削液关
N200　　X0 Y0;	快速定位
N210 G80;	取消固定循环
N220 M05;	主轴停止
N230 M02;	程序结束

（4）操作注意事项

① 钻孔时由于主轴从开始旋转到指定转速需要一定的时间，因此最好用单段方式执行前几段程序，待主轴转速正常后再连续运行。

② 由于为通孔，要考虑钻尖的长度，所以钻孔深度要向下多钻一些，但应注意防止钻头与工件下面的垫铁干涉。

4.3.2 多孔加工

（1）任务描述

如图 4-16 所示，毛坯尺寸为 ϕ80mm×20mm，材料为灰铸铁 HT400，硬度为 200HBS。8 个 ϕ10mm 孔均布，孔深 6mm。试编写孔的加工程序。

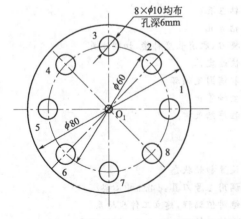 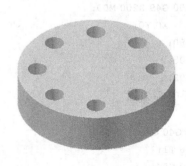

图 4-16　钻孔加工

（2）任务分析

根据图纸，被加工孔在工件圆周上均匀分布，而且数量较多，如果采取对每个孔对应的坐标位置逐个加工进行编程比较麻烦；为简化编程，可以用坐标旋转指令以及极坐标功能进行加工，编程更方便简单。

钻削灰铸铁材料时可不用切削液。

（3）任务实施

① 加工工艺方案

a. 以工件上表面中心为原点建立工件坐标系。

b. 加工顺序及走刀路线用极坐标功能进行编程。

② 工、量、刀具选择

a. 工具　采用三爪定心卡盘装夹。

b. 量具　采用 0～150mm 游标卡尺测量。

c. 刀具　采用 $\phi 4$mm 中心钻定心、$\phi 10$mm 麻花钻钻孔。

③ 切削用量选择

a. 主轴转速　根据表4-4，钻削速度为 0.35m/s，确定为 $v_c=0.35$m/s$=21$m/min，根据公式

$$v_c = \frac{\pi d_0 n}{1000}$$

计算得主轴转速 $n=668$r/min，取 $n=600$r/min。

b. 进给量　根据表4-2选择进给量 0.47～0.57mm/r，确定为 0.5mm/r。由主轴转速 $n=600$r/min，换算为每分进给速度为 300mm/min。

④ 工艺卡片（表4-8）

表 4-8　工艺卡片

零件名称	零件编号	数控加工工艺卡片			
工件材料	材料牌号	机床名称	机床型号	夹具名称	夹具编号
灰铸铁	HT400	数控铣床		三爪卡盘	
序号	工艺内容	主轴转速 /r·min⁻¹	进给速度 /mm·min⁻¹	量具	刀具
1	装（卸）工件				
2	钻中心孔	1000	100		$\phi 4$mm 中心钻
3	钻孔 $\phi 10$mm	600	300	0～150mm 游标卡尺	$\phi 10$mm 麻花钻

⑤ 加工程序

```
O2013;
N5 G17 G40 G80 G49 G90;          设置初始状态
N10 G90 G55;                     绝对值编程,建立工件坐标系
N20 M03 S1000;                   主轴正转,1000r/min
N30 G00 X0 Y0;                   快速定位
N40 G43 Z30 H01;                 长度补偿
N50 G17 G90 G16;                 建立极坐标系(以工件原点为极点)
```

165

```
N60 G99 G81 X30 Y0 Z-3 R5 F100;        钻孔循环,点钻 1 孔,返回 R 点平面
N70      Y45;                           点钻 2 孔,45°
N80      Y90;                           点钻 3 孔,90°
N90      Y135;                          点钻 4 孔,135°
N100     Y180;                          点钻 5 孔,180°
N110     Y225;                          点钻 6 孔,225°
N120     Y270;                          点钻 7 孔,270°
N130     Y315;                          点钻 8 孔,315°
N140 G15 G80;                           取消极坐标系,取消固定循环
N150 G49 G00 Z200;                      提刀,取消长度补偿
N160     X0 Y0;                         快速定位
N170 M05;                               主轴停止
N180 M00;                               程序停止
```

程序停止,手动取下 ϕ4mm 中心钻,换为 ϕ10mm 麻花钻,然后按 循环启动 按钮,程序从 N190 段继续加工。注意下面的程序段必须指令主轴转速。

```
N190 G90 G55;                           绝对值编程,建立工件坐标系
N200 M03 S600;                          主轴正转,600r/min
N210 G00 X0 Y0;                         快速定位
N220 G43 Z30 H02;                       长度补偿
N230 G90 G16;                           建立极坐标系(以工件原点为极点)
N240 G99 G81 X30 Y0 Z-6 R5 F300;        钻孔循环,钻 1 孔,返回 R 点平面
N250     Y45;                           钻 2 孔,45°
N260     Y90;                           钻 3 孔,90°
N270     Y135;                          钻 4 孔,135°
N280     Y180;                          钻 5 孔,180°
N290     Y225;                          钻 6 孔,225°
N300     Y270;                          钻 7 孔,270°
N310     Y315;                          钻 8 孔,315°
N320 G15 G80;                           取消极坐标系,取消固定循环
N330 G49 G00 Z100;                      取消长度补偿
N340     X0 Y0;                         快速定位
N350 M05;                               主轴停止
N360 M02;                               程序结束
```

4.3.3　孔系加工

（1）任务描述

如图 4-17 所示,毛坯尺寸为 160mm×160mm×40mm,材料为灰铸铁 HT400,硬度为 200HBS。5 个 ϕ10mm 孔均布,共 5 组。孔深 30mm。试编写孔的加工程序。

（2）任务分析

对于孔系零件的加工,可采用 G52 局部坐标系功能进行编程。

（3）任务实施

① 加工工艺方案

a. 以工件上表面对称中心为原点,建立工件坐标系。

b. 加工顺序及走刀路线:采用 G52 局部坐标系的方法加工,为了简化程序,这里直接用麻花钻进行钻孔。

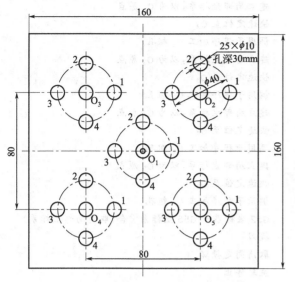
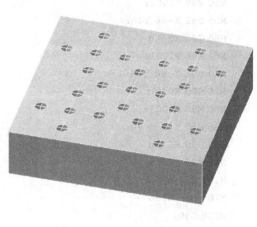

图 4-17　孔系加工

② 工、量、刀具选择

a. 工具　工件采用平口钳装夹，下用垫铁支承。用百分表校正钳口，并对工件找正。

b. 量具　采用 0～150mm 游标卡尺测量。

c. 刀具　采用 ϕ10mm 麻花钻钻孔。

③ 切削用量选择　切削用量见工艺卡片。

④ 工艺卡片（表 4-9）

表 4-9　工艺卡片

零件名称		零件编号	数控加工工艺卡片			
工件材料		机床名称	机床型号		夹具名称	夹具编号
HT400		数控铣床			平口钳	
序号	工艺内容		主轴转速 /r·min⁻¹	进给速度 /mm·min⁻¹	量具	刀具
1	装（卸）工件					
2	钻孔		600	300	0～150mm 游标卡尺	ϕ10mm 麻花钻 (T1)

⑤ 加工程序

O1234;	主程序
N5 G17 G40 G80 G49 G90;	设置初始状态
N10 M06 T1;	调用 1 号刀：ϕ10mm 麻花钻
N15 G90 G55;	绝对值编程，建立工件坐标系
N20 M03 S600;	主轴正转，600r/min
N25 G00 X0 Y0;	快速定位至 O_1
N30　　Z30 ;	Z 向快速定位
N35 M98 P1001;	调用子程序加工 O_1 组孔

```
N40 G52 X40 Y40;                          建立局部坐标系,以为 O₂ 原点
N45 G00 X0 Y0;                            快速定位至 O₂
N50 M98 P1001;                            调用子程序加工 O₂ 组孔
N55 G52 X-40 Y40;                         建立局部坐标系,以为 O₃ 原点
N60 G00 X0 Y0;                            快速定位至 O₃
N65 M98 P1001;                            调用子程序加工 O₃ 组孔
N70 G52 X-40 Y-40;                        建立局部坐标系,以为 O₄ 原点
N75 G00 X0 Y0;                            快速定位至 O₄
N80 M98 P1001;                            调用子程序加工 O₄ 组孔
N85 G52 X40 Y-40;                         建立局部坐标系,以为 O₅ 原点
N90 G00 X0 Y0;                            快速定位至 O₅
N95 M98 P1001;                            调用子程序加工 O₅ 组孔
N100 G52 X0 Y0;                           G52 坐标系与 G55 坐标系重合(取消局部坐标系)
N105     Z100                             提刀
N110 G80;                                 取消固定循环
N115 M05;                                 主轴停止
N120 M02;                                 程序结束

O1001;                                    子程序
N10 G90 G99 G83 X0 Y0 Z-30 R5 Q10 F300;   钻坐标中心孔,每次返回到 R 点平面
N20     X20;                              钻 1 孔
N30     X0 Y20;                           钻 2 孔
N40     X-20 Y0;                          钻 3 孔
N50 G98 X0 Y-20;                          钻 4 孔,返回到初始点平面
N60 M99;                                  返回主程序
```

（4）操作注意事项

① 钻孔前最好先钻中心孔，以保证麻花钻起钻时不会偏心。

② 钻孔加工时，要正确合理选择切削用量，合理使用钻孔循环指令。

③ 固定循环运行中，若利用复位或急停按钮终止程序运行，由于此时孔加工方式和孔加工数据还被存储着，所以在开始加工时要特别注意，使固定循环剩余的动作进行到结束。

④ 当指定 G52 指令后，就清除了刀具半径补偿、刀具长度补偿等刀具偏置，在后续的程序段中必须重新指定刀具长度补偿，否则会撞刀。

⑤ 在程序里当使用 G52 局部坐标系后，用程序段"G52 X0 Y0"以取消局部坐标系。

⑥ 使用光电式寻边器对刀时，在 X、Y 方向上移动要小心仔细，以免损坏光电式寻边器。

✕ 练习题

一、填空题（请将正确答案填在横线空白处）

1. 主轴转速 n、切削速度 v 与工件直径 d 之间的关系是 $S=$ _____ 。

2. 标准麻花钻的顶角为 _____ 。

3. 普通麻花钻有 1 条横刃、2 条副刃和 _____ 条主刃。

4. 退火的目的是 _____ 。

5. 为了提高钢的强度、硬度等综合力学性能，可以采用 _____ 热处理方法。

二、选择题（请将正确答案的代号填入括号内）

1. 固定循环的深孔加工时需采用间歇进给的方法，每次提刀退回安全平面的应是

（　　　），每次提刀回退一固定量 Q 的应是（　　　）。

　A. G73　　　　　　　B. G83　　　　　　　C. G74　　　　　　　D. G84

2. 在工件上既有平面需要加工，又有孔需要加工时，可采用（　　　）。

　A. 粗铣平面-钻孔-精铣平面　　　　　　　B. 先加工平面，后加工孔

　C. 先加工孔，后加工平面　　　　　　　　D. 任何一种形式

3. 45 钢属于（　　　）。

　A. 低碳钢　　　　　　B. 中碳钢　　　　　　C. 高碳钢　　　　　　D. 碳素工具钢

4. 45 钢退火后的硬度通常采用（　　　）硬度试验法来测定。

　A. 洛氏　　　　　　　B. 布氏　　　　　　　C. 维氏

5. 孔系加工时应注意各孔的加工路线顺序，安排不当将会引入（　　　）。

　A. 主轴跳动　　　　　B. 坐标轴反向间隙　　C. 孔直径变化　　　　D. 刀具损坏

三、判断题（正确的请在括号内打"√"，错误的打"×"）

1. 钻盲孔时为减少加工硬化，麻花钻应缓慢地断续进给。（　　　）

2. 数控铣床镗孔加工换刀时移动 X、Y 轴会影响加工精度。（　　　）

3. 因小孔钻头直径小、强度低、易折断，故钻小孔时主轴转速要比钻一般孔时低。（　　　）

4. 硬度为 100HBS 的材料要比硬度为 52HRC 的材料硬。（　　　）

5. 标准麻花钻的主切削刃上外缘处的前角最大，愈近中心则愈小。（　　　）

四、简答题

1. 简述孔的加工方法。

2. 简述固定循环指令的基本动作。

五、综合题

1. 如图 4-18 所示零件，材料为 Q235 钢，毛坯尺寸为 80mm×80mm×20mm。编写零件中孔的加工程序。

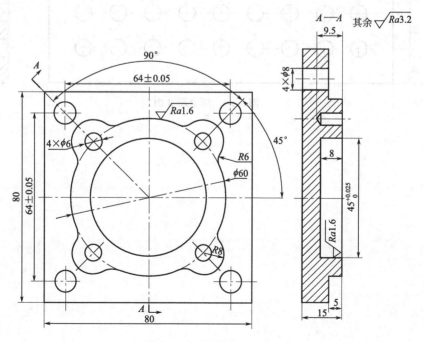

图 4-18　综合题 1 图

2. 如图 4-19 所示，工件材料为 45 钢，硬度为 220~260HBS，毛坯尺寸为 φ120mm×20mm，28 个 φ10mm 孔在圆周上均布，通孔。编写孔的加工程序。

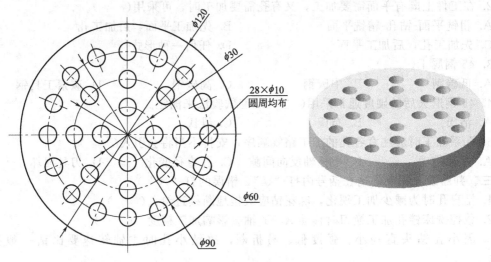

图 4-19　综合题 2 图

3. 如图 4-20 所示，毛坯为 Q235 钢，全部为通孔。试编写孔的加工程序。

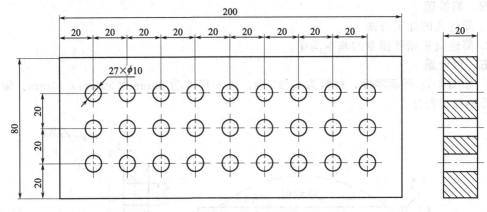

图 4-20　综合题 3 图

项目5 铰孔加工

5.1 知识准备

5.1.1 铰孔加工

铰孔是利用铰刀从工件孔壁上切除微量金属层，以提高其尺寸精度和表面粗糙度值的加工方法。铰孔往往作为中小孔钻、扩后的精加工，也可以用于磨孔或研孔前的预加工。

铰孔精度可达到 IT9～IT7 级，表面粗糙度值 Ra 为 $1.6～0.8\mu m$，适用于孔的半精加工及精加工。

直径在 80mm 以内的孔可以采用铰孔；直径较大的孔多采用精镗加工。对于小于 12mm 的孔，由于镗孔非常困难，一般先用中心钻定位，然后钻孔（扩孔），最后铰孔，以保证孔的加工精度。

铰孔不能修正孔的直线度和孔的位置度误差，因此铰孔前孔的直线度和孔的位置精度应符合要求。

一般来说，对于 IT8 级精度的孔，只要铰削一次就能达到要求；IT7 级精度的孔应铰两次，先用小于孔径 0.05～0.02mm 的铰刀粗铰一次，再用符合孔径公差的铰刀精铰一次。

铰一般孔时，采用直齿铰刀即可；铰不连续孔时，则应采用螺旋齿铰刀；铰通孔时应选用左旋铰刀，切屑向前排出；铰不通孔时，选用右旋铰刀，以使切屑向后排出，但应注意防止"自动进刀"现象引起的振动。

（1）铰刀的结构

铰刀是对中小直径孔进行半精加工和精加工的刀具，刀具齿数多，槽底直径大、导向性及刚性好。铰削时，铰刀从工件的孔壁上切除微量的金属层，使被加工孔的精度和表面质量得到提高。根据铰刀的结构不同，可分为圆柱孔铰刀和锥孔铰刀；根据铰刀制造材料不同可分为高速钢铰刀和硬质合金铰刀。铰刀的结构如图 5-1 所示，它由工作部分、颈部和柄部三部分组成，工作部分包括导锥、切削部分和校准部分。

（2）铰刀的装夹

铰削的功能是提高孔的尺寸精度和表面质量，而不能提高孔的直线度和孔的位置精度。铰孔时要求铰刀与机床主轴要有很好的同轴度。采用刚性装夹并不理想，若同轴度误差大，则会出现孔不圆、喇叭口、扩张量大等现象。因此最好采用浮动装夹装置。机床或夹具只传递运动和动力，而依靠铰刀的校准部分自导向。

（3）铰削的工艺特点

① 因为采用浮动装夹，铰孔的精度和表面粗糙度主要不是取决于机床的精度，而取决于铰刀的精度、铰刀的安装方式、加工余量、切削用量和切削液等条件。例如在相同的条件下，在钻床上铰孔和在数控铣床上铰孔所获得的精度和表面粗糙度基本一致。

② 铰刀为定径的精加工刀具，铰孔比精镗孔容易保证尺寸精度和形状精度，生产率也

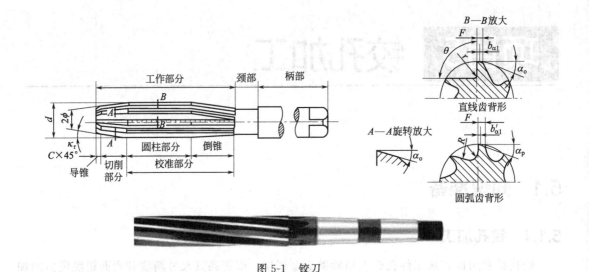

图 5-1 铰刀

较高，对于小孔和细长孔更是如此。但由于铰削余量小，铰刀常为浮动连接，故不能校正原孔的轴线偏斜，孔与其他表面的位置精度则需由前工序或后工序来保证。

③ 铰孔的适应性较差。一定直径的铰刀只能加工一种直径和尺寸公差等级的孔，如需提高孔径的公差等级，则需对铰刀进行研磨。铰削的孔径一般小于 $\phi 80\text{mm}$，常用的在 $\phi 40\text{mm}$ 以下。对于阶梯孔和盲孔则铰削的工艺性较差。

（4）铰刀的研磨与修磨

由于新的标准圆柱铰刀直径上留有研磨余量，且其表面粗糙度也较差，所以在铰削 IT8 级精度以上孔时，应先将铰刀的直径研磨到所需要的尺寸精度。铰刀弯曲的需要先校直。其研磨的方法有径向调整式工具研磨法、轴向调整式工具研磨法及整体研磨式工具研磨法。

① 径向调整式研磨工具 如图 5-2 所示，由壳套、研套和调整螺钉组成。孔径尺寸用精镗或由待研的铰刀铰出，研套上铣出开口斜槽，由调整螺钉控制研套弹性变形，进行研磨以达到要求的尺寸。

径向调整式研磨工具制造方便，但研套的孔径尺寸不易调成一致，所以研磨的精度不高。

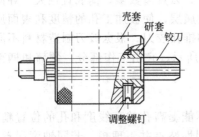

图 5-2　径向调整式研磨工具

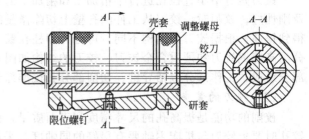

图 5-3　轴向调整式研磨工具

② 轴向调整式研磨工具 如图 5-3 所示，由壳套、研套和调整螺母和限位螺钉组成。研套和壳套以圆锥配合。研套沿轴向铣有开口直槽，这样可依靠弹性变形改变孔径的尺寸。研套外圆上还开有直槽，在限位螺钉的控制下，只能轴向移动而不能转动。再旋转两端的调整螺母，研套在轴向移动的同时使研套的孔径得到调整。

轴向调整式研磨工具的研套孔径胀缩均匀、准确，能使尺寸公差控制在很小的范围内，所以适于研磨精密铰刀。

③ 整体研磨式研磨工具　如图 5-4 所示,由铸铁制成一个铸铁套,内孔直径尺寸由待研铰刀铰出。这种研磨工具制造简单,没有调整量,只适用于研磨单件生产精度要求不高的铰刀。

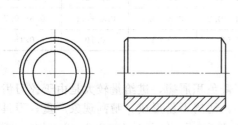

图 5-4　整体研磨式研磨工具

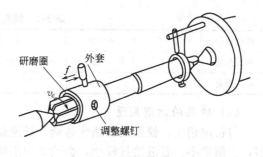

图 5-5　铰刀的研磨

无论采用哪种研磨工具,其研磨方法都是一样的,如图 5-5 所示。将研磨工具套在铰刀上,置于车床两顶尖之间;调整研套尺寸至研套能在铰刀上自由滑动和转动为宜;均匀放置研磨剂(用 200~500 号金刚砂粉与煤油拌和成研磨膏);开动车床以转速 40~60r/min 带动铰刀转动,转动方向与铰削方向相反,用手握住研具轴向均匀往复移动。研磨中要随时注意检查,及时清除研垢,并重新换上研磨剂再研磨,直到达到要求。

④ 铰刀使用中的修磨　为保证和提高铰刀良好的切削性能,应对铰刀及时修磨。修磨的主要内容如下。

a. 用油石修磨铰刀切削刃与校准刃过渡处的尖角。

b. 修磨去掉铰刀切削刃口上的毛刺和黏附的切屑瘤。

c. 切削刃后刀面磨损严重时,用油石沿切削刃垂直方向轻轻修磨。

d. 当需要研磨前刀面时,可将油石紧贴在前刀面上,沿齿槽方向轻轻推动,但注意不要研坏刃口。

(5) 铰刀直径尺寸的确定

铰孔的精度主要取决于铰刀的尺寸精度。铰孔后孔径会扩张或收缩,一般用高速钢铰刀铰出的孔(薄壁件除外)比铰刀实际直径稍大;用硬质合金铰刀高速铰削时(薄壁件除外)往往产生收缩现象。因此一般铰刀的直径多采用经验数值:

铰刀直径的基本尺寸＝孔的基本尺寸

上偏差＝2/3 被加工孔的直径公差

下偏差＝1/3 被加工孔的直径公差

例如,铰削 $\phi20H7$ ($^{+0.021}_{0}$) 的孔,则选用的铰刀直径:

铰刀直径的基本尺寸＝$\phi20$mm

上偏差＝0.021×2/3＝0.014mm

下偏差＝0.021×1/3＝0.007mm

所以选用的铰刀的直径尺寸为 $\phi20^{+0.014}_{+0.007}$mm。

5.1.2　铰孔的加工余量与切削用量选择

(1) 铰孔的加工余量

铰孔余量的多少,直接影响着铰孔的质量及铰刀的使用寿命。余量太小,往往不能切去上道工序留下的刀痕,并且切屑不易形成,啃刮严重;余量太大,铰刀切削负荷过大,发热量大,铰刀容易磨损,严重时会使铰刀刃口崩碎。铰孔余量的选择要考虑加工孔的精度、孔径的大小、表面粗糙度要求以及加工的材料等方面的因素。其原则是，在保证切除上道工序缺陷的前提下，选小值。对于精度要求较高的孔，铰前底孔应经扩、镗或粗铰工序，以保证底孔质量。一般可参照表 5-1 进行选择。

表 5-1 铰孔余量（直径值）   mm

孔的直径/mm	3～6	6～10	10～18	18～30	30～50	50～80	80～120
粗铰余量	0.1	0.1～0.15	0.1～0.15	0.15～0.2	0.2～0.3	0.4～0.5	0.5～0.7
精铰余量	0.04	0.05	0.05	0.06	0.08	0.10	0.15

（2）铰孔的切削用量

与钻削相比，铰削是低速大进给。低速是为了避免积屑瘤，进给量较大是由于铰刀齿数多，主偏角小。若进给量较小，会造成切削厚度小，切屑不易形成，啃刮现象严重，刀具磨损反而加剧。一般用高速钢刀具铰削钢材时，$v_c = 1.5 \sim 5\text{m/min}$、$f = 0.3 \sim 2\text{mm/r}$；铰削铸铁时 $v_c = 8 \sim 10\text{m/min}$、$f = 0.5 \sim 3\text{mm/r}$。

铰孔时的进给量可参考表 5-2。

表 5-2 高速钢及硬质合金机铰刀铰孔时的进给量   mm/r

铰刀直径/mm	高速钢铰刀				硬质合金铰刀			
	钢		铸铁		钢		铸铁	
	$\sigma_b \leqslant 900\text{MPa}$	$\sigma_b > 900\text{MPa}$	硬度≤170 HBS 铸铁（铜、铝也适合）	硬度 >170HBS	未淬硬钢	淬硬钢	硬度 ≤170HBS	硬度 >170HBS
≤5	0.2～0.5	0.15～0.35	0.6～1.2	0.4～0.8	—	—	—	—
>5～10	0.4～0.9	0.35～0.7	1.0～2.0	0.65～1.3	0.35～0.5	0.25～0.35	0.9～1.4	0.7～1.1
>10～20	0.65～1.4	0.55～1.2	1.5～3.0	1.0～2.0	0.4～0.6	0.3～0.4	1.0～1.5	0.8～1.2
>20～30	0.8～1.8	0.65～1.5	2.0～4.0	1.3～2.6	0.5～0.7	0.35～0.45	1.2～1.8	0.9～1.4
>30～40	0.95～2.1	0.8～1.8	2.5～5.0	1.6～3.2	0.6～0.8	0.4～0.5	1.3～2.0	1.0～1.5
>40～60	1.3～1.8	1.0～2.3	3.2～6.4	2.1～4.2	0.7～0.9	—	1.6～2.4	1.25～1.8
>60～80	1.5～3.2	1.2～2.6	3.75～7.5	2.6～5.0	0.9～1.2	—	2.0～3.0	1.5～2.2

注：1. 表内进给量用于加工通孔。加工盲孔时进给量应取为 0.2～0.5mm/r。

2. 最大进给量用于在钻或扩孔之后，精铰孔之前的粗铰孔。

3. 中等进给量用于：粗铰之后精铰 H7 级精度的孔；精镗之后精铰 H7 级精度的孔；对硬质合金铰刀，用于精铰 H8～H9 级精度的孔。

4. 最小进给量用于：抛光或珩磨之前的精铰孔；用一把铰刀铰 H8～H9 级精度的孔；对硬质合金铰刀，用于精铰 H7 级精度的孔。

（3）切削液的选用

为提高铰孔质量，需要施加润滑效果好的切削液，不宜干切。铰钢件时以浓度较高的乳化液或硫化油为好，铰孔质量要求更高时，可采用菜籽油、柴油、猪油等；铰铸铁时，一般不用，若需要则以煤油为好，但会引起孔径缩小；铰铝合金时，以煤油为好；铰铜合金时，可以选择乳化液。

5.2 指令学习

铰孔一般采用 G81 指令进行编程。

编程格式：

$\begin{Bmatrix} G90 \\ G91 \end{Bmatrix} \begin{Bmatrix} G99 \\ G98 \end{Bmatrix}$ G81 X＿ Y＿ Z＿ R＿ F＿ K＿；

刀具沿着 X、Y 轴快速定位后，快速移动到 R 点，从 R 点至 Z 点执行钻孔切削进给加工，最后刀具快速退回至初始点平面或 R 点平面。

5.3　典型工作任务

（1）任务描述

如图 5-6 所示，毛坯尺寸为 80mm×80mm×20mm，材料为 Q235，4 个 $\phi8H8$ 孔均布，通孔。试编写孔的加工程序。

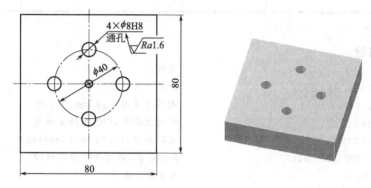

图 5-6　铰孔加工

（2）任务分析

本任务为铰孔加工，孔的加工精度要求较高，一般对孔的位置度也有较高的要求。因此需要先用中心钻进行定心，然后用麻花钻钻孔，留合适铰削余量，最后用铰刀铰孔。铰孔时要选择合适的切削液。

（3）任务实施

① 加工工艺方案

a. 以工件上表面对称中心为原点建立工件坐标系。

b. 加工顺序及走刀路线：先用 $\phi4mm$ 中心钻钻中心孔定心，然后用 $\phi7.8mm$ 钻头钻孔，留精加工余量 0.2mm，最后用铰刀加工。

② 工、量、刀具选择

a. 工具　工件采用平口钳装夹，下用垫铁支承。用百分表校正平口钳，并进行工件找正。

b. 量具　采用 $\phi8H8$ 的塞规检验。

c. 刀具　刀具采用 $\phi4mm$ 中心钻、$\phi7.8mm$ 麻花钻、$\phi8H8$ 铰刀。

③ 切削用量选择　选择合适的切削用量，见工艺卡片。

④ 工艺卡片（表 5-3）

表 5-3　工艺卡片

零件名称	零件编号	数控加工工艺卡片		
工件材料	机床名称	机床型号	夹具名称	夹具编号
Q235	加工中心		平口钳	

序号	工艺内容	主轴转速 /r·min⁻¹	进给速度 /mm·min⁻¹	量具	刀具
1	装(卸)工件				
2	钻中心孔	1000	100		ϕ4mm 中心钻(T1)
3	钻孔 ϕ7.8mm	600	200	0~150mm 游标卡尺	ϕ7.8mm 麻花钻(T2)
4	铰孔 ϕ8mm	150	100	ϕ8H8 塞规	ϕ8H8 铰刀(T3)

⑤ 加工程序

加工中心编程：

```
O1213;                              文件名
N10 G17 G40 G80 G49 G90;            设置初始状态
N20 M06 T1;                         调用1号刀具:φ4mm中心钻
N30 G90 G55;                        绝对值编程,G55工件坐标系
N40 M03 S1000 M08;                  主轴正转,1000r/min,切削液开
N50 G90 G43 G00 Z20 H01;            Z轴定位,调用1号长度补偿
N60     X0 Y0 ;                     X、Y快速定位
N70 G99 G81 X20 Y0 Z-3 R10 F100;    点钻1孔
N80     X0 Y20;                     点钻2孔
N90     X-20 Y0;                    点钻3孔
N100    X0 Y-20;                    点钻4孔
N110 G49 G00 Z100 M09;              取消长度补偿,切削液关
N120 M05;                           主轴停止
N130 G80;                           取消固定循环
N140 M06 T2;                        调用2号刀具:φ7.8mm麻花钻
N150 M03 S600 M08;                  主轴正转,600r/min,切削液开
N160 G00 G43 H02 Z20;               Z轴定位,调用2号长度补偿
N170    X0 Y0;                      X、Y快速定位
N180 G99 G83 X20 Y0 Z-25 R10 Q3 F200;  钻1孔
N190    X0 Y20;                     钻2孔
N200    X-20 Y0;                    钻3孔
N210    X0 Y-20;                    钻4孔
N220 G49 G00 Z100 M09;              取消长度补偿,切削液关
N230 M05;                           主轴停止
N240 G80;                           取消固定循环
N250 M06 T3;                        调用3号刀具:φ8H8铰刀
N260 M03 S150;                      主轴正转,150r/min
N270 G90 G00 G43 H03 Z20 M08;       Z轴定位,调用3号长度补偿,切削液开
N280    X0 Y0;                      X、Y快速定位
N290 G99 G81 X20 Y0 Z-25 R10 F100;  铰1孔
N300    X0 Y20;                     铰2孔
N310    X-20 Y0;                    铰3孔
N320    X0 Y-20;                    铰4孔
N330 G49 G00 Z100 M09;              取消长度补偿,切削液关
N340 M05;                           主轴停止
```

N350 G80;　　　　　　　　　　取消固定循环

N360 M02;　　　　　　　　　　程序结束

（4）操作注意事项

① 工件装夹时应检查垫铁与加工部位是否干涉。

② 将铰刀装夹在刀柄上，装在主轴上，用手拨动使刀具转动，用百分表测量，如果铰刀不正，则重新装夹，或对铰刀进行校直。否则会影响铰孔的尺寸精度。

③ 铰孔加工前，要先用中心钻定心，麻花钻钻孔，三把刀的对刀一致性要好。

④ 铰削通孔时，铰刀校准部分不能全部铰出，以免将孔的出口处刮坏。

⑤ 铰孔时，切削液对孔表面质量和尺寸精度影响较大，应合理选用切削液。

⑥ 使用数控铣床加工时，当机床 Z 向抬刀到执行指令 M00 暂停时，不要手动移动机床，要在停止位置手动换刀，防止产生定位精度误差，以提高加工精度。

✖ 练习题

一、填空题（请将正确答案填在横线空白处）

1. 铰孔不能修正孔的_____和孔的_____误差。

2. 铰孔往往作为中小孔钻、扩后的精加工，也可以用于_____或_____前的预加工。

3. 铰孔一般加工精度可达到_____；表面粗糙度可达_____。

4. 铰刀装夹最好采用_____装置。

5. 机床或夹具只传递运动和动力，而依靠铰刀的_____自导向。

二、选择题（请将正确答案的代号填入括号内）

1. 与钻削相比，铰削是（　　）。

A. 低速大进给　　　B. 低速小进给　　　C. 高速大进给　　　D. 高速小进给

2. 为提高铰孔质量，需要施加润滑效果好的切削液，不宜干切。铰钢件时以浓度较高的（　　）或硫化油为好，铰孔质量要求更高时，可采用（　　）、柴油、猪油等；铰铸铁时，一般不用（　　），若需要则以（　　）为好，但会引起孔径缩小；铰铝合金时，以（　　）为好；铰铜合金时，可以选择（　　）。

A. 乳化液　　　　　B. 煤油　　　　　　C. 柴油　　　　　　D. 菜籽油

3. 铰孔可以提高孔的（　　）和（　　），而不能提高孔的（　　）和（　　）。

A. 尺寸精度　　　B. 表面质量　　　C. 直线度　　　　D. 位置度

4. 铰一般孔时，采用（　　）铰刀即可；铰不连续孔时，则应采用（　　）齿铰刀；铰通孔时应选用（　　）铰刀，切屑向前排出；铰不通孔时，选用（　　）铰刀，以使切屑向后排出，但应注意防止"自动进刀"现象引起的振动。

A. 直齿　　　　　B. 螺旋　　　　　C. 左旋　　　　　D. 右旋

5. 铰刀多数为偶数刀刃，这是为了（　　）。

A. 提高铰孔精度　　B. 便于铰刀制造　　C. 便于测量尺寸　　D. 提高表面质量

三、判断题（正确的请在括号内打"√"，错误的打"×"）

1. 由于新的标准圆柱铰刀，直径上留有研磨余量，且其表面粗糙度也较差，所以在铰削 IT8 级精度以上孔时，应先将铰刀的直径研磨到所需要的尺寸精度。（　　）

2. 铰刀弯曲的需要先校直。（　　）

3. 铰削的功能是提高孔的尺寸精度和表面质量，而不能提高孔的直线度和孔的位置精度。（　　）

4. 铰孔是用铰刀对粗加工的孔进行精加工。（　　）

5. 铰孔时切削速度越高，孔的表面质量越好。（　　）

6. 铰孔时对孔形状精度的纠正能力较差。（　　　）

四、简答题

1. 简述铰孔的工艺特点。

2. 简述铰孔切削液的选用。

五、综合题

如图 5-7 所示，工件材料为 45 钢，硬度为 220～260HBS，编写孔的加工程序。

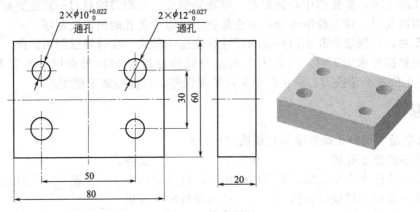

图 5-7　综合题图

项目6 镗孔加工

6.1 知识准备

6.1.1 镗孔加工

（1）镗孔的加工方法

镗孔是对锻出、铸出或钻出孔的进一步加工，镗孔可扩大孔径，提高精度，减小表面粗糙度值，还可以较好地纠正原来孔轴线的偏斜，具有修正形状误差和位置误差的能力。镗孔可分为粗镗（IT13～IT11，$Ra50～12.5\mu m$）、半精镗（IT10～IT9，$Ra6.3～3.2\mu m$）和精镗（IT8～IT6，$Ra1.6～0.8\mu m$）。

① 粗镗　是圆柱孔镗削加工的重要工艺过程，主要是对工件毛坯（铸、锻孔）或对钻、扩后的孔进行预加工，为下一步半精镗、精镗加工达到要求奠定基础，并能及时发现毛坯的缺陷，如裂纹、夹砂、砂眼等。

粗镗后一般留单边 2～3mm 作为半精镗和精镗的余量。由于在粗镗中采用较大的切削用量，因此在加工中产生的切削力较大、切削温度高，刀具磨损严重。为了保证粗镗的生产率及一定的镗削精度，因此要求粗镗刀应有足够的强度，能承受较大的切削力，并有良好的抗冲击性能；要求镗刀有合适的几何角度，以减小切削力及有利于镗刀的散热。

② 半精镗和精镗　半精镗是精镗的预备工序，主要是解决粗镗时残留下来的余量不均部分。半精镗后一般留精镗单边余量为 0.3～0.4mm，对精度要求不高的孔，粗镗后可直接进行精镗，不必设半精镗工序。

精镗是在粗镗和半精镗的基础上，用较高的切削速度、较小的进给量，切去粗镗或半精镗留下的较少的余量，达到零件的加工要求。

在镗孔时，背吃刀量不宜过小，一般不低于 0.1mm。进给量也不宜过小，一般不低于 0.03mm/min。如果背吃刀量和进给量太小，镗刀头切削部分不是处于切削状态，而是处于摩擦状态，这样容易使刀头磨损，从而使镗削后孔的尺寸精度和表面粗糙度达不到加工要求。

合理选择切削液：对于钢材，使用乳化液的效果要比油类的冷却效果好，能获得小公差和高表面质量，并能快速将切屑排出，减少工件的热膨胀；加工铸铁时一般不使用切削液。

（2）镗刀

镗刀用来加工机座、箱体、支架等零件上的直径较大的孔，特别是精度要求高的孔和孔系。镗刀的类型按切削刃数量可分为单刃镗刀、双刃镗刀和多刃镗刀；按工件的加工表面特征可分为通孔镗刀、盲孔镗刀、阶梯孔镗刀和端面镗刀；按加工精度可分为粗镗刀和精镗刀；按刀具结构可分为整体式、装配式和可调式。

粗镗刀结构简单，用螺钉将镗刀刀头装夹在镗杆上。镗孔时，所镗孔径的大小要靠调整刀头的悬伸长度来保证，调整麻烦，效率低，大多用于单件小批量生产。

精镗刀目前较多地使用精镗可调镗刀和精镗微调镗刀，如图 6-1 所示。这种镗刀的径向尺寸可在一定范围内调整，其调整精度可达 0.002mm，调节方便，精度高。

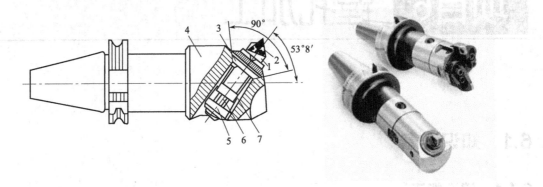

图 6-1 微调镗刀

1—刀体；2—刀片；3—调整螺母；
4—刀杆；5—螺母；6—拉紧螺钉；7—导向键

6.1.2 镗削加工尺寸控制

（1）对刀

已经加工出较大的孔，需要以孔的中心为 X、Y 的坐标原点，采用杠杆百分表或千分表对刀，如图 6-2 所示。操作步骤如下。

① 用磁性表座将杠杆百分表吸在机床主轴上，使主轴低速转动，或用手拨着主轴转动。

② 手动操作使表头按 X、Y、Z 的顺序逐渐靠近孔壁（或圆柱面），并压在测量表面上。

③ 使用小进给倍率，转动手摇脉冲发生器，逐步调整到使表头随主轴转动一周时，表针的跳动量在允许的范围内，例如 0.01mm，此时可以认为主轴的旋转中心与工件孔的中心重合。

④ 然后进行 X、Y 轴的对刀设置。

Z 向对刀可以采用试切法或 Z 轴设定器进行对刀。

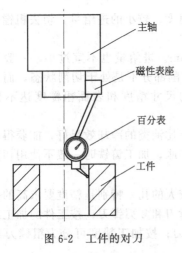

主轴

磁性表座

百分表

工件

图 6-2 工件的对刀

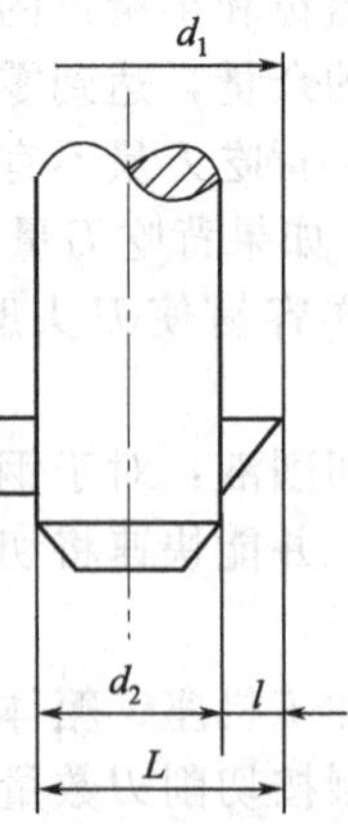

图 6-3 刀头伸出长度

（2）零件加工尺寸控制

镗孔时孔径尺寸控制方法是通过对镗刀进行调整、试切、试测的步骤实现的。

① 如图 6-3 所示，对于普通单刃镗刀，松开刀头调整螺钉，调节刀头伸出长度后锁紧，伸出长度按经验公式计算：

$$l=(d_1-d_2)/2$$
$$L=l+d_2$$

式中，l 为刀头伸出长度；d_1 为预加工孔直径；d_2 为镗刀杆直径；L 为游标卡尺测量长度（L 应比所需尺寸小 $0.5\sim0.3$mm）。

② 试切与试测，用自动方式在孔口处试切 $1\sim2$mm 深，根据孔直径的测量尺寸调整刀头伸出长度，然后再在孔口处试切并测量，直到达到要求。

③ 试切法调整镗刀一定要遵循"少进多试"的原则。如果镗刀尺寸偏大则出现废品。粗镗刀调整精度可在 ±0.05mm 内，精镗刀一定要调整到精度要求的范围内。

用螺栓夹紧的普通镗刀，一般用轻轻敲击刀头的方法调整伸出长度。具有微调功能的镗刀可以利用微调装置调节。为了提高效率和精度，最好是在对刀仪上进行调节对刀。

6.1.3 镗孔的切削用量

镗孔切削用量参考表 6-1。

表 6-1 镗孔的切削用量

工序	刀具材料	铸铁		钢		铝及其合金	
		$v_c/\text{m}\cdot\text{min}^{-1}$	$f/\text{mm}\cdot\text{r}^{-1}$	$v_c/\text{m}\cdot\text{min}^{-1}$	$f/\text{mm}\cdot\text{r}^{-1}$	$v_c/\text{m}\cdot\text{min}^{-1}$	$f/\text{mm}\cdot\text{r}^{-1}$
粗镗	高速钢 硬质合金	$20\sim25$ $35\sim50$	$0.4\sim1.5$	$15\sim30$ $50\sim70$	$0.35\sim0.7$	$100\sim150$ $100\sim250$	$0.5\sim0.15$
半精镗	高速钢 硬质合金	$20\sim35$ $50\sim70$	$0.15\sim0.45$	$15\sim50$ $95\sim135$	$0.15\sim0.45$	$100\sim200$	$0.2\sim0.5$
精镗	高速钢 硬质合金	$70\sim90$	D1 级 <0.08 D 级 $0.12\sim0.15$	$100\sim135$	$0.12\sim0.15$	$150\sim400$	$0.06\sim0.1$

注：当采用高精度的镗头镗孔时，由于余量较小，直径余量不大于 0.2mm，因而切削速度可提高一些，铸铁件为 $100\sim150$m/min，钢件为 $150\sim250$m/min，铝合金件为 $200\sim400$m/min，巴氏合金件为 $250\sim500$m/min。进给量可在 $0.03\sim0.1$mm/r 范围内。

6.2 指令学习

6.2.1 精镗孔循环 G85 与精镗阶梯孔循环 G89

编程格式：

$$\begin{Bmatrix} G90 \\ G91 \end{Bmatrix} \begin{Bmatrix} G99 \\ G98 \end{Bmatrix} \text{G85 X\_ Y\_ Z\_ R\_ F\_;}$$

$$\begin{Bmatrix} G90 \\ G91 \end{Bmatrix} \begin{Bmatrix} G99 \\ G98 \end{Bmatrix} \text{G89 X\_ Y\_ Z\_ R\_ P\_ F\_;}$$

孔加工动作如图 6-4 所示。这两种孔加工方式，刀具沿着 X、Y 轴快速定位后，快速移动到 R 点，从 R 点至 Z 点进行镗孔加工到孔底，然后又以切削进给方式返回到 R 点平面，如果是 G98 则还要向上快速退回到初始点平面。因此 G85 适用于精镗孔等情况；G89 在孔底有暂停，所以适宜精镗阶梯孔。

G99，G98：返回点平面选择。在返回动作中 G99 指令返回到 R 点平面，G98 指令返回到初始点平面。

G90，G91：绝对方式与增量方式选择。

X、Y：孔加工位置 X、Y 轴坐标值。

Z：孔加工位置 Z 轴坐标值。采用 G90 指令时 Z 值为孔底绝对坐标值；采用 G91 方式时 Z 值为孔底 Z 点相对于参考点 R 的增量坐标值。

R：采用 G90 方式时为 R 点平面的绝对坐标值；采用 G91 方式时为参考点 R 相对于初始点的增量距离。

P：规定在孔底的暂停时间，用整数表示，以 ms 为单位。

F：切削进给速度，一般用 mm/min 为单位。这个指令是模态的，即使取消了固定循环，在其后的加工中仍然有效。

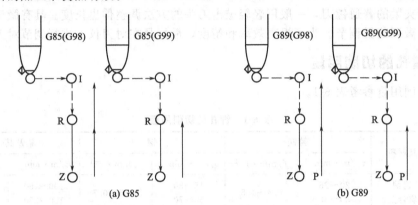

图 6-4　精镗孔循环指令 G85、精镗阶梯孔循环指令 G89

6.2.2　精镗孔循环 G76 与反精镗孔循环 G87

编程格式：

$$\left\{\begin{matrix} G90 \\ G91 \end{matrix}\right\}\left\{\begin{matrix} G99 \\ G98 \end{matrix}\right\} G76\ X\_\_Y\_\_Z\_\_R\_\_Q\_\_P\_\_F\_\_;$$

$$\left\{\begin{matrix} G90 \\ G91 \end{matrix}\right\} G98\ G87\ X\_\_Y\_\_Z\_\_R\_\_Q\_\_P\_\_F\_\_;$$

G99，G98：返回点平面选择。在返回动作中 G99 指令返回到 R 点平面，G98 指令返回到初始点平面。式中，

Q：在 G76、G87 方式中，Q 为刀具的偏移量。Q 值始终为增量值，且用正值表示，与 G91 的选择无关。

这两种指令只能用于有主轴定向停止（主轴准停）的加工中心上。

G76 指令加工动作如图 6-5 所示。沿着 X、Y 轴快速定位后，快速移动到 R 点，从 R 点至 Z 点进行镗孔加工，达到深度后主轴定向停止，向刀尖反方向移动一个 Q 值（一般取 0.5～1mm），快速退刀至 R 点平面或初始点平面，刀尖向正方向移动，恢复到孔中心的位置，最后主轴转动。这种带有让刀的退刀不会划伤已加工表面，保证了镗孔精度。

G87 是反精镗孔循环指令，它的加工动作如图 6-5 所示。沿着 X、Y 轴快速定位后，主轴定向并停止转动，向刀尖的反方向偏移一个 Q 值（一般取精加工单边余量 0.5～1mm），快速移动至 R 点，然后再向刀尖正方向移动一个 Q 值，主轴回到孔中心位置。主轴正转，由下向上（向 Z 轴正方向）进行镗孔切削加工至 Z 点，主轴定向并停止转动，向刀尖反方向移动一个 Q 值，向上快速移动到初始平面，向刀尖正方向移动一个 Q 值，回到孔中心位置，主轴恢复正转。

在 G87 指令中，只能让刀具返回到初始平面，而不能返回到 R 点，因为 R 点平面低于 Z 点平面，所以没有 G99 状态。G87 指令只能用于单刃镗刀，适合加工上小下大的阶梯孔。

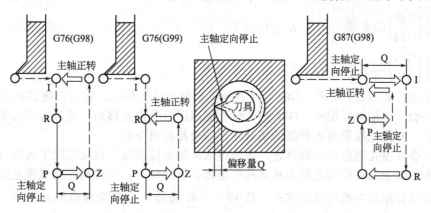

图 6-5　精镗孔循环指令 G76、反精镗孔循环指令 G87

【例 6-1】　用 G87 指令加工如图 6-6 所示零件上的 2 个直径为 $\phi28mm$ 的孔。

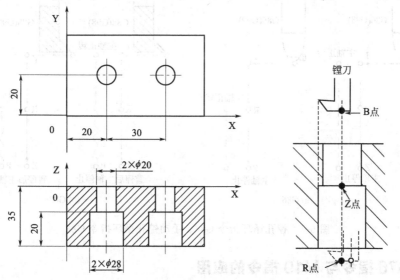

图 6-6　用反精镗孔循环指令 G87 加工

程序如下：

程序	说明
O1122;	文件名
G40 G49 G80 G90 G55;	绝对值编程，G55 坐标系
M03 S600 M08;	主轴正转，600r/min
G00 X20 Y20;	快速定位
Z50;	Z 轴定位至初始平面
G98 G87 X20 Y20 Z-20 R-38 Q5 P2000 F80;	镗 1 孔
X50;	镗 2 孔
G00 Z100 M09;	提刀
X0 Y0;	快速定位
M05;	主轴停止
M02;	程序结束

6.2.3 镗孔循环 G86 与手动镗孔循环 G88

编程格式：

$$\begin{Bmatrix} G90 \\ G91 \end{Bmatrix} \begin{Bmatrix} G99 \\ G98 \end{Bmatrix} G86\ X\underline{\quad}\ Y\underline{\quad}\ Z\underline{\quad}\ R\underline{\quad}\ F\underline{\quad}\ ;$$

$$\begin{Bmatrix} G90 \\ G91 \end{Bmatrix} \begin{Bmatrix} G99 \\ G98 \end{Bmatrix} G88\ X\underline{\quad}\ Y\underline{\quad}\ Z\underline{\quad}\ R\underline{\quad}\ P\underline{\quad}\ F\underline{\quad}\ ;$$

孔加工动作如图 6-7 所示。G86 指令在镗孔到底后主轴停止，然后快速退回到 R 点平面或初始点平面，主轴恢复旋转。G86 指令从孔底退回时是快速移动，所以镗刀刀尖在孔壁会划出一条线，对孔壁质量要求较高的场合是不适合用此指令的。

G88 指令在镗孔到底后主轴停止，系统进入进给保持状态，在此情况下可执行手动方式操作，但为了安全起见应当先把刀具从孔中退出，手动使刀具刀尖离开孔壁微量距离后沿轴向上升，手动操作后再换到自动方式，按 循环启动 按钮，刀具快速返回到 R 点（G99）或初始点（G98），然后主轴正转。

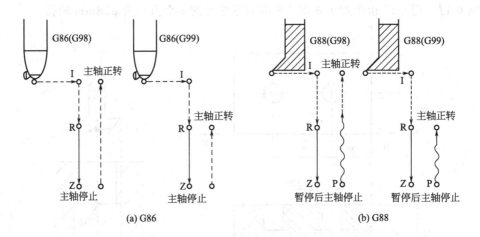

图 6-7　镗孔循环指令 G86、手动镗孔循环指令 G88

6.2.4　G76 指令与 M19 指令的应用

镗孔编程常用固定循环指令 G85 和 G76 指令。

G85 指令使刀具以切削进给的方式加工到孔底，然后又以切削进给方式返回到 R 点平面，如果是 G98 则还要向上快速退回到初始点平面。因而 G85 适用于精镗孔等情况，但退刀时会在已加工孔的表面留下划痕，因此对于表面质量要求较高的孔不适合。

G76 指令加工动作是沿着 X、Y 轴快速定位后，快速移动到 R 点，从 R 点至 Z 点进行镗孔加工，达到深度后主轴定向停止，向刀尖反方向移动一个 Q 值（一般取 0.5~1mm），快速退刀至 R 点平面或初始点平面，刀尖向正方向移动，恢复到孔中心的位置，最后主轴转动。这种带有让刀的退刀不会划伤已加工表面，保证了镗孔精度。

在应用 G76 指令时应当注意，由于在孔底主轴定向停止，刀尖向反方向退后一个 Q 值，因此该指令要求用于有主轴定向停止（主轴准停）功能的加工中心上。

主轴定向停止指令是 M19，在换刀指令 M06 和固定循环 G76 指令中包含着 M19 功能。在自动换刀的时，先执行"M06T＿；"，把镗刀装在主轴上，使刀尖向前；手动换刀时，在

MDI方式下执行M19指令，主轴定向停止，然后把镗刀刀尖向前装在主轴上；由于主轴定向停止M19可以在系统内部设置，在执行G76指令中的Q时，向反方向移动一个距离Q，而这个方向可以是＋X、－X、＋Y、－Y中的一个（由系统设定），一定要事先搞清楚，否则在让刀时会撞刀。

因此必须先以MDI方式执行M19指令，然后空运行程序，看看结束后往哪边让刀，在装刀的时候用手把刀装上去使刀尖朝让刀的反方向，例如，如果是向后让刀（Y方向），则装刀时把刀尖向前；如果是向左让刀（X方向），则把刀尖向右。

在镗削同轴度要求比较高的阶梯孔时，为了避免机床自动换刀时的重复定位误差对加工精度造成的影响，可以不用自动换刀，而是用手动换刀方式提高加工精度。

镗刀的选择应根据所加工孔的直径，尽可能选择截面积大的刀杆；选择刀杆的长度时，只需选择刀杆伸出长度略大于孔深即可；为了减少切削过程中由于受径向力的作用而产生振动，镗刀的主偏角一般选得较大，镗铸铁孔或精镗孔时一般取$\kappa_r=90°$，粗镗孔时一般取$\kappa_r=60°\sim75°$，以提高刀具的使用寿命。对于微调镗刀的调整应先用对刀板或百分表将镗刀刀尖预调至较精确的尺寸（±0.1mm），然后再进行微调，微调后将镗刀紧固即可使用。

6.3 典型工作任务

6.3.1 镗孔加工

（1）任务描述

如图6-8所示，毛坯尺寸为80mm×80mm×20mm，材料为45钢。工件上ϕ40mm通孔已半精加工，留精加工余量0.3mm（直径值）。试编写孔的加工程序。

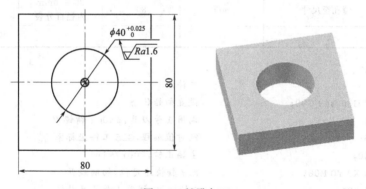

图6-8 镗孔加工

（2）任务分析

根据任务知道，工件上ϕ40mm孔已半精加工，留精加工余量0.3mm（直径值）。假如该孔半精加工完成以后重新装夹，由于精加工余量非常小，将使工件找正和对刀变得非常困难。因此，镗孔之前一般需要进行钻孔、扩孔，要留有足够的加工余量，然后才可以重新装夹，然后进行粗镗、半精镗、精镗。一般来说，最好在一台设备上一次装夹进行钻孔、扩孔和镗孔加工更为方便，也更能保证加工精度。

如果工件上的孔已经铸出，则先粗加工孔，然后半精加工孔，最后精镗孔。如果工件的孔没有铸造出，则必须先用中心钻钻中心孔定心，用小直径钻头钻孔，再用大直径钻头扩孔，然后用粗镗或铣孔方法半精加工，最后用镗削方法精加工完成。

(3) 任务实施

① 加工工艺方案

a. 以工件上表面孔的中心为工件坐标系原点建立工件坐标系。

b. 加工顺序及走刀路线：在该例中，工件上 $\phi40$mm 孔已半精加工，留精加工余量 0.3mm（直径值）。直接用精镗刀进行精镗。

② 工、量、刀具选择

a. 工具　工件采用平口钳装夹，下用垫铁支承。先把平口钳装夹在数控铣床工作台上，用百分表校正平口钳，使钳口与铣床工作台 X 方向平行。工件装夹在平口钳上，下用垫铁支承，使工件放平并高出钳口 5~10mm，夹紧工件。

b. 量具　采用 35~50mm 内径百分表测量，使用前要进行校正。

c. 刀具　采用 $\phi40$mm 精镗刀。

③ 切削用量选择　选择合适的切削用量，见工艺卡片。

④ 工艺卡片（表 6-2）

表 6-2　工艺卡片

零件名称	零件编号	数控加工工艺卡片				
工件材料	材料牌号	机床名称	机床型号	夹具名称		夹具编号
钢	45	数控铣床		平口钳		
序号	工艺内容	主轴转速 /r·min⁻¹	进给速度 /mm·min⁻¹	量具		刀具
1	装(卸)工件					
2	镗孔至尺寸	800	80	30~50mm 内径百分表		$\phi4$mm 精镗刀 (T1)

⑤ 加工程序

```
O1217;                           文件名
N10 G17 G40 G80 G49 G90;         设置初始状态
N20 M06 T1;                      调用1号刀具:φ40mm精镗刀
N30 G90 G55;                     绝对值编程,G55工件坐标系
N40 M03 S800;                    主轴正转,800r/min
N60 G90 G00 X0 Y0 M08;           X、Y轴快速定位,切削液开
N70 G43 Z20 H01;                 Z轴定位,调用1号长度补偿
N80 G98 G76 X0 Y0 Z-23 R10 Q1 F80;  镗孔
N90 G49 G00 Z100 M09;            取消长度补偿,Z向提刀,切削液关
N100 M05 G80;                    主轴停止,取消固定循环
N110 M02;                        程序结束
```

(4) 操作注意事项

① 对刀时尽量准确，使精加工余量分配均匀。

② 根据工件材料选择合适的切削液。

③ 装夹工件用的垫铁不要与加工部位干涉，要防止撞刀。

④ 如果采用数控铣床加工，进行钻孔、扩孔和镗孔手工换刀时，机床最好只在 Z 轴方向提刀，不要作 X、Y 方向移动，这样可避免机床重复定位误差带来的影响，以提高加工精

度。在加工中心也可以不用自动换刀，使用手动换刀以提高加工精度。

6.3.2 轴承盖加工

（1）任务描述

如图 6-9 所示，工件毛坯尺寸为 80mm×80mm×20mm，材料为 HT400。$\phi 25^{+0.033}_{0}$ mm 的孔已铸造出 $\phi 15$mm 底孔。编写加工程序并加工。

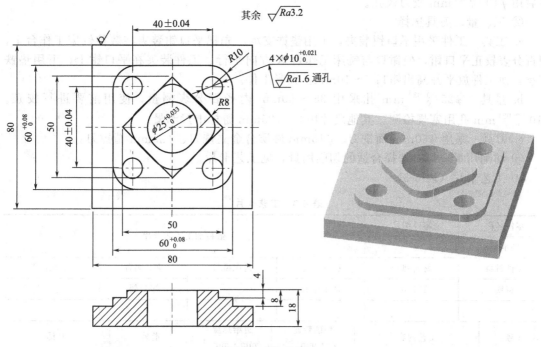

图 6-9　轴承盖加工

（2）任务分析

$\phi 10^{+0.021}_{0}$ mm 孔可以采取先钻孔后铰孔的方法加工；大孔的底孔由于是铸造形成的，尺寸和形状精度低，因此不能用此孔进行对刀，而是用 80mm×80mm 四周进行找正定位，采用平口钳装夹，下面用垫铁支承，高度方向上对工件毛坯找正，使余量分配均匀。工件四周表面如果较为粗糙，则需要在钳口垫以铜皮或者铝板，以增加接触面积。先粗镗，然后半精镗，最后精镗孔。加工顺序安排依据"先粗后精"、"先面后孔"、"先主后次"的原则进行。

（3）任务实施

① 加工工艺方案

a. 以 80mm×80mm 四周表面进行对刀，以工件上表面中心为原点建立工件坐标系。

b. 先加工工件上表面，保证尺寸 18mm。

c. 加工 50mm×50mm 凸台至尺寸要求。

d. 加工 $60^{+0.08}_{0}$ mm×$60^{+0.08}_{0}$ mm 至尺寸要求。由于 $60^{+0.08}_{0}$ mm×$60^{+0.08}_{0}$ mm 尺寸精度要求较高，因此安排在 50mm×50mm 凸台加工完成以后再加工，在高度上减少加工量。

e. 镗孔 $\phi 25^{+0.033}_{0}$ mm。由于底孔是铸造形成的，可能会有缩孔、缩松、夹渣等铸造缺陷，因此在粗加工孔以后如果发现有上述铸造缺陷，而在下一步精加工以后也不能消除，不能满足技术要求和使用要求时，则作为废品处理。这样就不再进行后面的孔加工了。

粗镗孔至 $\phi20$mm，留单边加工余量 2.5mm，然后对半精镗刀和精镗刀进行试切对刀（最好是在对刀仪上进行对刀）。继续半精镗加工，留单边精加工余量 0.3mm，精镗孔至尺寸要求。

在这里粗加工也可以采取铣孔的方法，留单边精加工余量 0.3~0.4mm，精镗孔至尺寸要求，省略半精加工。

f. 加工 $4 \times \phi10^{+0.021}_{0}$mm 孔。先用中心钻钻定位孔，然后用 $\phi9.8$mm 麻花钻进行钻孔，最后用 $\phi10^{+0.021}_{0}$mm 铰刀铰孔。

② 工、量、刀具选择

a. 工具　工件采用平口钳装夹，下用垫铁支承。先把平口钳装夹在数控铣床工作台上，用百分表校正平口钳，使钳口与铣床工作台 X 方向平行。工件装夹在平口钳上，下用垫铁支承，使工件放平并高出钳口 5~10mm，夹紧工件。

b. 量具　$\phi25^{+0.033}_{0}$mm 孔采用 35~50mm 内径百分表测量，使用前要进行校正。$\phi10^{+0.021}_{0}$mm 孔用塞规检测，其他尺寸用 0~125mm 游标卡尺测量。

c. 刀具　采用 $\phi50$mm 面铣刀、$\phi16$mm 硬质合金立铣刀、$\phi25$mm 精镗刀。

③ 切削用量选择　选择合适的切削用量，见工艺卡片。

④ 工艺卡片（表 6-3）

表 6-3　工艺卡片

零件名称	零件编号	数控加工工艺卡片				
轴承盖						
工件材料	材料牌号	机床名称	机床型号	夹具名称		夹具编号
铸铁	HT400	加工中心		平口钳		
序号	工艺内容	切削转速 /r·min⁻¹	进给速度 /mm·min⁻¹	量具		刀具
1	装(卸)工件					
2	铣上平面,保证尺寸 18mm	1000	600	0~125mm 游标卡尺		$\phi50$mm 面铣刀 T1
3	铣 50mm×50mm 凸台至尺寸要求	2000	200	0~125mm 游标卡尺		$\phi16$mm 立铣刀 T2
4	铣 $60^{+0.08}_{0}$mm×$60^{+0.08}_{0}$mm 至尺寸要求	2000	200	0~125mm 游标卡尺		$\phi16$mm 立铣刀 T3
5	粗镗 $\phi25$mm 孔 至 $\phi20$mm	600	240	0~125mm 游标卡尺		$\phi20$mm 粗镗刀 T4
6	半精镗 $\phi25$mm 孔 至 $\phi24.4$mm	800	160	0~125mm 游标卡尺		$\phi24.4$mm 微调镗刀 T5
7	精镗孔至 $\phi25^{+0.033}_{0}$mm	1000	100	35~50mm 内径百分表		$\phi25$mm 微调镗刀 T6
8	钻定位孔	1200	100	0~125mm 游标卡尺		$\phi4$mm 中心钻 T7
9	钻 $\phi10$mm 孔至 $\phi9.8$mm	600	100	0~125mm 游标卡尺		$\phi9.8$mm 麻花钻 T8
10	铰孔 $\phi10^{+0.021}_{0}$mm 至尺寸	150	80	孔用塞规		$\phi10$mm 机用铰刀 T9

⑤ 加工程序

在这里只编写精镗加工程序。

```
O2014;                                文件名
N10 G17 G40 G80 G49 G90;              设置初始状态
N20 M06 T6;                           调用6号刀具;φ25mm精镗刀
N30 G90 G55;                          绝对值编程,G55工件坐标系
N40 M03 S1000;                        主轴正转
N60 G90 G00 X0 Y0;                    X、Y轴快速定位
N70 G43 Z20 H06;                      Z轴定位,调用6号长度补偿
N80 G98 G85 X0 Y0 Z-20 R10 F100;      镗孔
N90 G49 G00 Z100;                     取消长度补偿,Z向提刀
N100 M05 G80;                         主轴停止,取消固定循环
N110 M02;                             程序结束
```

✖ 练习题

一、填空题（请将正确答案填在横线空白处）

1. 如果要用G76编程,数控机床主轴必须有_____。

2. 退火的目的是_____。

3. 为了提高钢的强度、硬度等综合力学性能,可以采用_____热处理方法。

4. 镗孔可扩大孔径,提高_____,减小表面粗糙度,还可以较好地纠正原来孔轴线的偏斜,具有修正_____和_____的能力。

5. 精镗是在粗镗和半精镗的基础上,用较高的_____、较小的_____,切去粗镗或半精镗留下的较少的余量,达到零件的加工要求。

二、选择题（请将正确答案的代号填入括号内）

1. 镗削精度高的孔时,粗镗后,在工件上的切削热达到（   ）后再进行精镗。

A. 热平衡   B. 热变形   C. 热膨胀   D. 热伸长

2. 镗孔时,毛坯孔的误差及加工面硬度不均匀,会使所镗孔产生（   ）误差。

A. 尺寸   B. 圆度   C. 对称度   D. 位置度

3. 固定循环的深孔加工时需采用间歇进给的方法,每次提刀退回安全平面的应是（   ）,每次提刀回退一固定量Q的应是（   ）。

A. G73   B. G83   C. G74   D. G84

4. 主轴准停是指主轴能实现准确的周向定位,可以用于（   ）。

A. 手动换刀   B. 钻孔   C. 攻螺纹反转   D. 镗孔退刀

5. 在工件上既有平面需要加工,又有孔需要加工时,可采用（   ）。

A. 粗铣平面-钻孔-精铣平面   B. 先加工平面,后加工孔

C. 先加工孔,后加工平面   D. 任何一种形式

三、判断题（正确的请在括号内打"√",错误的打"×"）

1. 数控铣床镗孔加工换刀时移动X、Y轴会影响加工精度。（   ）

2. 硬度为100HBS的材料要比硬度为52HRC的材料硬。（   ）

3. 精镗刀一般为对称双刃式结构,以提高加工孔的精度。（   ）

4. 钢在淬火后一般均需要进行回火。（   ）

5. 镗刀杆伸出长度应尽可能短,以增加刚性,避免因刀杆弯曲变形,而使孔产生锥形误差。（   ）

四、简答题

1. 镗孔加工中孔出现椭圆和锥度是怎么造成的?怎样解决?

2. 简述在应用 G76 指令时应用 M19 主轴定向停止指令的方法与步骤。

五、综合题

如图 6-10 所示零件，材料为 45 钢，毛坯尺寸为 $80mm \times 80mm \times 20mm$。试制定加工工艺方案，编写零件的加工程序并加工。

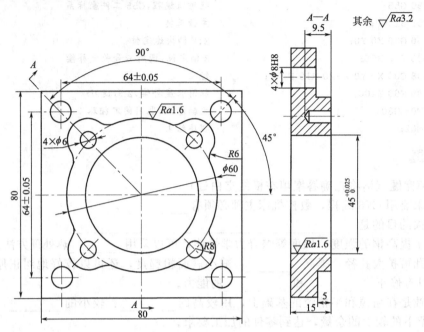

图 6-10 综合题图

数控铣削编程与加工项目教程

项目7 铣孔加工

7.1 知识准备

7.1.1 铣孔加工

对于精度要求不是很高的孔，可以用铣孔加工的方法代替铰削和镗削加工，即"以铣代铰"和"以铣代镗"。加工方法为先用钻头钻出底孔，然后用立铣刀进行铣孔至要求尺寸。

对于壳体类零件，上面有许多尺寸不同的大孔，孔数量很多，结构不一，若按常规分粗镗、半精镗、精镗加工，则需要大量不同规格和品种的刀具，而且换刀频繁，增加了很多空程时间。编程时可以考虑"以铣代镗"，利用圆弧插补功能，只需选用很少的几种规格的圆柱铣刀，如先进的高速切削刀具——玉米铣刀，就可以完成所有较大孔的粗加工和半精加工，非常经济高效。在加工同轴线上阶梯孔时，如果台肩比较大，精镗孔后再刮平台肩比较困难，且易划伤镗过的孔，这时，也可以采用以铣代镗。同样，在加工内环槽时，也可用此法，选择合适的铣刀加工。铣孔加工可以用圆柱立铣刀。

7.1.2 铣削点的进给速度计算

在加工圆弧轮廓时，切削点的实际进给速度 f_T 并不等于编程设定的刀具中心点的进给速度 f。如图 7-1 所示，在直线轮廓切削时，$f = f_T$；在切削凹圆弧轮廓面时，$f = \dfrac{R_{轮廓} - R_{刀具}}{R_{轮廓}} f_T$；在切削凸圆弧轮廓面时，$f = \dfrac{R_{轮廓} + R_{刀具}}{R_{轮廓}} f_T$；因此要考虑圆弧半径对进给速度的影响，在编程时对刀具中心的进给速度进行必要的调整。

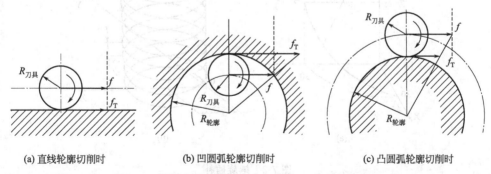

(a) 直线轮廓切削时　　　　(b) 凹圆弧轮廓切削时　　　　(c) 凸圆弧轮廓切削时

图 7-1　切削点的进给速度与刀具中心点速度的关系

7.1.3 铣孔的加工方法

（1）分层铣削

如果被加工孔比较深，孔的加工余量也比较大，铣刀不能一次完成整个孔的加工，可以采取分层铣削法。即在孔的深度方向上，分 2 层或 3 层铣削。由于在 Z 轴方向上分多次铣削，因此在孔的表面会产生接刀痕迹。要想消除接刀痕迹，可以在每次铣削时留有精加工余量，最后在整个孔的深度上用铣刀一次切除全部精加工余量。

这种方法适合于两轴或两轴半联动的机床，孔的铣削加工方便；但由于刀具切削过程中受到切削力的影响，存在让刀的现象，形成喇叭口。所以这种方法加工孔的精度不高。

加工较大孔时，按经验采用"三圆弧插补法"铣内圆，刀具的切入、退出都用一段与孔圆相切的圆弧，避免孔过切，有利于保证加工质量。

（2）螺旋插补铣削

可以利用数控机床的三轴联动螺旋插补功能，进行内孔的铣削加工。

当采用螺旋插补功能加工内孔时，刀具的主要切削刃是铣刀的端面刃，铣刀受力方向是轴向，且主轴转速很高，每层切深很小，侧刃的吃刀量仅为很小的层降，径向的切削力非常小，所以最大限度地减小了刀具的让刀现象，有效地保证了孔上下尺寸的一致性，保证了孔的垂直度。螺旋插补铣孔因刀具轨迹连续，不存在分层时的接刀痕迹，从而消除了接刀痕迹，故可提高轮廓侧面的加工质量而且加工效率也有提高，所以要比分层铣孔的精度高。

铣孔与镗孔相比，由于螺旋插补铣削方式需要机床 X、Y、Z 三轴联动，而镗削加工孔时工作台是不动的，只有主轴旋转运动和上下运动，所以螺旋插补铣孔的精度是比精镗孔有所逊色的。但由于可大量减少使用刀具的种类和数量，有效地提高加工效率，在大部分场合下，这种螺旋插补铣孔加工是非常有价值的，除非精度要求非常高的孔，一般孔的精加工是完全可以胜任的。

7.2 指令学习

在圆弧插补时，当垂直于插补平面的直线轴同步运动时，形成螺旋插补运动，以 G17 平面为例，如图 7-2 所示。

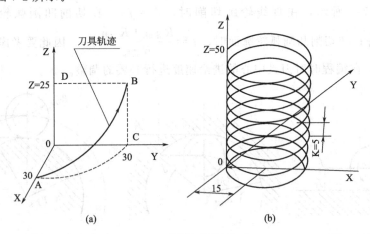

图 7-2　螺旋插补

指令格式：

$$G17 \begin{Bmatrix} G02 \\ G03 \end{Bmatrix} X\_\_Y\_\_Z\_\_ \begin{Bmatrix} R\_\_ \\ I\_\_J\_\_ \end{Bmatrix} K\_\_F\_\_;$$

G02、G03：螺旋线的旋向，其定义同圆弧插补指令 G02/G03。

X、Y、Z：螺旋线的终点坐标。

I、J：圆弧圆心在 XY 平面上 X、Y 轴上相对于螺旋线起点的坐标。

R：螺旋线在 XY 平面上的投影半径（加工整圆时只能用 I、J）。

K：螺旋线的导程（取正值）。

有些数控系统不支持多圈加工，只能进行单圈（≤360°）加工，如果需要进行多圈加工，则可以采用调用子程序方式。

单圈加工指令格式如下：

$$G17 \begin{Bmatrix} G02 \\ G03 \end{Bmatrix} X\_\_Y\_\_ \begin{Bmatrix} R\_\_ \\ I\_\_J\_\_ \end{Bmatrix} Z\_\_F\_\_ ;$$

X、Y、Z：螺旋线的终点坐标。

【注意】

• 该指令只对圆弧进行刀具半径补偿。

• 在指令螺旋插补的程序段中，不能指令刀具偏置和刀具长度补偿。

【例 7-1】 如图 7-2(a) 中，刀具从 A 点运动到 B 点形成螺旋线 AB，用 G03 编写螺旋线的加工程序。

绝对值编程：

xG17 G90 G03 X0 Y30 R30 Z25 F100;

增量值编程：

G17 G91 G03 X-30 Y30 R30 Z25 F100;

【例 7-2】 如图 7-3 所示，用 φ10mm 的键槽铣刀不经预钻孔加工深圆槽。编写加工程序。

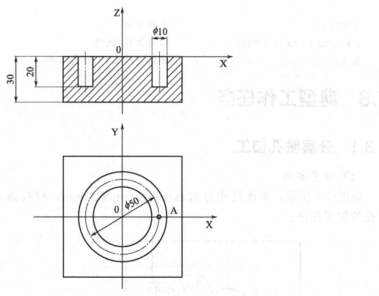

图 7-3 深圆槽加工

用螺旋插补指令 G03 加工，加工方式为顺铣。起刀点为 A 点，导程为 1mm；Z 向进给到－20mm；最后再用圆弧插补指令 G03 走一刀，以铣平槽底。

编程如下：

O1122;	程序名
G17 G40 G49 G80 G90;	初始化
G90 G55;	绝对方式,建立 G55 坐标系
M03 S1000;	主轴正转,1000r/min

```
    G00 X25 Y0 M08;                 快速定位到 A 点上方
       Z5;                          Z 向快速定位
    G01 Z1 F80;                     Z 向进给
    G03 Z-20 I-25 K1 F80;           螺旋插补,铣槽
    G03 I-25;                       圆弧插补,铣平槽底
    G00 Z100;                       Z 向提刀
    M05 M09;                        主轴停止
    M02;                            程序结束
```

如果系统只支持单圈加工,用子程序编程如下:

```
    O1123;                          主程序
    G17 G40 G49 G80 G90;            初始化
    G90 G55;                        绝对方式,建立 G55 坐标系
    M03 S1000;                      主轴正转,1000r/min
    G00 X25 Y0 M08;                 快速定位到 A 点上方
       Z5;                          Z 向快速定位
    G01 Z1 F80;                     Z 向进给
    M98 P210001;                    调用子程序 21 次,铣槽
    G90 G03 I-25;                   圆弧插补,铣平槽底
    G00 Z100;                       Z 向提刀
    M05 M09;                        主轴停止
    M02;                            程序结束

    O0001;                          子程序号
    G91 G03 I-25 Z-1 F80;           螺旋插补,铣槽
    M99;                            子程序结束,返回主程序
```

7.3 典型工作任务

7.3.1 分层铣孔加工

(1) 任务描述

如图 7-4 所示,毛坯尺寸为 80mm×80mm×20mm,材料为 45 钢,用铣孔加工方法编写孔的加工程序。

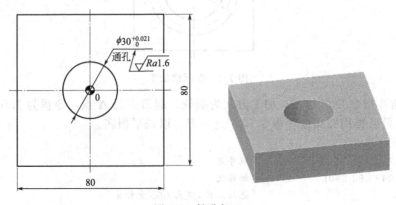

图 7-4 铣孔加工

（2）任务分析

根据图纸分析，被加工孔的加工精度较高，精度为 IT7 级，表面粗糙度 Ra 为 $1.6\mu m$，采用铣孔较为合适。如果底孔已经加工并留有精加工余量，在工件装夹时要用杠杆百分表对内孔进行找正、对刀。如果工件孔需要钻孔，则最好先用中心钻钻定位孔，然后钻、扩，留精加工余量，最后铣孔。

（3）任务实施

① 加工工艺方案

a. 以工件上表面对称中心为原点建立工件坐标系。

b. 加工顺序及走刀路线：先用 $\phi 4mm$ 中心钻钻中心孔定心，然后用 $\phi 8mm$ 钻头钻孔，再用 $\phi 25mm$ 的钻头扩孔，最后用 $\phi 10mm$ 立铣刀铣孔，采用分层加工方法，走刀路径如图 7-5 所示。

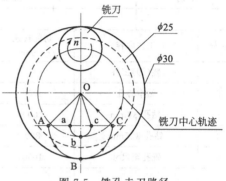

图 7-5　铣孔走刀路径

先在 Z 轴方向进刀至 $-7mm$，刀具进行半径补偿后，刀具中心从 O 点直线进刀至 a 点，然后从 a 点开始 1/4 圆弧切入到 b 点；刀具中心绕着 O 点，以 $10mm$ 为半径走整圆一周回到 b 点；然后从 b 点到 c 点圆弧切出，退刀至 O 点，完成第一层的切削。Z 向进刀至 $-14mm$，同样走刀，完成第二层的切削。然后 Z 向进刀至 $-21mm$，同样走刀，完成第三层的切削。最后铣刀在整个圆孔壁上走整圆，去掉精加工余量，完成整个孔的铣削。

可以通过设置刀具半径补偿值的方式，进行精加工。因为铣刀半径为 5mm，开始，把刀具半径补偿 D04 的值设置为 4.6，即孔的直径上留精加工余量 0.4mm，粗加工完后，用 M00 指令使机床暂停，测量孔的直径大小，然后修改刀补数值，再进行精加工。可以用多次修改刀补的方法，最终达到孔的精度要求。

走刀路径需要计算或在 CAD 上设计，以防过切或撞刀。在图 7-5 中，外实线圆为要加工的 $\phi 30mm$ 的孔，虚线圆表示钻孔 $\phi 25mm$ 的内轮廓。以 OB 线段的中心为圆心，以 $7.5mm$ 为半径作圆，在 B 点与 $\phi 30mm$ 的圆相切。$\overset{\frown}{AB}$、$\overset{\frown}{BC}$ 为该圆上的两段 1/4 圆弧。各点坐标：$O(X0,Y0)$；$A(X-7.5,Y-7.5)$；$B(X0,Y-15)$；$C(X7.5,Y-7.5)$。编程轨迹用 G01 指令从 O 点到 A 点，同时建立刀具半径左补偿，实际刀心轨迹是从 A 点向刀具运动方向的左边偏离一个刀具半径到了 a 点；然后编程轨迹从 A 点到 B 点 1/4 圆弧切入，实际刀心轨迹是从 a 点到了 b 点；然后作整圆走刀，铣削一周回到 B 点（实际刀心到 b 点）；然后 1/4 圆弧切出到 C 点（实际刀心到 c 点）；最后用 G01 退刀到 O 点，同时取消刀具半径补偿。

需要注意，建立和撤消补偿的距离 OA 和 OC 必须大于刀具半径的值，否则有可能产生过切。

为了编程方便，可以将圆弧切入、整圆切削、圆弧切出作为子程序，根据需要调用。

切削方式：顺铣。

② 工、量、刀具选择

a. 工具　工件采用平口钳装夹，下用垫铁支承。用百分表校正平口钳，并进行工件找正。

b. 量具　采用 0~150mm 游标卡尺、25~30mm 内径千分尺测量。

c. 刀具　采用 $\phi 4mm$ 中心钻、$\phi 8mm$ 麻花钻、$\phi 25mm$ 麻花钻、$\phi 10mm$ 高速钢立

铣刀。

　③ 切削用量选择　选择合适的切削用量，见工艺卡片。

　④ 工艺卡片（表 7-1）

表 7-1　工艺卡片

零件名称	零件编号	数控加工工艺卡片			
工件名称		机床名称	机床型号	夹具名称	夹具编号
45 钢		加工中心		平口钳	

序号	工艺内容	切削转速 /r·min⁻¹	进给速度 /mm·min⁻¹	量具	刀具
1	装（卸）工件				
2	钻中心孔	1000	100		ϕ4mm 中心钻（T1）
3	钻孔 ϕ8mm	1000	100		ϕ8mm 麻花钻（T2）
4	钻孔 ϕ25mm	800	100	0～150mm 游标卡尺	ϕ25mm 麻花钻（T3）
5	铣孔至尺寸	1000	80	25～30mm 内径千分尺	ϕ10mm 立铣刀（T4）

　⑤ 加工程序

```
O2215;                          主程序
N10 G17 G40 G80 G49 G90;        设置初始状态
N20 M06 T1;                     调用 1 号刀具:φ4mm 中心钻
N30 G90 G55;                    绝对值编程,G55 工件坐标系
N40 M03 S1000;                  主轴正转,1000r/min
N50 G90 G43 G00 Z20 H01 M08;    Z 轴定位,调用 1 号长度补偿,切削液开
N60      X0 Y0;                 X、Y 快速定位
N70 G99 G81 Z-3 R10 F100;       点孔加工中心孔
N80 G49 G00 Z100 M09;           取消长度补偿,切削液关
N90 M05 G80;                    主轴停止,取消固定循环
N110 M06 T2;                    调用 2 号刀具:φ8mm 麻花钻
N120 M03 S1000;                 主轴正转,1000r/min
N130 G00 G43 H02 Z20 M08;       Z 轴定位,调用 2 号长度补偿,切削液开
N140      X0 Y0;                X、Y 快速定位
N150 G99 G83 Z-23 R10 Q3 F100;  钻孔加工
N160 G49 G00 Z100 M09;          取消长度补偿,切削液关
N170 M05 G80;                   主轴停止,取消固定循环
N190 M06 T3;                    调用 3 号刀具:φ25mm 麻花钻
N200 M03 S800;                  主轴正转,800r/min
N210 G90 G00 G43 H03 Z20 M08;   Z 轴定位,调用 3 号长度补偿,切削液开
N220      X0 Y0;                X、Y 快速定位
N230 G99 G81 Z-23 R10 F100;     扩孔加工
N240 G49 G00 Z100 M09;          取消长度补偿,切削液关
N250 M05 G80;                   主轴停止,取消固定循环
N270 M06 T4;                    调用 4 号刀具:φ10mm 立铣刀
```

N280 M03 S1000;	主轴正转,1000r/min
N290 G90 G00 G43 H04 Z20 M08;	Z轴定位,调用4号长度补偿,切削液开
N300　　X0 Y0;	X、Y快速定位到O点
N310 G01 Z−7 F200;	Z向进刀至−7mm深度
N320 M98 P2001;	调用O2001子程序1次,铣第1层
N330 G01 Z−14 F200;	Z向进刀至−14mm深度
N340 M98 P2001;	调用O2001子程序1次,铣第2层
N350 G01 Z−21 F200;	Z向进刀至−21mm深度
N360 M98 P2001;	调用O2001子程序1次,铣第3层
N370 G49 G00 Z100 M09;	提刀,切削液关
N380 M05 G80;	主轴停止,取消固定循环
N390 M00;	程序停止

粗加工完成,测量孔径大小,修改刀补D04的值,按 循环启动 按钮,进行精加工。

N400 M03 S1000 M08;	主轴正转,1000r/min,切削液开
N410 G43 G00 Z20 H04;	Z向快速进刀
N420 G01 Z−21 F200;	Z向进刀至−21mm深度
N430 M98 P2001;	调用O2001子程序1次,精加工孔
N440 G49 G00 Z100 M09;	提刀,取消长度补偿,切削液关
N450 M05 G80;	主轴停止,取消固定循环
N460 M02;	程序结束

O2001;	
N10 G41 G01 X−7.5 Y−7.5 D04 F100;	进刀至A点,刀具半径左补偿
N20 G03 X0 Y−15 I7.5 F80;	铣刀圆弧切入到B点
N30 G03 J15;	逆时针顺铣整圆,回到B点
N40 G03 X7.5 Y−7.5 J7.5;	圆弧铣出至C点
N50 G40 G01 X0 Y0 F200;	退刀至O点,取消刀具半径补偿
N60 M99;	返回主程序

7.3.2　螺旋插补铣孔加工

（1）任务描述

如图7-6所示,工件材料为45钢,ϕ30mm的孔已经加工出直径为ϕ25mm的底孔,试用螺旋插补功能进行铣孔。

（2）任务分析

本任务中底孔已经加工出,为使加工余量分配均匀,需要用杠杆式百分表进行找正,然后用立铣刀进行铣孔加工。

（3）任务实施

① 加工工艺方案

a. 以工件上表面孔的中心为原点建立工件坐标系。

b. 加工顺序及走刀路线:螺旋插补可不用刀具半径补偿功能,编程轨迹用刀心轨迹计算,如图7-7所示。

B点的坐标为(X0,Y−10),螺旋插补铣完孔后,从B点到O点圆弧切出。由于铣刀切入ϕ30mm孔是在工件上表面以上1mm处开始进行螺旋插补的,所以不用另外进行圆弧切入了。

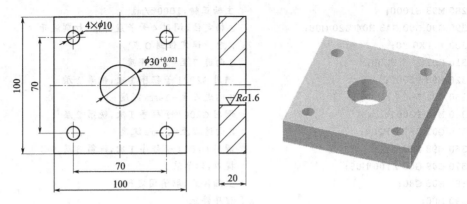

图 7-6　铣孔加工

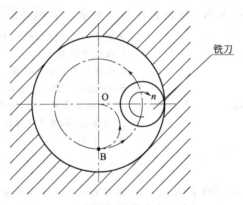

图 7-7　螺旋插补铣孔走刀路径

② 工、量、刀具选择

a. 工具　采用平口钳装夹，下用垫铁支承。用百分表校正平口钳，并进行工件找正。

b. 量具　采用 25～30mm 内径千分尺测量。

c. 刀具　采用 ϕ10mm 高速钢立铣刀。

③ 切削用量选择　选择合适的切削用量，见工艺卡片。

④ 工艺卡片（表 7-2）

表 7-2　工艺卡片

零件名称	零件编号	数控加工工艺卡片		
工件材料		机床名称	机床型号	夹具名称	夹具编号
45 钢		加工中心		平口钳	

序号	工艺内容	切削转速 /r·min⁻¹	进给速度 /mm·min⁻¹	量具	刀具
1	装（卸）工件				
2	铣孔至尺寸	1000	80	25～30mm 内径千分尺	ϕ10mm 立铣刀（T1）

数控铣削编程与加工项目教程

⑤ 加工程序

```
O2216;                        主程序
N10 G17 G40 G80 G49 G90;      设置初始状态
N20 M06 T1;                   调用1号刀具:φ10mm立铣刀
N30 G90 G55;                  绝对值编程,G55工件坐标系
N40 M03 S1000;               主轴正转,1000r/min
N50 G43 G00 Z20 H01;         Z轴定位,调用1号长度补偿
N70 G00 X0 Y-10 M08;         X、Y快速定位至B点,切削液关
N80 G01 Z1 F200;             Z向进给
N90 G03 J10 Z-22 K1 F80;     螺旋插补,铣孔
N100 G03 X0 Y0 J5 F100;      圆弧切出至O点
N110 G49 G00 Z100 M09;       取消长度补偿,Z向提刀,切削液关
N120 M05;                     主轴停止
N130 M02;                     程序结束
```

用子程序编程如下:

```
O2217;                        主程序
N10 G17 G40 G80 G49 G90;      设置初始状态
N20 M06 T1;                   调用1号刀具:φ10mm铣刀
N30 G90 G55;                  绝对值编程,G55工件坐标系
N40 M03 S1000;               主轴正转,1000r/min
N50 G43 G00 Z20 H01;         Z轴定位,调用1号长度补偿
N70 G00 X0 Y-10 M08;         X、Y快速定位至B点,切削液开
N80 G01 Z1 F200;             Z向进给
N90 M98 P232005;             调用子程序O2005,23次
N100 G90 G03 X0 Y0 J5 F100;  圆弧切出至O点
N110 G49 G00 Z100 M09;       取消长度补偿,提刀
N120 M05;                     主轴停止
N130 M02;                     程序结束

O2005;                        子程序
N10 G91 G03 J10 Z-1 F80;     螺旋插补铣孔
N20 M99;                      返回主程序
```

(4) 操作注意事项

① 由于孔深度尺寸较大,不可用大背吃刀量一次将孔铣出,以免出现喇叭口及损坏刀具。

② 钻预制孔及钻中心孔时,中心钻和麻花钻要保证对刀一致。

③ 铣孔时尽可能采用顺铣,以保证已加工表面质量。

④ 装夹工件用的垫铁不要与加工部位干涉,防止撞刀。

⑤ 根据工件材料选择合适的切削液。

✂ 练习题

一、填空题（请将正确答案填在横线空白处）

1. 当采用螺旋插补功能加工内孔时,刀具的主要切削刃是_____。

2. 采用螺旋插补功能加工内孔时,铣刀受力方向是_____向,且主轴转速很高,每层切深很小,侧刃的吃刀量仅为很小的层降,径向的切削力_____。

3. 采用螺旋插补功能加工内孔时，可以最大限度地减小刀具的_____现象，有效地保证了孔上下尺寸的一致性，保证了孔的_____。

二、选择题（请将正确答案的代号填入括号内）

1. 铣孔与镗孔相比，螺旋插补铣削方式需要机床（　　）轴联动。

A. 二轴　　　　　　B. 二轴半　　　　　　C. 三轴　　　　　　D. 五轴

2. 数控铣刀的拉钉与刀柄通常采用（　　）连接。

A. 右旋螺纹　　　　B. 左旋螺纹　　　　　C. 平键　　　　　　D. 花键

3. 采用铣刀铣孔时出现"喇叭口"的原因主要是（　　）。

A. 机床定位误差　　　　　　　　　　B. 进刀深度过大，出现让刀现象

C. 铣刀磨损　　　　　　　　　　　　D. 机床 X、Y 轴丝杠间隙过大

4. 孔的形状精度主要有圆度和（　　）。

A. 垂直度　　　　　B. 平行度　　　　　　C. 位置度　　　　　D. 圆柱度

5. 数控精铣时，一般应选用较小的吃刀量和（　　）。

A. 较高的主轴转速，较高的进给速度　　B. 较低的主轴转速，较低的进给速度

C. 较低的主轴转速，较高的进给速度　　D. 较高的主轴转速，较低的进给速度

6. 对刀具耐用度影响最大的是（　　）。

A. 切削深度　　　　　　　　　　　　B. 进给量

C. 切削速度　　　　　　　　　　　　D. 以上三种切削参数影响程度相近

7. 在用硬质合金刀具铣削下列材料时，（　　）所选用的切削速度最高。

A. 铝镁合金　　　　B. 合金钢　　　　　　C. 低、中碳钢　　　D. 灰铸铁

8. 加工中心上孔的位置精度由（　　）保证。

A. 机床的定位精度　　　　　　　　　B. 刀具的尺寸精度

C. 机床的 Z 轴运动精度　　　　　　　D. 刀具的角度

9. 三爪自定心卡盘、平口钳等属于（　　）。

A. 通用夹具　　　　B. 专用夹具　　　　　C. 组合夹具　　　D. 可调夹具

10. 高速铣削刀具的装夹方式不宜采用以下哪一种（　　）。

A. 液压夹紧式　　　B. 弹性夹紧式　　　　C. 侧固式　　　　　C. 热膨胀式

三、判断题（正确的请在括号内打"√"，错误的打"×"）

1. 螺旋插补铣孔要比分层铣孔的精度高。（　　）

2. "以铣代镗"是指铣孔的精度要高于镗孔。（　　）

3. 精度要求较高的孔，可以用铣孔代替粗镗和半精镗，最后精镗加工。（　　）

4. 精加工时，使用切削液的目的是降低切削温度，起冷却作用。（　　）

5. 顺铣与逆铣相比，逆铣适合于表面较硬的工件。（　　）

6. 螺旋铣孔过程是断续铣削过程，有利于刀具的散热。（　　）

7. 逆铣削法较易得到良好的加工表面。（　　）

8. 单孔加工时应遵循先中心钻领头后钻头钻孔，接着镗孔或铰孔的路线。（　　）

9. 在加工圆弧轮廓时，切削点的实际进给速度大于编程设定的刀具中心点的进给速度。（　　）

四、简答题

1. 简述铣孔加工的特点。

2. 简述铣孔产生误差的原因和改进措施。

五、综合题

如图 7-8 所示，工件材料为 45 钢，硬度为 220～260HBS。编写孔的加工程序。

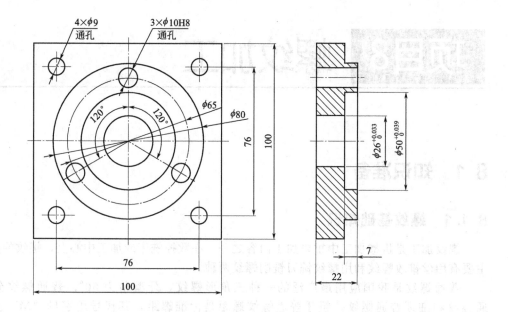

图 7-8　综合题图

项目8 螺纹加工

8.1 知识准备

8.1.1 螺纹基础知识

螺纹加工是机械加工中重要加工内容之一。在数控铣床或加工中心上，螺纹的加工方法主要有用丝锥攻螺纹和用螺纹铣刀铣削螺纹两种。

普通螺纹是我国应用最广泛的一种三角形螺纹，牙型角为60°。普通螺纹分粗牙普通螺纹和细牙普通螺纹。粗牙普通螺纹螺距是标准螺距，其代号用字母"M"及公称直径表示，如M12、M16等。细牙普通螺纹代号用字母"M"及公称直径×螺距表示，如M27×1.5、M30×2等。普通螺纹有左旋螺纹和右旋螺纹之分，左旋螺纹在螺纹的末尾处加注"LH"字样，如M30×1.5LH等。右旋螺纹不用注明。公制普通螺纹的基本牙型如图8-1所示。

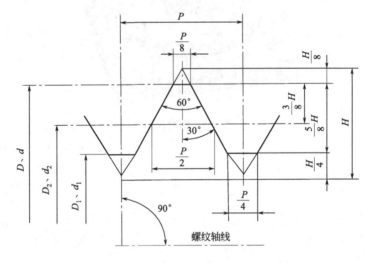

图 8-1 公制普通螺纹的基本牙型

D—内螺纹大径；d—外螺纹大径；D_2—内螺纹中径；d_2—外螺纹中径；
D_1—内螺纹小径；d_1—外螺纹小径；P—螺距；H—原始三角形高度

普通螺纹的原始三角形高度 $H=0.866P$，P 为螺距（mm）。普通螺纹牙型理论高度 $h=\dfrac{5H}{8}\approx0.54125P$。

但在实际加工时，由于受到螺纹刀具刀尖半径的影响，螺纹刀具可在牙底最小削平高度 $\dfrac{H}{8}$ 处削平或倒圆。因此螺纹的牙型实际高度 h 及螺纹的实际小径 d_1 应按下列公式计算：

$$h_{实} = H - 2 \times \frac{H}{8} \approx 0.65P$$

$$d_1 = d - 2h_{实} \approx d - 1.3P$$

式中，$h_{实}$ 为螺纹牙型的实际高度；H 为螺纹原始三角形高度，$H = 0.866P$；P 为螺距；d_1 为螺纹实际小径；d 为螺纹公称大径。

例如，M30×1.5 的普通螺纹，螺纹公称大径 $d = 30\text{mm}$，螺距 $P = 1.5\text{mm}$，根据公式计算：

$$h_{实} \approx 0.65P = 0.65 \times 1.5 = 0.975\text{mm}$$

$$d_1 \approx d - 1.3P = 30 - 1.3 \times 1.5 = 28.05\text{mm}$$

常用普通螺纹基本尺寸见表 8-1。

表 8-1　常用普通螺纹基本尺寸（摘自 GB/T 196—2003）　　　　　　　mm

公称直径		螺距 P	中径 D_2、d_2	小径 D_1、d_1	公称直径		螺距 P	中径 D_2、d_2	小径 D_1、d_1	公称直径		螺距 P	中径 D_2、d_2	小径 D_1、d_1
第一系列	第二系列				第一系列	第二系列				第一系列	第二系列			
3		0.5	2.675	2.459	18		1.5	17.030	16.376		39	2	37.701	36.835
		0.35	2.773	2.621			1	17.350	16.917			1.5	38.026	37.376
	3.5	(0.6)	3.110	2.850		20	2.5	18.376	17.294	42		4.5	39.077	37.129
		0.35	3.273	3.121			2	18.701	17.835			3	40.051	38.752
4		0.7	3.545	3.242			1.5	19.026	18.376			2	40.701	39.835
		0.5	3.675	3.459			1	19.350	18.917			1.5	41.026	40.376
	4.5	0.75	4.013	3.688		22	2.5	20.376	19.294		45	4.5	42.077	40.129
		0.5	4.175	3.959			2	20.701	19.835			(4)	42.402	40.670
5		0.8	4.480	4.134			1.5	21.026	20.376			3	43.051	41.752
		0.5	4.675	4.459			1	21.350	20.917			2	43.701	42.835
6		1	5.350	4.917	24		3	22.051	20.752			1.5	44.026	43.376
		(0.75)	5.513	5.188			2	22.701	21.835	48		5	44.752	42.587
	7	1	6.350	5.917			1.5	23.026	22.376			(4)	45.402	43.670
		0.75	6.513	6.188			1	23.350	22.917			3	46.051	44.752
8		1.25	7.188	6.647	27		3	25.051	23.752			2	46.701	45.835
		1	7.350	6.917			2	25.701	24.835			1.5	47.026	46.376
		0.75	7.513	7.188			1.5	26.026	25.376	52		5	48.752	46.587
10		1.5	9.026	8.376			1	26.350	25.917			(4)	49.402	47.670
		1.25	9.188	8.647	30		3.5	27.727	26.211			3	50.051	48.752
		1	9.350	8.917			(3)	28.051	26.752			2	50.701	49.835
		0.75	9.513	9.188			2	28.701	27.835			1.5	51.026	50.376
12		1.75	10.863	10.106			1.5	29.026	28.376	56		5.5	52.428	50.046
		1.5	11.026	10.376			1	29.350	28.917			4	53.402	51.670
		1.25	11.188	10.674	33		3.5	30.727	29.211			3	54.051	52.752
		1	11.350	10.917			(3)	31.051	29.752			2	54.701	53.835
	14	2	12.701	11.835			2	31.701	30.835			1.5	55.026	54.376
		1.5	13.026	12.376			1.5	32.026	31.376	60		5.5	56.428	54.046
		1	13.350	12.917	36		4	33.402	31.670			4	57.402	55.670
16		2	14.701	13.835			3	34.051	32.752			3	58.051	54.752
		1.5	15.026	14.376			2	34.701	33.835			2	58.701	57.835
		1	15.350	14.917			1.5	35.026	34.376			1.5	59.026	58.376
	18	2.5	16.376	15.294	39		4	36.402	34.670	64		6	60.103	57.505
		2	16.701	15.835			3	37.051	35.752			4	61.402	59.670

注：1. 直径优先选用第一系列。

2. 括号内的螺距尽可能不用。本表中第一个螺距为粗牙螺纹的螺距。

8.1.2 内螺纹底孔直径的确定

攻螺纹前应用麻花钻加工出螺纹孔的底孔。攻螺纹时，由于丝锥对金属材料特别是塑性材料有"挤压"作用，所以底孔的直径必须大于螺纹标准中规定的螺纹小径。底孔直径（钻头直径）可按下面的经验公式确定。

加工钢件或塑性材料时

$$d_0 = d - P$$

加工铸铁或脆性材料时

$$d_0 = d - (1.05 \sim 1.1) P$$

式中，d_0 为底孔直径；d 为螺纹公称直径；P 为螺距。

攻不通孔工件时，由于丝锥切削部分不能攻到孔底，所以孔的深度要大于螺纹长度。孔深可按下面公式计算：

$$L = l + 0.7d$$

式中，L 为孔的深度；l 为螺纹长度；d 为螺纹公称直径。

8.1.3 螺纹的测量

螺纹的主要测量参数有螺距、大径、小径和中径。

（1）螺纹主要参数的测量

① 大、小径的测量：外螺纹大径和内螺纹小径的公差一般较大，可用游标卡尺和千分尺测量。

② 螺距的测量：螺距一般可用钢直尺或螺距规测量。由于普通螺纹的螺距较小，采用钢直尺测量时，最好测量 10 个螺距的长度，然后除以 10，可得出一个比较正确的螺距尺寸。这种测量方法只是作为确定螺距的大小，不能作为检验螺纹是否合格的依据。

③ 中径的测量：中径是检验精密螺纹是否合格的一个重要指标。常用螺纹千分尺测量，也可用三针测量法测量螺纹中径。

螺纹千分尺是用来测量螺纹中径的，一般用来测量三角形螺纹，其结构和使用方法与外径千分尺相同，如图 8-2 所示。它有两个和螺纹牙型角相同的触头，一个呈圆锥体，一个呈凹槽。有一系列的测量触头可供不同的牙型角和螺距选用。测量时，螺纹千分尺的两个触头正好卡在螺纹的牙型面上，所得的读数就是该螺纹中径的实际尺寸。

三针测量法是一种间接测量中径的方法。测量时将直径相同的三根量针放在被测螺纹的沟槽里，其中两根放在同侧相邻的沟槽里，另一根放在对面与之相对应的中间沟槽内。用测量外尺寸的计量器具如千分尺，测出量针外廓最大距离值，然后通过一定公式计算，求出被测螺纹的中径。

量针的精度分为 0 级和 1 级两种：0 级用于测量中径公差为 $4 \sim 8\mu m$ 的螺纹塞规；1 级用于测量中径公差大于 $8\mu m$ 的螺纹塞规或螺纹工件。

（2）综合测量

综合测量是指用螺纹塞规或螺纹环规的通、止规综合检查内、外螺纹是否合格。这种方法是生产中最普遍应用的螺纹检查方法，它只能判断加工的螺纹是否合格，不能测量出螺纹参数的具体尺寸。对于一般标准螺纹，都可采用螺纹环规或螺纹塞规来测量。

外螺纹使用螺纹环规，内螺纹使用螺纹塞规，如图 8-3 所示。使用时应按其对应的公称直径和公差等级进行选择。在测量外螺纹时，如果螺纹"通端"环规正好旋进，而"止端"环规旋不进，则说明所加工的螺纹符合要求，反之就不合格。测量内螺纹时，采用螺纹塞规以相同的方法进行测量。

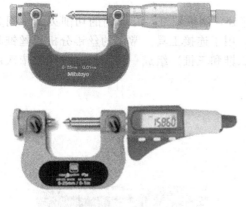

图 8-2 螺纹千分尺

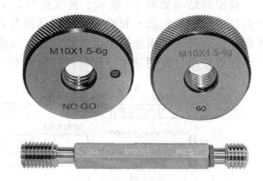

图 8-3 螺纹环规与螺纹塞规

在使用螺纹环规或螺纹塞规时，应注意不能用力过大或用扳手强行旋动，在测量一些特殊螺纹时，需自制螺纹环（塞）规，但应保证其精度。对于直径较大的螺纹工件，可采用螺纹牙型卡板来进行测量、检查。

8.1.4 攻螺纹

（1）丝锥的加工特点

用丝锥在工件上预钻的底孔中加工出内螺纹的方法称为攻内螺纹（俗称攻丝）。丝锥是攻螺纹并能直接获得螺纹尺寸的刀具，一般由合金工具钢或高速钢制成。一般 M6～M20 范围内的螺纹孔可在加工中心上直接完成。M6 以下的螺纹孔可在加工中心上完成底孔加工后，通过手工攻螺纹加工。当螺纹大于 M24 时可采取螺纹铣削加工方式完成。

丝锥沿轴向开有沟槽，用于容纳并排除切屑。丝锥根据其形状分为直槽丝锥和螺旋槽丝锥。直槽丝锥加工容易，精度略低，一般用于普通车床、钻床及攻丝机的螺纹加工用，切削速度较慢。螺旋槽丝锥多用于数控加工中心，用来加工盲孔螺纹，加工速度较快，精度高，排屑较好，对中性好。加工硬度、强度高的工件材料，所用的螺旋槽丝锥螺旋角较小，这可改善其结构强度。

此外，对于强韧性的加工材料，要选用螺纹长度较短的螺旋槽丝锥，以减小切削时的扭矩。对于有弹性记忆的材料，例如钛合金，要求刀具带有较大的倒锥，从丝锥前部到柄部，逐步减小由于材料"反弹"造成的摩擦。

就像车削中硬质合金刀具逐渐替代高速钢刀具一样，硬质合金丝锥也开始更多地用于螺纹孔加工，与高速钢相比，硬质合金硬度高、脆性大，用硬质合金丝锥攻螺纹，存在切屑处理的问题。虽然如此，硬质合金丝锥对于加工铸铁和铝合金材料，其使用效果很好，硬质合金丝锥比高速钢丝锥寿命更长，丝锥换刀时间的减少明显。

现在的工具厂提供的丝锥大都是涂层丝锥，特殊的涂层表面，可大大提高丝锥的寿命。这些耐热的、光滑的涂层，减小了切削力并允许在更高的切削速度下攻螺纹。实际上，较新的高性能丝锥的开发，极大地促进了机床主轴速度和功率的提高。

攻螺纹属于比较困难的加工工序，因为丝锥几乎是被埋在工件中进行切削，其每齿的加工负荷比其他刀具都要大，并且丝锥沿着螺纹与工件接触面非常大，切削螺纹时它必须容纳并排除切屑，因此，可以说丝锥是在很恶劣的条件下工作的。为了使攻螺纹顺利进行，应事先考虑可能出现的各种问题，如工件材料的性能、选择什么样的刀具及机床、选用多大的切削速度等问题。

（2）丝锥的结构

丝锥的结构如图 8-4 所示。丝锥前端为切削部分，制成圆锥，有锋利的切削刃；中间为导向校正部分，起修光和引导作用；柄部有方头，用于连接工具。常用的丝锥分机用丝锥和手用丝锥两种，手用丝锥由两支或三支（头锥、二锥和三锥）组成一种规格，内螺纹依次由三个丝锥攻出。机用丝锥一般每种规格只有一支。

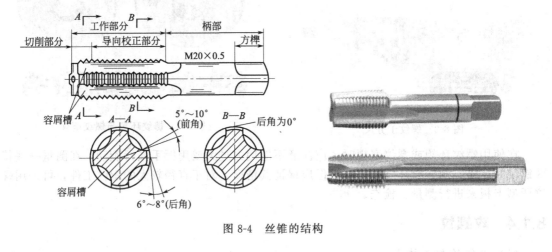

图 8-4　丝锥的结构

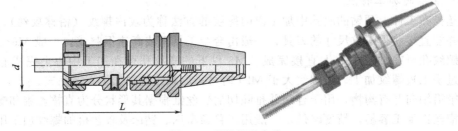

图 8-5　弹性丝锥夹头

（3）浮动攻螺纹

在数控铣床和加工中心上，丝锥要用专用的攻螺纹夹头刀柄和丝锥夹套装夹。如图 8-5 所示。用弹性丝锥夹头在加工中心或数控铣床上攻螺纹属于浮动攻螺纹（也称柔性攻螺纹）。

在数控铣床或加工中心上攻螺纹，一般是用 G84/G74 固定循环指令，然后在程序中指令主轴转速以及正反转，和给定一个进给速度来实现的。攻螺纹固定循环（G84）的动作是，主轴正转→螺纹底部转速停止→反转退出；Z 轴向下进给→螺纹底部停止→向上进给退出。其中 Z 轴的进给速度根据"丝锥导程×主轴转速"得出。表面来看似乎主轴转速和进给速度是配合运行的，其实它们之间并没有同步关系。当丝锥到达螺纹底部，转速停止时，由于主轴 Z 向进给受惯性等因素的影响并未同步停止，还要向下运动微小距离，这就势必造成丝锥的轴向压缩；反之，当丝锥 Z 轴开始向上进给退出时，主轴转速瞬间还没有同步启动或达到相匹配的转速，就会造成一个轴向拉伸。如果采用刚性装夹，两者之间配合上的误差就会造成被加工螺纹的破坏或丝锥的折断。因此丝锥需要一个带有弹簧伸缩装置的夹头来装夹，有的夹头还带有过载保护功能。

有了这个带有弹簧伸缩装置的夹头，用丝锥加工螺纹时，到达孔底停止时夹头弹簧被压缩；当从孔底退出时夹头的弹簧被拉伸，这种补偿弥补了控制方式不足造成的缺陷，完成了攻螺纹的加工。对于精度要求不高的螺纹孔用这种方法加工尚可以满足要求，但对于螺纹精度要求较高的螺纹以及被加工件的材质较软（铜或铝）时，螺纹精度将得不到保证。还有一点要注意的是，当攻螺纹时主轴转速越高，Z轴进给与螺距累积量之间的误差就越大，弹簧夹头的伸缩范围也必须足够大才行。由于夹头机械结构的限制，用这种方式攻螺纹时，主轴转速只能限制在600r/min以下。

（4）刚性攻螺纹

刚性攻螺纹就是针对上述方式的不足而提出的，它在主轴上加装了位置编码器，把主轴旋转的角度位置反馈给数控系统形成闭环控制，同时与Z轴进给建立同步关系，这样就严格保证了主轴旋转角度和Z轴进给尺寸的线性比例关系。因为有了这种同步关系，即使由于惯性、加减速时间常数不同、负载波动而造成的主轴转动的角度或Z轴移动的位置变化也不影响加工精度，因为主轴转角与Z轴进给是同步的，在攻螺纹中不论任何一方受干扰发生变化，则另一方也会相应变化，并永远维持线性比例关系。正是有了同步关系，丝锥夹头就用普通的钻夹头或更简单的专用夹头就可以了，而且刚性攻螺纹时，只要刀具（丝锥）强度允许，主轴的转速能提高很多，加工效率大大提高，螺纹精度也能得到保证。

（5）攻螺纹的切削用量

攻螺纹切削速度见表8-2。

表 8-2　攻螺纹切削速度

加工材料	铸铁	钢及合金	铝及铝合金
v_c/m·min^{-1}	2.5～5	1.5～5	5～15

（6）切削液的选用

丝锥不同于大多数金属切削工具，因为它与工件孔壁接触面积非常大，所以冷却至关重要。如果高速钢丝锥过热，则丝锥会折断、烧损。

攻螺纹时，工件材料为碳素结构钢或合金钢，可采用硫化油或乳化液进行润滑和冷却；攻灰铸铁件时可不用切削液，或采用煤油冷却；攻铜合金件时不宜用含硫的切削液，以防腐蚀工件，可采用机械油进行润滑和冷却；攻铝合金件时可采用煤油冷却。

8.1.5　铣螺纹

（1）铣螺纹的特点

传统的螺纹加工方法主要是采用螺纹车刀车削螺纹或采用丝锥攻螺纹、板牙套螺纹。随着数控加工技术的发展，尤其是三轴联动数控加工系统的出现，使更先进的螺纹加工方式——螺纹的数控铣削得以实现。螺纹铣削加工与传统螺纹加工方式相比，在加工精度、加工效率方面具有极大优势，且加工时不受螺纹结构和螺纹旋向的限制，用一把螺纹铣刀可加工多种不同旋向的内、外螺纹。对于不允许有过渡扣或退刀槽结构的螺纹，采用传统的车削方法或丝锥、板牙很难加工，但采用数控铣削却十分容易实现。此外，螺纹铣刀的耐用度是丝锥的十多倍甚至数十倍，而且在数控铣削螺纹过程中，对螺纹直径尺寸的调整极为方便，这是采用丝锥、板牙难以做到的。由于螺纹铣削加工的诸多优势，目前发达国家的大批量螺纹生产已较广泛地采用了铣削工艺。

由于目前螺纹铣刀的制造材料为硬质合金，加工线速度可达80～200m/min，而高速钢丝锥的加工线速度仅为10～30m/min，故螺纹铣刀适合高速切削，加工螺纹的表面质量也大幅提高。高硬度材料和高温合金材料，如钛合金、镍基合金的螺纹加工一直是一个比较困难的问题，主要是因为高速钢丝锥加工上述材料螺纹时，刀具寿命较短，而采用硬质合金螺纹铣刀对硬材料螺纹加工则是效果比较理想的方案，对高温合金材料的螺纹加工，螺纹铣刀同样显示出非常优异的加工性能和超乎预期的长寿命。对于相同螺距、不同直径的螺纹孔，采用丝锥加工需要多把刀具才能完成，但如采用螺纹铣刀加工，使用一把刀具即可。在丝锥磨损、加工螺纹孔尺寸小于公差后则无法继续使用，只能报废；而当螺纹铣刀磨损、加工螺纹孔尺寸小于公差时，可通过数控系统进行必要的刀具半径补偿调整后，就可继续加工出尺寸合格的螺纹。同样，为了获得高精度的螺纹孔，采用螺纹铣刀调整刀具半径的方法，比生产高精度丝锥要容易得多。对于小直径螺纹孔加工，特别是在高硬度材料和高温材料的螺纹孔加工中，丝锥有时会折断，堵塞螺纹孔，甚至使零件报废；采用螺纹铣刀，由于刀具直径比加工的孔小，即使折断也不会堵塞螺纹孔，非常容易取出，不会导致零件报废。采用螺纹铣削，和丝锥相比，刀具切削力大幅降低，这一点对大直径螺纹加工时，尤为重要，解决了机床负荷太大，无法驱动丝锥正常加工的问题。

从世界著名的硬质合金螺纹刀具供应商以色列 VARGUS（瓦格斯）公司近年来开发的螺纹铣刀系列产品就可看出螺纹铣刀的发展趋势，其开发的硬质合金整体螺纹铣刀 Millipro 系列涵盖了 M1.6～M4 尺寸范围；Helicool 系列涵盖了 M5～M19 尺寸范围；MITM 多刀片、高效率机夹螺纹铣刀系列涵盖了 M19～M60 尺寸范围；Shellmill 系列多齿安装、盘铣式螺纹铣刀可进行 M60～M300 甚至更大尺寸的大直径螺纹加工。为了帮助用户使用螺纹铣刀，使其应用更为容易、便捷，瓦格斯公司还开发了 TMGen 软件系统，可帮助用户自动选刀及自动编制相应的螺纹铣削 CNC 程序。

综上所述，螺纹铣削有如下优点。

① 一把螺纹铣刀可以加工具有相同螺距的任意螺纹直径；免去了采用大量不同类型丝锥的必要性，可减少刀具数量，节省换刀时间，提高效率，方便刀具管理。

② 采用螺纹铣刀，可以实现任何公差的螺纹加工，螺纹精度及表面质量也得以提高。因螺纹铣削是通过刀具高速旋转、主轴插补的方式加工完成，其切削方式是铣削，切削速度高，加工出来的螺纹表面质量高；而丝锥切削速度低，并且切屑长，容易损坏内孔表面。

③ 铣削内螺纹排屑更方便。铣螺纹属于断屑切削，切屑短小（对任何材料都是如此），因此不存在切屑处置方面的问题，另外加工刀具直径比加工螺纹孔小，所以排屑通畅；而丝锥属于成形连续切削，切屑很长，并且丝锥直径和加工孔一样大，因此排屑困难。

④ 可以避免丝锥反转形成的回转线（在密封要求高的情况下是不允许的）。因为加工原理不同，螺纹铣刀根本不存在回转线，而丝锥无法避免。

⑤ 不易形成粘屑的现象。对于比较软的材料在加工过程中容易产生粘屑现象，但螺纹铣削高速旋转，并且是断屑切削，不易粘屑；而丝锥切削速度低，全螺纹与加工表面作用，容易造成粘屑。

⑥ 要求机床功率低。由于丝锥是全螺纹接触，作用力大，对于加工大直径螺纹，要求机床提供很大的功率。而螺纹铣削是断屑切削，刀具局部接触，受切削力小，因此需要较小的机床功率。

⑦ 刀具折断容易处理。由于螺纹孔的加工往往是最后工序，在这之前工件经过了若干工序的加工，工件已经基本成形。用丝锥攻螺纹时，特别是攻小直径螺纹或难加工材料时，丝锥容易折断在孔内且很难取出，导致价格昂贵的零件报废。螺纹铣刀作用力小，很少发生折损现象，如果发生了，因为加工孔径比刀具大，折断部分很容易取出，不会导致零件报废。

⑧ 加工平底螺纹或薄壁零件更容易。螺纹铣刀实际上没有"导向锥"，这样，可以在保证满足加工要求的情况下将螺纹加工至孔的底部。而丝锥的底孔预留深度比较大。薄壁零件加工，也适于采用螺纹铣削，螺纹铣刀加工切削力小，因此变形小。

⑨ 可加工硬度较高的材质，且使用寿命长。由于螺纹铣刀用硬质合金制成，几乎可以在任何类型的材料（韧、高强度、淬火硬化等）中铣削螺纹，加工硬度可达到 58～62HRC。

那些无法用传统方法（攻螺纹、螺纹成形等）加工的材料可以用螺纹铣刀进行加工。螺纹铣刀的切削原理决定螺纹铣刀是断屑切削，局部受力，刀具磨损较低，寿命长；而一般硬度大于50HRC的材料，丝锥加工相当困难，丝锥寿命很短。

⑩ 效率高。与传统高速钢丝锥攻螺纹相比，采用硬质合金螺纹铣刀铣削螺纹可以提高生产效率：可以采用更高的切削速度；更多切削刃和更高进给速度；更少的换刀次数；更少的加工时间。对于大孔径加工更为明显，首先线速度高，其次可以采用多刀片刀盘，效率可以成倍增加。带有可更换刀片的螺纹铣刀具有额外的好处，可以在同一个刀夹上快速更换刀片，以加工不同类型的螺纹，只用几个刀片就可以涵盖几乎所有常见螺纹的加工，磨损的刀片可以快速更换。现在螺纹铣刀已发展到钻孔、倒角、锪面、螺纹加工多工序于一体；另外，内外螺纹、左右螺纹可用一把刀加工。

当然，螺纹铣削也存在以下一些缺点。

① 加工普通螺纹时，单纯从单件成本考虑，采用螺纹铣削并不划算。普通丝锥一般为合金工具钢材料，价格低廉；螺纹铣刀是其价格的10倍以上，因此单件成本较高。

② 铣削螺纹孔的长径比不能太大，一般需要长径比$L/D<3$。长径比太大造成螺纹铣刀刚度不足，加工螺纹会产生锥度，并且刀具容易折断。所以加工深孔螺纹目前更适于采用丝锥。

③ 由于螺纹铣削是通过主轴高速旋转并通过螺旋插补来实现的，所以必须配备至少三轴联动的数控铣床或加工中心。

（2）铣螺纹的加工方法

螺纹铣削是借助数控铣床或加工中心的三轴联动功能，通过主轴高速旋转并执行螺旋插补指令的方式加工螺纹。只要改变程序就可以实现不同直径的螺纹、左右螺纹及内外螺纹的加工。螺纹铣削加工如图8-6所示。

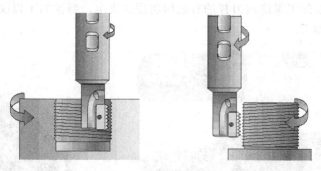

图 8-6 螺纹铣削加工

主要用于加工长度短而螺距小的三角形内圆柱螺纹、外圆柱螺纹和圆锥螺纹。

在铣削加工螺纹时，冷却也至关重要，建议使用具有内冷却功能的机床和刀具。因为刀具高速旋转时，在离心力作用下外部冷却液不易进入。内冷却方式除了可很好地对刀具进行冷却外，更重要的是在加工盲孔螺纹时高压冷却液有助于排屑，加工小直径内螺纹孔时尤其需要较高的内冷却压力，以保证排屑顺畅。此外，在选择螺纹铣削刀具时还应综合考虑具体加工要求，如生产批量、螺孔数量、工件材料、螺纹精度、尺寸规格等诸多因素，合理选用刀具。

（3）螺纹铣刀类型

螺纹铣刀作为一种近年来快速发展的先进刀具，正越来越广泛地被企业所接受，并表现出卓越的加工性能，成为企业降低螺纹加工成本、提高效率、解决螺纹加工难题的有力武器。

① 整体硬质合金螺纹铣刀　如图 8-7 所示，整体硬质合金螺纹铣刀用硬质合金材料制造，有些还采用了涂层，适用于钢、铸铁和有色金属材料的中小直径螺纹铣削，切削平稳，使用寿命长。也有用于加工锥螺纹的整体硬质合金螺纹铣刀。此类刀具刚性较好，在加工高硬度材料时可有效降低切削负荷，提高加工效率。整体式螺纹铣刀的切削刃上布满螺纹加工齿，沿螺旋线加工一周即可完成整个螺纹加工，无需像机夹式刀具那样分层加工，因此加工效率较高，但价格也相对较贵。

整体硬质合金螺纹铣刀的外形很像螺纹丝锥，但它的螺纹切削刃与丝锥不同，刀具上无螺旋升程，加工中的螺旋升程靠机床运动实现。由于这种特殊结构，使同一把刀具既可加工右旋螺纹，也可加工左旋螺纹。整体硬质合金螺纹铣刀不适用于较大螺距螺纹的加工。

图 8-7　整体硬质合金螺纹铣刀

② 机夹螺纹铣刀　图 8-8 所示为机夹螺纹铣刀，适用于直径大于 25mm 的螺纹加工。其结构与普通机夹式铣刀类似，由可重复使用的刀杆和可方便更换的刀片组成。如果需要加工锥螺纹，也可采用加工锥螺纹的专用刀杆与刀片。为了进一步提高加工效率，可选用多刃机夹螺纹铣刀。通过增加切削刃数量，可显著提高进给量，但分布于圆周上的每个刀片之间的径向和轴向定位误差会影响螺纹加工精度。如对多刃机夹螺纹铣刀加工的螺纹精度不满意，也可尝试只装一个刀片进行加工。在选用机夹螺纹铣刀时，应根据被加工螺纹的直径、深度和工件材料等因素，尽量选用直径较大的刀杆（以提高刀具刚性）和适当的刀片材质。机夹螺纹铣刀的螺纹加工深度由刀杆的有效切削深度决定。当被加工螺纹孔深度大于刀片长度时需要分层进行加工。

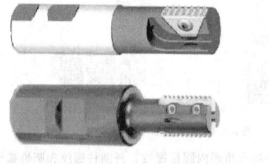

图 8-8　机夹螺纹铣刀

机夹螺纹铣刀特点是刀片易于制造，价格较低，有的螺纹铣刀刀片可以双面使用；但抗冲击性能较整体螺纹铣刀稍差，因此更适合加工铝合金材料。

③ 单齿螺纹铣刀　铣深孔螺纹刀具是一种单齿螺纹铣刀，如图 8-9 所示。一般的螺纹铣刀刀刃上有多个螺纹加工齿，刀具与工件接触面积大，切削力也大，且加工内螺纹时刀具直径必须小于螺纹孔径。由于刀体直径受到限制，影响刀具刚性，且铣螺纹时刀具为单侧受力，铣削较深螺纹时易出现让刀现象，影响螺纹加工精度，因此一般的螺纹铣刀有效切削深度约为其刀体直径的 2 倍。而使用单齿螺纹铣刀可以较好地克服上述缺点。由于减小了切削力，可大幅提高螺纹加工深度，刀具有效切削深度可达刀体直径的 3～4 倍。

另外，也可以用单齿螺纹铣刀进行非标准螺纹的铣削。

图 8-9 单齿螺纹铣刀

（4）铣螺纹的切削用量

表 8-3 为硬质合金螺纹铣刀铣削螺纹的切削用量推荐值。

切削用量的选择要根据实际情况选取，包括刀具、工件材料、材料硬度、切削液、机床等因素，应综合考虑。然后在实践中总结经验，根据刀具的使用寿命、加工精度和生产效率等，选择最佳值。

表 8-3　硬质合金螺纹铣刀铣削螺纹的切削用量

材料	切削速度 /m·min^{-1}	每齿进给量 f_z/mm·齿$^{-1}$											
		铣刀直径/mm											
		2	3	4	6	8	10	12	14	16	20	25	30
低、中碳钢	100～250	0.03	0.04	0.04	0.06	0.07	0.08	0.09	0.11	0.12	0.15	0.18	0.21
高碳钢	110～180	0.02	0.03	0.03	0.05	0.06	0.07	0.08	0.09	0.10	0.12	0.15	0.18
合金钢、调质钢	90～160	0.02	0.02	0.03	0.03	0.04	0.05	0.05	0.06	0.07	0.08	0.10	0.11
不锈钢	110～170	0.02	0.03	0.03	0.04	0.04	0.05	0.05	0.06	0.07	0.08	0.10	0.11
铸钢	130～170	0.02	0.03	0.03	0.04	0.04	0.05	0.05	0.06	0.07	0.08	0.10	0.11
铸铁	70～150	0.03	0.04	0.04	0.06	0.07	0.08	0.09	0.11	0.12	0.15	0.18	0.21
铝合金	160～300	0.03	0.04	0.04	0.06	0.07	0.08	0.09	0.11	0.12	0.15	0.18	0.21
尼龙、塑料	100～400	0.05	0.06	0.07	0.09	0.10	0.11	0.12	0.13	0.15	0.18	0.22	0.25
镍合金、钛合金	20～80	0.02	0.02	0.02	0.02	0.03	0.03	0.03	0.04	0.04	0.04	0.05	0.05

（5）铣削点进给速度计算

在加工圆弧轮廓时，铣削点的实际进给速度 f_T 并不等于编程设定的刀具中心点的进给速度 f。如图 8-10 所示，在铣内螺纹时，$f = \dfrac{R_{轮廓} - R_{刀具}}{R_{轮廓}} f_T$。在铣外螺纹时，$f = \dfrac{R_{轮廓} + R_{刀具}}{R_{轮廓}} f_T$。因此要考虑圆弧半径对进给速度的影响，在编程时对刀具中心的进给速度进行必要的调整。

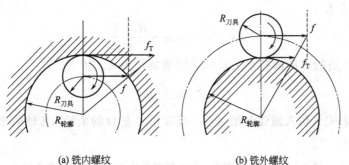

(a) 铣内螺纹　　　　　　　　　(b) 铣外螺纹

图 8-10　铣削点的进给速度计算

（6）普通螺纹铣削参数计算

① 走刀路径及参数的计算　用螺纹铣刀铣削内螺纹时，数控机床需有三轴联动功能，

采用螺旋插补指令 G02 或 G03 进行圆弧切入和切出。特别是在利用刀具半径补偿功能时，切入路径要经过计算。计算时需要注意以下几个问题。

a. 圆弧切入前的直线进给要避免刀具与螺纹底孔干涉，需留有一定安全距离（图 8-11 中 C_L）。

b. 刀具半径补偿距离（图 8-11 中 OE 段）要大于刀具半径，防止补偿失败导致过切。

c. 需要计算出圆弧切入的半径 R_e、圆弧切入起点 E 及切出点 D 的坐标、刀具从圆弧切入起点 E 运动到切入点 B 时在 Z 轴上移动的距离 Z_a。

d. 刀具半径补偿角度 $90° \leqslant \alpha < 180°$。

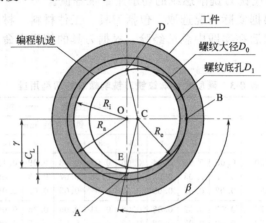

图 8-11　铣削内螺纹参数计算

如图 8-11 所示，以螺纹孔中心 O 为坐标原点。螺纹大径 D_0，半径 R_a；螺纹底孔直径 D_1，半径 R_i；A 点是螺纹底孔与 Y 轴的交点；E 点为切入圆弧起始点；D 点为圆弧切出点；B 点是螺纹大径与 X 轴的交点，即刀具切入点；C 点为刀具切入圆弧圆心，半径 R_e。已知刀具直径 D_2，螺纹导程 h（单线螺纹导程 h＝螺距 P）。

首先设定安全距离 C_L，即图 8-11 中 AE 段的大小。一般可设定 $C_L = 0.5 \sim 1mm$。设定了 C_L 以后，就可以计算出 C 点的坐标以及其他参数了。

从图 8-11 中可知，OE＝OA－AE，OC＝OB－CB，在 △OEC 中，$OE^2 + OC^2 = CE^2$，把 $AE = C_L$、$OA = R_i$、$OB = R_a$、$CB = CE = R_e$ 代入计算得切入圆弧半径 R_e 为

$$R_e = \frac{(R_i - C_L)^2 + R_a^2}{2R_a}$$

切入圆弧角 β 为

$$\beta = 180° - \arcsin \frac{R_i - C_L}{R_e}$$

刀具从 E→B 进行螺旋插补在 Z 轴移动的增量距离 Z_a 为

$$Z_a = \frac{\beta}{360°} h$$

切入圆弧圆心 C、切入圆弧起始点 E、圆弧切出点 D 的坐标（Z 轴的坐标根据工件坐标系确定）见表 8-4。

表 8-4　切入圆弧圆心、切入圆弧起始点及圆弧切出点坐标

项目	C	E	D
X	$R_a - R_e$	0	0
Y	0	$-(R_i - C_L)$	$R_i - C_L$

例如，铣削 M30×1.5mm 内螺纹，螺纹铣刀直径 φ20mm。已知螺纹大径 $D_0=30mm$，半径 $R_a=15mm$；查螺纹标准得底孔直径 $D_1=28.376mm$，半径 $R_i=14.188mm$。设定安全距离 $C_L=0.5mm$，则

切入圆弧半径 R_e 为

$$R_e = \frac{(R_i-C_L)^2+R_a^2}{2R_a} = \frac{(14.188-0.5)^2+15^2}{2\times15} = 13.745mm$$

切入圆弧角 β 为

$$\beta = 180° - \arcsin\frac{R_i-C_L}{R_e} = 180° - \arcsin\frac{14.188-0.5}{13.745} = 95.22°$$

刀具从 E→B 进行圆弧切入（螺旋插补）在 Z 轴移动的增量距离 Z_a 为

$$Z_a = \frac{\beta}{360°}h = \frac{95.22°}{360°}\times1.5 = 0.397mm$$

切入圆弧圆心 C、切入圆弧起始点 E、圆弧切出点 D 的坐标见表 8-5。

表 8-5　切入圆弧圆心、切入圆弧起始点及圆弧切出点坐标

项目	C	E	D
X	1.255	0	0
Y	0	−13.688	13.688

② 螺纹铣削运动轨迹　如图 8-12 所示，刀具起始位置在螺纹孔中心 O 点，用 G01 指令从 O→E，同时进行刀具半径左补偿 G41。由于刀具半径补偿的作用，刀心从 O 点不是到达 E 点，而是向左偏移了一个刀具半径，实际到达 F 点。由于设定了安全距离 C_L，所以螺纹铣刀的刀心在 F 点时，刀具圆周不会与螺纹底孔干涉。刀心编程轨迹从 E 点开始，用螺旋插补指令 G03 以 R_e 为半径向 B 点圆弧切入，由于刀具半径补偿作用，实际刀心是从 F→O_1，刀具圆周刀刃在 B 点切入工件。然后刀具以 O 点为中心，以 R_a 为半径，用螺旋插补指令 G03 铣削螺纹一周回到 B 点，同样由于刀具半径补偿作用，实际刀心是从 O_1 点开始，以 O 点为中心，以 OO_1 为半径，螺旋插补一周，在 Z 轴上移动了一个导程 h，铣削方式为顺铣。同样过程，刀具在 D（实际 G）点圆弧切出。

注意圆弧切入和切出要用螺旋插补指令。

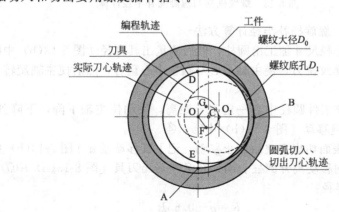

图 8-12　铣削内螺纹刀心轨迹

为了避免复杂的计算，刀路轨迹可以在 CAD 上设计。如果不需要刀具半径补偿，则直接用刀心轨迹来设计，注意在 F 点和 G 点，刀具不要与螺纹底孔干涉。

采用圆弧半径补偿的好处是：在铣削螺纹时按照加工余量分几次切削，逐渐减小刀具偏

置值，并使用螺纹塞规检测其是否达到尺寸要求。例如，螺纹铣刀直径为 $\phi20mm$，理论上半径补偿偏置值为 10，第一次试切时将半径补偿偏置值设为 10.2，留一定加工余量，切完一刀后用螺纹塞规检查螺纹是否合格；如果塞规通端不能进入螺纹孔，则改小半径补偿偏置值为 10.1，然后重新运行程序加工第二刀，然后再检验……直到加工的螺纹检验合格。

（7）深孔螺纹或非标准螺纹铣削参数计算

对于深孔螺纹或非标准螺纹铣削，则需要单齿螺纹铣刀来加工。可以采用试切法来计算螺旋插补半径。

① 铣削内螺纹时，螺旋插补半径计算方法

a. 首先根据螺纹小径尺寸 d_1 加工出螺纹底孔，然后测量出底孔的实际孔径 [图 8-13(a) 中①]。

b. 在主轴上装上螺纹铣刀，使主轴中心与螺纹孔中心重合，然后使主轴旋转 [图 8-13(a) 中②]。

c. 手动使主轴下降，下降到一定位置时沿 X 轴（或 Y 轴）慢慢移动 [图 8-13(a) 中③、④]。

d. 当刀尖在孔表面切出刀痕后停止移动，记下其移动量 a [图 8-13(b) 中⑤]。

e. 手动使刀尖反向移动离开孔表面，在 Z 向退出刀具 [图 8-13(b) 中⑥、⑦]。

f. 计算螺旋插补半径：螺纹牙型实际高度 $h\approx0.65P$，所以

$$R=a+0.65P$$

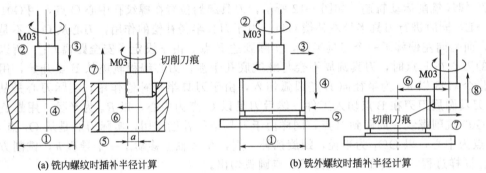

(a) 铣内螺纹时插补半径计算　　　　(b) 铣外螺纹时插补半径计算

图 8-13　螺纹铣削与螺旋插补半径计算

② 铣削外螺纹时，螺旋插补半径计算方法

a. 首先根据螺纹小径尺寸加工出圆柱，然后测量出其直径 [图 8-13(b) 中①]。

b. 在主轴上装上螺纹铣刀，使主轴中心与圆柱中心重合，然后使主轴旋转 [图 8-13(b) 中②]。

c. 使主轴中心偏离工件圆柱中心一定安全距离，手动使主轴下降，下降到一定位置时沿 X 轴（或 Y 轴）慢慢移动 [图 8-13(b) 中③、④、⑤]。

d. 当刀尖在圆柱表面切出刀痕后停止移动，记下其移动量 a [图 8-13(b) 中⑥]。

e. 手动使刀尖反向移动离开圆柱表面，在 Z 向退出刀具 [图 8-13(b) 中⑦、⑧]。

f. 计算螺旋插补半径：

$$R=a-0.65P$$

8.2　指令学习

编程格式：

$$\left.\begin{matrix} G90 \\ G91 \end{matrix}\right\} \left\{\begin{matrix} G99 \\ G98 \end{matrix}\right\} G74X\_\_Y\_\_Z\_\_R\_\_P\_\_F\_\_;$$

$$\left.\begin{matrix} G90 \\ G91 \end{matrix}\right\} \left\{\begin{matrix} G99 \\ G98 \end{matrix}\right\} G84X\_\_Y\_\_Z\_\_R\_\_P\_\_F\_\_;$$

加工动作如图 8-14 所示。G84 为正转攻右螺纹循环，主轴正转，刀具沿着 X、Y 轴快速定位后，快速移动至 R 点，从 R 点至 Z 点进行攻螺纹加工，在孔底主轴停转同时进给停止；主轴反转并返回到 R 点平面或初始点平面，然后恢复主轴正转。

G74 指令为反转攻左螺纹循环，主轴反转，刀具沿着 X、Y 轴快速定位后，快速移动至 R 点，从 R 点至 Z 点进行攻螺纹加工，在孔底主轴停转同时进给停止；主轴正转并返回到 R 点平面或初始点平面，然后恢复主轴反转。

进给速度的确定：在 FANUC 系统中，F 值根据主轴转速 n 与螺纹导程 P_h（单线螺纹时导程等于螺距）来计算（$F=nP_h$）。例如螺纹 M12 的导程 $P_h=1.75mm$，当主轴转速 $n=200r/min$ 时，$F=nP_h=200\times1.75=350mm/min$。在攻螺纹期间进给倍率无效且不能使进给停止，直到完成该固定循环后才停止进给。

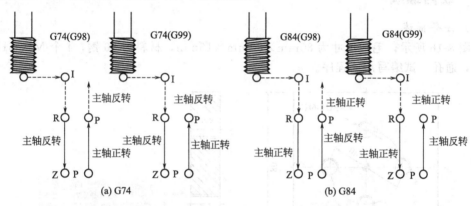

图 8-14　反转攻左旋螺纹指令 G74、正转攻右旋螺纹指令 G84

【例 8-1】　毛坯材料为 45 钢，用丝锥加工如图 8-15 所示零件上的 M10×1 的螺纹孔。

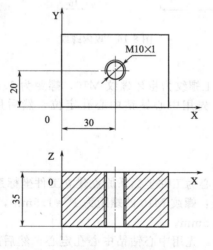

图 8-15　正转攻右旋螺纹指令 G84

因为毛坯材料为 45 钢，所以预先用麻花钻钻出螺纹底孔。底孔直径 $d_0=d-P=10-1=9mm$。螺纹 M10×1 的导程 $P_h=1mm$，当主轴转速 $n=100r/min$ 时，$F=nP_h=100\times$

1＝100mm/min。螺纹加工程序如下（绝对值编程）：

```
O1122;
G40 G49 G80 G90 G55;                    绝对值编程,G55坐标系
M04 S100 M08;                           主轴反转,100r/min
G00 X0 Y0;                              快速定位
    Z50;                               Z轴定位至初始平面
G98 G84 X30 Y20 R10 P10000 Z-40 F100;  加工螺纹
G00 Z100 M09;                          提刀
    X0 Y0;                             快速定位
M05;                                   主轴停止
M02;                                   程序结束
```

8.3 典型工作任务

8.3.1 攻内螺纹

（1）任务描述

如图 8-16 所示，毛坯尺寸为 80mm×80mm×16mm，材料为 20 钢，4 个 M10-6H 螺纹孔均布，通孔。试编写加工程序。

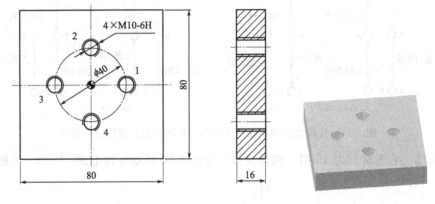

图 8-16　攻内螺纹

（2）任务分析

根据图纸可知，所要加工螺纹为粗牙螺纹 M10，螺距为 1.5mm，螺纹公差代号为 6H。选用丝锥加工。攻螺纹前，先用中心钻钻中心孔定位，然后用麻花钻钻出底孔，最后攻螺纹。

（3）任务实施

① 加工工艺方案

a. 以工件上表面对称中心为工件坐标系原点建立工件坐标系。

b. 确定螺纹的底孔直径：螺纹 M10 的螺距为 $P＝1.5$mm，当工件为钢材时，其底孔直径 $d_0＝d－P＝10－1.5＝8.5$mm。

c. 加工顺序及走刀路线：先用中心钻钻中心孔定心，然后用 $\phi 8.5$mm 钻头钻孔，最后用 M10 丝锥加工螺纹。

② 工、量、刀具选择

a. 工具　工件采用平口钳装夹，下用垫铁支承。用百分表校正平口钳，并对工件找正。

b. 量具　M10-6H 螺纹塞规、0～125mm 游标卡尺。

c. 刀具　ϕ4mm 中心钻、ϕ8.5mm 麻花钻、M10-6H 丝锥。

③ 切削用量选择

a. 主轴转速根据表 8-2，切削速度为 1.5～5m/min，取 $v_c=3$m/min，根据公式

$$v_c=\frac{\pi d_0 n}{1000}$$

计算得主轴转速 $n=100$r/min。

b. 进给速度　在 FANUC 系统中，F 值根据主轴转速 n 与螺纹导程 P_h（单线螺纹时导程等于螺距）来计算（$F=nP_h$）。在这里螺纹 M10 的导程 $P_h=1.5$mm，当主轴转速 $n=100$r/min 时，$F=nP_h=100\times1.5=150$mm/min。

其他切削用量见工艺卡片。

④ 工艺卡片（表 8-6）

表 8-6　工艺卡片

零件名称	零件编号	数控加工工艺卡片				
螺纹板						
材料名称	材料牌号	机床名称	机床型号		夹具名称	夹具编号
钢	20	加工中心			平口钳	

序号	工艺内容	切削转速 /r·min⁻¹	进给速度 /mm·min⁻¹	量具	刀具
1	装(卸)工件				
2	钻中心孔	1000	100		ϕ4mm 中心钻(T1)
3	钻孔 ϕ8.5 mm	800	200	0～125mm 游标卡尺	ϕ8.5mm 麻花钻(T2)
4	攻螺纹	100	150	M10-6H 塞规	M10-6H 丝锥(T3)

⑤ 加工程序

O1220;	文件名
N10 G17 G40 G80 G49 G90;	设置初始状态
N20 M06 T1;	调用 1 号刀具:ϕ4mm 中心钻
N30 G90 G55;	绝对值编程,G55 工件坐标系
N40 M03 S1000;	主轴正转,1000r/min
N50 G00 X0 Y0 ;	X、Y 轴快速定位
N60 G43 G00 Z20 H01 M08;	Z 轴定位,调用 1 号长度补偿,切削液开
N70 G99 G81 X20 Y0 Z-3 R5 F100;	点孔加工孔 1
N80　　 X0 Y20;	点孔加工孔 2
N90　　 X-20 Y0;	点孔加工孔 3
N100　　 X0 Y-20;	点孔加工孔 4
N110 G49 G00 Z100 M09;	取消长度补偿,切削液关
N120 M05 G80;	主轴停止
N140 M06 T2;	调用 2 号刀具:ϕ8.5mm 麻花钻
N150 M03 S800;	主轴正转,800r/min
N160 G90 G00 G43 H02 Z20 M08;	Z 轴定位,调用 2 号长度补偿,切削液开

```
N170        X0 Y0;                                    X、Y轴快速定位
N180 G99 G83 X20 Y0 Z-20 R5 Q3 F200;                 钻孔加工孔1
N190        X0 Y20;                                   钻孔加工孔2
N200        X-20 Y0;                                  钻孔加工孔3
N210        X0 Y-20;                                  钻孔加工孔4
N220 G49 G00 Z100 M09;                                取消长度补偿,切削液关
N230 M05 G80;                                         主轴停止
N250 M06 T3;                                          调用3号刀具:M10丝锥
N260 M03 S100;                                        主轴正转,100r/min
N270 G90 G00 G43 H03 Z20 M08;                         Z轴定位,调用3号长度补偿,切削液开
N280        X0 Y0;                                    X、Y轴快速定位
N290 G98 G84 X20 Y0 R10 P10000 Z-20 F150;            螺纹加工孔1
N300        X0 Y20;                                   螺纹加工孔2
N310        X-20 Y0;                                  螺纹加工孔3
N320        X0 Y-20;                                  螺纹加工孔4
N330 G49 G00 Z100 M09;                                取消长度补偿,切削液关
N340 M05 G80;                                         主轴停止
N350 M02;                                             程序结束
```

（4）操作注意事项

① 装夹工件用的垫铁不要与加工部位干涉,防止撞刀。

② 加工内螺纹时,要利用中心钻钻中心孔,然后再进行钻孔、攻螺纹,要保证三把刀具对刀的一致性。否则会折断丝锥。

③ 攻螺纹时要正确选择切削参数,合理使用攻螺纹的循环指令。

④ 加工钢件时,攻螺纹前要把孔内的铁屑清理干净,防止折断丝锥。

⑤ 根据工件材料选择合适的切削液。

8.3.2 多刃铣刀铣浅孔内螺纹

（1）任务描述

如图8-17所示,毛坯尺寸为80mm×80mm×20mm,材料为45钢,螺纹底孔已经加工出。试编写右旋螺纹M30×1.5的加工程序。

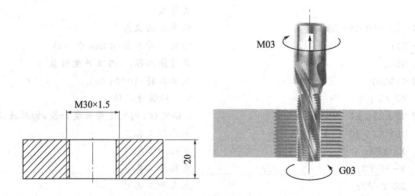

图8-17 螺纹铣削加工

（2）任务分析

采用螺纹铣刀进行加工。螺纹铣刀切削部分的有效长度大于工件螺纹深度的加工,铣刀只需要旋转一周就可以加工出全部螺纹。

（3）任务实施

① 加工工艺方案

a. 以工件上表面孔的中心为原点建立工件坐标系 G55。

b. 加工顺序及走刀路线：由于螺纹深度不大，螺纹铣刀有效长度大于螺纹深度，采用螺旋插补指令，铣刀只需旋转 360° 即可完成螺纹加工，与一般轮廓的数控铣削一样，螺纹铣削开始进刀时可采用圆弧切入，采用主轴正转，刀具从下向上的加工方式，逆时针旋转加工，顺铣。

如图 8-12 所示，根据公式计算得：切入圆弧半径 $R_e = 13.745$；圆弧切入（螺旋插补）在 Z 轴移动的增量距离 $Z_a = 0.397$；切入圆弧圆心 C（X1.255，Y0），切入圆弧起始点 E（X0，Y-13.688），切出点 D（X0，Y13.688）。主轴正转，螺纹铣刀 Z 向进刀至低于工件下表面 2 个螺距（铣刀刀位点在 Z-23mm 处），螺纹铣刀从 O 点 G01 进刀至 E 点，并进行刀具半径左补偿；从 E 点向上逆时针螺旋插补 G03 至 B 点，圆弧切入；然后向 Z 轴正方向逆时针螺旋插补一周到 O_1 点（XY 平面投影），再向上螺旋插补至 D 点切出，最后用 G01 退刀至 O 点，取消刀具半径补偿，完成螺纹的加工。

② 工、量、刀具选择

a. 工具　工件采用平口钳装夹，下用垫铁支承。先把平口钳装夹在数控铣床工作台上，用百分表校正平口钳，使钳口与铣床工作台 X 方向平行。工件装夹在平口钳上，下用垫铁支承，注意垫铁不要与刀具干涉，防止撞刀。使工件放平并高出钳口 5~10mm，夹紧工件。用杠杆表根据工件孔进行对刀。

b. 量具　采用 M30×1.5 螺纹塞规检测。

c. 刀具　选择 ϕ20mm 的整体硬质合金螺纹铣刀，2 槽，切削刃有效长度 30mm。

③ 切削用量选择

a. 主轴转速　根据表 8-3，铣削速度选取 $v_c = 150$m/min，根据公式

$$v_c = \frac{\pi d_0 n}{1000}$$

计算得主轴转速 $n = 2389$ r/min，取 $n = 2000$ r/min。

b. 进给速度　根据表 8-3 选择每齿进给量 $f_z = 0.15$mm/齿，铣刀两个槽，齿数为 $z = 2$，主轴转速 $n = 2000$ r/min，根据铣削点进给速度与刀具中心点进给速度的关系，得铣刀切削刃处进给速度为 $v_{f1} = f_z z n = 0.15 \times 2 \times 2000 = 600$mm/min；铣刀中心进给速度为 $v_{f2} = v_{f1}(d - d_0)/d = 600 \times (30 - 20)/30 = 200$ mm /min，d 为螺纹孔大径；d_0 为螺纹铣刀直径。

④ 工艺卡片（表 8-7）

表 8-7　工艺卡片

零件名称	零件编号	数控加工工艺卡片				
螺纹板						
材料名称	材料牌号	机床名称	机床型号	夹具名称		夹具编号
钢	45	数控铣床		平口钳		

序号	工艺内容	切削转速 /r·min⁻¹	进给速度 /mm·min⁻¹	量具	刀具
1	装（卸）工件				
2	铣螺纹 M30×1.5	2000	200	M30×1.5 螺纹塞规	ϕ20mm 螺纹铣刀

⑤ 程序

a. 用刀具半径补偿功能编程

O1234;	程序名
G40 G49 G80 G90;	初始化
G90 G55;	建立工件坐标系
M03 S2000;	主轴正转,2000r/min
G00 X0 Y0;	快速定位到 O 点
G43 Z10 H1 M08;	Z 轴下刀,长度补偿,切削液开
G01 Z-23 F200;	Z 轴进刀
G01 G41 X0 Y-13.688 D1;	进给到 E 点,半径左补偿
G91 G03 X15 Y13.688 Z0.397 R13.745;	增量方式,圆弧切入到 B 点
G03 Z1.5 I-15;	铣削螺纹 1 周,螺距 1.5mm
G03 X-15 Y13.688 Z0.397 R13.745;	圆弧切出到 D 点
G90 G40 G01 X0 Y0;	绝对方式,退刀到 O 点,取消半径补偿
G01 Z10 F500;	Z 轴提刀
G00 G49 Z100;	快速提刀,取消长度补偿
M05 M09;	主轴停止,切削液关
M02;	程序结束

b. 用刀心轨迹编程　　在该例中,假如不用刀具半径补偿功能,为了避免复杂的计算,可以在 CAD 上设计刀路,直接用刀心轨迹编程。走刀路径如图 8-18 所示。主轴正转,螺纹铣刀 Z 向进刀至低于工件下表面 2 个螺距(铣刀刀位点在-23mm 处),螺纹铣刀从 O_1 点进刀(G01)至 A 点,从 A 点向上逆时针螺旋插补 G03 至 O_2 点,圆弧切入;然后以 5mm 为半径向上逆时针螺旋插补一周到 O_2 点(XY 平面投影),再向上螺旋插补至 B 点切出,最后用 G01 退刀至 O_1 点,完成螺纹的加工。

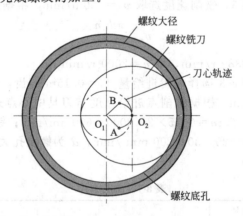

图 8-18　螺纹铣削加工轨迹

圆弧插补编程时采取增量编程方式比较方便。

注意,1/4 圆弧切入和圆弧切出一定要用螺旋插补指令,切入和切出圆弧半径为 2.5mm,圆心为 O_1O_2 的中点。所以 A 点坐标为 A(X2.5,Y-2.5),B 点坐标为 B(X2.5,Y2.5),在 Z 轴方向上,1/4 圆弧移动了 1/4 个螺距,即增量移动了 1.5/4=0.375mm。

由于已知螺纹铣刀直径为 ϕ20mm,螺纹大径 d=30mm,所以插补半径为 O_1O_2 之间的距离 $O_1O_2=(d-d_0)/2=(30-20)/=5$mm。$O_1$ 为螺纹孔中心,O_2 为螺纹铣刀中心。

另外,铣刀从 O_1 点至 A 点时,刀具不要与螺纹底孔发生干涉,所以要根据螺纹孔和刀具的直径大小来计算安全距离。用加工中心编程如下:

```
O1235;                                         程序名
N10 G17 G40 G80 G49 G90;                        设置初始状态
N20 M06 T1;                                      调用1号刀具:φ20mm 螺纹铣刀
N30 G90 G55;                                     绝对值编程,G55 工件坐标系
N40 M03 S2000;                                   主轴正转,2000r/min
N50 G00 X0 Y0 M08;                               快速定位
N60 G43 G00 Z20 H1;                              Z轴定位,调用1号长度补偿
N70 G01 Z-23 F500;                               Z向进刀
N80      X2.5 Y-2.5 F200;                        直线插补至A点
N90 G91 G03 X2.5 Y2.5 R2.5 Z0.375 F200;         螺旋插补圆弧切入至 $O_2$ 点
N100 G03 I-5 Z1.5;                               螺旋插补1周铣螺纹,导程为 1.5mm
N110 G03 X-2.5 Y2.5 R2.5 Z0.375;                圆弧切出至B点
N120 G90 G01 X0 Y0;                              主轴进给至孔中心 $O_1$ 点
N130 G49 G00 Z100 M09;                           取消长度补偿,提刀
N140 M05;                                        主轴停止
N150 M02;                                        程序结束
```

8.3.3　多刃铣刀铣深孔内螺纹

（1）任务描述

如图 8-19 所示，毛坯尺寸为 80 mm×80 mm×30mm，材料为 45 钢，M30×1.5-LH 左旋螺纹孔的长度为 30 mm，螺纹铣刀切削部分有效长度 25mm，试编写螺纹的加工程序。

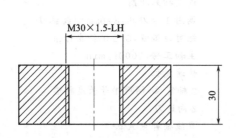
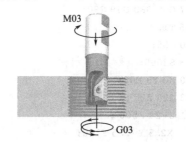

图 8-19　螺纹铣削加工

（2）任务分析

如果螺纹铣刀有效长度小于螺纹孔深度，铣刀需要旋转多圈加工出全部螺纹。

（3）任务实施

① 加工工艺方案

a. 以工件上表面圆心为工件坐标系原点建立工件坐标系 G55。

b. 加工顺序及走刀路线：由于铣刀有效长度小于螺纹孔深度，采用螺旋插补指令，螺纹铣刀在 Z 轴方向定位距离和移动距离需要计算；由于是左旋螺纹，采用顺铣方式，铣刀正转，从上向下的逆时针螺旋插补 G03 方式加工；走刀路线为主轴正转，螺纹铣刀 Z 向进刀至距离工件上表面以下-24mm 处，用逆时针螺旋插补 G03 圆弧切入至螺纹大径，Z 轴向下进给 1/4 螺距，逆时针螺旋插补 G03，在 Z 轴方向向下移动 5 个螺距（增量进给 7.5mm，多走一个螺距），然后用逆时针螺旋插补 G03 圆弧切出，完成整个螺纹的加工，刀路轨迹在 XY 方向投影如图 8-18 所示。

② 工、量、刀具选择

a. 工具　采用平口钳装夹，下用垫铁支承。用百分表进行工件找正。

b. 量具　采用 M30×1.5 左旋螺纹塞规检测。

c. 刀具　选择 ϕ20mm 的机夹螺纹铣刀，单刀片，螺纹切削刃有效长度 25mm。

③ 切削用量选择　见工艺卡片。

④ 工艺卡片（表 8-8）

表 8-8　工艺卡片

零件名称	零件编号	数控加工工艺卡片				
螺纹板						
材料名称	材料牌号	机床名称	机床型号		夹具名称	夹具编号
钢	45	加工中心			平口钳	

序号	工艺内容	切削转速 /r·min^{-1}	进给速度 /mm·min^{-1}	量具	刀具
1	装(卸)工件				
2	铣螺纹 M30×1.5-LH	2000	100	M30×1.5 螺纹塞规	ϕ20mm 螺纹铣刀

⑤ 加工程序

a. 如果机床有多圈螺旋插补功能，程序如下。

```
O1221;                                         程序名
N10 G17 G40 G80 G49 G90;                        设置初始状态
N20 M06 T1;                                     调用 1 号刀具:φ20mm 螺纹铣刀
N30 G90 G55;                                    绝对值编程,G55 工件坐标系
N40 M03 S2000;                                  主轴正转,2000r/min
N50 G00 X0 Y0 M08;                              快速定位
N60 G43 G00 Z20 H01;                            Z 轴定位,调用 1 号长度补偿
N70 G01 Z-24 F500 ;                             Z 向进刀
N80     X2.5 Y-2.5 F100;                        直线插补至 A 点
N90 G91 G03 X2.5 Y2.5 R2.5 Z-0.375 F100;        螺旋插补圆弧切入至 O2 点
N100 G03 I-5 Z-7.5 K1.5;                        向下螺旋插补 5 周铣螺纹,导程为 1.5mm
N110 G03 X-2.5 Y2.5 R2.5 Z-0.375;              圆弧切出至 B 点
N120 G90 G01 X0 Y0 F100;                        主轴进给至孔中心 O1 点
N130 G49 G00 Z100 M09;                          取消长度补偿,提刀
N140 M05;                                       主轴停止
N150 M02;                                       程序结束
```

b. 如果机床只有单圈螺旋插补功能，可以采用子程序编程。

```
O1223;                                         主程序
N10 G17 G40 G80 G49 G90;                        设置初始状态
N20 M06 T1;                                     调用 1 号刀具:φ20mm 螺纹铣刀
N30 G90 G55;                                    绝对值编程,G55 工件坐标系
N40 M03 S2000;                                  主轴正转,2000r/min
N50 G00 X0 Y0 M08;                              快速定位
N60 G43 G00 Z20 H01;                            Z 轴定位,调用 1 号长度补偿
N70 G01 Z-24 F500 ;                             Z 向进刀
N80     X2.5 Y-2.5 F100;                        直线插补至 A 点
N90 G91 G03 X2.5 Y2.5 R2.5 Z-0.375 F100;        螺旋插补圆弧切入至 O2 点
```

N100 M98 P51001;　　　　　　　　　　　调用 O1001 子程序 5 次,向下螺旋插补 5 周,导程
　　　　　　　　　　　　　　　　　　　为 1.5mm
N110 G03 X-2.5 Y2.5 R2.5 Z-0.375;　　圆弧切出至 B 点
N120 G90 G01 X0 Y0 F100;　　　　　　主轴进给至孔中心 O₁ 点
N130 G49 G00 Z100 M09;　　　　　　　取消长度补偿,提刀
N140 M05;　　　　　　　　　　　　　　主轴停止
N150 M02;　　　　　　　　　　　　　　程序结束

O 1001;　　　　　　　　　　　　　　　子程序
N10 G91 G03 I-5 Z-1.5 F100;　　　　　向下螺旋插补 1 周铣螺纹,导程为 1.5mm
N20 M99;　　　　　　　　　　　　　　子程序结束,返回主程序

8.3.4　单刃铣刀铣深孔内螺纹

（1）任务描述

如图 8-20 所示,毛坯尺寸为 80mm×80mm×40mm,材料为 20 钢,试编写非标螺纹 M40×2 的加工程序。

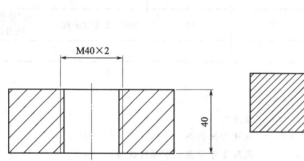

图 8-20　铣内螺纹

（2）任务分析

采用 60°单齿螺纹铣刀加工螺纹,根据相关计算公式计算出插补半径。在本例中,采取螺旋插补、子程序、宏程序三种方法进行编程。

（3）任务实施

① 加工工艺方案

a. 采用平口钳装夹,用光电式寻边器找正。如果底孔已加工,要用百分表以底孔中心为基准进行对刀。以工件上表面对称中心为原点建立工件坐标系。

b. 加工顺序及走刀路线：先加工出底孔,虽然工件材料为 20 钢,是塑性材料,但由于加工为铣削方式,挤压变形可忽略,因此底孔直径为

$$d_1 = d - 1.1P = 40 - 1.1 \times 2 = 37.8mm$$

在该例中,底孔已经加工,只铣螺纹,走刀路线为螺纹铣刀先移动至工件上表面一个螺距的高度,由于刀具在孔的上方没有切削到工件,因此不用圆弧切入,采用 X 方向直线切入,然后进行顺时针螺旋插补,铣削方式为逆铣,至工件下表面一个螺距处,退刀至孔中心,完成螺纹的铣削。

c. 计算螺旋插补半径：测量出 a 值,假设 a=10.19mm,根据公式计算得

$$R=a+0.65P=10.19+0.65\times2=11.49\text{mm}$$

② 工、量、刀具选择

a. 工具　工件采用平口钳装夹，下用垫铁支承。用百分表校正平口钳，并进行工件找正。

b. 量具　采用游标卡和 M40×2 螺纹塞规测量。

c. 刀具　采用 60°单齿螺纹铣刀。

③ 切削用量选择　切削用量见工艺卡片。

④ 工艺卡片（表 8-9）

表 8-9　工艺卡片

零件名称	零件编号	数控加工工艺卡片				
螺纹板						
材料名称	材料牌号	机床名称	机床型号		夹具名称	夹具编号
钢	20	加工中心			平口钳	

序号	工艺内容	切削转速 /r·min⁻¹	进给速度 /mm·min⁻¹	量具	刀具
1	装（卸）工件				
2	铣螺纹 M40×2	1000	100	M40×2 螺纹塞规	60°单齿螺纹铣刀（T1）

⑤ 加工程序

a. 用螺旋插补功能编程

```
O1226;                          程序名
N10 G17 G40 G80 G49 G90;        设置初始状态
N20 M06 T1;                     调用 1 号刀具：60°螺纹铣刀
N30 G90 G55;                    绝对值编程，G55 工件坐标系
N40 M03 S1000;                  主轴正转，1000r/min
N50 G00 X0 Y0 M08;              快速定位至孔中心
N60 G90 G43 G00 Z20 H01;        Z 轴定位，调用 1 号长度补偿
N70 G01 Z2 F100;                Z 向进给
N75     X11.49;                 X 方向切入
N80 G02 I-11.49 Z-42 K2 F100;   螺旋插补铣螺纹，导程为 2mm
N90 G01 X0 Y0 F100;             主轴进给至孔中心
N100 G49 G00 Z100 M09;          取消长度补偿，提刀
N110 M05;                       主轴停止
N120 M02;                       程序结束
```

b. 用子程序编程

```
O1238;                          主程序
N10 G17 G40 G80 G49 G90;        设置初始状态
N20 M06 T1;                     调用 1 号刀具：60°螺纹铣刀
N30 G90 G55;                    绝对值编程，G55 工件坐标系
N40 M03 S1000;                  主轴正转，1000r/min
N50 G90 G43 G00 Z20 H01;        Z 轴定位，调用 1 号长度补偿
N60 G00 X0 Y0 M08;              快速定位
```

```
N70 G01 Z2 F100;                    Z向进给
N75      X11.49;                    X方向切入
N80 M98 P223005;                    调用子程序 O3005,22 次
N90 G90 G01 X0 Y0 F100;             主轴进给至孔中心
N100 G49 G00 Z100 M09;              取消长度补偿,提刀
N110 M05;                           主轴停止
N120 M02;                           程序结束

O3005;                              子程序
N10 G91 G02 I-11.49 Z-2 F100;       螺旋插补内螺纹
N20 M99;                            返回主程序
```

c. 用宏程序编程   使用单齿螺纹铣刀可以用宏程序进行编程,可以加工标准螺纹,也可以加工非标准螺纹。

```
O1234;
N10 G17 G40 G80 G49 G90;            设置初始状态
N20 M06 T1;                         调用 1 号刀具;60°螺纹铣刀
N30 G90 G55;                        绝对值编程,G55 工件坐标系
N40 M03 S1000;                      主轴正转,1000r/min
N50 G00 X0 Y0 M08;                  快速定位至孔中心
N60 G90 G43 G00 Z20 H01;            Z轴定位,调用 1 号长度补偿
N65 G01 Z2 F100;                    Z向进给
N70 #1= 2;                          初始值为 2,起刀点 Z 轴坐标
N80 #2= 2;                          螺纹导程为 2mm
N90 #3= 11.49;                      插补半径
N100 #4= -42;                       刀具最终到达的 Z 轴坐标
N110 G01 X#3 F100;                  X方向进刀
N120 #1= #1-#2;                     Z轴向下增量移动一个导程
N130 G02 I-11.49 Z#1 F100;          螺旋插补铣螺纹
N140 IF[#1 GT #4] GOTO 120;         当条件成立,程序转移到 N120 执行
N150 G01 X0 Y0 F100;                退刀至孔中心
N160 G49 G00 Z100 M09;              取消长度补偿,提刀
N170 M05;                           主轴停止
N180 M02;                           程序结束
```

变量#1为螺纹铣刀离工件上表面的高度,即一个螺距的高度。变量#4为螺纹长度,可适当超出实际值,最好取螺距的整数倍,只要不与工件或孔底夹具干涉即可。

(4) 操作注意事项

① 装夹工件用的垫铁不要与加工部位干涉,防止撞刀。

② 如果螺纹孔为盲孔,或者外螺纹最下端尺寸空间不大,加工时一定注意在 Z 轴方向防止刀具与工件发生碰撞。

③ 铣螺纹时要正确选择切削参数。

④ 根据工件材料选择合适的切削液。

✖ 练习题

一、填空题 (请将正确答案填在横线空白处)

1. 螺纹的基本要素主要有牙型、大径和小径、_____、_____、_____。

2. M30×1.5LH-7H 表示的意思是_____。

3. 检查内、外螺纹是否合格常用的量（检）具是_____、_____。

4. 丝锥是攻螺纹并能直接获得_____的刀具。

5. 用_____螺纹铣刀可以进行非标准螺纹的加工。

6. 加工钢件或塑性材料时底孔直径_____，加工铸铁或脆性材料时底孔直径_____。

7. 螺纹铣刀一般由_____材料制造，丝锥一般由_____材料制造。

8. 一把螺纹铣刀可以加工具有相同_____的任意直径的螺纹。

9. 当工件材料硬度大于 52HRC 时最好采用_____刀具加工螺纹。

10. 攻螺纹时一般采用切削液，碳素钢及合金钢用_____，铝合金用_____。

二、选择题（请将正确答案的代号填入括号内）

1. 攻 M10 的螺纹，通常应先加工出直径（　　）mm 的底孔。

A. 8 　　　　　　　 B. 8.5 　　　　　　　 C. 9 　　　　　　　 D. 10

2. 在加工中心上攻螺纹时机床可以是（　　）联动；铣螺纹则至少是（　　）联动。

A. 二轴 　　　　　 B. 二轴半 　　　　　 C. 三轴 　　　　　 D. 三轴以上

3. 加工中心上加工大直径标准螺纹常用（　　），加工非标准螺纹常用（　　），加工多线螺纹则要用（　　）。

A. 丝锥 　　　　　　　　　　　　　 B. 单齿螺纹铣刀

C. 机夹螺纹铣刀 　　　　　　　　　 D. 整体硬质合金螺纹铣刀

4. 铣螺纹加工用的指令是（　　），攻螺纹用的指令是（　　）。

A. G01 指令 　　　 B. 圆弧插补 　　　 C. 螺旋插补指令 　　　 D. 固定循环指令

5. 在 M20-6g 中，6g 表示（　　）公差带代号。

A. 大径 　　　　　 B. 小径 　　　　　 C. 中径 　　　　　 D. 外螺纹

6. 在加工中心上钢性攻螺纹需要（　　）。

A. 弹性夹头 　　　 B. 三轴联动 　　　 C. 大功率机床 　　　 D. 带主轴编码器

7. 在钢和铸铁工件上分别加工同样直径的内螺纹，钢件底孔直径比铸铁底孔直径（　　）。

A. 大 $0.1P$ 　　　　 B. 小 $0.1P$ 　　　　 C. 相等

8. 在钢和铸铁圆杆工件上分别加工同样直径外螺纹，钢件圆杆直径应（　　）铸铁圆杆直径。

A. 稍大于 　　　　　 B. 稍小于 　　　　　 C. 等于

9. 被加工工件强度、硬度、塑性越大时，刀具寿命（　　）。

A. 越高 　　　　　 B. 越低 　　　　　 C. 不变

10. 加工时切削热主要是通过切屑和（　　）进行传导的。

A. 工件 　　　　　 B. 刀具 　　　　　 C. 周围介质

三、判断题（正确的请在括号内打"√"，错误的打"×"）

1. M6 以下的螺纹可在加工中心上完成底孔加工后，通过手工攻螺纹加工。（　　）

2. 当螺纹大于 M24 时则不能用攻螺纹的加工方式完成。（　　）

3. 螺纹铣刀和丝锥结构上是一样的，因此可以用丝锥代替螺纹铣刀。（　　）

4. 在普通加工中心上攻螺纹，检查发现螺纹尺寸稍小，螺纹塞规通端不能进入，则可以对该螺纹孔重新攻一次。（　　）

5. 铣削螺纹时 Z 轴的进给速度是根据"F＝螺纹导程×主轴转速"确定的。（　　）

6. 螺纹铣刀只能加工内螺纹，不能加工外螺纹和非标准螺纹。（　　）

7. 在加工中心上攻螺纹时，为提高加工精度和防止丝锥折断，通常在钻底孔前先用中心钻钻定位孔。（　　）

8. 一把丝锥只能加工一种螺距的螺纹；一把螺纹铣刀可以加工不同螺距的螺纹。（　　）

9. 用弹性夹头的浮动攻螺纹质量优于刚性攻螺纹。（　　）

10. 攻大直径螺纹需要较大功率的数控机床。（　　）

四、简答题

1. 在普通数控加工中心上攻螺纹为什么要采用专用弹性夹头？什么是刚性攻螺纹？

2. 对韧性材料和脆性材料，攻螺纹前底孔的直径为什么不同？写出底孔直径的经验公式。

3. 在日常加工中如何处理折断在工件孔内的丝锥和工件？怎样尽可能避免丝锥折断？

4. 简述铣螺纹加工的特点。

五、综合题

1. 如图 8-21 所示，工件材料为 45 钢，试编写内螺纹的加工程序。

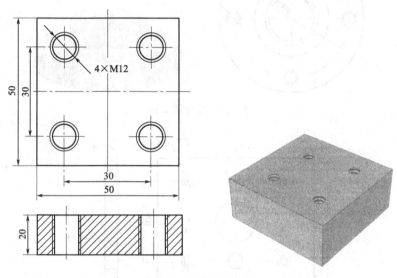

图 8-21　综合题 1 图

2. 如图 8-22 所示，工件毛坯尺寸为 $\phi90mm \times 20mm$，材料为 45 钢，硬度为 28～32HRC。分别用整体硬质合金螺纹铣刀和单齿螺纹铣刀编写内螺纹的加工程序。

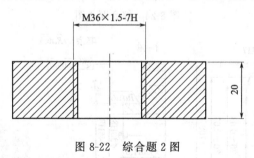

图 8-22　综合题 2 图

3. 如图 8-23 所示零件，材料为 45 钢。试制定加工工艺方案，编写螺纹孔的加工程序。

4. 编写图 8-24 所示零件孔加工程序，设备、刀具自定。材料为 Q235。

5. 如图 8-25 所示，工件外形已经加工。毛坯材料为 45 钢，调质处理 225～275HBS。完成下列任务：

（1）如果工件毛坯尺寸为 100mm×100mm×32mm，确定零件的加工工艺方案。

（2）如果 $\phi30H8$ 的孔已加工出 $\phi28mm$ 的孔，其余尺寸已加工完成，怎样进行工件的装夹和找正？怎样进行对刀？

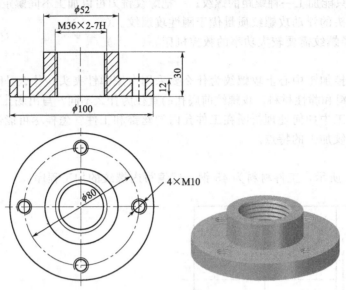

图 8-23 综合题 3 图

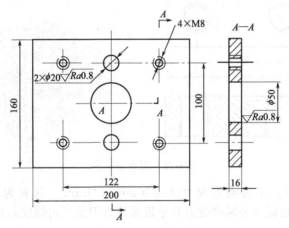

图 8-24 综合题 4 图

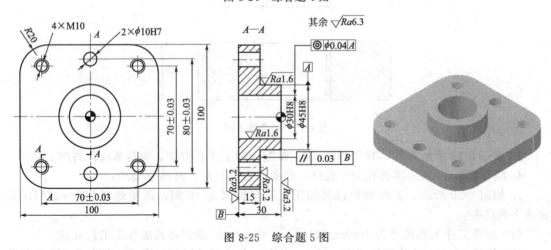

图 8-25 综合题 5 图

（3）编写 $\phi30H8$ 孔的精加工程序。

项目9 四轴加工

9.1 知识准备

9.1.1 四轴立式加工中心简介

加工中心在机械制造业中已得到广泛应用。有些加工中心配备有第四轴，充分发挥了设备的作用，扩大了数控加床的加工范围，可以减少工件的反复装夹，提高工件的整体加工精度，利于简化工艺，提高生产效率。复杂零件的四轴加工一般采用软件自动编程，对于简单形状的零件，用手动编程的方法更简便，也利于精度控制和程序校验。

立式加工中心第四轴，是在原 X、Y、Z 三个轴的基础上，在工作台增加一个数控分度头，即加一个旋转轴（一般是 A 轴），实现联动，但不能高速旋转。一般是将分度盘安装在工作台的 X 轴的负方向，Y 轴的中间位置，用百分表对分度盘进行找正，使其回转中心与 X 轴平行；尾座安装在另一端，与分度盘同轴，使用附带的压板固定，如图 9-1 所示。

图 9-1　立式加工中心第四轴

9.1.2 立式加工中心第四轴回零操作

A 轴的操作与其他轴相似，开机后首先要进行回零操作。回零操作前，在 MDI 方式下输入 M11 指令使 A 轴松开（M10 为第四轴夹紧，M11 为第四轴松开，不同厂家指令可能不同，参看说明书），可以使用手轮摇动手柄使 A 轴正方向旋转离开一定角度，然后按操作面板上的 $\boxed{+4H}$ 键使 A 轴回零。在编程中，可以使用指令"G28 A0"使 A 轴自动回零。

A 轴的方向按照右手螺旋定则判断。如图 9-1 中，从上往下看，A 轴向里的旋转方向为正，向操作者的旋转方向为负。

9.2 指令学习

9.2.1 快速定位指令 G00

指令格式：

G90/G91 G00 X __ Y __ Z __ A __；

式中，X、Y、Z 为快速定位的终点坐标值；A 为旋转轴坐标值，单位为度（°）；G90 为绝对坐标值；G91 为增量坐标值。

9.2.2 直线插补指令 G01

指令格式：

G01 X __ Y __ Z __ A __ F __；

式中，X、Y、Z 为目标点坐标；A 为旋转轴坐标值，单位为度（°）；F 为进给速度。对于 A 轴，G94 时 X、Y、Z 的进给速度单位是每分钟进给 mm/min，A 的进给速度为（°）/min。

9.2.3 自动返回参考点指令 G28

G28 指令能使机床自动回参考点操作。

指令格式：

G28 A0；

【例 9-1】 如图 9-2(a) 所示，材料为尼龙 06，铣刀直径为 $\phi6$ mm，槽深为 5 mm。编制零件环形槽的加工程序。

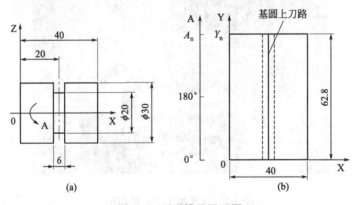

图 9-2 环形槽及展开图

编写此类零件的加工程序，可以将图形以回转轴为中心进行展开，编制成 X、Y 轴的 2D 岛屿挖槽的刀路程序，然后再以 Y 轴保持不动，将其转换成 A 轴回转加工的刀路程序。

从 2D 刀路转换到回转四轴刀路只需要将所有 Y 轴坐标向对应切削深度基圆圆周上进行包络换算即可。换算公式如下：

$$A_n = \frac{360Y_n}{\pi D}$$

式中，D 为基圆直径；Y_n 为刀路在基圆圆周展开图上 Y 轴上的移动距离；A_n 为回转角度。

图 9-2(b) 中基圆直径 $D=20$mm，$Y_n=\pi D=62.8$mm，即基圆周长，所以 $A_n=360°$。

以工件回转中心的左端面建立工件坐标系 G55，加工程序如下：

```
O2233;
G40 G49 G80 G90;              初始化
G90 G55;                      绝对值编程,设定 G55 坐标系
M06 T1;                       换 1 号刀
M03 S800;                     主轴旋转
G00 A10;                      A轴快速定位
G91 G28 A0;                   A轴回零
G90 G00 X20 Y0;               快速定位
G43 G00 Z20 H1;               长度补偿,Z向至距离工件回转中心高 20mm
G01 Z10 F100;                 Z向进给至槽深
G01 A360 F100;                A轴旋转,进给速度100°/min
G00 Z20;                      提刀
G49 G00 Z50;                  取消长度补偿
M05;                          主轴停止
M02;                          程序结束
```

例 9-1 中 Z 轴的零点设在了零件的回转中心上，也可以通过对刀设在零件的圆周表面上。

【例 9-2】 如图 9-3(a) 所示，材料为尼龙 06，铣刀直径为 $\phi 6$ mm，槽深为 5 mm。编制零件螺旋槽的加工程序。

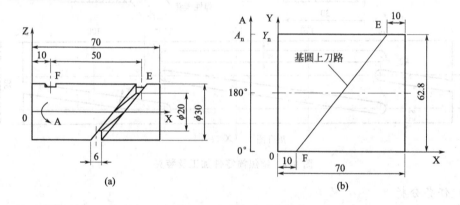

(a)   (b)

图 9-3　螺旋槽及展开图

图 9-3(b) 中基圆直径 $D = 20$mm，$Y_n = \pi D = 62.8$mm，即基圆周长，所以 $A_n = 360°$。X 轴起刀点为 E 点，到 F 点结束。以工件回转中心的左端面建立工件坐标系 G55，加工程序如下：

```
O1010;
G40 G49 G80 G90;              初始化
G90 G55;                      绝对值编程,设定 G55 坐标系
M06 T1;                       换 1 号刀
M03 S800;                     主轴旋转
G00 A10;                      A轴快速定位
G91 G28 A0;                   A轴回零
G90 G00 X60 Y0;               快速定位至 E 点
G43 G00 Z20 H1;               长度补偿,Z向至距离工件回转中心高 20 mm
G01 Z10 F80;                  Z向进给至槽深
G01 X10 A360 F100;            X轴移动的同时 A 轴旋转到指定位置
```

```
G00 Z20;                        提刀
G49 G00 Z50；                   取消长度补偿
M05；                           主轴停止
M02；                           程序结束
```

9.3　典型工作任务

（1）任务描述

如图 9-4 所示调焦筒零件，材料为 LY12，铣刀直径为 ϕ4mm。编制零件螺旋槽的加工程序。

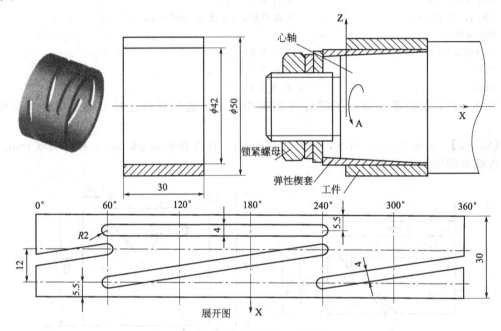

图 9-4　调焦筒零件加工及装夹

（2）任务分析

该零件在筒形毛坯上加上一段直形圆弧通槽和两段螺旋通槽。由于通槽槽形较长，若采用轴向夹紧，加工时会因轴向夹紧力使槽宽变形。因此，采用弹性内胀式夹紧的方法。加工时采用调用子程序进行分层加工的方式，可以大大简化编程工作量。起始深度和每次提刀量的设计是个关键，首次下刀的高度应按照最后一层铣完后的提刀位置保证在工件表面外来推算确定。

（3）任务实施

① 加工工艺方案　本程序设计首次下刀位置为 31.25mm。子程序采用增量方式，第一层切入 0.25mm，以后每层切入 0.5mm，每层铣完三个槽后向上少提 0.5mm，最后切入胀套 0.25mm 深度，完成槽的加工。

② 工、量、刀具选择

a. 工具　专用夹具。

b. 量具　0～125mm 游标卡尺。

c. 刀具　采用 ϕ4mm 的硬质合金键槽铣刀。

③ 切削用量选择　见工艺卡片。

④ 工艺卡片（表 9-1）

表 9-1　工艺卡片

零件名称	零件编号	数控加工工艺卡片				
调焦筒						
材料名称	材料牌号	机床名称	机床型号		夹具名称	夹具编号
铝合金	LY12	数控铣床			专用夹具	

序号	工艺内容	切削转速 /r·min⁻¹	进给速度 /mm·min⁻¹	量具	刀具
1	装夹工件				
2	铣槽	800	100	0～125mm 游标卡尺	ϕ4mm 键槽铣刀

⑤ 加工程序

O2014;	主程序
G40 G49　G80 G90;	初始化
G90 G55;	绝对值编程,设定 G55 坐标系
M03 S800;	主轴旋转
G00 A10;	A 轴快速定位
G91 G28 A0;	A 轴回零
G90 G00 X5.5 Y0;	快速定位到直槽起点
G43 G00 Z31.25 H1;	长度补偿,Z 向进刀至工件外表面附近
M98 P91001;	调用 O1001 子程序 9 次
G90 G49 G00 Z50;	取消长度补偿,提刀
M05;	主轴停止
M02;	程序结束
O1001;	子程序
G91 G01 Z-6.5 F50;	下刀并切入
A180 F100;	铣直弧槽
G00 Z6.5;	提刀
X7;	移到另一槽起点
G01 Z-6.5 F50;	下刀并切入
X12 A-180 F100;	铣螺旋槽
G00 Z6.5;	提刀
X-12;	移到另一槽起点
G01 Z-6.5 F50;	下刀并切入
X12 A-180 F100;	铣另一螺旋槽
G00 Z6;	提刀,少提 0.5mm
X-19;	移到直槽起点的 Z 位
G91 G28 A0;	A 轴转到直槽起点,为下一层铣削做准备
M99;	子程序结束,返回主程序

✕ 练习题

一、填空题（请将正确答案填在横线空白处）

1. 立式加工中心回转轴有两种方式,一种是工作台回转轴,设置在床身上的工作台可以环绕 X 轴回转的为____轴,环绕 Z 轴回转的为____轴;另一种是依靠主轴头的回转,主轴前端是一个回转头，能环绕 Y 轴旋转的为____轴。

2. 机床开机回参考点的目的是为了建立_____坐标系。

3. A 轴的回转方向可按照_____判断。

4. 粗加工时为了提高生产效率，选择切削用量时应首先选取较大的_____。

5. 安装 A 轴的数控分度盘时要使其回转中心与_____轴平行。

二、选择题（请将正确答案的代号填入括号内）

1. 下列哪种情况下，需要手动返回机床参考点（　　）。

A. 机床电源接通开始工作之前

B. 机床停电后再次接通数控系统的电源时

C. 机床在急停或者超程报警后恢复工作时

D. A、B、C 都是

2. 由于惯性和工艺系统变形，会造成（　　）的超程或欠程。

A. 外径　　　　　　　B. 内径　　　　　　　C. 工件轮廓拐角处　　D. 螺纹

3. 数控编程人员在数控编程和加工时使用的坐标系是（　　）。

A. 右手直角笛卡尔坐标系　　　　　　B. 机床坐标系

C. 工件坐标系　　　　　　　　　　　D. 直角坐标系

4. 自动回参考点的指令代码是（　　）。

A. M28　　　　　　　B. M99　　　　　　　C. G28　　　　　　　D. G92

5. 数控机床上一个固定不变的极限点是（　　）。

A. 机床原点　　　　　B. 工件原点　　　　　C. 换刀点　　　　　　D. 对刀点

三、判断题（正确的请在括号内打"√"，错误的打"×"）

1. 如果加工中心有第四轴，就一定是四轴四联动。（　　）

2. 加工中心第四轴又称 A 轴。（　　）

3. 同一段 NC 代码可以在不同的三轴数控机床上获得同样的加工效果，但某一种五轴机床的 NC 代码却不能适用于所有类型的五轴机床。（　　）

4. 三轴数控机床只有直线坐标轴，而五轴数控机床结构形式多样。（　　）

5. 刀具半径补偿功能同样适用于 A 轴。（　　）

四、简答题

1. 简述四轴加工的对刀方法。

2. 简述三轴三联动、四轴三联动以及五轴五联动加工中心的加工范围。

五、综合题

1. 如图 9-5 所示，工件材料为硬铝，6 个直槽在圆周上均匀分布，编写槽的加工程序。

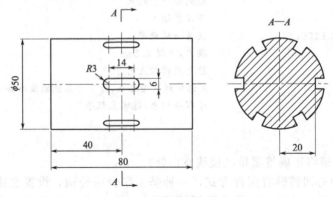

图 9-5　综合题 1 图

数控铣削编程与加工项目教程

2. 如图 9-6 所示，工件材料为硬铝，槽宽、深均为 5mm，编写螺旋槽的加工程序。

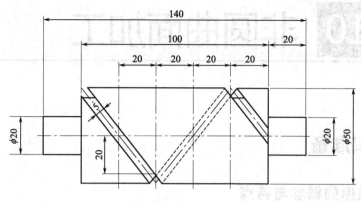

图 9-6　综合题 2 图

项目10 非圆曲面加工

10.1 知识准备

10.1.1 宏程序的概念与特点

三维曲面的加工，用手工编程较为复杂，甚至难以完成，一般使用 CAD/CAM 软件进行自动编程。对于某些简单或规则的三维图形，如球面、椭球面、抛物面、轮廓倒角或倒圆等，可以使用类似高级语言的宏程序进行编写。使用宏程序可以进行变量的算术运算、逻辑运算和函数的混合运算，此外宏程序还提供了循环语句、赋值语句、条件语句和子程序调用语句等，减少甚至免去了手工编程时繁琐的数值计算，以及精简了程序量。对于不同的数控系统，宏程序的编写指令和格式有所差异，但编写的方法和思路基本相同。编写宏程序前，必须选择合理的铣削路径和刀具来保证三维曲面加工的表面粗糙度值和精度。

（1）宏程序的概念

一般意义上所讲的数控指令其实是指 ISO 代码指令，即每个代码的功能是固定的，由生产厂家开发，使用者只需也只能按照规定编程即可。但有时候这些指令满足不了用户的需要，系统因此提供了用户宏程序功能，使用者可以对数控系统进行一定的功能扩展，实际上是数控系统对用户的开放，也可以视为用户利用数控系统提供的工具，在数控系统的平台上进行二次开发，当然这里的开放和开发是有条件和限制的。

早期数控加工程序只有主程序一种，后来又可以使用子程序和子程序多层嵌套。虽然子程序对编制相同加工操作的程序非常有用，但子程序和主程序一样，在程序运行过程中，数控系统除了进行插补运算外，不能进行其他数字运算。宏程序是指在程序中，用变量表述一个地址的数字值。宏程序由于程序使用变量、算术和逻辑运算及条件转移，使编制相同加工操作的程序更方便，更容易。可将相同加工操作编为通用程序，如型腔加工宏程序和固定加工循环宏程序。使用时，加工程序可用一条简单指令调用宏程序，和调用子程序完全一样，如图 10-1 所示。

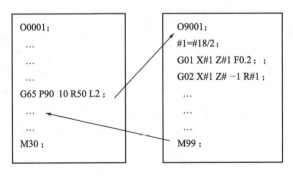

图 10-1 宏程序调用

（2）宏程序的特点

① 高效　在数控加工中，常遇到数量少、品种繁多、有规则的几何形状的工件，在编程中只要把这些共同点进行分析与总结，把这些几何形状的共同点设为变量应用到程序中，只需改变其中几个变量中的赋值，通过多次调用进行加工。这样大大节省了编程时间，而且在运用中准确性也大大提高。

② 经济　在加工中经常出现品种多数量少的零件，这些零件在某些特征上变化不定，如果采用常规的加工方法，需要定制许多类型的成形刀具，制作这些刀具既费时又加大制造成本，而采用宏编程就可以解决这个问题，甚至有些需要球头铣刀加工的零件，利用宏程序使用平头铣刀也可以加工。这样就降低了制造成本。

③ 应用范围广　宏程序在实际加工中还可以应用到数控加工的其他环节，如对刀具长度补偿、刀具半径补偿、进给量、主轴转速、G 代码、M 代码等进行设置，大大提高了加工效率。

④ 有利于解决软件编程带来的缺陷　对于软件编程来说，一般情况下编制的曲面加工程序的容量比较大。通常的数控加工系统的容量一般是 256KB 至几兆字节，当程序超过这个容量时，就需要在线加工了。自动编程的程序长度可能是宏程序的几十倍、几百倍甚至更悬殊，在线加工时，往往会出现数据传输的速率跟不上机床加工的速率，在加工过程中会出现断续、迟滞等现象，影响了正常加工。而宏程序由于一般不超过 60 行，换算成字节也不过几千字节，这样编制的程序容量非常简短，所以根本不用在线加工。

另外，使用软件编程生成的刀具轨迹存在一定的弊端，其本质上是在允许的误差范围内沿每条路径用直线去逼近曲面的过程。而使用宏程序时，为了对复杂的加工运动进行描述，必然会最大限度地使用数控系统内部的各种指令代码，数控系统可以直接进行插补运算，且速度极快，再加上伺服电机和机床的迅速响应，使加工效率极高。

宏程序是程序编制的高级形式，程序编制的质量与编程人员的素质息息相关，宏程序里应用了大量编程技巧，例如数学模型的建立、数学关系的表达、加工刀具的选择，走刀方式的取舍等，这些使宏程序的精度很高。特别是对于中等难度的零件，使用宏程序进行编程加工要比自动编程加工快得多，加工效率也大大增加。

10.1.2　FANUC 系统宏程序

（1）宏变量

普通加工程序直接用数值指定 G 代码和移动距离，如"G01 X100"。当使用宏程序时，数值可以直接指定或用变量指定，例如：

#1＝#2＋100；

G01 X#1 F100；

① 变量的表示　FANUC 系统的宏变量用变量符号"#"和后面的变量号指定，例如 #1、#2、#3 等；也可以用表达式来表示变量，例如# ［#1＋#2－12］等。

定量 π 在宏程序中用 PI 表示，例如#3＝2 * PI。

② 变量的类型　变量根据变量号可以分为四种类型，功能见表 10-1。

在编写宏程序时，通常可以用局部变量#1～#33 或公共变量#100～#199。而公共变量#500～#999 和#1000 及以后的系统变量通常是提供给机床厂家进行二次开发的，不能随便使用。若使用不当，会导致整个数控系统的崩溃。

③ 变量值的范围　局部变量和公共变量可以为 0 值或下面范围中的值：-10^{47}～-10^{-29}或 10^{-29}～10^{47}。如果超出这个范围，系统则发出报警。

④ 变量的引用　变量可以采用如下方法引用。

表 10-1　变量的类型及功能

变量号	变量类型	功　　能
＃0	空变量	该变量总是空,没有值能赋给该变量
＃1～＃33	局部变量	局部变量只能在宏程序中存储数据,如运算结果。当断电时,局部变量的数值被初始化为空,当宏程序被调用时,自变量对局部变量赋值
＃100～＃199 ＃500～＃999	公共变量	公共变量在不同的宏程序中的意义相同。＃100～＃199 在断电时数据被清除;＃500～＃999 的数据在断电时被保存不会丢失
＃1000 及以后	系统变量	系统变量用于读和写 CNC 运行时的各种数据,例如刀具的当前位置和补偿值

a. 在地址的后面可指定变量号或表达式,表达式则必须用括号"〔 〕"括起来。例如:

F＃103,设＃103＝150,则为 F150。式中 F 为地址,即进给指令;后面＃103 为变量号。

Z－＃110,设＃110＝200,则为 Z－200。式中 Z 为地址,即 Z 坐标;后面＃103 为变量号。

G01 X〔＃1＋＃2〕F＃3;表达式必须用括号"〔 〕"括起来。

X〔＃24＋〔＃18＊COS〔＃1〕〕〕。式中 X 为地址,即 X 坐标;后面的为表达式。

被引用变量的值根据地址的最小设定单位自动地舍入。

b. 变量号可以用变量代替。例如:＃〔＃30〕,设＃30＝3,则为＃3。

c. 改变引用变量的值的符号时,要把负号"－"放在＃的前面。例如:G00 X－＃1。

d. 当变量值未被定义时,这样的变量成为"空"变量,变量及地址都被忽略。例如:当＃1＝ ,G90 X100 Z＃1 即为 G90 X100。这里＃1 就未被赋予任何数值,是空变量。

当＃1＝0,G90 X100 Z＃1 即为 G90 X100 Z0。这里＃1 被赋予的数值是 0,不是空变量。

当＃11＝0,＃22＝ ,G00 X＃11 Y＃22 的执行结果是 G00 X0。

变量＃0 总是空变量,它不能被赋任何值。

从上边的例子可以看出,"变量的值是 0"与"变量的值是空"是完全不同的概念,可以这样理解:"变量的值是 0"相当于变量的数值等于 0;"变量的值是空"就意味着该变量所对应的地址根本不存在,不生效。

e. 程序号 O、顺序号 N 和任选程序段跳转号/不能使用变量。

例如,下述方法是不允许的:

O＃1;

/＃2 G01X50;

N＃2 Z100;

⑤ 变量的赋值　赋值是将一个数据赋予一个变量。例如,＃1＝0,表示＃1 的值是 0。其中＃1 代表变量,＃是变量符号,0 就是给变量＃1 赋予的值。

a. 赋值号"＝"两边内容不能随意互换,左边只能是变量,右边可以是表达式、数值或变量。

b. 一个赋值语句只能给一个变量赋值。

c. 可以多次给一个变量赋值,新变量值将取代原变量值(即最后赋的值生效。)

d. 赋值语句具有运算功能,它的一般形式为:变量＝表达式。

在赋值运算里,表达式可以是变量自身与其他数据的运算结果,例如,＃1＝＃1＋1,表示＃1 的值为＃1＋1,这一点与数学运算是有所不同的。

e. 赋值表达式的运算顺序与数学运算顺序相同。

f. 辅助功能（M 代码）的变量有最大值限制，例如，M30 赋值为 300 显然是不合理的。

（2）宏程序的运算指令

宏程序具有赋值、算术运算、逻辑运算、函数运算等功能。运算符右边的表达式可包含常量或由函数或运算符组成的变量。表达式中的变量#J 和#K 可以用常数赋值。左边的变量也可以用表达式赋值。变量的各种运算如表 10-2 所示。

表 10-2 变量的各种运算

功能	格　式	备　注
定义	#i＝#j	
加法 减法 乘法 除法	#i＝#j＋#k; #i＝#j-#k; #i＝#j * #k; #i＝#j/#k;	
正弦 反正弦 余弦 反余弦 正切 反正切	#i＝SIN[#j]; #i＝ASIN[#j]; #i＝COS[#j]; #i＝ACOS[#j]; #i＝TAN[#j]; #i＝ATAN[#j]/[#k];	角度以度（°）指定，例如 90°30′表示为 90.5°
平方根 绝对值 四舍五入 下取整 上取整 自然对数 指数函数	#i＝SQRT[#j]; #i＝ABS[#j]; #i＝ROUND[#j]; #i＝FIX[#j]; #i＝FUP[#j]; #i＝LN[#j]; #i＝EXP[#j];	
或 异或 与	#i＝#j OR #k; #i＝#j XOR #k; #i＝#j AND #k;	逻辑运算一位一位地按二进制数执行
从 BCD 转为 BIN 从 BIN 转为 BCD	#i＝BIN[#j]; #i＝BCD[#j];	用于与 PMC 的信号交换

运算的优先顺序如下。

① 函数。

② 乘除、逻辑与。

③ 加减、逻辑或、逻辑异或。

④ 可以用括号 [] 来改变顺序。括号嵌套可以使用 5 级，包括函数内部使用的括号。当超过 5 级时，系统报警。

（3）转移与循环指令

在程序中，使用 GOTO 语句和 IF 语句可以改变程序的流向。有三种转移和循环操作可供使用：

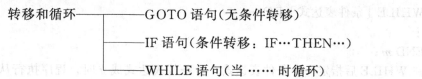

① 无条件的转移指令

格式：

GOTO n；

n 为顺序号（1～9999），也可用表达式指定顺序号。例如：

GOTO 1；转移至 N1 段程序执行。

GOTO ♯10；转移至♯10 表达式。

② 条件转移指令

格式 1：

IF［条件表达式］GOTO n；

若条件式成立，则程序转向程序号为 n 的程序段，若条件不能满足就继续执行下一段程序。

格式 2：

IF［条件表达式］THEN…；

若条件式成立，则执行预先指定的宏程序语句，而且只执行一个宏程序语句。例如：

IF［♯1 EQ ♯3］THEN ♯3＝10；表示如果♯1 和♯2 的值相同，则 10 赋值给♯3。

【说明】

• 条件表达式必须包括运算符。运算符插在两个变量中间或变量和常量中间，并且用括号"［ ］"封闭。表达式可以替代变量。

• 运算符由两个字母组成，用于两个值的比较，以决定它们是相等还是其中一个大于或小于另一个值。运算符及含义见表 10-3。注意，不能使用"≠"等符号。

表 10-3 运算符及含义

运算符	含义	运算符	含义
EQ	等于（＝）	GE	大于或等于（≥）
NE	不等于（≠）	LT	小于（<）
GT	大于（>）	LE	小于或等于（≤）

条件表达式中的变量♯j 或♯k 也可以是常数或表达式，条件表达式必须用括号"［ ］"括起来。

【例 10-1】 用条件语句编写宏程序求 1 到 10 之和。

程序：

```
O1010;                      程序名
  #1=0;                     存储和数变量的初值
  #2=1;                     被加数变量的初值
N1 IF[#2 GT 10] GOTO 2;     当加数#2大于10时,程序转移到N2
  #1=#1+ #2;                计算和数
  #2=#2+ 1;                 加数加1
  GOTO 1;                   转到N1
N2 M02;                     程序结束
```

③ 循环指令

格式：

WHILE［条件表达式］DO m；

  ⋮

END m；

在 WHILE 后指定一个条件表达式。若条件表达式成立时，程序执行从 DO m 到 END m 之间的程序段；如果条件不成立，则执行 END m 之后的程序段。DO 和 END 后的数字是用于表明循环执行范围的标号。可以用数字 1、2 和 3，如果是其他数字，系统会产生报警。

在 DO～END 循环中的标号 m（$m=1$，2，3）可根据需要多次使用。但是需要注意的是，无论怎样多次使用，标号 m 永远限制在 1、2、3；此外，当程序有交叉重复循环（DO 范围的重叠）时，会报警。详细说明如下。

a. 标号 m（1～3）可以根据需要多次使用。例如：

WHILE［条件表达式］DO 1;
⋮（程序）
END 1;
⋮
WHILE［条件表达式］DO 1;
⋮（程序）
END 1;
⋮

b. DO 的范围不能交叉。下面的格式是错误的：

WHILE［条件表达式］DO 1;
⋮（程序）
WHILE［条件表达式］DO 2;
⋮（程序）
END 1;
⋮（程序）
END 2;

c. DOm～ENDm 循环可以按需要最多嵌套三级。例如：

WHILE［条件表达式］DO 1;
⋮（程序）
WHILE［条件表达式］DO 2;
⋮（程序）
WHILE［条件表达式］DO 3;
⋮（程序）
END 3;
⋮（程序）
END 2;
⋮（程序）
END 1;

d.（条件）转移可以跳出循环的外边。例如：

WHILE［条件表达式］DO 1;
⋮（程序）
IF［条件表达式］GOTO n;
⋮（程序）
END 1;
⋮（程序）
Nn ⋮（程序）

e.（条件）转移不能进入循环区内，注意与上述 d. 条比较。下面的格式是错误的：

$$\left\{\begin{array}{l} \text{IF [条件表达式] GOTO } n; \\ \quad\vdots \text{（程序）} \\ \text{WHILE [条件表达式] DO 1；（错误!）} \\ \text{N}n \quad\vdots \text{（程序）} \\ \text{END 1;} \end{array}\right.$$

【说明】

• DOm 和 ENDm 必须成对使用，而且，DOm 一定要在 ENDm 指令之前。

• 当指定 DO 没有指定 WHILE 语句时，将产生从 DO 到 END 之间的无限循环（死循环）。

• 条件转移（IF 语句）和循环（WHILE 语句）之间的关系，从逻辑上说，两者不过是从正反两个方面描述同一件事情；从功能上说，两者可以互相代替；从用法和限制上说，条件转移（IF 语句）受到系统的限制相对更少，使用更灵活。

【例 10-2】 用循环语句编写宏程序求 1 到 10 之和。

程序：

```
O9020;                    程序名
#1=0;                     存储和数变量的初值
#2=1;                     被加数变量的初值
WHILE[#2 LE 10]DO 1;      当加数≤10时执行DO1到END1之间的程序
#1=#1+#2;                 计算和数
#2=#2+1;                  加数加1
END 1;                    转到END 1之后的程序段执行
M02;                      程序结束
```

10.1.3 宏程序的调用

宏程序的调用可以用非模态调用指令（G65）、用模态调用指令（G66、G67）、用 G 代码调用宏程序、用 M 代码调用宏程序。

用宏程序调用（G65）不同于子程序调用（M98）。两者区别如下。

① 用 G65，可以指定自变量（数据传送到宏程序），M98 没有该功能。

② 当 M98 程序段包含另一个 CNC 指令（例如：G01 X100 M98 P _ ）时，在指令执行之后调用子程序。相反，G65 无条件地调用宏程序。

③ M98 程序段中包含另一个 CNC 指令（例如：G01 X100 M98 P _ ）时，在单程序段方式中，机床停止。相反，G65 机床不停止。

④ 用 G65，改变局部变量的级别。用 M98，不改变局部变量的级别。

（1）非模态调用指令 G65

在主程序中可以用非模态代码 G65 指令调用宏程序。

格式：

G65 P __ L __ （自变量赋值）；

式中，P 为调用的程序号；L 为重复调用次数（1~9999，1 次时 L 可以省略）。自变量赋值由地址及数值构成，用以对宏程序中的局部变量赋值。例如：

```
O7002;          主程序
  ⋮             （程序）
G65 P7100 L2 A1 B2;调用O7100程序,重复调用2次,A1代表#1=1,B2代表#2=2
  ⋮             （程序）
```

```
M30;                程序结束

O7100;              宏程序
#3=#1+ #2;
IF［#3 GT 360］GOTO 9;
G00 G91 X#3;
N9 M99;             返回主程序
```

（2）模态调用指令 G66 与取消指令 G67

格式：

G66 P ＿ L ＿（自变量赋值）;

⋮

G67;

式中，P 为调用的程序号；L 为重复调用次数（1～9999，1 次时 L 可以省略）。自变量赋值由地址及数值构成，用以对宏程序中的局部变量赋值。G67 取消宏程序模态调用指令 G66。G66 和 G67 应成对使用。

```
O7003;                   主程序
⋮
G66 P9100 L2 A1 B2;      调用 O9100 程序,重复调用 2 次,A1 代表#1=1,B2 代表#2=2
⋮
G67;                     取消宏程序模态调用
⋮
M30;                     程序结束

O9100;                   宏程序
#3=#1+ #2;
IF［#3 GT 360］GOTO 9;
G00 G91 X#3;
N9 M99;                  返回主程序
```

（3）子程序调用指令 M98

格式：

M98 P ＿;

式中，P 为调用的程序号。用该指令，可以调用 P 指定的宏程序。

10.1.4 自变量赋值

自变量赋值有两种类型。自变量赋值 I 使用除去 G、L、N、O、P 以外的其他字母作为地址，自变量赋值 II 可使用 A、B、C 每个字母一次，I、J、K 每个字母可使用十次作为地址。表 10-4 和表 10-5 分别为两种类型自变量赋值的地址与变量号之间的对应关系。

表 10-4 自变量赋值 I 的地址与变量号之间的对应关系

地 址	宏程序中变量	地 址	宏程序中变量
A	#1	F	#9
B	#2	H	#11
C	#3	I	#4
D	#7	J	#5
E	#8	K	#6

地 址	宏程序中变量	地 址	宏程序中变量
M	#13	V	#22
Q	#17	W	#23
R	#18	X	#24
S	#19	Y	#25
T	#20	Z	#26
U	#21		

表 10-5 自变量赋值 II 的地址与变量号之间的对应关系

地 址	宏程序中变量	地 址	宏程序中变量
A	#1	K5	#18
B	#2	I6	#19
C	#3	J6	#20
I1	#4	K6	#21
J1	#5	I7	#22
K1	#6	J7	#23
I2	#7	K7	#24
J2	#8	I8	#25
K2	#9	J8	#26
I3	#10	K8	#27
J3	#11	I9	#28
K3	#12	J9	#29
I4	#13	K9	#30
J4	#14	I10	#31
K4	#15	J10	#32
I5	#16	K10	#33
J5	#17		

【说明】
- 表 10-5 中 I、J、K 后面的数字只表示顺序,并不写在实际命令中。系统可以根据使用的字母自动判断自变量赋值的类型。
- 地址 G、L、N、O、P 不能在自变量中使用。
- 不需指定的地址可以省略,对应于省略地址的局部变量设为空。
- 地址不需要按字母顺序指定。但应符合字地址的格式。但是,I、J、K 需要按字母顺序指定。例如:
  B_ A_ D_…J_ K_ ;正确
  B_ A_ D_…K_ J_ ;不正确
- 任何自变量前必须指定 G65。
- CNC 内部自动识别自变量指定 I 和自变量指定 II。如果自变量指定 I 和自变量指定 II 混合指定,后指定的自变量类型有效。

10.2 宏程序编程

10.2.1 圆的宏程序

宏程序的编制对具备半径补偿量可变量赋值的数控系统（FANUC 系统中的 G10，华中系统采用全局变量）来说是很方便的，但对某些曲面的宏程序的编制及不具备半径补偿量可变量赋值的数控系统，则应计算出刀具中心轨迹，并且以此轨迹作为编程轨迹。

在本节内容中，为了简化程序和方便说明问题，所编写的加工程序为精加工程序。

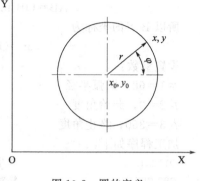

图 10-2　圆的定义

（1）相关数学知识

平面内与定点距离等于定长的点的轨迹称为圆。图 10-2 所示为圆心在 (x_0, y_0)，半径为 r 的圆。

① 圆的标准方程：

$$(x-x_0)^2 + (y-y_0)^2 = R^2$$

② 圆的参数方程：

$$\begin{cases} x = x_0 + R\cos\varphi \\ y = y_0 + R\sin\varphi \end{cases}$$

式中，φ 为参数。

（2）圆的宏程序编程

【例 10-3】　如图 10-3 所示，工件材料为 45 钢，毛坯为 $\phi125\text{mm} \times 50\text{mm}$，试用宏程序编写 $\phi120\text{mm} \times 5\text{mm}$ 台阶的精加工程序。

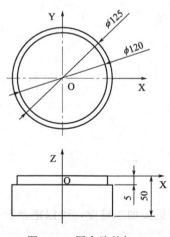

图 10-3　圆台阶的加工

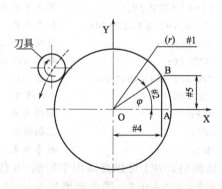

图 10-4　圆的建模

此零件加工内容为圆，编制程序的关键是利用三角函数关系建模，并求出圆上各点坐标，最终把各点连在一起，形成圆。同时这里角度遵循数学原则及数控系统的规定，即逆时针方向为正，顺时针方向为负。

选用 $\phi16\text{mm}$ 平底铣刀，所以刀心轨迹半径为 $r = 60 + 8 = 68\text{mm}$，起刀点的坐标为 X＝

68，Y＝－40。由于角度采用为正值，即逆时针方向走刀，为逆铣加工方式。

根据图 10-4，B 为圆上的任意一点，对应的角度 φ，建立圆的参数方程。

△OAB 中，OB＝r＝68，因

$$\sin\varphi=\frac{AB}{OB}, \cos\varphi=\frac{OA}{OB}$$

故

$$AB=OB\sin\varphi=r\sin\varphi, \quad OA=OB\cos\varphi=r\cos\varphi$$

所以 B 点的坐标为

$$x=OA=r\cos\varphi, \quad y=AB=r\sin\varphi$$

设置参数：

#1＝68，圆弧半径

#2＝0，起始角度

#3＝360，终止角度

加工程序如下：

O1122;	程序名
G90 G55;	绝对方式,G55 工件坐标系
M03 S1000;	主轴正转,1000r/min
G00 Z50;	Z 轴快速定位
G00 X68 Y-40;	快速定位至起点
M08;	切削液开
G00 Z10;	Z 轴快速定位
#1=68;	指定圆弧半径
#2=0;	起始角度为 0°
#3=360;	终止角度为 360°
G01 Z-5 F100;	Z 轴进刀
X68 Y0;	到圆弧起点
N10 IF[#2GT#3] GOTO 20;	如果#2＞#3,转到 N20 段执行
#4=#1*COS[#2];	圆上 X 的坐标值
#5=#1*SIN[#2];	圆上 Y 的坐标值
G01 X[#4] Y[#5] F100;	拟合曲线
#2=#2+1;	角度增加 1°
GOTO 10;	转到 N10 段执行
N20 G01 X68 Y40 F100;	刀具切出
G00 Z50;	Z 向提刀
M09;	切削液关
M05;	主轴停止
M02;	程序结束

该例中，#1 可以直接用半径值 68 代替。如果想要提高加工精度，可以把#2＝#2+1 改为#2＝#2+0.1，即角度增量为 0.1°。

【例 10-4】 如图 10-5 所示，试用宏程序编写圆锥台的精加工程序。

图 10-5 所示为刀路轨迹与建模，右图为俯视图。该加工为圆锥台零件的加工。采用 ϕ16mm 平底铣刀，自上而下等高切削。采用顺铣（顺时针 G02）的方式进行加工。首先确定刀位点 X、Z 轴坐标，然后用 G02 指令在整个圆周上进行切削；然后再进刀，在圆周上用 G02 加工，最终加工出整个圆锥台。

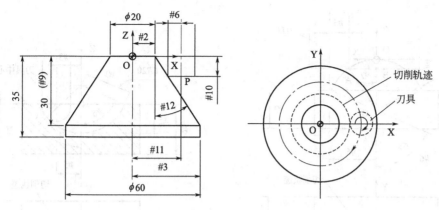

图 10-5　圆锥台的建模与加工

加工程序如下：

程序	说明
O1002;	程序名
G90 G55;	绝对方式,G55 工件坐标系
G43 G00 Z30 H01;	长度补偿,Z 向快速定位
M03 S1000;	主轴正转,1000r/min
G00 X18 Y0;	快速移动至起刀点
Z10;	Z 轴下刀
#2=10;	圆锥台上面半径
#3=30;	圆锥台下面半径
#6=8;	刀具半径
#9=30;	圆锥台高度
#10=0;	刀位点 P 的 Z 坐标初始值
#12=ATAN[[#3-#2]/[#9]];	圆锥台母线与中心线夹角
WHILE[#10 LE #9] DO1;	当#10≤#9(30)时,执行循环体内的程序
#11=#2+#6+#10*TAN[#12];	计算刀位点 P 的 X 坐标
G01 X#11 Y0 F100;	至 X 方向起始位置
G01 Z-#10;	Z 轴进刀
G02 I-#11;	逆时针加工整圆
#10=#10+0.1;	变量值增加 0.1mm
END1;	循环语句结束
G49 G00 Z200;	Z 轴提刀,取消长度补偿
M05;	主轴停止
M02;	程序结束

【例 10-5】　如图 10-6 所示，球台面半径 $SR=20mm$，展角为 67°，试用宏程序编写球台面的精加工程序。

选用 $\phi16mm$ 平底铣刀，毛坯球台处事先加工出 $\phi37mm$、高 12.2mm 的圆柱体（球台面外圈部分应先切除，程序略）。采用自上而下等角度水平圆弧加工的方法，即第一刀先下至球台面顶点 O 点，然后 X 正方向移动一个距离，接着向下切削一个距离，然后顺时针切削整圆。按同样步骤依次由上而下，层层加工出球台面。

设置参数：

#1=0，球台面加工点 A 的起始角度

#2=20，球台面半径

#3=8，刀具半径

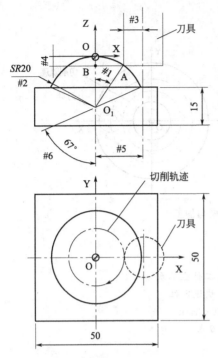

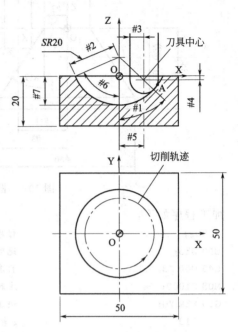

图 10-6　球台面的加工　　　　　　　图 10-7　凹球面的加工

＃6＝67，球台面加工点 A 的终止角度（等于展角）

然后对 A 点求坐标：如图 10-6 所示，由于 A 点是半径为 20mm 的圆弧上的一点，所以

$$\#4 = OB = r - r\cos\varphi = r(1-\cos\varphi) = \#2 * [1 - \cos[\#1]]$$

$$\#5 = \#3 + AB = \#3 + r\sin\varphi = \#3 + \#2 * \sin[\#1]$$

编程如下：

```
O2233;                      程序名
N10 G90 G55;                绝对方式,建立 G55 工件坐标系
N20 M03 S1000;              主轴正转,1000r/min
N30 G00 X8 Y0;              刀具到起刀点(O 点上方)
N40    Z2;                  快速下刀
N50 M08;                    切削液开
N60 G01 Z0 F50;             刀具移动到工件表面
N70 #1=0;                   定义变量(角度初始值)
N80 #2=20;                  定义变量(球台面的半径)
N90 #3=8;                   定义变量(刀具半径)
N100 #6=67;                 定义变量(角度终止值)
N110 WHILE[#1LE#6] DO1;     循环指令,当#1≤#6 时在 N110～N180 之间循环
N120 #4=#2 *[1-COS[#1]];    圆弧上 A 点的 Z 坐标值
N130 #5=#3+ #2 *SIN[#1];    圆弧上 X 点的 X 坐标值
N140 G01 X#5 Y0 F100;       每层铣削时,X 方向的起始位置
N150    Z-#4 F50;           到下一层的定位
N160 G02 I-#5 F100;         顺时针(顺铣)加工整圆
N170 #1=#1+ 1;              角度增加 1°
N180 END1;                  循环指令结束
N190 Z100;                  快速抬刀
```

N200 M09;	切削液停
N210 M05;	主轴停止
N220 M02;	程序结束

【例 10-6】 如图 10-7 所示，凹球面半径 $SR = 20$mm，展角为 67°，试用宏程序编写凹球面的加工程序。

选用 ϕ12mm 球铣刀，球铣刀的刀位点在球心处，对刀时要注意。采用自下而上等角度水平圆弧加工的方法，即第一刀先下至凹球面中心最低点，然后向上移动一个距离，然后 X 方向切削一个距离，然后逆时针切削整圆。按同样步骤依次由下而上，层层加工出凹球面。

编程如下：

O3344;	程序名
N10 G90 G55;	绝对方式,建立 G55 工件坐标系
N20 M03 S1000;	主轴正转,1000r/min
N30 G00 X0 Y0;	刀具到起刀点(O 点上方)
N40 　　Z8;	快速下刀(注意刀位点,Z<6 就会撞刀)
N50 M08;	切削液开
N60 #1=1;	定义变量(角度初始值)
N70 #2=20;	定义变量(凹球面的半径)
N80 #3=6;	定义变量(刀具半径)
N90 #6=67;	定义变量(角度终止值)
N100 #7=#2-#2COS[#6];	计算变量
N110 G01 Z-[#7-#3] F50;	刀具向下切削
N120 WHILE[#1LE#6] DO1;	循环指令,当#1≤67°时在 N120～N190 之间循环
N130 #4=[#2-#3]*COS[#1]-#2*SIN[#1];	计算变量
N140 #5=[#2-#3]*SIN[#1];	计算变量
N150 G01 X#5 Y0 F100;	每层铣削时,X 方向的起始位置
N160 　　Z-#4 F50;	到下一层的定位
N170 G03 I-#5 F100;	逆时针(顺铣)加工整圆
N180 #1=#1+1;	角度增加 1°
N190 END1;	循环指令结束
N200 Z100;	快速抬刀
N210 M09;	切削液停
N220 M05;	主轴停止
N230 M02;	程序结束

【例 10-7】 如图 10-8 所示圆柱面，试用宏程序编写加工程序。

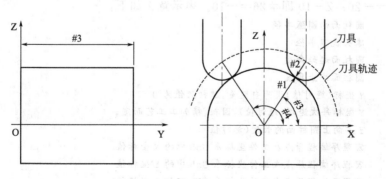

图 10-8　圆柱面的加工

以圆弧的中心（X0，Y0，Z0）处建立 G55 工件坐标系，走刀方式采用沿着圆柱面的圆周上双向往复运动，至于 Y 轴上的运动，则可以根据实际情况选择 Y0→Y＋或 Y0→Y－单向推进。在本例中采用 Y0→Y＋推进。采用球铣刀进行加工。

本例中采用 G65 指令调用宏程序，在 G65 指令中，对变量进行赋值。编程如下：

```
O1022;                          主程序
S1000 M03;
G55 G90 G00 X0 Y0;              程序开始,定位于 G55 原点
G65 P1011 X50 Y-20 Z-10 A10 B3 C30 I150 J0 H0.5 M40;调用宏程序 O1011
M02;                            程序结束

O1011;                          宏程序
G52 X#24 Y#25 Z#26;             在圆柱面中心(X,Y,Z)处建立局部坐标系
G00 X0 Y0
    Z[#1+30];                   定位至圆柱面中心上方安全高度
#12=#1+#2;                      球头铣刀中心与圆弧中心连线的距离#12(常量)
#6=#12*COS[#3];                 起始点刀心对应的 X 坐标值
#7=#12*SIN[#3];                 起始点刀心对应的 Z 坐标值(绝对值)
#8=12*COS[#4];                  终止点刀心对应的 X 坐标值
#9=#12*SIN[#4];                 终止点刀心对应的 Z 坐标值(绝对值)
G00 X#6;                        定位于起始点上方
    Z[#1+1];                    快速定位到圆柱面最上方 1mm 处
G01 Z[#7-#2] F100;              进给至起始点
WHILE[#5LT#13]DO1;              如果#5＜#13,循环 1 继续
#5=#5+#11;                      Y 坐标即变量#5 递增#11
G01 Y#5 F1000;                  Y 坐标向正方向移动#11
G18 G02 X#8 Z[#9-#2]R#12;       起始点 G02 运动至终止点(刀心轨迹)
#5=#5+#11;                      Y 坐标即变量#5 递增#11
G01 Y#5 F1000;                  Y 坐标向正方向移动#11
G18 G03 X#6 Z[#7-#2]R#12;       终止点 G03 运动至起始点(刀心轨迹)
END1;                           循环 1 结束
G00 Z[#1+30];                   G00 提刀至安全高度
G52 X0 Y0 Z0;                   恢复 G55 原点
M99;                            宏程序结束并返回
```

在主程序中，程序"G65 P1011 X50 Y－20 Z－10 A10 B3 C30 I150 J0 H0.5 M40;"是对自变量进行赋值（见表 10-4）：A10 即#1＝10；B3 即#2＝3；……X50 即#24＝50；Y－20 即#25＝－20；Z－10 即#26＝－10。表示意义如下：

#1＝（A）   圆柱面的圆弧半径
#2＝（B）   球头铣刀半径
#3＝（C）   圆柱面起始角度
#4＝（I）   圆柱面终止角度
#5＝（J）   Y 坐标（绝对值）设为自变量,赋初始值为 0
#11＝（H）   Y 坐标每次递增（绝对值）,因粗、精加工工艺而定；
#13＝（M）   Y 方向上圆柱面的长度（绝对值）；
#24＝（X）   宏程序编程原点在工件坐标系 G55 中的 X 坐标值
#25＝（Y）   宏程序编程原点在工件坐标系 G55 中的 Y 坐标值
#26＝（Z）   宏程序编程原点在工件坐标系 G55 中的 Z 坐标值

另外注意：

① 如果#3＝0，#4＝90，即对应于右侧的标准 1/4 凸圆柱面；如果#3＝90，#4＝

180，即对应于左侧的标准 1/4 凸圆柱面；如果#3＝0，4#＝180，即对应于标准 1/2 凸圆柱面。

② 因为采用圆周上双向往复运动，本程序更适合于精加工。

③ 在本例中采用 Y0→Y＋推进，如果想采用 Y0→Y－推进，只需把程序中的"#5＝#5＋#11"改为"#5＝#5－#11"即可。

④ 如果在 Y 方向上的运动有严格的长度限制，由于每次循环需要在 Y 方向移动两个#11 的距离，因此最保险的方法是在确定#11 的值时，应该使#13 能够被［2 * #11］所整除。

10.2.2 椭圆的宏程序

（1）相关数学知识

① 椭圆的标准方程 如图 10-9 所示，平面内一点 M，它与两个定点 F_1、F_2 的距离的和等于常数（$2a$）的点的轨迹称为椭圆。式中 $2a > |F_1F_2|$，F_1、F_2 称为椭圆的焦点，两焦点间的距离 $|F_1F_2|$ 称为椭圆的焦距。A_1A_2、B_1B_2 分别称为椭圆的长轴和短轴。$A_1A_2 = 2a$，$B_1B_2 = 2b$，椭圆的标准方程为

$$\frac{x^2}{a^2} + \frac{y^2}{b^2} = 1$$

式中，$b^2 = a^2 - c^2$，$a > b > 0$。

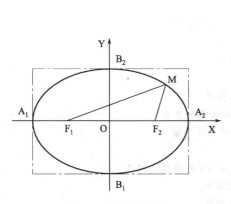

图 10-9　椭圆的定义

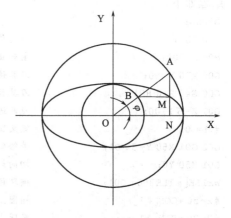

图 10-10　椭圆的参数方程

② 椭圆的参数方程 如图 10-10 所示，以原点为圆心，分别以 a、b（$a > b > 0$）为半径作两个圆，点 B 是大圆半径 OA 与小圆的交点，过点 A 作 AN⊥OX，垂足为 N；过点 B 作 BM⊥AN，垂足为 M，当半径 OA 绕点 O 旋转时点 M 的轨迹就是椭圆。椭圆的参数方程为

$$\begin{cases} x = a\cos\varphi \\ y = b\sin\varphi \end{cases}$$

式中，a 为长半轴，b 为短半轴。$a > b > 0$，φ 是参数。

（2）椭圆的宏程序编程

【例 10-8】 如图 10-11 所示椭圆凸台，试用宏程序编写加工程序。

采用 ϕ16mm 立铣刀，用刀具半径右补偿的方法进行编程。刀具从 P(X70，Y－50) 进给到 P_1(X60，Y－30) 引入刀具补偿 G42，从 A 点切入加工椭圆，逆铣，最后切出到 P_2(X50，Y30)，取消补偿。角度遵循数学原则及数控系统的规定，即逆时针方向为正，顺时

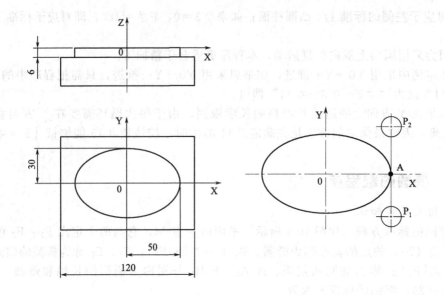

图 10-11　椭圆的加工及编程轨迹

针方向为负。

编程如下：

```
O2008;
G90 G55;                         绝对值编程,G55 工件坐标系
M03 S1000;                       主轴正转,1000r/min
G00 X70 Y-50;                    刀具快速定位到 P
G00 G43 Z10 H01;                 刀具长度补偿
G01 Z-6 F100;                    刀具进给至加工深度
#1= 0;                           定义变量初值(初始角度为 0°)
G42 G01 X50 Y-30 D1;             进给到 P₁,刀具半径右补偿
G01 X50 Y0;                      切向切入至 A
WHILE[#1LE360] D01;              循环语句,当#1≤360°时循环 1 继续
#2=50 *COS[#1];                  椭圆上点的 X 坐标值
#3=30 *SIN[#1];                  椭圆上点的 Y 坐标值
G01 X#2 Y#3 F80;                 以 G01 拟合椭圆
#1=#1+1;                         角度增加 1°
END1;                            循环 1 结束
G01 X50 Y30;                     切向切出到 P₂
G49 G00 Z100;                    取消刀具长度补偿
G40 X0 Y0;                       取消刀具半径补偿
M05;                             主轴停止
M02;                             程序结束
```

【例 10-9】 如图 10-12 所示椭球，试用宏程序编写精加工程序。

采用自上而下等角度水平环绕曲面精加工方式，用球头铣刀。因为是精加工，所以每层刀具的开始和结束都采用 1/4 圆弧切入和切出的进刀和退刀方式。编程时，把加工工件的实际轮廓向外放大一个刀具半径，即以刀心轨迹进行编程。

椭球面的标准方程为 $\dfrac{x^2}{a^2}+\dfrac{y^2}{b^2}+\dfrac{z^2}{c^2}=1$。

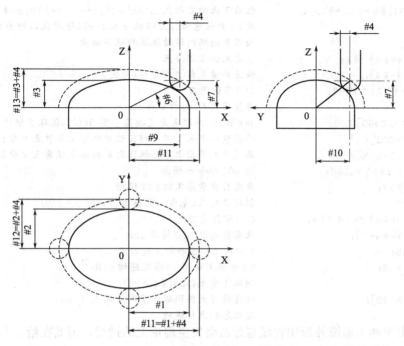

图 10-12　外凸椭球的加工及刀具轨迹

变量赋值说明：

#1=(A)　　椭圆球面在 X 方向上的半轴长 a

#2=(B)　　椭圆球面在 Y 方向上的半轴长 b

#3=(C)　　椭圆球面在 Z 方向上的半轴长 c

#4=(I)　　球头铣刀半径

#17=(Q)　水平面内(XY 平面)走椭圆时角度每次递增量

#18=(R)　ZX 平面内爬升时角度每次递增量

编程如下：

O2211;	主程序
G56 G90	绝对方式，建立 G56 工件坐标系
S1000 M03;	主轴正转，1000r/min
G00 X0 Y0;	快速定位
G65 P2001 A20 B15 C10 I3 Q1 R1;	调用宏程序 O2001
M02;	程序结束
O2001;	宏程序
G00 X0 Y0 Z[#3+30];	定位于椭圆球面中心上方安全高度
#11=#1+#4;	XY 平面上刀心的最大椭圆运动轨迹的长半轴长，亦即 ZX 平面上刀心的椭圆运动轨迹的长半轴长
#12=#2+#4;	XY 平面上刀心的最大椭圆运动轨迹的短半轴长，亦即 YZ 平面上刀心的椭圆运动轨迹的长半轴长
#13=#3+#4;	ZX 及 YZ 平面上刀心的椭圆运动轨迹的短半轴长
#6=0;	ZX 平面上角度#6 设为自变量，赋初始值为 0
WHILE[#6LE90] DO1;	如果#6≤90，循环 1 继续
#9=#11 *COS[#6];	ZX 平面上角度#6 为任意值时刀心的 X 坐标值(绝对值)，亦即任意高度水平面刀心的椭圆运动轨迹的长半轴长
#7=#13 *SIN[#6];	ZX 平面上角度#6 为任意值时刀心的 Z 坐标值(绝对值)
#8=1-[#7 *#7]/[#13 *#13];	此两程序段为：在 YZ 平面内，#7 决定#10，即当 X=0 时

```
#10=SQRT[#8*#12*#12];          化为下面的方程式:Y²/b²+Z²/c²=1(b=#12,c=#13),#10是角
                                度#6为任意值时刀心的Y坐标值(绝对值),即为任意高度水平
                                面刀具的椭圆运动轨迹的短半轴长

G00 X[#9+#4] Y#4;              快速定位至进刀点
    Z[#7-#4];                  快速移动至前Z坐标处(刀尖)
G03 X#9 Y0 R#4 F300;           G03圆弧进刀
#5=0;                          重置角度#5为初始值0
WHILE[#5LE360] DO2;            如#5≤360(即未走完椭圆一圈360°),循环2继续
#15=#9*COS[#5];                某高度水平面上刀具椭圆运动轨迹上任意点X坐标值
#16=-#10*SIN[#5];              某高度水平面上刀具椭圆运动轨迹上任意点Y坐标值
G01 X#15 Y#16 F1000;           用G01拟合出椭圆
#5=#5+#17;                     角度自变量每次以#17递增
END2;                          循环2结束(完成一圈椭圆,此时#5>360)
G03 X[#9+#4] Y-#4 R#4;         G03圆弧退刀
G00 Z[#7-#4+1];                在当前高度G00提刀1mm
    Y#45;                      Y方向上快速移动至进刀点
#6=#6+#18;                     ZX平面上角度#6依次递增#18
END1;                          循环1结束(此时#6>90)
G00 Z[#3+30];                  快速提刀至椭圆球面最高处以上30mm
M99;                           宏程序结束并返回
```

注意,由于加工椭圆外形用直线逼近法会发生理论上的过切,因此在给#17(Q)赋值时需要注意,不能给得太大,一般取Q≤1。

10.2.3　双曲线的宏程序

(1) 相关数学知识

① 双曲线的标准方程　如图10-13所示,平面内一点M,它与两个定点F_1、F_2的距离的差的绝对值等于常数($2a$)的点的轨迹称为双曲线。式中$|F_1F_2|>2a>0$,F_1、F_2称为双曲线的焦点,两焦点间的距离$|F_1F_2|$称为双曲线的焦距。A_1A_2、B_1B_2分别称为双曲线的实轴和虚轴。$A_1A_2=2a$,$B_1B_2=2b$,双曲线的标准方程为

$$\frac{x^2}{a^2}-\frac{y^2}{b^2}=1$$

式中,$b^2=c^2-a^2$,$a>0$,$b>0$。

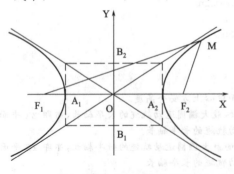
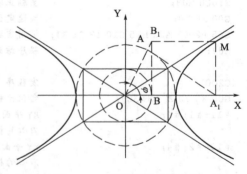

图10-13　双曲线的定义　　　　　　　　图10-14　双曲线的参数方程

② 双曲线的参数方程　如图10-14所示,分别以a、$b(a,b>0)$为半径作两个圆,$|OA|=a$,$|OB|=b$,点A是以a为半径的圆上的一个点,点B是半径为b的圆上的点,过B点作垂直于OX的直线交OA的延长线于B_1点;过A点作垂线交OX于A_1点。过A_1点作垂直于OX的直线与过B_1点平行于OX的直线相交于M点,当点A在圆上运动时,M

点的轨迹是双曲线。

设点 M 的坐标是 (x, y)，φ 是以 OX 为始边，OA 为终边的正角，取 φ 为参数，那么在 $\triangle OAA_1$ 中：

$$x = OA_1 = \frac{a}{\cos\varphi} = a\sec\varphi$$

在 $\triangle OBB_1$ 中：

$$y = BB_1 = b\tan\varphi$$

所以，双曲线的参数方程为

$$\begin{cases} x = a/\cos\varphi \\ y = b\tan\varphi \end{cases}$$

式中，a 为实半轴，b 为虚半轴。$a > 0$，$b > 0$，φ 是参数，$\varphi \neq \dfrac{\pi}{2}$，$\varphi \neq \dfrac{3\pi}{2}$。

（2）双曲线的宏程序编程

【例 10-10】 如图 10-15 所示零件，其双曲线方程为 $\dfrac{x^2}{5^2} - \dfrac{y^2}{4^2} = 1$，按刀心轨迹沿着曲线编写加工程序。

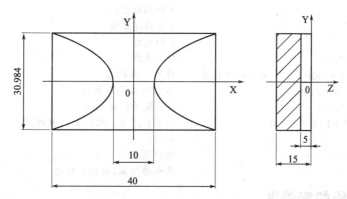

图 10-15 双曲线槽加工

把双曲线的标准方程 $\dfrac{x^2}{5^2} - \dfrac{y^2}{4^2} = 1$ 转化为

$$y = \pm b\sqrt{\frac{x^2}{a^2} - 1} = \pm\frac{b}{a}\sqrt{(x^2 - a^2)} = \pm\frac{4}{5}\sqrt{(x^2 - 5^2)}$$

从双曲线方程和图 10-15 中可以看出，X、Y 都有正负值，可以分为四个象限中的四段曲线。编制程序时，采用双曲线的标准方程，使双曲线的 X 坐标值从实半轴长 X＝5 开始到 X＝20 结束，描述出双曲线在第一象限中的一条曲线，然后通过镜像功能完成整个双曲线的加工。

第一象限中，X 取正值，Y 为正值，曲线的表达式为

$$y = b\sqrt{\frac{x^2}{a^2} - 1} = \frac{b}{a}\sqrt{(x^2 - a^2)} = \frac{4}{5}\sqrt{(x^2 - 5^2)}$$

题目中要求按刀心轨迹沿着曲线进行加工。在镜像功能中使用刀具半径补偿容易产生过切报警。如果想要加工曲线的外轮廓，用刀具半径补偿功能编程，则可以把曲线分成四段，如图 10-15 所示，从右下角先加工第四象限曲线（X 的值从 20→5，Y 值取负值），然后加工第一象限中的曲线（X 的值从 5→20，Y 值取正值），采用刀具半径左补偿。右边的 2 段曲线从左下角开始，采用刀具半径右补偿。

在这里使用镜像功能编程，采用 φ6mm 的平底铣刀加工。编程如下：

```
O3344;                            主程序
N10 G40 G49 G80 G90 G55;          绝对值方式,建立 G55 工件坐标系
N20 M03 S1000;                    主轴正转,1000r/min
N30 G00 X0 Y0;                    快速定位
N40 M98 P0002;                    调用子程序 O0002,加工第一象限图形
N50 G51.1 X0;                     Y 轴(X=0)镜像,相对于 Y 轴对称
N60 M98 P0002;                    调用子程序 O0002,加工第二象限图形
N70 G51.1 Y0;                     X、Y 轴镜像(X0 继续有效),相对于原点对称
N80 M98 P0002;                    调用子程序 O0002,加工第三象限图形
N90 G50.1 X0;                     只取消 Y 轴(X=0)镜像,X 轴镜像继续有效
N100 M98 P0002;                   调用子程序 O0002,加工第四象限图形
N110 G50.1 X0 Y0;                 取消 X、Y 轴镜像功能
N120 M05;
N130 M02;

O0002;                            子程序
#1=5;                             实半轴长
#2=4;                             虚半轴长
#3=5;                             X 坐标起始值
#4=20;                            X 坐标终止值
G00 Z10;                          Z 轴定位
G01 Z-5 F100;                     Z 向进给
N10 #5=#2/#1*[SQRT[#3*#3-#1*#1]];  计算 Y 坐标值
G01 X#3 Y#5 F100;                 以 G01 拟合双曲线
#3=#3+0.1;                        X 的值增加 0.1mm
IF[#3 LE #4] GOTO 10;             如果#3≤#4,执行 N10 程序段
G00 Z50;                          抬刀
G00 X0 Y0;                        回到原点
M99;                              子程序结束,返回主程序
```

10.2.4 抛物线的宏程序

（1）相关数学知识

如图 10-16 所示，平面内与一个定点 F 和一条直线 l 的距离相等的点的轨迹称为抛物线。点 F 称为抛物线的焦点，直线 l 称为抛物线的准线。抛物线与它的轴的交点称为抛物线的顶点。抛物线的标准方程见表 10-6。

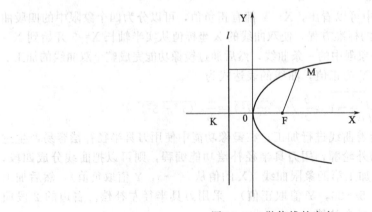

图 10-16　抛物线的定义

表 10-6 抛物线的标准方程

方程	焦点	准线	图形
$y^2 = 2px$ $(p>0)$	$F\left(\dfrac{p}{2},0\right)$	$x=-\dfrac{p}{2}$	
$y^2 = -2px$ $(p>0)$	$F\left(-\dfrac{p}{2},0\right)$	$x=\dfrac{p}{2}$	
$x^2 = 2py$ $(p>0)$	$F\left(0,\dfrac{p}{2}\right)$	$y=-\dfrac{p}{2}$	
$x^2 = -2py$ $(p>0)$	$F\left(0,-\dfrac{p}{2}\right)$	$y=\dfrac{p}{2}$	

（2）抛物线的宏程序编程

【例 10-11】 如图 10-17 所示零件，其抛物线方程为 $y^2=5x$，立铣刀 $\phi 8mm$，试用宏程序编写抛物线的精加工程序。

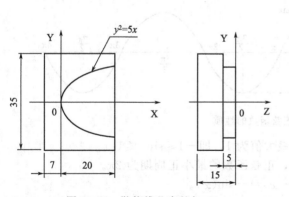

图 10-17 抛物线凸台的加工

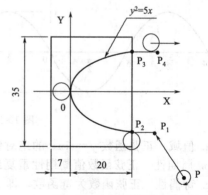

图 10-18 刀具轨迹

根据抛物线的标准方程：$y^2=5x$，所以 $y=\pm\sqrt{5x}$。因此 y 在第一象限为正值，在第四象限为负值，由于在镜像功能中使用刀具半径补偿容易产生过切报警，因此需要分成两段曲线分别编程。如图 10-18 所示，刀具从 P 点进给到 P_1 点引入刀具半径左补偿 G41，到 P_2 开始加工曲线 $y=-\sqrt{5x}$，到达抛物线顶点处，开始加工第一象限曲线 $y=\sqrt{5x}$，最后从 P_3 到 P_4 点切出，完成整个曲线的加工。

编程如下：

O3355; 　　　　　　　　　程序名

```
N10 G40 G49 G80 G90 G55;          绝对值方式,建立 G55 工件坐标系
N20 M03 S1000;                    主轴正转,1000r/min
N30 G00 Z50;                      Z 轴快速定位
N40     X50 Y-30;                 快速定位到 P
N50     Z10;                      Z 轴快速定位
N60 G01 Z-5 F100;                 Z 轴进给下刀
N50 G41 G01 X30 Y-10 D1 F60;      半径左补偿,进给到 P₁
N60 #1=20;                        X 坐标起始值
N80 #2=-SQRT[5 *#1];              计算 Y 坐标值
N90 G01 X#1 Y#2 F60;              G01 拟合第四象限曲线
N100 #1=#1-0.1;                   X 的值减去 0.1mm
N110 IF[#1 GE 0]GOTO 80;          如果#1≥0,转向 N80 段,否则执行下一段
N120 #3=0;                        X 坐标起始值
N130 #4=SQRT[5 *#3];              计算 Y 坐标值
N140 G01 X#3 Y#4 F60;             G01 拟合第一象限曲线
N150 #3=#3+0.1;                   X 的值增加 0.1mm
N160 IF[#3 LE 20]GOTO 130;        如果#3≤20,转向 N130 段,否则执行下一段
N170 G01 X30;                     切出到 P₄
N180 G00 Z50;                     提刀
N190 G40 G00 X50 Y-30;            快速定位到 P,取消半径补偿
N200 M05;                         主轴停止
N210 M02;                         程序结束
```

10.2.5 正弦曲线的宏程序

(1) 相关数学知识

① 正弦函数的性质 图 10-19 所示为正弦函数 $y=\sin x$ 的图形。

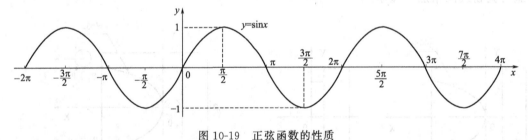

图 10-19 正弦函数的性质

a. 值域 正弦函数 $y=\sin x$ 的绝对值的最大值为 1,即 $-1\leqslant\sin x\leqslant 1$。

b. 周期性 正弦函数值周期性重复出现,正弦函数的最小正周期为 2π。

c. 奇偶性 正弦函数为奇函数,即 $\sin(-x)=-\sin(x)$。

② 正弦函数在数控铣床坐标系中的表示 图 10-20 所示为数控车床坐标系中的正弦曲线。正弦曲线的周期为 2π。X 轴在数控铣床坐标系中表示的是工件的长度值,不能直接代入正弦曲线方程 $y=A\sin x$,因为正弦函数的自变量 x 为角度值。

将图 10-20 中的正弦函数表述为 $y=A\sin(\omega t)$,式中 t 为自变量。即在 X=100mm 时,正弦曲线正好是一个周期 2π,对应角度为 $360°$。即每 1mm 长度对应的角度 $=\dfrac{360°}{x}=\dfrac{360°}{100}$。

因此在数控铣床坐标系中,正弦函数按角度值表示为

$$y=A\sin\left(\frac{360°}{T}x\right)$$

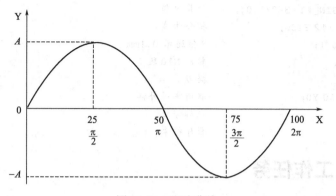

图 10-20　正弦曲线

式中，y 为正弦曲线上点的 Y 轴坐标值；x 为 X 轴的坐标值；T 为正弦曲线 1 个周期对应的 X 轴长度数值；A 为正弦曲线在 Y 轴上的绝对值的最大值（相当于振幅）。

（2）正弦曲线的宏程序编程

【例 10-12】　如图 10-21 所示零件，毛坯材料为 45 钢，立铣刀 ϕ8mm，编写正弦曲面精加工程序。

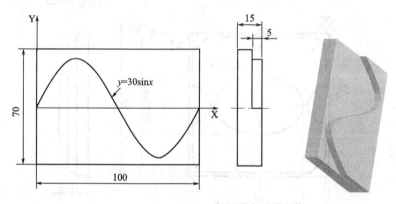

图 10-21　正弦曲面加工

根据 $y = A\sin\left(\dfrac{360°}{T}x\right)$，$T=100$mm，$A=30$mm，曲线上任意一点坐标为 (x, y)，代入公式为

$$y = 30\sin\left(\frac{360°}{100}x\right)$$

编程如下：

```
O2015;
G40 G49 G80 G90 G55;              绝对值编程,G55 工件坐标系
M03 S2000;                        主轴正转,2000r/min
G00 X-20 Y-50;                    刀具快速定位到起刀点
G00 Z10;                          Z 轴定位
G01 Z-5 F100;                     刀具进给至加工深度
G41 G01 X0 Y-35 F100 D1;          刀具半径左补偿
    X0 Y0;
#1=0;                             X 初始值
N10 IF[#1 GT 100] GOTO 20;        如果 X>100,转向 N20 段
```

```
        #2=30*SIN[#1*360/100];        计算 Y 值
        G01 X#1 Y#2 F100;            拟合曲线
        #1=#1+0.1;                   X 值递增 0.1mm
        GOTO 10;                     转向 N10 段
    N20 G00 Z50;                     提刀
        G40 G00 X0 Y0;               取消半径补偿
        M05;                         主轴停止
        M02;                         程序结束
```

10.3 典型工作任务

10.3.1 椭圆外轮廓加工

（1）任务描述

如图 10-22 所示，工件材料为 45 钢，毛坯厚度为 20mm，硬度为 220～260HBS。试编写外形轮廓的精加工程序并加工。

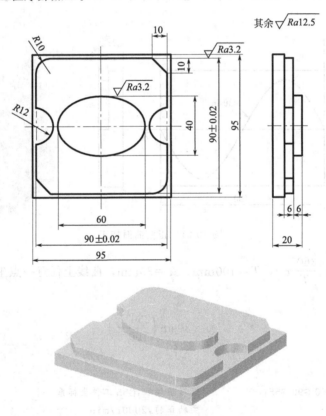

图 10-22　椭圆外轮廓加工

（2）任务分析

根据零件图分析，该零件要求进行外轮廓加工，首先加工椭圆凸台，然后加工下面的方形凸台外轮廓。在加工比较复杂零件编程时，最好按照加工要素把程序分成若干个小程序，这样也便于检查和修改。椭圆在这里用参数方程比较方便，角度遵循数学原则及数控系统的规定，即逆时针方向为正，顺时针方向为负。在这里，以 360°（椭圆最右端和 0°重合）为角度的初始值，然后递减，这样就可以顺时针加工椭圆了（顺铣）。

根据图纸，椭圆参数方程为

$$\begin{cases} x = 30\cos\varphi \\ y = 20\sin\varphi \end{cases}$$

（3）任务实施

① 加工工艺方案

a. 工件装夹在平口钳上，下用垫铁支承，使工件下层凸台加工面高出钳口 4mm，用百分表对工件进行找平，夹紧工件。以工件上表面的中心为原点建立 G56 坐标系。

b. 加工完成椭圆凸台后，再加工第二层凸台外轮廓。加工方式采用顺铣方式。

② 工、量、刀具选择

a. 工具 平口钳、垫铁、扳手、铜锤等。

b. 量具 杠杆式百分表及表座；0～125mm 游标卡尺。

c. 刀具 采用 ϕ16mm 的硬质合金键槽铣刀，齿数为 3。

③ 切削用量选择

a. 背吃刀量 取 $a_p = 6$mm。

b. 主轴转速 铣削速度选取范围为 60～115m/min，确定为 $v_c = 60$m/min，根据公式

$$v_c = \frac{\pi d_0 n}{1000}$$

计算得主轴转速 $n = 1194$r/min，取 $n = 1200$r/min。

c. 进给量 选择每齿进给量 0.06～0.04mm/齿，确定为 0.04mm/齿。铣刀齿数为 3，所以铣刀每转进给量为 0.12mm/r。由于主轴转速 $n = 1200$r/min，换算为每分进给量为 144mm/min，取 150mm/min。

④ 工艺卡片（表 10-7）

表 10-7 工艺卡片

零件名称	零件编号	数控加工工艺卡片			
椭圆外轮廓零件					
材料名称	材料牌号	机床名称	机床型号	夹具名称	夹具编号
钢	45	数控铣床		平口钳	

序号	工艺内容	切削转速 /r·min⁻¹	进给速度 /mm·min⁻¹	量具	刀具
1	装(卸)工件				
2	精铣椭圆外轮廓	1000	150	0～125mm 游标卡尺	ϕ16mm 键槽铣刀
3	精铣方形外轮廓	1200	100		

⑤ 加工程序

a. 椭圆轮廓加工程序

O1234;　　　　　　　　　　程序名

G17 G40 G80 G49 G90;　　　设置初始状态

G90 G56;　　　　　　　　　绝对方式,建立工件坐标系

```
        M03 S1000;                        主轴正转,1000r/min
        G00 X45 Y45;                      快速定位到起刀点
        G43 Z10 H01 M08;                  Z轴快速下刀,长度补偿,切削液开
        G01 Z-6 F100;                     Z轴进刀至切削深度
        G41 G01 X30 Y20 D1 F150;          引入刀具半径左补偿
        G01 X30 Y0;                       切入
        #1=360;                           初始角度为360°
N10 IF[#1 LT 0] GOTO 20;                  如果#1<0,转向N20段
        #2=30*COS[#1];                    椭圆上点的X坐标值
        #3=20*SIN[#1];                    椭圆上点的Y坐标值
        G01 X#2 Y#3 F150;                 拟合椭圆曲线
        #1=#1-1;                          角度递减1°
        GOTO 10;                          转向N10段
N20 G01 X30 Y-20;                         切出
        G00 G49 Z50;                      提刀,取消长度补偿
        G40 G01 X0 Y0;                    取消半径补偿
        M05 M09;                          主轴停止
        M02;                              程序结束
```

b. 下层方形凸台加工程序

```
        O1235;                            程序名
        G17 G40 G80 G49 G90;              设置初始状态
        G90 G56;                          绝对方式,建立工件坐标系
        M03 S1200 M08;                    主轴正转,1200r/min,切削液开
        G00 X-65 Y-75;                    快速定位到起刀点
        G43 G00 Z10 H1;                   下刀
        G01 Z-12 F200;                    Z轴进刀到第二层轮廓深度
        G01 G41 X-45 Y-60 F200 D2;        G01进给,刀具半径左补偿
            Y-12 F100;                    进给加工到左R12圆弧起点
        G03 X-45 Y12 R12;                 加工左R12圆弧
        G01 Y35;                          进给到R10上圆角起点
        G02 X-35 Y45 R10;                 加工R10上圆角
        G01 X35;                          进给到C10上倒角起点
        X45 Y35;                          加工C10上倒角
        Y12;                              进给到右R12圆弧起点
        G03 X45 Y-12 R12;                 加工右R12圆弧
        G01 Y-35;                         进给到R10下圆角起点
        G02 X35 Y-45 R10;                 加工R10下圆角
        G01 X-35;                         进给到C10下倒角起点
        X-55 Y-25;                        加工C10下倒角并沿延长线切出
        G00 G40 X-65 Y-75;                快速定位到起刀点,并取消半径补偿
        Z200;                             快速提刀
        G00 G49 Z100;                     Z轴抬刀,取消长度补偿
        M05 M09;                          主轴停止,切削液关
        M02;                              程序结束
```

（4）操作注意事项

① 要正确建立刀具半径补偿。

② 在程序中,粗加工和精加工程序之间,也可以用M00指令,使程序停止在当前位置,以便于工件的测量。当测量完成要执行下面的程序时,一定重新设置机床转速和方向,

以使主轴重新转动，避免发生事故。

③ 加工中尽可能采用顺铣以提高加工质量。

④ 进刀和退刀要切向切入和切出，以提高表面质量。

10.3.2　螺旋往复槽筒零件加工

（1）任务描述

图 10-23 所示为螺旋往复槽筒零件，材料为 38CrMoAl。该零件需要加工出往复螺旋槽，槽与滑块配合，当螺旋往复槽筒旋转时，滑块产生左右往复运动。编写零件的加工程序并完成加工。

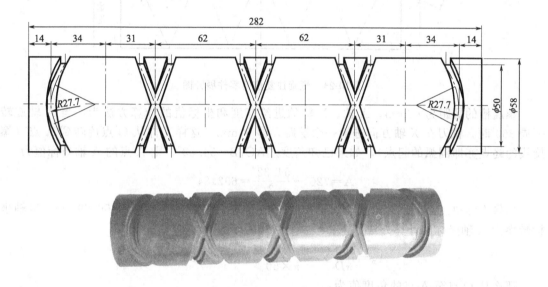

图 10-23　螺旋往复槽筒零件图

（2）任务分析

对于螺旋槽筒零件的加工，可以在四轴加工中心上，用 A 轴和 X 轴的联动进行铣削。在本例所示的螺旋往复槽筒零件中，其两段旋向相反的螺旋槽可以用上述方法加工，但两段螺旋槽连接处的圆弧部分，却是加工的难点。这里用宏程序编程的方法，可以巧妙地解决这个难题，编写的加工程序简短，而且加工精度也很高。为了便于说明问题和简化程序，以加工宽 5mm 的一条螺旋往复槽为例。

（3）任务实施

① 加工工艺方案

a. 以工件外表面中心点为 X、Y、Z 原点，建立工件坐标系 G55。

b. 加工顺序及走刀路线：机床采用附加第四轴（A 轴）的立式铣床或立式加工中心，零件右端用 A 轴上的自动定心三爪卡盘夹紧，左端用顶尖顶紧，以工件外表面中心点为 X、Y、Z 原点，建立工件坐标系 G55，采用直径为 ϕ5mm 的键槽铣刀，槽深为 4mm；以槽底直径 ϕ50mm 的圆为基圆，然后沿两条螺旋线交叉处的素线（图中所示圆柱面的背面中线）展开，如图 10-24 所示，基圆直径 $D=50$mm，展开后对应的 Y 轴长度 $Y_n=\pi D=157$mm，即基圆周长，以中心 O 为起刀点，铣刀旋转，在 Z 轴方向（机床主轴的上下方向）向工件吃刀 1mm，切进工件，然后 A 轴正方向旋转进给，同时铣刀向 X 正方向作进给运动（向右进给），开始加工螺旋槽。

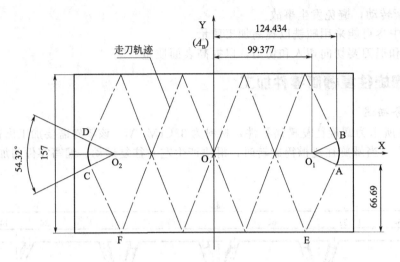

图 10-24　螺旋往复槽筒零件展开图

螺旋槽的螺距为 62mm，A 轴、X 轴的进给速度和坐标值的计算方法为：当 A 轴旋转一周 360°时，铣刀在 X 轴方向进给一个螺距，即 62mm。这样工件从 O 点旋转到 A 点（螺旋线的终点亦即圆弧的起点），如果已知角度$\angle AO_1B = 54.32°$，则 A 点的 A 轴坐标值为

$$A = 720° - \frac{54.32°}{2} = 692.84°$$

如果不知道$\angle AO_1B$的角度，而是知道 A 点对应于 Y 轴的坐标$Y_n = 66.69$mm，Y 轴坐标转换为 A 轴坐标的计算方法如下：

$$A_n = \frac{360°}{\pi D} Y_n = \frac{360°}{\pi \times 50} \times 66.69 = 152.84°$$

那么从 O 点至 A 点的角度值为：

$$A = 360° + 180° + 152.84° = 692.84°$$

因此，A 点的 X 轴和 A 轴坐标为：A（X124.434，A692.84），即当 A 轴旋转了 692.84°，X 轴正向移动了 124.434mm。

按同样方法，得到其他点的坐标：B（X124.434，A747.16），C（X－124.434，A2132.84），D（X－124.434，A2187.16）。

当 A 轴连续旋转，到刀具从 A 点到达 B 点后，然后向 X 轴负方向（即向左）进给，至 C 点、D 点，然后回到 O 点，完成一个加工循环。这样旋转整 8 周，即 2880°，回到 O 点，完成一个深 1mm 的螺旋往复槽的加工。可以利用子程序的方法，调用子程序 4 次，即可加工出 4mm 深的槽。

如图 10-25 所示，A 点至 B 点的曲线其在展开图上为半径 $r = 27.7$mm 的一段圆弧，P 为圆弧上任意一点，角度 θ（顺时针方向为负，逆时针方向为正），则 P 点的参数方程为

$$\begin{cases} x = x_0 + r\cos\theta \\ y = y_0 + r\sin\theta \end{cases}$$

式中，θ 为参数。

由于 $Y_n = r\sin\theta$，将 Y_n 转换为 A 轴坐标值：

$$A_n = \frac{360°}{\pi D} Y_n = \frac{360°}{3.14 \times 50} Y_n = 2.292 r\sin\theta$$

根据图 10-25 可知，$x_0 = 99.377$mm；从原点 O 到 M 点 A 轴正好旋转了 2 周 720°，因

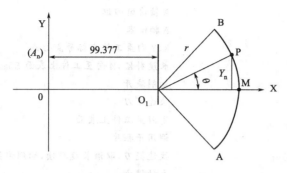

图 10-25 圆的参数方程及建模

此 y_0 对应的 A 轴坐标是 720°。将 Y_n 转换为 A 轴坐标值后，P 点的参数方程为

$$\begin{cases} x = 99.377 + r\cos\theta \\ A_n = 720° + 2.292 r\sin\theta \end{cases}$$

得出了 P 点的参数方程就可以用 G01 拟合出 A 点到 B 点的圆周上的曲线。

② 工、量、刀具选择

a. 工具　采用右夹左顶方式装夹。右端用 A 轴的三爪卡盘，左端用顶尖。

b. 量具　0~150mm 游标卡尺，ϕ5mm 测量棒。

c. 刀具　采用 ϕ5mm 键槽铣刀。

③ 切削用量选择　见工艺卡片。

④ 工艺卡片（表 10-8）

表 10-8　工艺卡片

零件名称	零件编号	数控加工工艺卡片				
螺旋往复槽筒						
材料名称	材料牌号	机床名称	机床型号		夹具名称	夹具编号
合金钢	38CrMoAl	加工中心			三爪卡盘	

序号	工艺内容	切削转速 /r·mmin⁻¹	进给速度 /mm·min⁻¹	量具	刀具
1	装(卸)工件				
2	铣槽	1000	80	0~150mm 游标卡尺	ϕ5mm 键槽铣刀

⑤ 加工程序

设置参数：

#1=27.7，圆弧半径

#2=-27.16°，圆弧起始角度

#3=27.16°，圆弧终止角度

加工程序如下：

```
O1234;                        主程序
G40 G49 G90 G80;              初始化
M06 T1;                       调用 1 号刀:φ5mm 键槽铣刀
G90 G55;                      绝对值编程,设定 G55 坐标系
M03 S1000;                    主轴正转,1000r/min
```

```
G00 A10;                                A 轴快速回位
G91 G28 A0;                             A 轴回零
G90 G00 X0 Y0;                          X、Y 向至工件坐标原点 O 点
G43 G00 Z50 H1;                         长度补偿,Z 向至工件上表面 50mm 高
M08;                                    切削液开
G00 Z10;                                快速下刀
G01 Z0 F100;                            下刀至工件上表面
M98 P41002;                             调用子程序
G90 G49 G00 Z50 M09;                    快速提刀,取消长度补偿,切削液关
M05;                                    主轴停止
M02;                                    程序结束


O1002;                                  子程序
G91 G01 Z-1 F50;                        下刀吃深 1mm
G90 G01 X124.434 A692.84 F80;           加工从 O→A 螺旋线
#1=27.7                                 圆弧半径
#2=-27.16                               圆弧初始角
#3=27.16                                圆弧终止角
WHILE [#2 LT #3] DO1;                   循环语句
#4=99.377+#1*COS[#2];                   P 点的 X 轴坐标值
#5=720+ 2.292 *[#1* SIN[#2]];           P 点的 A 轴坐标值
G01 X[#4] A[#5] F80;                    拟合右圆弧曲线
#2=#2+0.1;                              变量增加 0.1°
END1;                                   循环语句结束
G01 X124.434 A747.16;                   到 B 点
G01 X-124.434 A2132.84;                 加工从 B→C 螺旋线
#11=27.7;                               圆弧半径
#12=-27.16;                             圆弧初始角
#13=27.16;                              圆弧终止角
WHILE [#12 LT #13] DO1;                 循环语句
#14=-99.377-#11*COS[#12];               左端圆弧上任意一点的 X 坐标值
#15=2160+2.292 *[#11*SIN[#12]];         左端圆弧上任意一点的 A 坐标值
G01 X[#14] A[#15] F80;                  拟合左圆弧曲线
#12=#12+0.1;                            变量增加 0.1°
END1;                                   循环语句结束
G01 X-124.434 A2187.16;                 到 D 点
G01 X0 A2880;                           加工从 D→O 螺旋线(循环一周完成)
G91 G00 Z20;                            提刀 20mm
G90 G00 A10;                            A 轴快速移动
G91 G28 A0;                             A 轴回零
G91 G00 Z-10;                           快速下刀 10mm
G01 Z-10 F100;                          G01 下刀 10mm,至已加工表面
M99;                                    子程序结束返回主程序
```

在子程序中,由于系统 A 轴的最大值为 9999,所以每当完成一个工作循环后(A 轴进给 2880°),使 A 轴回零,这样即使调用子程序多次,A 轴的数值也不会超过最大限制值;并且每次回零,还可以消除误差,提高加工精度。

练习题

一、填空题（请将正确答案填在横线空白处）

1. 宏程序是指在程序中，用_____表述一个地址的数字值。

2. 宏程序由于程序使用变量、_____及_____，使编制相同加工操作的程序更方便，更容易。

3. FANUC 系统中的局部变量有_____。

4. FANUC 系统宏程序中"SQRT"表示_____；"ABS"表示_____。

5. FANUC 系统宏程序中"GOTO10;"指令的含义是_____。

二、选择题（请将正确答案的代号填入括号内）

1. 局部变量的数值在机床断电后会（　　）。

A. 清空　　　　　　　B. 保存　　　　　　　C. 变为 0

2. 运算符"GT"含义是（　　）。

A. <　　　　　　B. ≤　　　　　　C. >　　　　　　D. ≥

3. 下列式子正确的是（　　）。

A. IF［#2≤10］GOTO2　　　　　　B. #1≠#1+#2

C. G00 X-#1 Y10　　　　　　　　D. WHILE［#2LE10］DO5

4. 变量号#100 属于（　　）。

A. 局部变量　　　　B. 公共变量　　　　C. 系统变量

5. 当#11＝0，#22＝，G00 X#11 Y#22 的执行结果是（　　）。

A. G00 X0　　　　B. G00 X0 Y0　　　　C. G00 X11 Y22　　　　D. 以上都不正确

三、判断题（正确的请在括号内打"√"，错误的打"×"）

1. 程序号 O、顺序号 N 和任选程序段跳转号/不能使用变量。（　　）

2. 空变量实际上就是变量的数值为 0。（　　）

3. FANUC 系统宏程序运算顺序是先乘除后函数。（　　）

4. DO*m* 和 END*m* 必须成对使用，而且，DO*m* 一定要在 END*m* 指令之前。（　　）

5. 子程序调用指令 M98 也可以调用宏程序。（　　）

四、简答题

1. 什么是宏程序？宏程序有哪些特点？

2. 宏程序的调用指令 G65 与子程序调用指令 M98 有什么不同？

3. FANUC 系统宏变量有哪些类型？各有什么功能？

4. 试比较条件转移指令与循环指令的用法特点。

5. 循环语句的嵌套可以使用哪几种？什么是死循环？

五、综合题

编写如图 10-26～图 10-32 零件的精加工程序。

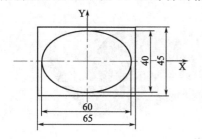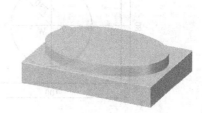

图 10-26　椭圆零件

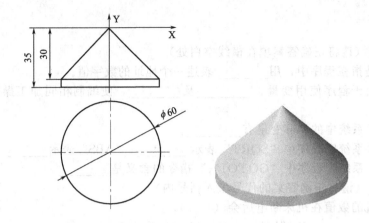

图 10-27　圆锥零件

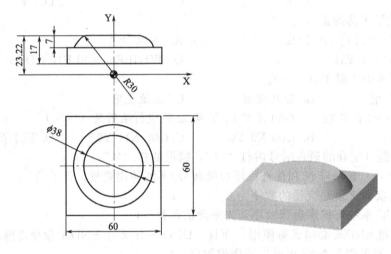

图 10-28　球台零件

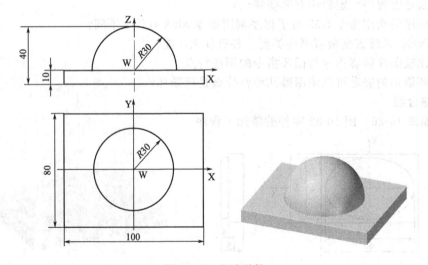

图 10-29　凸球零件

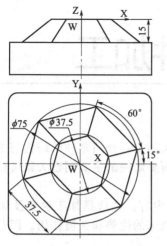

图 10-30　正六棱锥台零件

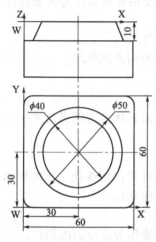
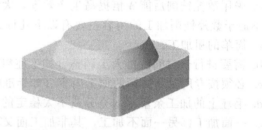

图 10-31　圆锥台零件

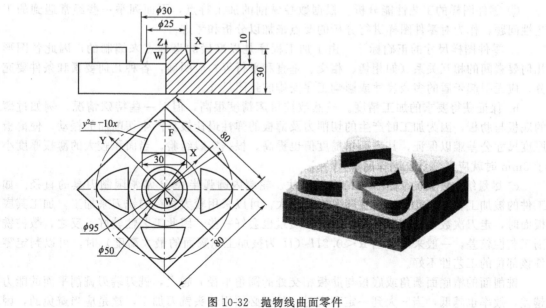

图 10-32　抛物线曲面零件

项目11 综合零件加工

本项目通过一些典型实例，结合工艺方面有关知识，介绍零件的编程与加工的具体步骤和方法。根据加工实践，数控铣削加工工艺分析所要解决的主要问题大致可归纳为以下几个方面。

① 选择并确定数控铣床铣削加工部位及工序内容。在选择加工对象及加工内容时一般是以解决生产加工中的难题为主，充分发挥数控铣床的优势和关键作用。因此数控铣床的加工对象如下。

a. 工件上的曲线轮廓，特别是由数学表达式给出的非圆曲线与列表曲线等曲线轮廓。

b. 已给出数学模型的空间曲面。

c. 形状复杂、尺寸繁多、划线与检测困难的部位。

d. 用通用铣床加工时难以观察、测量和控制进给的内部凹槽。

e. 高精度的孔或面。

f. 能在一次安装中顺带铣出来的简单表面或形状。

g. 采用数控铣削后能成倍提高生产效率，大大减轻体力劳动强度的一般加工内容。

不适于数控铣削加工的内容主要有以下几种。

a. 简单的粗加工。

b. 需要进行长时间占机人工调整（如毛坯粗基准定位划线找正）的粗加工。

c. 必须按专用工装协调的加工内容（如标准样件等）。

d. 毛坯上的加工余量不太充分或不太稳定的部位。

e. 一面加工，另一面不加工，其非加工面又不能作为定位面的部位。

f. 必须用细长铣刀加工的部位（一般指狭窄深槽或高肋板小转接圆弧部位）。

② 零件图样的工艺性能分析。根据数控铣削的加工特点，下面列举一些经常遇到的工艺性问题，作为对零件图样进行分析的要点来加以分析和考虑。

a. 零件图样尺寸的正确标注。由于加工程序是以准确的坐标点来编制的，因此各图形几何要素间的相互关系（如相切、相交、垂直和平行等）应明确，各种几何要素和条件要充分，应无引起矛盾的多余尺寸或影响工序安排的封闭尺寸。

b. 保证获得要求的加工精度。虽然数控机床精度很高，但对一些特殊情况，例如过薄的底板与肋板，因为加工时产生的切削力及薄板的弹性退让极易产生切削面的振动，使薄板厚度尺寸公差难以保证，其表面粗糙度值也提高。根据实践经验，当面积较大的薄板厚度小于 3mm 时就应充分重视这一问题。

c. 尽量统一零件轮廓内圆弧的有关尺寸。轮廓内圆弧半径 R 常常限制刀具的直径。如工件的被加工轮廓高度低，转接圆弧半径也大，可以采用较大直径的铣刀来加工，加工其底板面时，走刀次数也相应减少，表面加工质量也会好一些，因此工艺性较好。反之，数控铣削工艺性较差，一般来说，当 $R<0.2H$（H 为被加工轮廓面的最大高度）时，可以判定零件该部位的工艺性不好。

铣削面的槽底面圆角或底板与肋板相交处的圆角半径 r 越大，铣刀端刃铣削平面的能力越差，效率也越低，当 r 大到一定程度时，甚至必须用球头铣刀加工，这是应当避免的，因为铣刀与铣削平面接触的最大直径 $d = D - 2r$（D 为铣刀直径），当 D 越大而 r 越小时，铣刀端刃铣削平面的面积越大，加工平面的能力越强，铣削工艺性也越好。有时候，当铣削的底面面积较大，底部圆弧 r 也较大时，只能用两把 r 不同的铣刀进行两次铣削。

一个零件上的这种凹圆弧半径在数值上的一致性问题对数控铣削的工艺性显得相当重要。一般来说，即使不能寻求完全统一，也要力求将数值相近的圆弧半径分组靠拢，达到局部统一，以尽量减少铣刀规格与换刀次数，并避免因频繁换刀增加了工件加工面上的接刀阶差而降低了表面质量。

d. 保证基准统一的原则。有些工件需要在铣完一面后再重新安装铣削另一面，由于数控铣时不能使用铣床加工时常用的试刀方法来接刀，往往会因为工件的重新安装而接不好刀。这时，最好采用统一基准定位，因此零件上应有合适的孔作为定位基准孔。如果零件上没有基准孔，也可以专门设置工艺孔作为定位基准（如在毛坯上增加工艺凸耳或在后续工序要铣去的余量上设基准孔）。

e. 分析零件变形情况。数控铣削工件在加工时的变形，不仅影响加工质量，而且当变形较大时，将使加工不能继续进行下去。这时就应当考虑采取一些必要的工艺措施进行预防，如对钢件进行调质处理，对铸铝件进行退火处理，对不能用热处理方法解决的，也可考虑粗、精加工及对称去余量的常规方法。此外，还要分析加工后的变形问题采取什么工艺措施来解决。

③ 零件毛坯的工艺性分析。进行零件铣削加工时，由于加工过程的自动化，使余量的大小、如何定位装夹等问题在设计毛坯时就要仔细考虑好。否则，如果毛坯不适合数控铣削，加工将很难继续下去。根据经验，下列几方面作为毛坯工艺性分析的要点。

a. 毛坯应有充分、稳定的加工余量。毛坯主要是指锻件、铸件，在制造过程中会由于错模、模型误差、收缩、挠曲与扭曲变形等原因，造成余量不充分、不稳定。因此，除板料外，不管是锻件、铸件或是型材，只要准备采用数控铣削加工，其加工面应有较充分的余量。经验表明，数控铣削中最难保证的是加工面与非加工面之间的尺寸，这一点应引起特别重视。在这种情况下，如果已确定或准备采用数控铣削，就应事先对毛坯的设计进行必要的更改或在设计时就加以充分考虑，即在零件图样注明的非加工面处也增加适当的余量。

b. 分析毛坯在装夹定位方面的适应性，应考虑毛坯在加工时的装夹定位方面的可靠性与方便性，以便使数控铣床在一次安装中加工更多的待加工面。主要是考虑要不要另外增加装夹余量或工艺凸耳来定位与装夹，什么地方可以制出工艺孔或要不要另外准备工艺凸耳来特制工艺孔。

c. 分析毛坯的余量大小及均匀性，主要考虑在加工时是否要分层切削，分几层切削，也要分析加工中与加工后的变形程度，考虑是否采取预防性措施与补救措施。

d. 零件的加工路线。在数控铣削加工中，刀具相对于零件运动的每一个细节都应在编程时确定。这时，除考虑零件轮廓、对刀点、换刀点及装夹方便外，还应注意到在铣削轮廓表面时一般采用立铣刀侧面刃口进行切削。由于主轴系统和刀具的刚性变化，当沿法向切入工件时，会在切入处产生刀痕，所以应避免，而应由零件轮廓曲线的延长线上切入零件的轮廓，以避免在加工中产生痕迹。在切出时也是如此。而且在刀具的切入切出时，均应考虑有一定的外延，以保证零件轮廓光滑过渡。

在铣削内表面轮廓形状时，切入切出无法外延，这时铣刀只有沿法线方向切入和切出，这种情况下，切入切出点应选在零件轮廓两几何要素的交点上，而且进给过程中要避免停顿。为消除由于系统刚性变化引起进退刀时的痕迹，可采用多次走刀的方法，减少最后精铣时的余量，以减少切削力。

11.1 轮廓及内腔加工

(1) 任务描述

如图 11-1 所示的零件，毛坯尺寸为 80mm×80mm×20mm，四周及底面已经加工。材料为 45 钢，硬度为 220~260HBS。

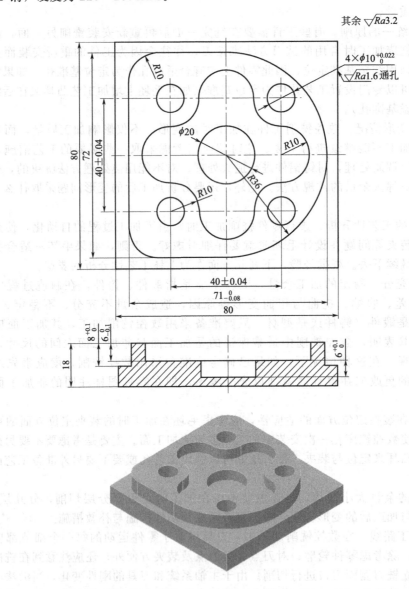

图 11-1　轮廓及内腔加工

(2) 任务分析

该零件主要由平面、外轮廓、内轮廓和孔组成，对零件的外轮廓、深度尺寸、4 个 $\phi 10mm$ 通孔的形状和位置精度有一定要求，因此在加工中应重点考虑。

在深度尺寸上，应先进行平面精加工，以便保证深度尺寸精度；外轮廓尺寸 $71_{-0.08}^{0}\,mm$，可以通过调整刀具半径补偿的方法保证加工精度要求。$4 \times \phi 10_{0}^{+0.022}\,mm$ 孔的位置精度通过数控机床本身加工精度来保证，其尺寸精度采用先钻孔后铰孔来加工。

工件 80mm×80mm 外形面以及下表面已经铣削加工，因此在这里可以作为定位基准面，不需要加工了。

由于加工需要刀具较多，因此采用立式加工中心来加工，减少手工换刀以提高加工效率。零件材料为 45 钢，切削用量根据有关推荐值或根据经验进行选择。

（3）任务实施

① 加工工艺方案　以工件上表面中心为原点，建立工件坐标系 G55。

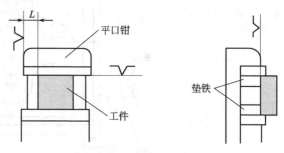

图 11-2　工件的装夹与定位

如图 11-2 所示，将平口钳固定在机床工作台上，钳口用百分表校正。工件装夹在平口钳上，下用精度较高的垫铁支承，使工件上表面高于钳口约 11mm。

加工顺序及走刀路线如下。

a. 用 ϕ50mm 面铣刀铣坯料上表面。

如图 11-3 所示，刀具路径为 A→B→C→D，采用平行双向切削，可以提高加工效率。每刀之间有一定的重叠量，可以在 CAD 上找出每个基点的坐标。由于加工余量为 2mm，一次下刀完成切削。

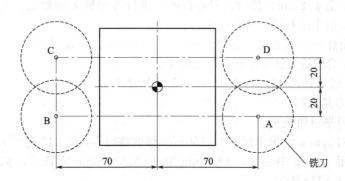

图 11-3　铣平面刀心轨迹

b. 用 ϕ16mm 立铣刀加工外轮廓达到尺寸要求。

如图 11-4 所示，外轮廓在平面上多次铣削。采用刀具半径补偿功能，分粗、精加工，留精加工余量 0.5mm，通过调用不同半径补偿偏置值完成加工。刀具路径为：O→A→1→2→3→4→5→6→1→C→O，从 O 点到 A 点建立刀具半径左补偿 G41，顺铣加工，当加工一周回到 1 点时，采用圆弧切出到 C 点，然后到 O 点，同时取消刀具半径补偿。将外轮廓加工设为子程序，多次调用。

粗加工：调用子程序加工平面第 1 层，调用刀具半径补偿 D1，偏置值设为 16，加工外轮廓 1；调用子程序加工平面第 2 层，调用刀具半径补偿 D2，偏置值设为 8.5，加工外轮廓 2，留精加工余量 0.5mm。

精加工：根据粗加工的测量结果，修改半径补偿偏置值 D3，调用子程序，调用刀具半径补偿 D3，完成外轮廓的精加工。

该例使用了调用不同刀具补偿值的加工技巧。首件试切完成后，将补偿偏置值确定下来后，不必反复改变半径补偿值就可以进行批量加工了。

c. 用中心钻钻 $4\times\phi10^{+0.022}_{0}$mm 和 ϕ20mm 孔的中心孔。

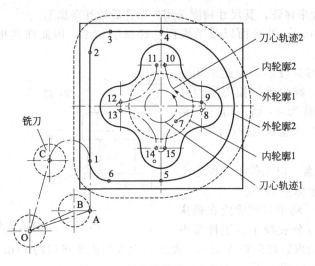

图 11-4　铣内外轮廓刀心轨迹

　　d. 用 $\phi 9.7$mm 麻花钻钻 $4\times\phi 10^{+0.022}_{0}$ mm 和 $\phi 20$mm 孔至 $\phi 9.7$mm。

　　e. 用 $\phi 16$mm 键槽铣刀加工内轮廓达到尺寸要求。

　　在加工内轮廓前，先在 $\phi 20$mm 孔的中心钻一个 $\phi 9.7$mm 的小孔，然后第 1 刀先以刀心轨迹 1 铣内轮廓 1 至 $\phi 32$mm。然后以刀心轨迹 2 进行内轮廓 2 的加工。由于内轮廓没有精度要求，所以不采用半径补偿，一次完成。

　　内轮廓和外轮廓在 Z 轴方向上进行精确对刀一次完成，不进行分层加工和粗、精加工。

　　f. 用 $\phi 16$mm 键槽铣刀铣 $\phi 20$mm 孔至尺寸。

　　g. 用 $\phi 10$H8 铰刀铰削 $4\times\phi 10^{+0.022}_{0}$ mm 孔达到要求。

　　② 工、量、刀具选择

　　a. 工具　采用平口钳装夹。

　　b. 量具　0～150mm 游标卡尺、0～150mm 深度游标卡尺、$\phi 10^{+0.022}_{0}$ mm 塞规。

　　c. 刀具　采用 $\phi 4$mm 中心钻，$\phi 9.7$mm 麻花钻，$\phi 16$mm 立铣刀，$\phi 16$mm 键槽铣刀，$\phi 50$mm 面铣刀，$\phi 10$H8 铰刀。

　　③ 切削用量　选择见工艺卡片。

　　④ 工艺卡片（表 11-1）

表 11-1　工艺卡片

零件名称	零件编号	数控加工工艺卡片				
材料名称	材料牌号	机床名称	机床型号	夹具名称		夹具编号
钢	45	加工中心		平口钳		

序号	工艺内容	切削转速 /r·min^{-1}	进给速度 /mm·min^{-1}	量具	刀具
1	装(卸)工件				
2	铣平面	800	80	0～150mm 游标卡尺	$\phi 50$mm 面铣刀 (T1)
3	铣外轮廓	1000	100	0～150mm 深度游标卡尺	$\phi 16$mm 立铣刀 (T2)

序号	工艺内容	切削转速 /r · min⁻¹	进给速度 /mm · min⁻¹	量具	刀具
4	钻中心孔	1000	100	0～150mm 深度游标卡尺	$\phi 4$mm 中心钻 (T3)
5	钻孔 $4 \times \phi 10^{+0.022}_{0}$mm 和 $\phi 20$mm 孔至 $\phi 9.7$mm	800	100	0～150mm 游标卡尺	$\phi 9.7$mm 麻花钻 (T4)
6	铣内轮廓至要求	1000	100	0～150mm 深度游标卡尺	$\phi 16$mm 键槽铣刀 (T5)
7	铣孔 $\phi 20$mm 至尺寸	1000	80	0～150mm 游标卡尺	$\phi 16$mm 键槽铣刀 (T5)
8	铰孔 $4 \times \phi 10^{+0.022}_{0}$mm 至要求	200	100	$\phi 10^{+0.022}_{0}$ mm 塞规	$\phi 10$H8 铰刀 (T6)

⑤ 加工程序

```
O2112;
N10 G17 G40 G80 G49 G90;           设置初始状态
N20 M06 T1;                        换 φ50mm 面铣刀,铣平面
N30 G90 G55;                       绝对方式编程,建立 G55 工件坐标系
N40 M03 S800;                      主轴正转,800r/min
N50 G00 X70 Y-20;                  快速定位至 A 点
N60 G43 Z10 H1 M08;                长度补偿,Z 轴快速定位,切削液开
N70 G01 Z-2 F80;                   切深 2mm
N80     X-70;                      至 B 点
N90     Y20;                       至 C 点
N100    X70;                       至 D 点
N110 G49 G00 Z100 M09;             取消长度补偿,提刀,切削液关
N120 M05;                          主轴停止
N130 M01;                          程序选择停止,按下 选择停止 键有效

N140 M06 T2;                       换 φ16mm 立铣刀,铣外轮廓
N150 M03 S1000;                    主轴正转,1000r/min
N160 G00 X-65 Y-60;                快速定位到 O 点
N170 G43 Z10 H2 M08;               长度补偿,Z 轴快速定位,切削液开
N180 G01 Z-8 F100;                 Z 向进给
N190 G01 G41 X-35 Y-50 D1;         到 A 点刀具半径补偿,D1 值为 16
N200 M98 P2001;                    调用子程序 O2001 加工外轮廓
N210 G00 G40 X-65 Y-60;            取消刀具半径补偿,快速定位到 O 点
N220 G41 G01 X-35 Y-50 D2;         到 A 点刀具半径补偿,D2 值为 8.5
N230 M98 P2001;                    调用子程序 O2001 加工外轮廓
N240 G00 G40 X-65 Y-60;            取消刀具半径补偿,快速定位到 O 点
N250 G41 G01 X-35 Y-50 D3;         到 A 点刀具半径补偿,精铣外轮廓
N260 M98 P2001;                    调用子程序 O2001 加工外轮廓
N270 G00 G40 X-65 Y-60;            取消刀具半径补偿,快速定位到 O 点
N280 G49 G00 Z100 M09;             取消长度补偿,提刀,切削液关
N290 M05;                          主轴停止
```

N300 M01;	程序选择停止,按下 选择停止 键有效
N310 M06 T3;	换 ϕ4mm 中心钻,点钻孔
N320 M03 S1000;	主轴正转,1000r/min
N330 G00 X0 Y0 M08;	快速定位,切削液开
N340 G43 Z30 H3;	长度补偿
N350 G99 G81 X0 Y0 Z-3 R10 F100	钻孔循环,点钻 ϕ20mm 孔
N360 X-20 Y20;	点钻 ϕ10mm 孔
N370 X20 Y20;;	点钻 ϕ10mm 孔
N380 X20 Y-20;	点钻 ϕ10mm 孔
N390 X-20 Y-20;	点钻 ϕ10mm 孔
N400 G00 G49 Z100 M09;	提刀,取消长度补偿,切削液关
N410 X0 Y0;	快速定位
N420 M05 G80;	主轴停止,取消固定循环
N430 M01;	程序选择停止
N440 M06 T4;	换 ϕ9.7mm 麻花钻,钻孔
N450 M03 S800;	主轴正转,800r/min
N460 G00 X0 Y0 M08;	快速定位,切削液开
N470 G43 Z30 H4;	长度补偿
N480 G99 G81 X0 Y0 Z-12 R10 F100;	钻孔循环,钻 ϕ20mm 底孔
N490 X-20 Y20 Z-25;	钻 ϕ10mm 底孔
N500 X20 Y20 Z-25;	钻 ϕ10mm 底孔
N510 X20 Y-20 Z-25;	钻 ϕ10mm 底孔
N520 X-20 Y-20 Z-25;	钻 ϕ10mm 底孔
N530 G00 G49 Z100 M09;	提刀,取消长度补偿,切削液关
N540 M05 G80;	主轴停止,取消固定循环
N550 M01;	程序选择停止
N560 M06 T5;	换 ϕ16mm 键槽铣刀,铣内轮廓
N570 M03 S1000;	主轴正转,1000r/min
N580 G00 X8 Y0 M08;	X、Y 快速定位至 B 点,切削液开
N590 G43 G00 Z10 H5;	Z 轴定位,长度补偿
N600 G01 Z1 F100;	Z 向进给
N610 M98 P72002;	调用子程序 O2002,7 次,铣孔
N620 G90 G03 I-8 F80;	铣平底面
N630 G01 X0 Y0 F200;	到中心
N640 G01 X7.272 Y-7.272 F100;	到 7 点
N650 G02 X20 Y-2 R18;	到 8 点
N660 G03 X20 Y2 R2;	到 9 点
N670 G02 X2 Y20 R18;	到 10 点
N680 G03 X-2 Y20 R2;	到 11 点
N690 G02 X-20 Y2 R18;	到 12 点
N700 G03 X-20 Y-2 R2;	到 13 点
N710 G02 X-2 Y-20 R18;	到 14 点
N720 G03 X2 Y-20 R2;	到 15 点
N730 G02 X7.272 Y-7.272 R18;	到 7 点
N740 G01 X0 Y0 F200;	到中心点

N750 G00 G49 Z100 M09;	取消长度补偿,切削液关
N760 M05;	主轴停止
N770 M01;	程序选择停止
N780 M03 S1000;	主轴正转,1000r/min,铣φ20mm孔
N790 G00 X0 Y0 M08;	X、Y快速定位至B点,切削液开
N800 G43 G00 Z10 H6;	Z轴定位,长度补偿(测量深度,修改H6偏置值)
N810 G01 Z-12 F60;	Z向进给到φ20mm孔底
N820 G01 Z10 F100;	提刀
N830 G00 X2 Y0;	到圆弧起点
N840 G01 Z-5 F200;	Z向进给
N850 M98 P72003;	调用子程序O2003,7次,铣孔
N860 G90 G03 I-2 F80;	铣平底面
N870 G01 X0 Y0 F200;	到中心
N880 G00 G49 Z100 M09;	取消长度补偿,切削液关
N890 M05;	主轴停止
N900 M01;	程序选择停止
N910 M06 T6;	调用φ10H8铰刀,铰孔
N920 M03 S200;	主轴正转,200r/min
N930 G00 X-20 Y20;	快速定位
N940 G00 G43 H7 Z30 M08;	Z轴定位,长度补偿,切削液开
N950 G99 G81 X-20 Y20 Z-25 R10 F100	铰孔加工
N960 X20 Y20;	铰孔加工
N970 X20 Y-20;	铰孔加工
N980 X-20 Y-20;	铰孔加工
N990 G49 G00 Z100 M09;	取消长度补偿,切削液关
N1000 M05;	主轴停止
N1010 G80;	取消固定循环
N1020 M02;	程序结束
O 2001;	子程序1:铣外轮廓
G90 G01 X-35 Y26 F100;	到1点
Y26;	到2点
G02 X-25 Y36 R10;	到3点
G01 X0 Y36;	到4点
G02 X0 Y-36 R36;	到5点
G01 X-25 Y-36;	到6点
G02 X-35 Y-26 R10;	到1点
G03 X-55 Y-26 R10;	到C点
M99;	返回主程序
O 2002;	子程序2:铣孔1
N10 G91 G03 I-8 Z-1 F80;	螺旋插补铣φ32mm孔
N20 M99;	返回主程序
O 2003;	子程序3:铣孔2

```
N10 G91 G03 I-2 Z-1 F80;          螺旋插补铣 φ20mm 孔
N20 M99;                          返回主程序
```

（4）操作注意事项

① 工件装夹时应检查垫铁与加工部位是否干涉。

② 将铰刀装夹在刀柄上，装在主轴上，用手拨动使刀具转动，用百分表测量，如果铰刀不正，则重新装夹，或对铰刀进行校直，否则会影响铰孔的尺寸精度。

③ 铰削通孔时，铰刀校准部分不能全部铰出，以免将孔的出口处刮坏。

④ 铰孔时，切削液对孔表面质量和尺寸精度影响较大，应合理选用切削液。

⑤ 使用数控铣床加工时，当机床 Z 向抬刀到执行指令 M00 暂停时，不要手动移动机床，要在停止位置手动换刀，防止产生定位精度误差，以提高加工精度。

11.2 挖槽加工

（1）任务描述

如图 11-5 所示的零件，工件毛坯尺寸为 φ130mm×25mm，材料为 45 钢，硬度为 220～260HBS。

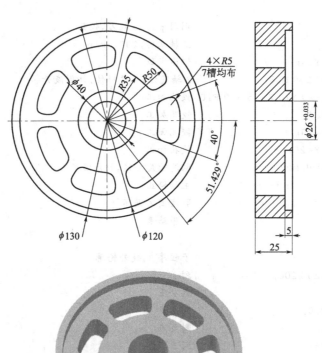

图 11-5 挖槽加工

（2）任务分析

该零件主要进行挖槽和孔加工。φ26H8 孔要求加工精度较高，在这里采用铣孔的方式

数控铣削编程与加工项目教程

加工。对于 7 个通槽，由于铣刀垂直方向加工能力较弱，因此先用 $\phi12mm$ 的麻花钻钻孔，然后铣削。为了简化编程，采用坐标旋转功能进行编程。

（3）任务实施

① 加工工艺方案　以工件上表面中心为原点，建立工件坐标系 G54。加工顺序及走刀路线如下。

a. 先加工深 5mm 的环形槽。用 $\phi16mm$ 的硬质合金键槽铣刀加工，刀具路径如图 11-6 所示。采用顺铣方式。

b. 用 $\phi4mm$ 中心钻钻孔。如图 11-7 所示，每个小通槽在 O_1O_2 处钻 2 个通孔，便于下刀和减少铣刀的切削量。各基点的坐标：O_1（X41.854，Y7.38），O_2（X41.854，Y—7.38），A（X43.734，Y10.597），B（X39.003，Y8.875），C（X39.003，Y—8.875），D（X43.734，Y—10.597）。

c. 用 $\phi12mm$ 麻花钻钻孔。坐标同上。

d. $\phi10mm$ 高速钢立铣刀铣通槽。采用坐标旋转指令编程。如图 11-7 所示，刀具路径为 $O_1 \rightarrow A \rightarrow B \rightarrow C \rightarrow D \rightarrow A \rightarrow O_1$。分层铣削。

e. 用 $\phi24mm$ 麻花钻扩孔。

f. 用 $\phi10mm$ 高速钢立铣刀铣孔至 $\phi26H8$。

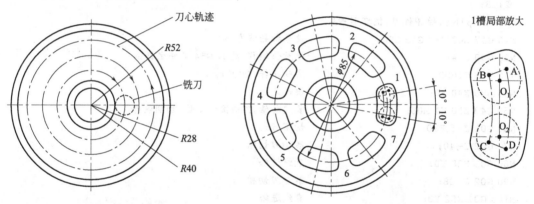

图 11-6　铣环形槽刀心轨迹　　　　图 11-7　铣通槽刀心轨迹

② 工、量、刀具选择

a. 工具　采用三爪定心卡盘装夹。用百分表进行工件找正。

b. 量具　采用 0～150mm 游标卡尺、18～35mm 内径百分表。

c. 刀具　采用 $\phi4mm$ 中心钻，$\phi12mm$ 麻花钻，$\phi24mm$ 麻花钻，$\phi10mm$ 高速钢立铣刀，$\phi16mm$ 硬质合金键槽铣刀。

③ 切削用量选择　见工艺卡片。

④ 工艺卡片（表 11-2）

表 11-2　工艺卡片

零件名称	零件编号	数控加工工艺卡片			
材料名称	材料牌号	机床名称	机床型号	夹具名称	夹具编号
钢	45	数控铣床		三爪卡盘	

序号	工艺内容	切削转速 /r·min⁻¹	进给速度 /mm·min⁻¹	量具	刀具
1	装(卸)工件				
2	铣环形槽	1000	80	0～150mm 游标卡尺	φ16mm 键槽铣刀
3	钻中心孔	1000	80		φ4mm 中心钻
4	钻孔 φ12mm	800	80	0～150mm 游标卡尺	φ12mm 麻花钻
5	铣通槽	800	50	0～150mm 游标卡尺	φ10mm 立铣刀
6	扩孔 φ24mm	400	60	0～150mm 游标卡尺	φ24mm 麻花钻
7	铣孔 $\phi 26^{+0.033}_{0}$ mm	800	80	18～35mm 内径百分表	φ10mm 立铣刀

⑤ 加工程序

O2113；

（手动换 φ16mm 键槽铣刀，铣环形槽）

N10 G17 G40 G80 G49 G90；	设置初始状态
N20 G90 G54；	绝对值编程，建立 G54 工件坐标系
N30 M03 S1000；	主轴正转，1000r/min
N40 G00 X40 Y0；	快速定位
N50 G43 Z10 H1 M08；	长度补偿，Z轴快速定位，切削液开
N60 G01 Z-5 F80；	切深 5mm
N70 G02 I-40；	第 1 刀切槽
N80 G01 X28 Y0；	直线进给
N90 G02 I-28；	第 2 刀切槽
N100 G01 X52 Y0；	直线进给
N110 G03 I52；	第 3 刀切槽
N120 G00 G49 Z100 M09；	提刀，取消长度补偿，切削液关
N130 M05；	主轴停止
N140 M00；	程序停止

（手动换 φ4 中心钻，钻中心孔）

N150 M03 S1000；	主轴正转，1000r/min
N160 G00 X0 Y0 M08；	快速定位，切削液开
N170 G43 Z30 H2；	长度补偿
N180 G99 G81 X0 Y0 Z-3 R10 F80；	钻孔循环，点钻中心孔
N190 M98 P2101；	调用子程序点钻孔（第 1 槽）
N200 G68 X0 Y0 R51.429；	坐标旋转
N210 M98 P2101；	调用子程序点钻孔（第 2 槽）
N220 G68 X0 Y0 R102.858；	坐标旋转
N230 M98 P2101；	调用子程序点钻孔（第 3 槽）
N240 G68 X0 Y0 R154.287；	坐标旋转
N250 M98 P2101；	调用子程序点钻孔（第 4 槽）
N260 G68 X0 Y0 R205.716；	坐标旋转

N270 M98 P2101;	调用子程序点钻孔(第5槽)
N280 G68 X0 Y0 R257.145;	坐标旋转
N290 M98 P2101;	调用子程序点钻孔(第6槽)
N300 G68 X0 Y0 R308.574;	坐标旋转
N310 M98 P2101;	调用子程序点钻孔(第7槽)
N320 G69;	取消坐标旋转指令
N330 G00 G49 Z100 M09;	提刀,取消长度补偿,切削液关
N340 G00 X0 Y0;	快速定位
N350 M05;	主轴停止
N360 M00;	程序停止

(手动换 φ12mm 麻花钻,钻孔)

N370 M03 S800;	主轴正转,800r/min
N380 G00 X0 Y0 M08;	快速定位,切削液开
N390 G43 Z30 H3;	长度补偿
N400 G99 G81 X0 Y0 Z-30 R10 F80;	钻孔循环,钻中心孔
N410 M98 P2102;	调用子程序钻孔(第1槽)
N420 G68 X0 Y0 R51.429;	坐标旋转
N430 M98 P2102;	调用子程序钻孔(第2槽)
N440 G68 X0 Y0 R102.858;	坐标旋转
N450 M98 P2102;	调用子程序钻孔(第3槽)
N460 G68 X0 Y0 R154.287;	坐标旋转
N470 M98 P2102;	调用子程序钻孔(第4槽)
N480 G68 X0 Y0 R205.716;	坐标旋转
N490 M98 P2102;	调用子程序钻孔(第5槽)
N550 G68 X0 Y0 R257.145;	坐标旋转
N510 M98 P2102;	调用子程序钻孔(第6槽)
N520 G68 X0 Y0 R308.574;	坐标旋转
N530 M98 P2102;	调用子程序钻孔(第7槽)
N540 G69;	取消坐标旋转指令
N550 G00 G49 Z100 M09;	提刀,取消长度补偿,切削液关
N560 G00 X0 Y0;	快速定位
N570 M05;	主轴停止
N580 M00;	程序停止

(手动换 φ10mm 立铣刀,铣小槽)

N590 M03 S800;	主轴正转,800r/min
N600 G00 X0 Y0 M08;	快速定位,切削液开
N610 G43 Z10 H4;	长度补偿
N620 G00 X41.854 Y7.38;	到 O_1 点
N630 G01 Z-5 F100;	进给下刀
N640 M98 P42103;	调用子程序铣第1槽
N650 G00 Z10;	提刀
N660 G68 X0 Y0 R51.429;	坐标旋转
N670 G01 X41.854 Y7.38 F100;	到 O_1 点
N680 G01 Z-5;	进给下刀
N690 M98 P42103;	调用子程序铣第2槽
N700 G00 Z10;	提刀

```
N710 G68 X0 Y0 R102.858;            坐标旋转
N720 G01 X41.854 Y7.38 F100;        到 $O_1$ 点
N730 G01 Z-5;                       进给下刀
N740 M98 P42103;                    调用子程序铣第 3 槽
N750 G00 Z10;                       提刀
N760 G68 X0 Y0 R154.287;            坐标旋转
N770 G01 X41.854 Y7.38 F100;        到 $O_1$ 点
N780 G01 Z-5;                       进给下刀
N790 M98 P42103;                    调用子程序铣第 4 槽
N800 G00 Z10;                       提刀
N810 G68 X0 Y0 R205.716;            坐标旋转
N820 G01 X41.854 Y7.38 F100;        到 $O_1$ 点
N830 G01 Z-5;                       进给下刀
N840 M98 P42103;                    调用子程序铣第 5 槽
N850 G00 Z10;                       提刀
N860 G68 X0 Y0 R257.145;            坐标旋转
N870 G01 X41.854 Y7.38 F100;        到 $O_1$ 点
N880 G01 Z-5;                       进给下刀
N890 M98 P42103;                    调用子程序铣第 6 槽
N900 G00 Z10;                       提刀
N910 G68 X0 Y0 R308.574;            坐标旋转
N920 G01 X41.854 Y7.38 F100;        到 $O_1$ 点
N930 G01 Z-5;                       进给下刀
N940 M98 P42103;                    调用子程序铣第 7 槽
N945 G00 Z10;                       提刀
N950 G69;                           取消坐标旋转指令
N960 G00 G49 Z100 M09;              提刀,取消长度补偿,切削液关
N970 G00 X0 Y0;                     快速定位
N980 M05;                           主轴停止
N990 M00;                           程序停止


(手动换 φ24mm 麻花钻,扩孔)
N1000 M03 S400;                     主轴正转,400r/min
N1010 G90 G00 G43 Z30 H5 M08;       Z 轴定位,调用长度补偿,切削液开
N1020      X0 Y0;                   X、Y 轴快速定位
N1030 G99 G81 Z-32 R10 F60;         扩孔加工
N1040 G49 G00 Z100 M09;             取消长度补偿,切削液关
N1050 M05 G80;                      主轴停止,取消固定循环
N1060 M00;                          程序停止


(手动换 φ10mm 立铣刀,铣 φ26H8 孔)
N1070 M03 S800;                     主轴正转,800r/min
N1080 G43 G00 Z10 H4;               Z 轴定位,调用长度补偿
N1090 G00 X8 Y0 M08;                快速定位,切削液开
N1100 G01 Z1 F200;                  Z 向进给
N1110 M98 P272104;                  调用子程序铣孔
N1120 G90 G03 X0 Y0 R6.5 F100;      圆弧切出至中心
N1130 G49 G00 Z100 M09;             取消长度补偿,提刀,切削液关
```

```
N1140 M05;                        主轴停止
N1150 M02;                        程序结束

O2101;                            子程序1:点钻孔
G99 G81 X41.854 Y7.38 Z-3 R10 F80;    钻孔循环,点钻 O₁ 孔
G99 G81 X41.854 Y-7.38 Z-3 R10 F80;   钻孔循环,点钻 O₂ 孔
M99;                              返回主程序

O2102;                            子程序2:钻孔
G99 G81 X41.854 Y7.38 Z-30 R10 F80;   钻孔循环,钻 O₁ 孔
G99 G81 X41.854 Y-7.38 Z-30 R10 F80   钻孔循环,钻 O₂ 孔
M99;                              返回主程序

O2103;                            子程序3:铣小槽
G91 G01 Z-6 F100;                 Z轴向下增量进给 6mm
G90 G01 X43.734 Y10.597 F50;      绝对值编程,到 A 点
     X39.003 Y8.875;              到 B 点
G02 X39.003 Y-8.875 R40;          到 C 点
G01 X43.734 Y-10.597;             到 D 点
G03 X43.734, Y10.597 R45;         到 A 点
G01 X41.854 Y7.38;                到 O₁ 点
M99;                              返回主程序

O2104;                            子程序4:铣 φ26H8 孔
N10 G91 G03 I-8 Z-1 F80;          螺旋插补铣孔
N20 M99;                          返回主程序
```

11.3　平面凸轮加工

（1）任务描述

图 11-8 所示为平面凸轮零件，毛坯尺寸为 $\phi380\text{mm}$，材料为 45 钢。试编写平面凸轮凹槽的加工程序。

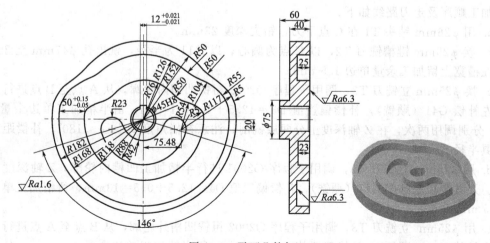

图 11-8　平面凸轮加工

（2）任务分析

根据零件图分析，凸轮上的半圆槽没有精度要求，其作用是为了减轻工件重量。在本例中只加工凸轮凹槽。从图纸中知道，凹槽的精度较高，因此采用粗加工、半精加工和精加工三个步骤完成；由于槽深较大，首先使用 $\phi26mm$ 的钻头钻孔，孔底深度不要超过25mm，然后用 $\phi25mm$ 的硬质合金键槽铣刀将孔底铣平，以便于立铣刀下刀。然后换 $\phi25mm$ 的3刃硬质合金立铣刀粗铣凹槽，留半精加工单边余量1.5mm；然后进行半精加工，留精加工单边余量0.5mm。最后用硬质合金4刃立铣刀进行精加工，完成凸轮凹槽的加工。加工余量数值的大小用半径补偿偏置值来控制。

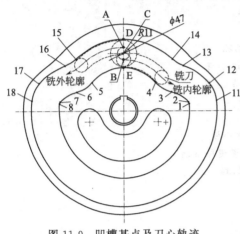

图 11-9　凹槽基点及刀心轨迹

在Z轴方向上粗加工分两层加工；半精加工和精加工不分层，一刀完成。

由于使用刀具较多，因此采用加工中心进行加工。

（3）任务实施

① 加工工艺方案　工件采用专用夹具进行装夹，以 $\phi45H8$ 孔定位。以 $\phi45H8$ 孔中心为原点建立工件坐标系G54。可以在CAD上完成复杂的计算，如图11-9所示。采用顺铣方式，计算出基点的坐标表11-3。其他点的坐标为：A（X0，Y112），B（X0，Y90），C（X0，Y101）。在铣内轮廓时，因为要顺铣，所以走刀方向为顺时针G02；铣槽的外轮廓时，采用逆时针G03。采用刀具半径补偿功能，将轨迹编为两段子程序，可以反复调用。

表 11-3　基点坐标

基点	坐标	基点	坐标	基点	坐标	基点	坐标
1	X117.299,Y12.842	5	X−57.690,Y49.476	11	X167.002,Y18.284	15	X−87.395,Y90.764
2	X116.089,Y15.594	6	X−85.949,Y32.975	12	X153.690,Y48.551	16	X−106.947,Y79.125
3	X85.949,Y32.975	7	X−116.089,Y15.594	13	X106.947,Y79.125	17	X−153.690,Y48.551
4	X57.690,Y49.476	8	X−117.299,Y12.842	14	X87.395,Y90.764	18	X−167.002,Y18.284

加工顺序及走刀路线如下。

a. 用 $\phi26mm$ 钻头 T1 在 C 点下刀，钻尖深度23mm。

b. 换 $\phi25mm$ 键槽铣刀 T2，以 C 点为圆心，以 R11 为半径，铣出孔 $\phi47mm$ 至25mm深，在槽宽上留加工余量单边1.5 mm。

c. 换 $\phi25mm$ 立铣刀 T3，调用子程序 O2001 粗铣凹槽内轮廓，从 A 点至 B 点进行刀具半径左补偿 G41（顺铣），补偿偏置值 D3＝12.5＋1.5＝14mm，留半精加工单边余量1.5 mm。分别调用两次，在 Z 轴深度上分两层铣削。注意补偿角度90°≤α＜180°，补偿距离大于刀具半径。

d. 用 $\phi25mm$ 立铣刀 T3，调用子程序 O2001 进行半精加工凹槽内轮廓，Z 轴深度一刀完成。刀具半径左补偿 G41（顺铣），补偿偏置值 D4＝12.5＋0.5＝13mm，留精加工单边余量0.5 mm。

e. 用 $\phi25mm$ 立铣刀 T3，调用子程序 O2002 粗铣凹槽外轮廓，从 B 点至 A 点进行刀具半径左补偿 G41（顺铣），补偿偏置值 D3＝14mm，留半精加工单边余量1.5 mm。分别调用两次，在 Z 轴深度上分两层铣削。注意补偿角度 90°≤α＜180°，补偿距离大于刀具半径。

　　f. 用 φ25mm 立铣刀 T3，调用子程序 O2002 进行半精加工凹槽外轮廓，Z 轴深度一刀完成。刀具半径左补偿 G41（顺铣），补偿偏置值 D4＝13mm，留精加工单边余量 0.5 mm。

　　g. 用 φ25mm 立铣刀 T4，分别调用子程序 O2001、O2002 进行精加工凹槽内、外轮廓，Z 轴深度一刀完成。刀具半径左补偿 G41（顺铣），补偿偏置值 D5＝12.5mm，凹槽加工完成。

　　② 工、量、刀具选择

　　a. 工具　采用专用夹具进行装夹。

　　b. 量具　0～150mm 游标卡尺，0～150mm 深度尺；采用 φ50mm 辊子检查槽形。

　　c. 刀具　φ26mm 的钻头（T1），φ25mm 的硬质合金键槽铣刀（T2），φ25mm 的 3 刃硬质合金立铣刀（T3），φ25mm 的 4 刃硬质合金立铣刀（T4）。

　　③ 切削用量选择　选择合适的切削用量，见工艺卡片。

　　④ 工艺卡片（表 11-4）

表 11-4　工艺卡片

零件名称	零件编号	数控加工工艺卡片				
材料名称	材料牌号	机床名称	机床型号	夹具名称	夹具编号	
钢	45	加工中心		专用夹具		

序号	工艺内容	切削转速 /r·min⁻¹	进给速度 /mm·min⁻¹	量具	刀具
1	装（卸）工件				
2	钻孔 φ26,钻尖深度 23mm	400	50	0～150mm 游标卡尺	φ26mm 麻花钻（T1）
3	铣平孔底至 φ47 mm,深度 25mm	800	30	0～150mm 深度尺	φ25mm 键槽铣刀(T2)
4	粗、半精铣槽内、外轮廓	800	60	0～150mm 游标卡尺	3 刃 φ25mm 立铣刀(T3)
5	精铣槽内、外轮廓	1000	60	φ50mm 辊子	4 刃 φ25mm 立铣刀(T4)

　　⑤ 加工程序

O2234;	
N10 G17 G40 G49 G80 G90;	程序初始化
N20 M06 T1;	换 T1 号刀具,φ26mm 麻花钻
N30 G90 G54;	绝对值编程,G54 工件坐标系
N40 M03 S400;	主轴正转,400r/min
N50 G00 X0 Y101;	快速定位到 C 点
N60 G43 Z50 H1 M08;	Z 轴下刀,长度补偿,切削液开
N70 G90 G98 G81 Z-23 R20 F50;	钻 φ26mm 孔
N80 G49 G00 Z100 M09;	提刀,取消长度补偿,切削液关
N90 M05 G80;	主轴停止,取消固定循环
N95 M01;	程序选择停止

（铣平孔底，并铣孔到 φ47mm）

N97 G90 G40 G49 G80;	初始化
N100 M06 T2;	换 T2 号刀，φ25mm 键槽铣刀
N110 M03 S800;	主轴正转，800r/min
N120 G00 X0 Y101;	快速定位到 C 点
N130 G49 Z50 H2 M08;	Z 轴下刀，长度补偿，切削液开
N140 G00 Z10;	Z 轴下刀
N150 G01 Z-20 F100;	Z 轴进给
N160 Z-25 F30;	铣平孔底
N170 Z-12 F200;	提刀
N180 G91 Y11 F30;	增量值编程，Y 向进给
N190 G03 J-11;	铣孔 φ47mm
N200 G01 Y-11 F100;	回到 C 点
N210 G90 G01 Z-25 F100;	绝对值编程，进刀到 25mm 深
N220 G91 Y11 F30;	增量值编程，Y 向进给
N230 G03 J-11;	铣孔 φ47mm
N240 G01 Y-11 F100;	回到 C 点
N250 G90 Z10 F500;	绝对值编程，提刀
N260 G00 G49 Z100 M09;	快速提刀，取消长度补偿，切削液关
N270 M05 G80;	主轴停止，取消固定循环
N275 M01;	程序选择停止

（调用子程序，粗铣内轮廓）

N277 G90 G40 G49 G80;	初始化
N280 M06 T3;	换 T3 号刀，3 刃 φ25mm 立铣刀
N290 M03 S800;	主轴正转，800r/min
N300 G00 G49 Z50 H3 M08;	下刀，长度补偿，切削液开
N310 X0 Y112;	快速定位到 A 点
N320 Z10;	下刀
N330 G01 Z-12.5 F100;	Z 轴进刀切削第一层
N340 G90 G42 G01 X0 Y76 D3 F100;	到 E 点建立半径补偿，刀心到 B 点
N350 M98 P2001;	调用子程序 O2001 加工内轮廓
N360 G40 G01 X0 Y112 F100;	取消半径补偿，刀心到 A 点
N370 G01 Z-25 F100;	Z 轴进刀切削第二层
N380 G90 G42 G01 X0 Y76 D3 F100;	到 E 点建立半径补偿，刀心到 B 点
N300 M98 P2001;	调用子程序 O2001 加工内轮廓
N400 G40 G01 X0 Y112 F100;	取消半径补偿，刀心到 A 点

（调用子程序，半精铣内轮廓）

N410 G01 Z-25 F100;	Z 轴进刀切削第二层
N420 G90 G42 G01 X0 Y76 D3 F100;	到 E 点建立半径补偿，刀心到 B 点
N430 M98 P2001;	调用子程序 O2001 加工内轮廓
N440 G40 G01 X0 Y112 F100;	取消半径补偿，刀心到 A 点
N450 G00 Z50;	提刀

（调用子程序，粗铣外轮廓）

N455 G00 X0 Y90;	快速定位到 B 点
N460 Z10;	下刀

数控铣削编程与加工项目教程

```
N465 G01 Z-12.5 F100;                    Z轴进刀切削第一层
N470 G90 G42 G01 X0 Y126 D4 F100;        到D点建立半径补偿,刀心到A点
N475 M98 P2002;                          调用子程序O2002加工外轮廓
N480 G40 G01 X0 Y90 F100;                取消半径补偿,刀心到B点
N485 G01 Z-25 F100;                      Z轴进刀切削第二层
N490 G90 G42 G01 X0 Y126 D3 F100;        到D点建立半径补偿,刀心到A点
N495 M98 P2002;                          调用子程序O2002加工外轮廓
N500 G40 G01 X0 Y90 F100;                取消半径补偿,刀心到B点

(调用子程序,半精铣外轮廓)
N510 G01 Z-25 F100;                      Z轴进刀切削第二层
N520 G90 G42 G01 X0 Y126 D4 F100;        到D点建立半径补偿,刀心到A点
N530 M98 P2002;                          调用子程序O2002加工外轮廓
N540 G40 G01 X0 Y90 F100;                取消半径补偿,刀心到B点
N550 G00 Z10;                            提刀
N560 G49 Z100 M09;                       取消长度补偿,切削液关
N570 M05;                                主轴停止
N580 M01;                                程序选择停止

(调用子程序,精铣内、外轮廓)
N590 G90 G40 G49 G80;                    初始化
N600 M06 T4;                             换T4号刀,4刃φ25mm立铣刀
N610 M03 S1000;                          主轴正转,1000r/min
N620 G00 G49 Z50 H4 M08;                 下刀,长度补偿,切削液开
N630     X0 Y112;                        快速定位到A点
N640     Z10;                            下刀
N650 G01 Z-25 F200;                      Z轴进刀
N660 G90 G42 G01 X0 Y76 D5 F100;         到E点建立半径补偿,刀心到B点
N670 M98 P2001;                          调用子程序O2001加工内轮廓
N680 G40 G01 X0 Y112 F100;               取消半径补偿,刀心到A点
N690 G01 Z10 F100;                       进给提刀
N700 G00 Z50;                            快速提刀
N710 G00 X0 Y90;                         快速定位到B点
N720     Z10;                            下刀
N730 G01 Z-25 F100;                      Z轴进刀
N740 G90 G42 G01 X0 Y126 D6 F100;        到D点建立半径补偿,刀心到A点
N750 M98 P2002;                          调用子程序O2002加工外轮廓
N760 G40 G01 X0 Y90 F100;                取消半径补偿,刀心到B点
N770 G01 Z10;                            提刀
N780 G49 G00 Z100 M09;                   取消长度补偿,切削液关
N790 M05;                                主轴停止
N800 M02;                                程序结束

O2001;                                   子程序1:铣内轮廓
G02 X57.69 Y49.476 R76 F60;              圆弧切削到第4点
G03 X85.949 Y32.975 R50;                 圆弧切削到第3点
G02 X116.089 Y15.594 R54;                圆弧切削到第2点
G02 X117.299 Y12.842 R5;                 圆弧切削到第1点
```

```
G02 X-117.299 Y12.842 R118;              圆弧切削到第8点
G02 X-116.089 Y15.594 R5;                圆弧切削到第7点
G02 X-85.949 Y32.975 R54;                圆弧切削到第6点
G03 X-57.690 Y49.476 R50;                圆弧切削到第5点
G02 X0 Y76 R76;                          圆弧切削到E点
M99;                                     子程序结束并返回到主程序

O2002;                                   子程序2：铣外轮廓
G03 X-87.395 Y90.764 R126 F60;           圆弧切削到第15点
G02 X-106.947 Y79.125 R50;               圆弧切削到第16点
G03 X-153.690 Y48.551 R104;              圆弧切削到第17点
G03 X-167.002 Y18.284 R55;               圆弧切削到第18点
G03 X167.002 Y18.284 R168;               圆弧切削到第11点
G03 X153.690 Y48.551 R55;                圆弧切削到第12点
G03 X106.947 Y79.125 R104;               圆弧切削到第13点
G02 X87.395 Y90.764 R50;                 圆弧切削到第14点
G03 X0 Y126 R126;                        圆弧切削到D点
M99;                                     子程序结束并返回到主程序
```

（4）操作注意事项

① 对于直径较小的键槽铣刀，进给量要选择合适，不可过大，以免损坏铣刀。

② 利用光电式寻边器对刀时，手动时要注意 X、Y 方向的运动，防止撞坏寻边器。

③ 键槽铣刀进刀时可以像钻头钻孔一样垂直切削，但进给速度要适当降低。

④ 加工槽形零件时应注意垂直退刀，不要在 X、Y 方向退刀，以免损坏刀具。

⑤ 在加工中心程序中，每个工步加工完成后，增加程序段 M01，该指令为程序选择停止指令，当按下操作面板上的 选择停止 键时（指示灯亮），程序执行到 M01 停止，可以用来检查工件。当关闭该键时，M01 指令无效，程序则继续向下执行。

⑥ 加工中心换刀前，程序应用 M05 指令使主轴停止转动，并且关闭切削液。

11.4　六面玲珑加工

（1）任务描述

图 11-10 所示零件为立方体，6 个面均进行挖槽加工，6 个面的尺寸相同，深度 8mm。

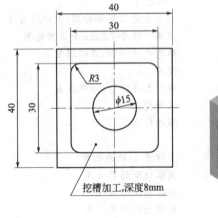
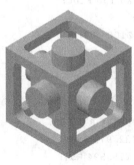

挖槽加工,深度8mm

图 11-10　六面玲珑加工

工件毛坯尺寸为 $\phi60\,\text{mm}\times45\,\text{mm}$，材料为硬铝。编写零件的加工程序并完成加工。

（2）任务分析

该工件毛坯为 $\phi60\,\text{mm}\times45\,\text{mm}$，第一步需要将圆柱形毛坯铣削成 $40\,\text{mm}\times40\,\text{mm}\times40\,\text{mm}$ 的立方体，在本例中不再讨论立方体的加工，只是进行挖槽加工。在 6 个面的挖槽加工中，首先对第 1 个面进行对刀、加工，然后反转，加工其他的面。所以需要对工件进行定位。以固定钳口和钳口的左侧进行定位。

用平口钳装夹工件，只夹紧了前后两个面，当铣削最后一个面时，由于中间体最终与外框分离，当加工深度较大，切削力较大时，会使中间体产生侧向摆动，有可能会破坏加工面甚至损坏刀具。因此，除了可设计专用夹具来限制中间体的自由度，使其不产生移动，另外还可以通过减小加工深度来降低切削力，防止损坏刀具。

（3）任务实施

① 加工工艺方案　以工件上表面中心为原点，建立工件坐标系 G54。

将平口钳固定在机床工作台上，钳口用百分表校正。工件装夹在平口钳上，下用精度较高的垫铁支承，使工件上表面高于钳口 $5\sim8\,\text{mm}$。

加工顺序及走刀路线如下。

加工刀具路径如图 11-11 所示，首先用 $\phi6\,\text{mm}$ 键槽铣刀分别在点 1、2、3、4 处垂直钻出深 $8\,\text{mm}$ 的孔；然后铣刀在 1 点下刀，至 A 点切入，然后用 G02 圆弧插补加工出 $\phi15\,\text{mm}$ 的圆柱回到 A 点，到 2 点切出；最后 $2\to8\to5\to6\to7\to8$，在 8 点提起刀具。采用顺铣加工。

在刀具路径设计上，在最后一个面的加工时，如果先加工路径 $5\to6\to7\to8$，则此时中间体已经和外框分离，再加工 $\phi15\,\text{mm}$ 的圆柱时，由于切削力的作用会使中间体产生移动。因此应先加工 $\phi15\,\text{mm}$ 的圆柱。

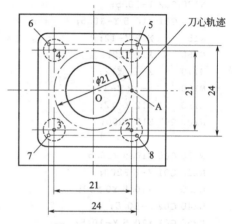

图 11-11　加工刀具路径

在 Z 轴方向上采用分层加工。

② 工、量、刀具选择

a. 工具　采用平口钳装夹。

b. 量具　采用 $0\sim150\,\text{mm}$ 游标卡尺进行测量。

c. 刀具　采用 $\phi6\,\text{mm}$ 键槽铣刀。

③ 切削用量选择　见工艺卡片。

④ 工艺卡片（表 11-5）

表 11-5　工艺卡片

零件名称	零件编号	数控加工工艺卡片				
材料名称	材料牌号	机床名称	机床型号		夹具名称	夹具编号
铝合金	LF2	数控铣床			平口钳	

序号	工艺内容	切削转速 /r·min⁻¹	进给速度 /mm·min⁻¹	量具	刀具
1	装(卸)工件				
2	铣槽(6个面)	1200	60	$0\sim150\,\text{mm}$ 游标卡尺	$\phi6\,\text{mm}$ 键槽铣刀

⑤ 加工程序

```
O2233;
N10 G17 G40 G80 G49 G90;              设置初始状态
N20 G90 G54;                          绝对值编程,建立 G54 工件坐标系
N30 M03 S1200;                        主轴正转,1200r/min
N40 G00 X10.5 Y10.5;                  快速定位到 1 点
N50 G43 Z30 H1;                       长度补偿,Z 轴快速定位
N60 G99 G81 X10.5 Y10.5 Z-8 R10 F60;  钻孔 1
N70     X-10.5 Y10.5;                 钻孔 2
N80     X-10.5 Y-10.5;                钻孔 3
N90     X10.5 Y-10.5;                 钻孔 4
N100 G00 X10.5 Y10.5;                 快速定位到 1 点
N110 G01 Z-4 F200;                    在 1 点下刀
N120     X10.5 Y0 F60;                到 A 点
N130 G02 I-10.5;                      圆弧切削 φ15mm 圆
N140 G01 X10.5 Y-10.5;                到 2 点
N150     X12 Y-12;                    到 8 点
N160     X12 Y12;                     到 5 点
N170     X-12 Y12;                    到 6 点
N180     X-12 Y-12;                   到 7 点
N190     X12 Y-12;                    到 8 点
N200 G01 Z10 F200;                    提刀

N210 G00 X10.5 Y10.5;                 快速定位到 1 点
N220 G01 Z-8 F200;                    在 1 点下刀
N230     X10.5 Y0 F60;                到 A 点
N240 G02 I-10.5;                      圆弧切削 φ15mm 圆
N250 G01 X10.5 Y-10.5;                到 2 点
N260     X12 Y-12;                    到 8 点
N270     X12 Y12;                     到 5 点
N280     X-12 Y12;                    到 6 点
N290     X-12 Y-12;                   到 7 点
N300     X12 Y-12;                    到 8 点
N310 G01 Z10 F200;                    提刀
N320 G49 G00 Z100;                    取消长度补偿
N330 M05;                             主轴停止
N340 M02;                             程序结束
```

加工完成一个面后,然后加工其他面,准确定位,不用重新对刀,继续加工直到完成全部加工。该例也可以采用子程序进行编程。

在加工最后一个面时,当加工深度为 -5mm 时,中间体就会和外框分离。为保证刀具安全,工件前后面用平口钳夹紧,左右面也要设法夹紧。第一刀 Z 向深度为 -4mm,这时在深度上还有 1mm 实体相连接,第二刀下刀深度绝对尺寸为 -6mm（图纸尺寸为-8mm）,通过减小加工深度以防止刀具损坏。

11.5 孔加工

（1）任务描述

如图 11-12 所示工件,材料为 45 钢,编写程序并加工。

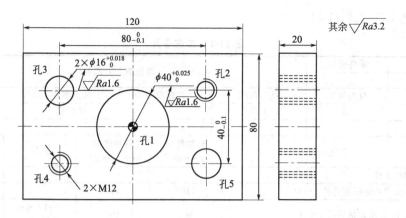

图 11-12 孔加工

（2）任务分析

本任务为钻孔加工。$4 \times \phi 16^{+0.018}_{0}$ mm 孔精度要求高，需要先用麻花钻钻底孔，然后用铰刀铰孔。$\phi 40^{+0.025}_{0}$ mm 孔先钻孔，再铣孔，最后精镗。螺纹孔 M12 先钻底孔，然后用丝锥攻螺纹。为了避免频繁换刀，尽量用一把刀具加工完成所有孔，再换刀。

（3）任务实施

① 加工工艺方案　以工件上表面中心为原点，建立工件坐标系 G54。将平口钳固定在机床工作台上，钳口用百分表校正。工件装夹在平口钳上，下用垫铁支承，使工件上表面高于钳口约 5mm。加工顺序见工艺卡片。

② 工、量、刀具选择

a. 工具　工件采用平口钳装夹，用百分表校正钳口，并对工件找正。下用垫铁支承。注意垫铁不要与孔干涉。

b. 量具　0～125mm 游标卡尺，$\phi 16^{+0.018}_{0}$ mm 孔用塞规，M12 螺纹塞规，$\phi 40$mm 内径百分表。

c. 刀具。见刀具及切削用量表。

③ 切削用量选择　螺纹 M12 为粗牙螺纹，螺距为 1.75mm，底孔 $d_0 = d - P = 12 - 1.75 = 10.25$mm，选取 $\phi 10.3$mm 麻花钻。攻螺纹时主轴转速选取 100r/min，因为螺纹导程＝螺距＝1.75mm，所以进给速度＝100×1.75＝175mm/min。

其他参数见刀具及切削用量表（表 11-6）。

表 11-6　刀具及切削用量表

刀具号及名称	加工内容	主轴转速/r·min⁻¹	长度补偿	进给速度/mm·min⁻¹
T1：$\phi 4$mm 中心钻	钻定位孔 1～5	1200	H1	100
T2：$\phi 10.3$mm 麻花钻	钻孔 1、2、4	600	H2	100
T3：$\phi 15.8$mm 麻花钻	钻孔 3、5	400	H3	50
T4：$\phi 32$mm 麻花钻	钻扩孔 1	300	H4	50
T5：$\phi 16$mm 立铣刀	铣孔 1	400	H5	80
T6：$\phi 40$mm 微调镗刀	镗孔 1	1200	H6	100
T7：$\phi 16$mm 机用铰刀	铰孔 3、5	150	H7	50
T8：M12 机用丝锥	攻螺纹 2、4	100	H8	175

④ 工艺卡片（表 11-7）

表 11-7　工艺卡片

零件名称	零件编号	数控加工工艺卡片				
工件材料	**材料牌号**	**机床名称**	**机床型号**	**夹具名称**	**夹具编号**	
钢	45	加工中心		平口钳		

序号	工艺内容	切削转速 /r·min⁻¹	进给速度 /mm·min⁻¹	量具	刀具
1	装（卸）工件				
2	ϕ4mm 中心钻钻定位孔 1～5	1200	100		T1
3	ϕ10.3mm 麻花钻钻孔 1、2、4	600	100	0～125mm 游标卡尺	T2
4	ϕ15.8mm 麻花钻钻孔 3、5	400	50	0～125mm 游标卡尺	T3
5	ϕ32mm 麻花钻扩孔 1	300	50	0～125mm 游标卡尺	T4
6	ϕ16mm 立铣刀铣孔 1 至 ϕ39.4mm	1000	80	0～125mm 游标卡尺	T5
7	ϕ40mm 微调镗刀至镗孔 1 尺寸	1200	100	内径百分表	T6
8	ϕ16mm 铰刀铰孔 3、5 至尺寸	150	50	孔用塞规	T7
9	M12 机用丝锥攻螺纹至尺寸	100	175	螺纹塞规	T8

⑤ 加工程序

O1213;	主程序
G40 G49 G80 G90;	初始化
G90 G54;	绝对值编程，G54 工件坐标系
M06 T1;	调用 ϕ4mm 中心钻钻定位孔
M3 S1200;	主轴正转，1200r/min
G00 X0 Y0;	X、Y 轴快速定位
G43 G00 H1 Z50;	Z 轴定位，调用 1 号长度补偿
G81 X0 Y0 Z-4 R10 F100;	钻定位孔 1
X40 Y20;	钻定位孔 2
X-40;	钻定位孔 3
Y-20;	钻定位孔 4
X40;	钻定位孔 5
G49 G00 Z100;	取消长度补偿
G00 X0 Y0;	快速定位
M05;	主轴停止
M01;	程序选择停止
M06 T2;	调用 ϕ10.3mm 麻花钻钻孔 1 和螺纹底孔
M03 S600;	主轴正转，600r/min
M08;	切削液开
G00 X0 Y0;	X、Y 快速定位
G43 G00 Z50 H2;	Z 轴定位，调用 2 号长度补偿
G99 G81 X0 Y0 Z-28 R10 F100;	钻孔 1 至 ϕ10.3mm
G99　　X40 Y20;	钻螺纹底孔 2 至 ϕ10.3mm

X-40 Y-20;	钻螺纹底孔 4 至 ϕ10.3mm
G49 G00 Z100;	取消长度补偿
G00 X0 Y0;	快速定位
M05;	主轴停止
M01;	程序选择停止
M06 T3;	调用 ϕ15.8mm 麻花钻钻孔 3、5
M03 S400;	主轴正转,400r/min
G00 X0 Y0;	X、Y 轴快速定位
G43 G00 Z50 H3;	Z 轴定位,调用 3 号长度补偿
G99 G81 X-40 Y20 Z-28 R10 F50;	钻孔 3 至 ϕ15.8mm
G99 X40 Y-20;	钻孔 5 至 ϕ15.8mm
G49 G00 Z100;	取消长度补偿
G00 X0 Y0;	快速定位
M05;	主轴停止
M01;	程序选择停止
M06 T4;	调用 ϕ32mm 麻花钻钻孔 ϕ40mm 至 ϕ32mm
M03 S300;	主轴正转,300r/min
G00 X0 Y0;	X、Y 轴快速定位
G43 G00 Z50 H4;	Z 轴定位,调用 4 号长度补偿
G99 G81 X0 Y0 Z-35 R10 F50;	钻孔 1 至 ϕ30mm
G49 G00 Z100;	取消长度补偿
G00 X0 Y0;	快速定位
M05;	主轴停止
M01;	程序选择停止
M06 T5;	调用 ϕ16mm 铣刀,铣孔 ϕ40mm 至 ϕ39.4mm
M03 S1000;	主轴正转,1000r/min
G43 G00 Z20 H5;	Z 轴定位,调用 5 号长度补偿
G00 X-11.7 Y0;	X、Y 轴快速定位,
G01 Z1 F100;	Z 向进给
M98 P231001;	调用子程序 O1001,23 次
G90 G03 X0 Y0 J5 F100;	圆弧切出至孔中心
G49 G00 Z100;	取消长度补偿,提刀
M05;	主轴停止
M01;	程序选择停止
M06 T6;	调用 ϕ40mm 微调镗刀镗孔
M03 S1200;	主轴正转,1200r/min
G00 X0 Y0	X、Y 轴快速定位
G43 G00 Z50 H8;	Z 轴定位,调用 6 号长度补偿
G99 G85 X0 Y0 Z-22 R10 F100;	镗孔加工孔 1
G49 G00 Z100;	取消长度补偿
M05;	主轴停止
M01;	程序选择停止
M06 T7;	调用 ϕ16mm 机用铰刀

```
M03 S150;                              主轴正转,150r/min
G00 X0 Y0;                             X、Y轴快速定位
G43 G00 Z50 H7;                        Z轴定位,调用 7 号长度补偿
G99 G81 X-40 Y20 Z-25 R10 F50;         铰孔加工孔 3
          X40 Y-20;                    铰孔加工孔 5
G49 G00 Z100;                          取消长度补偿
M05;                                   主轴停止
M01;                                   程序选择停止

M06 T8;                                调用 M12 机用丝锥
M03 S100;                              主轴正转,100r/min
G00 X0 Y0;                             X、Y轴快速定位
G43 G00 Z50 H8;                        Z轴定位,调用 8 号长度补偿
G99 G84 X40 Y20 Z-25 R10 F175;         攻螺纹孔 2,螺纹导程 1.75mm
          X-40 Y-20;                   攻螺纹孔 4
G49 G00 Z100 M09;                      取消长度补偿
M05;                                   主轴停止
M09;                                   切削液关
M02;                                   程序结束

O1001;                                 铣孔子程序
N10 G91 G03 I-11.7 Z-1 F80;            螺旋插补铣孔
N20 M99;                               返回主程序
```

✖ 练习题

一、填空题（请将正确答案填在横线空白处）

1. NC 机床的含义是数控机床,CNC 机床的含义是_____,FMS 的含义是_____,CIMS 的含义是_____。

2. 在数控编程时,使用_____指令后,就可以按工件的轮廓尺寸进行编程,而不需按照刀具的中心线运动轨迹来编程。

3. 刀具位置补偿包括_____和_____。

4. 切削的三要素有进给量、切削深度和_____。

5. 数控机床按控制运动轨迹可分为_____、点位直线控制和_____等几种。按控制方式又可分为_____、_____和半闭环控制等。

6. 数控机床坐标系三坐标轴 X、Y、Z 及其正方向用_____判定,X、Y、Z 各轴的回转运动及其正方向＋A、＋B、＋C 分别用_____判断。

7. 将 $\phi 9.9$mm 的孔用 $\phi 10$mm 铰刀铰孔,则背吃刀量为_____ mm。

8. 立铣刀主要用于_____的加工,而球头铣刀则主要用于加工_____。

9. 精铣时加工余量较小,为提高生产率,保证精度,应选用较高的_____。

10. 金属的塑性变形会导致其_____提高,_____下降,这种现象称为加工硬化。

二、选择题（请将正确答案的代号填入括号内）

1. 世界上第一台数控机床是 (   ) 年研制出来的。
A. 1942   B. 1948   C. 1952   D. 1958

2. 闭环控制系统的反馈装置装在 (   )。
A. 传动丝杠上   B. 电机轴上   C. 机床工作台上   D. 装在减速器上

3. 开环伺服系统的主要特征是系统内（　　）位置检测反馈装置。

A. 有　　　　　　　B. 没有　　　　　　C. 某一部分有　　　D. 可能有

4. 数控编程人员在数控编程和加工时使用的坐标系是（　　）。

A. 右手直角笛卡尔坐标系　　　　　　　B. 机床坐标系

C. 工件坐标系　　　　　　　　　　　　D. 直角坐标系

5. （　　）是指机床上一个固定不变的极限点。

A. 机床原点　　　B. 工件原点　　　C. 换刀点　　　D. 对刀点

6. 数控机床的旋转轴之一的 B 轴是绕（　　）直线轴旋转的轴。

A. X 轴　　　　　B. Y 轴　　　　　C. Z 轴　　　　　D. W 轴

7. 对未经淬火直径较小的孔的精加工常采用（　　）。

A. 铰削　　　　　B. 镗削　　　　　C. 磨削　　　　　D. 钻削

8. 沿刀具前进方向观察，刀具偏在工件轮廓的左边是（　　）指令，刀具偏在工件轮廓的右边是（　　）指令。

A. G40　　　　　B. G41　　　　　C. G42

9. 圆弧插补指令 G03XYR 中，X、Y 后的值表示圆弧的（　　）。

A. 起点坐标值　　　B. 终点坐标值　　　C. 圆心坐标相对于起点的值

10. 辅助功能 M05 代码表示（　　）。

A. 程序停止　　　B. 主轴停止　　　C. 换刀　　　D. 切削液开

11. 主轴转速应根据允许的切削速度 v 和刀具的直径 D 来选择，其计算公式为（　　）。

A. $n = v/(1000\pi D)$　　　　　　　B. $n = 1000\pi D/v$

C. $n = 1000v/(\pi D)$　　　　　　　D. $n = \pi D/v$

12. 在数控加工中，刀具补偿功能除对刀具半径进行补偿外，在用同一把刀进行粗、精加工时，还可进行加工余量的补偿，设刀具半径为 r，精加工时半径方向余量为 Δ，则最后一次粗加工走刀的半径补偿量为（　　）。

A. Δ　　　　　B. r　　　　　C. $r+\Delta$　　　　　D. $2r+\Delta$

13. 切削用量中，对切削刀具磨损影响最大的是（　　）。

A. 切削深度　　　B. 进给量　　　C. 切削速度

14. 数控系统的核心是（　　）。

A. 数控装置　　　B. 伺服驱动装置　　　C. 机床电器逻辑控制装置

15. #jGT#k 表示（　　）。

A. 与　　　　　B. 非　　　　　C. 大于　　　　　D. 加

16. 测量孔用的塞规，止端尺寸应为孔的（　　）尺寸。

A. 最大实体尺寸　　　　　　　　　　　B. 最小极限尺寸

C. 最大极限尺寸　　　　　　　　　　　D. 基本尺寸

17. 退火是一种对钢材的热处理工艺，其目的是（　　）。

A. 提高钢材的整体硬度　　　　　　　　B. 降低钢材的硬度，以利于切削加工

C. 提高钢的表面硬度，以利于耐磨　　　D. 降低钢材的温度

18. 深孔加工必须解决刀具细长刚性差，切屑不易排出和（　　）问题。

A. 设备功率　　　B. 刀具冷却　　　C. 刀具振动　　　D. 刀具进给

19. （　　）不属于压入硬度试验法。

A. 布氏硬度　　　B. 洛氏硬度　　　C. 莫氏硬度　　　D. 维氏硬度

20. 螺旋刃端铣刀的排屑效果较直刃端铣刀（　　）。

A. 差　　　　　B. 好　　　　　C. 一样　　　　　D. 不一定

21. 工件定位时，下列哪一种定位是不允许存在的（　　）。

A. 完全定位　　　　　　B. 欠定位　　　　　　C. 不完全定位

22. 基准不重合误差由前后（　　）不同而引起。

A. 设计基准　　　　　B. 环境温度　　　　　C. 工序基准　　　　　D. 形位误差

23. 刀具磨损的最常见形式是（　　）。

A. 磨料磨损　　　　　B. 扩散磨损　　　　　C. 氧化磨损　　　　　D. 热电磨损

24. 影响数控加工切屑形状的切削用量三要素中（　　）影响最大。

A. 切削速度　　　　　B. 进给量　　　　　C. 进给量

25. 加工中心主轴准停的含义是（　　）。

A. 主轴准备停止　　　　　　　　　　B. 允许主轴停止

C. 主轴准确停止　　　　　　　　　　D. 主轴即将停止

26. 粗糙度的评定参数 Ra 的名称是（　　）。

A. 轮廓算术平均偏差　　　　　　　　B. 轮廓几何平均偏差

C. 微观不平度十点平均高度　　　　　D. 微观不平度五点平均高度

27. 根据使用性能，数控刀具刀柄的拉钉应采用（　　）材料制造。

A. 合金结构钢　　　B. 高碳钢　　　　　C. 有色金属　　　　　D. 铸铁

28. M7/h6 配合代号的含义是（　　）。

A. 基孔制间隙配合　　　　　　　　　B. 基轴制间隙配合

C. 基孔制过渡配合　　　　　　　　　D. 基轴制过渡配合

29. CNC 是指（　　）的缩写。

A. 自动化工厂　　　　　　　　　　　B. 计算机数控系统

C. 柔性制造系统　　　　　　　　　　D. 数控加工中心

30. 用直径为 d 的麻花钻钻孔，背吃刀量 a_p（　　）。

A. 等于 d　　　　　　　　　　　　B. 等于 $d/2$

C. 等于 $d/4$　　　　　　　　　　　D. 与钻头顶角大小有关

31. 在加工中心上镗孔时，毛坯孔的误差及加工面硬度不均匀，会使所镗孔产生（　　）。

A. 锥度误差　　　　B. 对称度误差　　　　C. 圆度误差　　　　D. 尺寸误差

32. 在铣削加工过程中，铣刀轴由于受到（　　）的作用而产生弯矩。

A. 圆周铣削力　　　　　　　　　　　B. 径向铣削力

C. 圆周与径向铣削力的合力　　　　　D. 轴向铣削力

33. 在加工中心上采用立铣刀沿 XY 面进行圆弧插补铣削时，有时会发现圆弧的精度超差，由圆变成了斜椭圆，产生这种情况的原因是（　　）。

A. 丝杠轴向窜动　　　　　　　　　　B. 机械传动链刚性太差

C. 两坐标的系统误差不匹配　　　　　D. 刀具磨损

34. 选择粗加工切削用量时，首先考虑选择尽可能大的（　　），以减少走刀次数。

A. 切削深度　　　　B. 进给速度　　　　C. 切削速度　　　　D. 主轴转速

35. 对于切削加工工序原则，说法不正确的是（　　）。

A. 先粗后精　　　　　　　　　　　　B. 基准面最后加工

C. 先主后次　　　　　　　　　　　　D. 先面后孔

36. 螺纹的加工根据孔径的大小，一般（　　）适合在加工中心上用丝锥攻螺纹。

A. 尺寸在 M6 以下的螺纹　　　　　　B. 尺寸在 M6～M20 之间的螺纹

C. 尺寸在 M20 以上的螺纹　　　　　　D. 任何尺寸

37. 数控铣削工件顺铣、逆铣交替进行的走刀方式是（　　）。

A. 单向走刀　　　　　　B. 环切走刀　　　　　　C. 往复走刀　　　　　　D. 交叉走刀

38. 数控铣刀的拉钉与刀柄通常采用（　　）连接。

A. 右旋螺纹　　　　　　B. 左旋螺纹　　　　　　C. 平键　　　　　　　　D. 花键

39. 圆柱度公差值应（　　）该圆柱任一横截面圆度的公差值。

A. 小于或等于　　　　　B. 小于　　　　　　　　C. 大于　　　　　　　　D. 独立于

40. 工件的一个或几个自由度被不同的定位元件重复限制的定位称为（　　）。

A. 完全定位　　　　　　B. 欠定位　　　　　　　C. 过定位　　　　　　　D. 不完全定位

41. 长V形架对圆柱定位，可限制工件的（　　）自由度。

A. 两个　　　　　　　　B. 三个　　　　　　　　C. 四个　　　　　　　　D. 五个

42. 回零操作就是使运动部件回到（　　）。

A. 机床坐标系原点　　　　　　　　　　　　　　B. 机床的机械零点

C. 工件坐标的原点　　　　　　　　　　　　　　D. 编程原点

43. 铣刀直径为50mm，铣削铸铁时其切削速度为20m/min，则其主轴转速为（　　）。

A. 60r/min　　　　　　B. 120r/min　　　　　　C. 240r/min　　　　　　D. 480r/min

44. 铰孔时对孔的（　　）的纠正能力较差。

A. 表面粗糙度　　　　　B. 尺寸精度　　　　　　C. 形状精度　　　　　　D. 位置精度

45. 根据机床的相对运动规定（　　）。

A. 工件运动，刀具静止　　　　　　　　　　　　B. 工件静止，刀具运动

C. 两者都静止　　　　　　　　　　　　　　　　D. 两者都运动

46. 进行曲面精加工最合理的方案是（　　）。

A. 球头刀环切法　　　　　　　　　　　　　　　B. 球头刀行切法

C. 立铣刀环切法　　　　　　　　　　　　　　　D. 立铣刀行切法

47. 对于孔系加工，合理地安排加工顺序可避免（　　）对位置精度的影响。

A. 重复定位误差　　　　　　　　　　　　　　　B. 定位误差

C. 反向间隙　　　　　　　　　　　　　　　　　D. 不重复定位误差

48. 下列各宏程序中格式正确的是（　　）。

A. $\#1=\sqrt{\#2}$　　　B. $\#2=\#2+1$　　　C. $\#1=\#2^2$　　　D. $\#1=|\#2|$

49. 数控机床的定位精度基本上反映了被加工零件的（　　）精度。

A. 同轴　　　　　　　　B. 圆度　　　　　　　　C. 孔距

50. 用通规和止规单工序检验加工工件时，（　　）则认为工件检验是合格的。

A. 通规通过，止规也能通过　　　　　　　　　　B. 通规通过，止规能通过1/2

C. 通规通过，止规通不过　　　　　　　　　　　D. 通规、止规都不能通过

三、判断题（正确的请在括号内打"√"，错误的打"×"）

1. 游标卡尺的主刻尺刻线间距和游标刻尺刻线间距相同。（　　）

2. 标准麻花钻的主切削刃上外缘处的前角最大，愈靠近中心则愈小。（　　）

3. 数控机床开机后，必须先进行返回参考点操作。（　　）

4. 刀具半径补偿功能包括刀补的建立、刀补的执行和刀补的取消三个阶段。（　　）

5. 非模态指令只能在本程序段内有效。（　　）

6. 更换系统的后备电池时，必须在关机断电情况下进行。（　　）

7. 数控机床在手动和自动运行中，一旦发现异常情况，应立即使用紧急停止按钮。（　　）

8. 数控机床接地必须采用共地连接。（　　）

9. 粗加工时，限制进给量提高的主要因素是切削力；精加工时，限制进给量提高的主要因素是表面粗糙度。（　　）

10. 以端铣刀铣削工件侧面，若先逆铣削再经顺铣削则可改善切削面的表面粗糙度。（ ）

11. 工件表面有硬皮存在时宜采用逆铣。（ ）

12. 精镗刀一般为对称双刃式结构，以提高加工孔的精度。（ ）

13. 只有当工件的六个自由度全部被限制，才能保证加工精度。（ ）

14. 当百分表的测量头内缩时，指针作顺时针转动。（ ）

15. 量块上没有刻度值，所以测量精度较低。（ ）

16. 数控机床开机后，为了使机床达到热平衡状态，必须使机床运转3min。（ ）

17. 用平口钳装夹工件后，其位置不能再动了，所以所有的自由度都被限制了。（ ）

18. 扩孔可以部分地纠正钻孔留下的孔轴线歪斜。（ ）

19. 欠定位就是不完全定位。（ ）

20. 能进行轮廓控制的数控机床，一般地也能进行点位控制和直线控制。（ ）

四、简答题

1. 数控系统主要组成部分有哪些？

2. 什么是机床坐标系和工件坐标系？其主要区别是什么？

3. 用圆柱铣刀加工平面，顺铣与逆铣有什么区别？

4. 简述开环、半闭环和闭环控制系统在结构上的主要区别及特点。

五、综合题

1. 如图11-13所示，工件毛坯尺寸为110mm×110mm×25mm，材料为45钢，调质硬

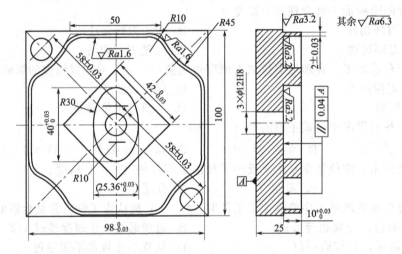

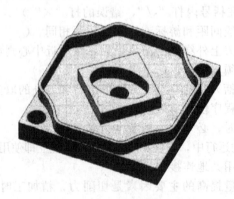

图11-13　综合题1图

度为 28～32HRC，试确定加工工艺方案，编写零件的加工程序并加工。

2. 加工如图 11-14 所示零件，零件材料为 45 钢，毛坯尺寸为 160mm×120mm×40mm，按图样要求完成零件节点、基点计算（可以在 CAD 上进行），制定合理的工艺方案，合理选择刀具、量具和切削工艺参数，编制加工程序。

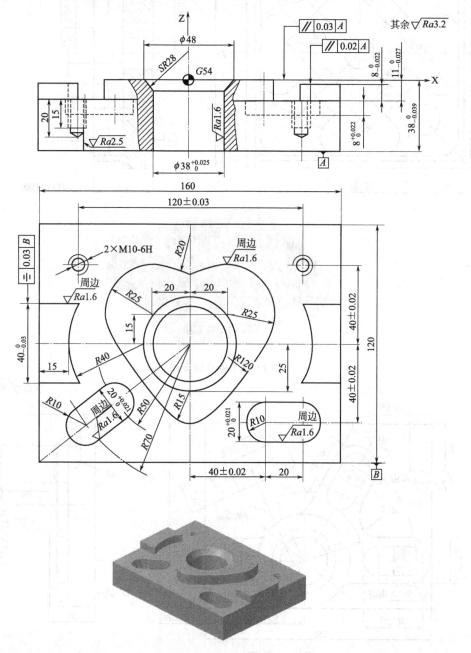

图 11-14　综合题 2 图

3. 如图 11-15 所示工件，毛坯尺寸为 75mm×75mm×20mm，材料为 45 钢，硬度为 220～260HBS。制定零件的加工工艺方案，编写零件的加工程序。

4. 如图 11-16 所示零件，材料为 45 钢，毛坯尺寸为 150mm×120mm×30mm，六面为已加工表面，试确定零件的加工工艺方案，编写数控加工工艺卡片，编写数控铣床加工程序。

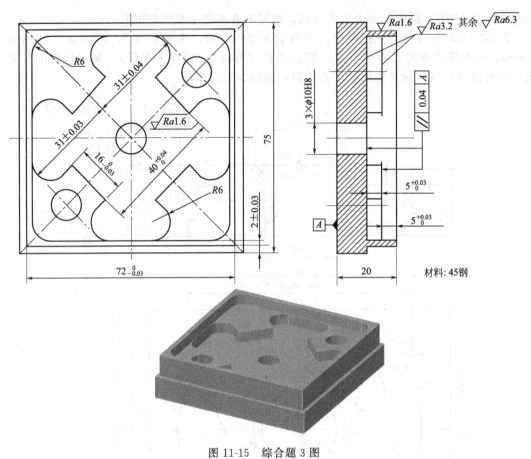

图 11-15　综合题 3 图

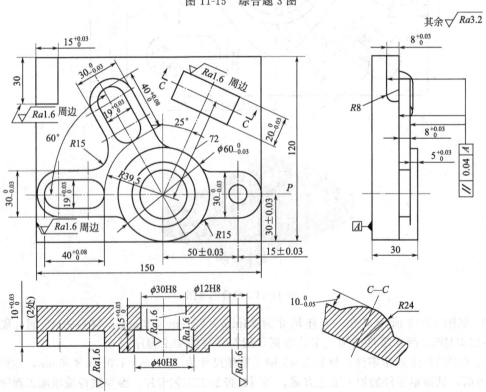

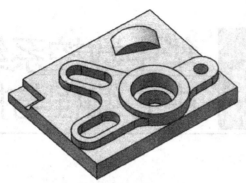

图 11-16 综合题 4 图

5. 在四轴加工中心上加工如图 11-17 所示零件，材料为硬铝，毛坯为外径 ϕ50mm、壁厚 5mm 的铝管。零件上端曲线为正弦曲线，试编写零件的加工程序。

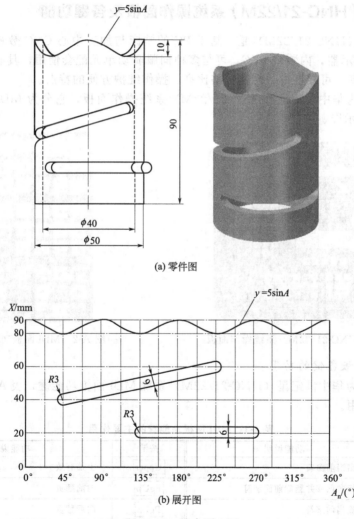

图 11-17 综合题 5 图

附录A 华中数控系统加工中心编程与操作

A.1 华中（HNC-21/22M）系统数控铣床及加工中心基本操作

A.1.1 华中（HNC-21/22M）系统操作面板及各键功能

华中世纪星（HNC-21/22M）是一基于 PC 的铣床与加工中心 CNC 数控装置，它采用彩色 LCD 液晶显示器，内装式 PLC，可与多种伺服驱动单元配套使用，具有开放性好、结构紧凑、集成度高、可靠性好、性能价格比高、操作维护方便的特点。

图 A-1 所示为华中世纪星（HNC-21/22M）系统操作面板，它分为 MDI 键盘、机床操作按键、LCD 显示屏、功能键。

图 A-1 华中（HNC-21/22M）系统操作面板

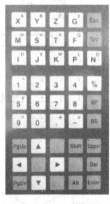

图 A-2 MDI 面板功能键

（1）MDI 面板各键的功用

图 A-2 所示为华中世纪星（HNC-21/22M）系统 MDI 面板功能键，表 A-1 为 MDI 面板功能键的主要作用。

表 A-1 MDI 面板功能键的主要作用

按键	功能说明	按键	功能说明
Esc	退出当前窗口	Upper	上挡有效
BS	光标向前移并删除前面字符	PgUp	向前翻页
Del	删除当前字符	PgDn	向后翻页
SP	光标向后移并空一格	▲ ▼ ◀ ▶	向上、下、左、右移动光标
Enter	确认键（回车键）		输入数字或字母，上下符号用 Upper 键
Alt	用输入的数据替代光标所在的数据		切换

（2）机床操作按键及功用

机床操作按键及功用见表 A-2。

表 A-2　机床操作按键及功用

按键		功　能　说　明
工作方式选择	自动	自动连续加工运行；模拟加工；在 MDI 方式下运行指令
	手动	通过机床操作键可手动换刀，手动移动机床各轴，手动松紧刀具，主轴正反转
	增量	定量移动机床各坐标轴，移动速度由倍率调整
	单段	在 单段 方式下，每按 循环启动 键一次，执行一个程序段
	回零	手动回零操作，机床回参考点
循环启动		在 自动 、单段 方式下，按下此键，机床可进行自动加工或模拟加工
进给保持		在自动加工过程中，按下此键，机床上刀具相对工件的进给运动停止，但机床的主运动不停止。再按下 循环启动 键后，继续进行下面的进给运动
机床锁住		手动、手摇方式下，按下此键，机床所有实际动作无效，但指令运算有效，因此可在此状态下模拟运行程序
超程解除		当机床超出安全行程时，机床不能动作。按下此键，手动反向移动机床，以解除限制
换刀允许		按下此键，允许换刀。手动、增量、手摇方式下该键有效
刀具松紧		手动方式下，按下此键，刀具松开或夹紧，完成上刀或下刀
冷却液开		手动方式下，按下此键，冷却泵开，解除则关
空运行		在自动方式下，按下此键，机床以系统最大快移速度运行程序。使用时注意坐标系的相互关系，避免发生碰撞
主轴控制	主轴正转	手动、手摇方式下，按下此键，主轴正转。但在主轴反转的情况下，该键无效
	主轴反转	手动、手摇方式下，按下此键，主轴反转。但在主轴正转的情况下，该键无效
	主轴停止	按下此键，主轴停止转动。机床正在作进给运动时，该键无效
主轴修调		按 − 、＋ 键，可对主轴转速进行减小或增大修调
快速修调		按 − 、＋ 键，可对 G00 快速移动速度进行减小或增大修调
进给修调		按 − 、＋ 键，可对进给速度进行减小或增大修调
×1 ×10 ×100		倍率选择键，在增量、手摇方式下有效。倍率分别为 0.001mm、0.01mm、0.1mm
坐标轴选择键	＋X 、−X	选择 X 轴及运动方向，在手动、增量、回零方式下有效
	＋Y 、−Y	选择 Y 轴及运动方向，在手动、增量、回零方式下有效
	＋Z 、−Z	选择 Z 轴及运动方向，在手动、增量、回零方式下有效
	＋4TH 、−4TH	选择第四轴（A 轴）及运动方向，在手动、增量、回零方式下有效
	快进	选择坐标轴同时按此键，机床快速运动
急停按钮		按下此按钮，机床停止运动。关闭机床前先按下急停按钮，也可以作复位键用

（3）功能软键及功用

功能软键 F1、F2、…、F10 是系统界面中最重要的菜单命令。通过操作此菜单命令，完成系统的主要功能。由于菜单采用层次结构，即在主菜单下选择一个菜单项后，数控装置会显示该功能下的子菜单，故按下同一个功能软键，在不同菜单层次时，其功能不同。该系统功能软键及功用如表 A-3 所示。

主菜单	F1	程序	扩展菜单	F1	PLC	程序 F1	F1	选择程序	运行控制 F2	F1	指定行运行
	F2	运行控制		F3	参数		F2	编辑程序		F5	保存断点
	F3	MDI		F4	版本信息		F3	新建程序		F6	恢复断点
	F4	刀具补偿		F6	注册		F4	保存程序		F9	显示切换
	F5	设置		F7	信息帮助		F5	程序校验		F10	返回
	F6	故障诊断		F8	后台编辑		F6	运行停止			
	F7	DNC 控制		F9	显示切换		F7	重新运行			
	F9	显示切换		F10	主菜单		F9	显示切换			
	F10	扩展菜单					F10	主菜单			
MDI F3	F1	MDI 停止	刀具补偿 F4	F1	刀偏表	设置 F5	F1	坐标系设定			
	F2	MDI 清除		F2	刀补表		F2	毛坯尺寸			
	F4	回程序点		F9	显示切换		F3	设置显示			
	F7	返回断点		F10	返回		F4	网络			
	F9	重新对刀					F5	串口参数			
	F10	扩展菜单					F6	运行停止			
							F9	显示切换			
							F10	主菜单			

A.1.2　华中（HNC-21/22M）系统基本操作

（1）开机

① 先按下 急停按钮 ，以减少上电时电流对系统的冲击。

② 打开机床电源开关（一般在数控机床后侧），接通机床电源。

③ 打开 急停按钮 ，系统进入待机状态，可以进行操作。

（2）关机

① 先按下 急停按钮 。

② 同时按下 Alt 和 X 键。

③ 关闭机床电源开关。

（3）回参考点

系统接通电源复位后，首先应进行机床各轴回参考点操作。

① 先按下 回零 键，确保系统处于回零方式。

② 按下 +Z 键，Z 轴回零，按键内的指示灯亮，回零完成。然后分别按下 -X ，
+Y ， +4TH 键，使 X、Y、A 轴回零。

【注意】

•在每次电源接通后必须先完成各轴的返回参考点操作，然后再进入其他运行方式，以确保各轴坐标的正确性。

•回参考点时应确保安全，为使机床运行方向上不会发生碰撞，一般应选择 Z 轴先回参考点，将刀具抬起。

• 在回参考点过程中若出现超程，按住控制面板上的 超程解除 按键向相反方向手动移动该轴，使其退出超程状态。

• 在 A 轴回零时，如果按下 +4TH 键时机床报警或不能回零，可以在 MDI 方式下，输入"M40"，然后按循环启动键，使 A 轴松开，再进行回零操作。

（4）手动操作

先按下 手动 键，选择进给倍率，然后选择坐标轴，例如按下 +Z 键，机床运动。如果要使主轴转动，则按下 主轴正转 键，主轴速度可以用修调来调节快慢。

（5）手摇操作

MPG 手持单元如图 A-3 所示。按下机床操作面板上的 增量 键，选择手持单元上的坐标轴，例如 X 轴，然后选择手持

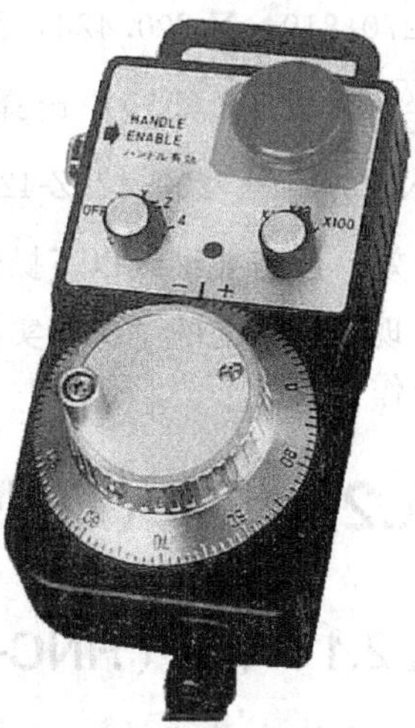

图 A-3　MPG 手持单元

单元上的倍率，例如×100，然后左手拿着手持单元，拇指按下手持单元左侧的按钮，右手转动手柄，机床坐标轴运动。

（6）手动换刀

按下 手动 方式键，按 换刀允许 键，然后按 刀具松紧 键，手握刀柄进行上刀或下刀，再按一次 刀具松紧 键，操作完成。

注意在上、下刀时一定抓牢刀柄，防止刀具掉下损坏。加工中心一般不建议用手动换刀。

（7）自动换刀

加工中心自动换刀指令为

　M06 T＿＿

M06 表示允许换刀；T 代码用于选刀，后面的数字表示刀具号。

（8）MDI 操作

按下 自动 方式键，然后按 MDI 键（F3），输入指令，如"G91G01X-21Z-34F400"，按 Enter 键，按下 循环启动 键，机床运动。

（9）调用已有程序

按 主菜单 （F10）进入主菜单页面，按 选择程序 （F1），通过箭头 ↑、↓ 找到需要的程序名，然后按 Enter 键，屏幕上显示程序。

如果想要运行该程序，则继续按 自动 ，按 循环启动 键，程序自动执行。需要注意，运行程序前要正确对刀，否则会造成撞刀等事故。

（10）编辑新程序

按 主菜单 （F10）进入主菜单页面，按 编辑程序 （F2），新建程序 （F3），输入新程序名，例如"％1234"，然后按 Enter 键，进入编辑状态，输入程序后，按 保存程序 （F4），然后按 Enter 键。

（11）对刀操作

开机，机床回参考点。然后用手摇方式对刀，显示屏上显示该点的机床坐标，例如

X270.819，Y-200.426，Z-42.703。记下坐标数据，然后在主菜单页面里按 设置 （F5），按 坐标系设定 （F1），选择坐标系，例如按 G55 （F2）键，输入机床坐标值，例如输入 "X270.819Y-200.426Z-42.703"，按 Enter 键，这时数据记录到系统，但坐标系设置还没有生效，还需要继续以下操作：在 MDI 方式下输入"G55"，按 单段 ，按 循环启动 ，这时会发现显示屏上的"机床实际坐标"的数值和"工件坐标零点"的数值一致，建立工件坐标系操作完成。

A.2 华中（HNC-21/22M）系统基本指令

A.2.1 华中（HNC-21/22M）系统程序的格式

（1）文件名

程序文件名格式是由字母 O 后跟一位或多位（最多七位）字母、数字或字母与数字的组合，新建的文件名不能与数控系统里已经存在的文件名相同。一个文件名中包含零件的完整程序，即主程序和所有的子程序。

（2）程序名

文件名建立后即可编写程序，程序的第一段必须写程序名，程序名由％开头，后跟程序号（必须是数字）。主程序和子程序必须写在同一个文件名下，子程序接在主程序结束指令后编写，程序名不能和主程序名或其他子程序名相同。

（3）程序段

一个零件的程序是按程序段的输入顺序执行的，而不是按程序的段号顺序执行的，程序段号可以不写，后面结束符的分号";"也可省略。

（4）程序的结束

一个程序最后要用 M02 或 M30 结束。M02 和 M30 编写在主程序的最后一个程序段中，当 CNC 执行到 M02 时，机床的进给停止，加工结束。如果要重新执行该程序，必须在"程序"菜单下按"重新运行"软键，然后再按操作面板上的"循环启动"按钮。

M02 与 M30 的功能基本相同，区别是 M30 指令还兼有控制返回到程序起始段（％）的作用。使用 M30 指令结束程序后，如果要重新执行该程序，只需再次按操作面板上的"循环启动"按钮。

A.2.2 华中（HNC-21/22M）系统辅助功能指令

辅助功能由字母 M 后跟一位或两位数字组成，主要用于控制零件程序的走向，以及机床各种辅助功能的开关动作。M 指令在同一段中不能出现两个或多个，否则后面的 M 代码有效。

表 A-4 为常用华中（HNC-21M）系统辅助功能 M 代码。

表 A-4 华中（HNC-21M）系统辅助功能 M 代码

M 代码	功能	M 代码	功能
M00	程序停止	M04	主轴反转
M02	程序结束	M05	主轴停止
M03	主轴正转	M06	刀具自动交换

数控铣削编程与加工项目教程

M 代码	功能	M 代码	功能
M07/M08	切削液开	M80	刀库前进
M09	切削液关	M86	刀库退回
M21	刀库正转	M98	调用子程序
M22	刀库反转	M99	子程序结束并返回

（1）程序暂停指令 M00

程序在自动执行到 M00 指令后，将停止执行当前程序，以便于操作人员进行观察加工状况；若要进行工件测量，要在该指令前面用 M05 和 M09 指令停止主轴转动和关掉切削液。对于数控铣床，还可以用以上指令使程序停止后进行换刀操作。暂停时，机床进给停止，而全部现存的模态信息保持不变，要想继续执行后续程序，只要再次按下操作面板上的"循环启动"按钮即可。应当注意的是，M00 指令后面的程序，要有重新启动主轴的指令。例如：

```
O1000                文件名
%1002                程序名
G90 G55              绝对编程方式,建立 G55 工件坐标系
M03 S1000            主轴正转,1000r/min
G00 X25 Y0           快速定位
      Z5             Z 向快速定位
G01 Z0 F80 M07       Z 向进给,切削液开
  ⋮
M05                  主轴停止
M09                  切削液关
M00                  程序暂停(程序暂停后,进行工件测量及换刀操作)
M03 S1000            (按循环启动按钮,程序继续执行)重新启动主轴
  ⋮
```

（2）换刀指令 M06

M06 指令用于在加工中心上进行自动换刀，该指令要和 T 指令写在同一程序段中。T代码用于选刀，其后的数字表示刀具号。例如"M06T02"，当程序执行到该段时，刀库前进，取下主轴上的刀具，然后刀库后退，刀库旋转到 02 号刀位置，把 02 刀具装入主轴孔内，刀库退出。

注意，换刀前，机床必须返回过参考点；刀库装刀必须正确，避免换刀时撞坏刀库。

（3）子程序调用 M98 及子程序结束 M99

① 调用子程序的格式

M98P ___ L ___

P 为被调用的子程序号；L 为子程序重复次数，只调用 1 次可以省略。

② 子程序的格式

%××××

  ⋮

M99

主程序和子程序必须写在同一个文件名下，子程序接在主程序结束指令后编写，程序名不能和主程序名或其他子程序名相同。例如：

```
O2118                文件名
%1122                主程序名
```

```
N10 G90 G54
N20 M03 S1000
N30 G00 X10 Y10
N40      Z10
N50 M98 P1002L4        调用%1002子程序4次
N60 G90 G00 Z50
N70      X0 Y0
N80 M05
N90 M02

%1002                  子程序名
G91 G01 Z-12 F50
      Y9
G00 Z12
      Y12
G01 Z-12
      Y9
G00 Z12
      Y-30
      X10
M99                    子程序结束,返回主程序
```

A.2.3 华中（HNC-21/22M）系统准备功能指令

华中（HNC-21M）系统的准备功能 G 代码见表 A-5。

（1）机床坐标系 G53

华中（HNC-21/22M）系统加工中心执行完换刀动作后，主轴将自动移动到换刀前的 Z 位置，为防止撞刀，一般在换刀程序前运用 G53 指令将 Z 轴移动到机床原点位置。例如：

```
%123
N10 G53 G90 G00 Z0       刀具抬升至机床坐标原点
N20 M6 T10               换10号刀
N30 G54 G90 G21 G94 S600 M03
⋮
```

（2）工件坐标系设定 G92

指令格式：

G92 X＿ Y＿ Z＿ A＿

式中，X、Y、Z、A 为设定的工件坐标系原点到刀具起点的有向距离，即刀具刀位点的当前位置就是工件坐标系中的坐标位置。参见 FANUC 系统 G92 指令说明。

执行此程序段只建立工件坐标系，刀具并不产生移动。目前 G92 指令一般不用。

（3）工件坐标系选择 G54～G59

华中（HNC-21/22M）系统最多可以设定六个工件坐标系，选用坐标系时以简化编程为原则，复杂零件的编程也可根据需要设定多个工件坐标系。G54～G59 建立的工件坐标系在下次开机时仍然有效，并与刀具的当前位置无关，但开机后必须回参考点。G54 为缺省值。

（4）回参考点指令

① 自动返回参考点指令 G28

G 代码	组别	功能	G 代码	组别	功能
G00	01	快速定位	G57	11	选择工件坐标系 4
G01 *		直线插补	G58		选择工件坐标系 5
G02		顺时针圆弧插补	G59		选择工件坐标系 6
G03		逆时针圆弧插补	G60	00	单方向定位
G04	00	暂停	G61 *	12	准确停止方式
G07	16	虚轴指定	G64		连续方式
G09	00	准停校验	G65	00	宏程序调用
G17 *	02	选择 XY 平面	G68	05	坐标旋转
G18		选择 ZX 平面	G69 *		取消坐标旋转
G19		选择 YZ 平面	G73	06	深孔断屑钻孔循环
G20	08	英寸输入	G74		左旋攻螺纹循环
G21 *		毫米输入	G76		精镗孔循环
G22		脉冲当量	G80 *		取消固定循环
G24	03	镜像开	G81		定心钻孔循环
G25 *		镜像关	G82		钻孔循环
G28	00	返回参考点	G83		深孔排屑钻孔循环
G29		从参考点返回	G84		右旋攻螺纹循环
G40 *	09	刀具半径补偿取消	G85		镗孔循环
G41		左刀具半径补偿	G86		镗孔循环
G42		右刀具半径补偿	G87		反镗孔循环
G43	10	刀具长度正向补偿	G88		镗孔循环
G44		刀具长度负向补偿	G89		镗孔循环
G49 *		刀具长度补偿取消	G90 *	13	绝对值编程
G50 *	04	比例缩放关	G91		增量值编程
G51		比例缩放开	G92	00	工件坐标系设定
G52	00	局部坐标系设定	G94 *	14	每分钟进给
G53		直接机床坐标系	G95		每转进给
G54 *	11	选择工件坐标系 1	G98 *	15	固定循环返回初始点平面
G55		选择工件坐标系 2	G99		固定循环返回到 R 点平面
G56		选择工件坐标系 3			

注意：1. 带 * 的 G 代码为缺省值，即机床上电时的初始值。

2. 00 组 G 代码都是非模态代码。其他组的 G 代码都是模态代码。

指令格式：

G28 X __ Y __ Z __

式中，X、Y、Z 为回参考点时经过的中间点坐标，在 G90 时为中间点在工件坐标系中的坐标；在 G91 时为中间点相对于起点的位移量。

G28 指令的功能是使指定的坐标轴快速定位到中间点，然后再从中间点到达参考点。一般，G28 指令用于刀具自动更换或者消除机械误差，在执行 G28 之前应取消刀具半径补偿和刀具长度补偿。在 G28 的程序段中不仅产生坐标轴移动指令，而且还记忆了中间点的坐标值，以供 G29 使用。

② 自动从参考点返回指令 G29

指令格式：

G29 X＿Y＿Z＿

式中，X、Y、Z 为返回的定位终点，在 G90 时为定位终点在工件坐标系中的坐标；在 G91 时为定位终点相对于 G28 中间点的位移量。

G29 指令可使指定的坐标轴快速进给经过由 G28 指令定义的中间点，然后再到达指定点。通常跟在 G28 指令之后。

A.2.4 华中（HNC-21/22M）系统编程指令

华中（HNC-21/22M）系统与 FANUC0i-MB 系统的编程指令及其功能基本相同。

（1）快速定位指令 G00

指令格式：

G90/G91 G00 X＿Y＿Z＿A＿

式中，X、Y、Z、A 为快速定位的终点坐标值。G00 可以和绝对值指令 G90 结合，X、Y、Z、A 为坐标系中目标点的绝对坐标值；也可以和增量值指令 G91 结合，X、Y、Z、A 则为从当前点至目标点的增量值。

（2）直线插补指令 G01

指令格式：

G90/G91 G01 X＿Y＿Z＿A＿F＿

式中，X、Y、Z 为直线进给的终点坐标值；A 为旋转轴坐标值；F 为进给速度，F 可以用 G94 指令每分钟进给 mm/min，也可以用 G95 指令每转进给 mm/r，数控铣床系统一般默认 G94 指令，即每分钟进给 mm/min，在 G01 指令中如果不指令 F 代码，则被认为进给速度为零。

（3）圆弧插补指令 G02/G03

圆弧插补指令，可使刀具在指定的平面内，以 F 指令的进给速度沿着圆弧从始点至终点运动。G02 为顺时针圆弧插补，G03 为逆时针圆弧插补。平面及方向选择如图 A-4 所示。

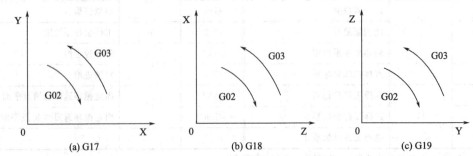

图 A-4 不同平面的 G02 与 G03 选择

G02、G03 有两种指令方式：用半径 R 指令圆心；用地址 I、J、K 指令圆心。

指令格式：

$$G17 \begin{Bmatrix} G90 \\ G91 \end{Bmatrix} \begin{Bmatrix} G02 \\ G03 \end{Bmatrix} X\!-\!Y\!-\!\begin{Bmatrix} I\_J\_ \\ R\_ \end{Bmatrix} F\_$$

$$G18 \begin{Bmatrix} G90 \\ G91 \end{Bmatrix} \begin{Bmatrix} G02 \\ G03 \end{Bmatrix} X\_Z\_\begin{Bmatrix} I\_K\_ \\ R\_ \end{Bmatrix} F\_$$

数控铣削编程与加工项目教程

$$G19 \begin{Bmatrix} G90 \\ G91 \end{Bmatrix} \begin{Bmatrix} G02 \\ G03 \end{Bmatrix} Y\_ Z\_ \begin{Bmatrix} J\_ K\_ \\ R\_ \end{Bmatrix} F\_$$

式中，X、Y、Z 为目标点坐标值；F 为进给速度；R 为圆弧半径；I、J、K 为圆心相对于圆弧起点的有向距离。

一般系统默认 G17 平面，G17 可以省略。

X、Y、Z 对应于 G90 指令用绝对值表示，对应于 G91 指令用增量值表示。增量值是从圆弧的起点到终点的有向距离。

（4）**螺旋插补指令 G02/G03**

在圆弧插补时，当垂直于插补平面的直线轴同步运动时，形成螺旋插补运动，如图 A-5 所示。

指令格式：

$$G17 \begin{Bmatrix} G90 \\ G91 \end{Bmatrix} \begin{Bmatrix} G02 \\ G03 \end{Bmatrix} X\_ Y\_ \begin{Bmatrix} I\_ J\_ \\ R\_ \end{Bmatrix} Z\_ F\_ L\_$$

$$G18 \begin{Bmatrix} G90 \\ G91 \end{Bmatrix} \begin{Bmatrix} G02 \\ G03 \end{Bmatrix} X\_ Z\_ \begin{Bmatrix} I\_ K\_ \\ R\_ \end{Bmatrix} Y\_ F\_ L\_$$

$$G19 \begin{Bmatrix} G90 \\ G91 \end{Bmatrix} \begin{Bmatrix} G02 \\ G03 \end{Bmatrix} Y\_ Z\_ \begin{Bmatrix} J\_ K\_ \\ R\_ \end{Bmatrix} X\_ F\_ L\_$$

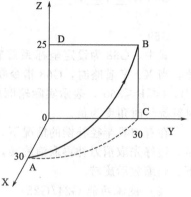

图 A-5　螺旋插补

式中，X、Y、Z 为目标点坐标值；F 为进给速度；R 为圆弧半径；I、J、K 为圆心相对于圆弧起点的有向距离；L 为螺旋线圈数（第 3 坐标轴上投影距离为增量值时有效）。

【注意】

• 该指令只能对圆弧进行刀具半径补偿。

• 在指令螺旋插补的程序中，不能指令刀具偏置和刀具长度补偿。

如图 A-5 所示螺旋线，起点是 A，终点为 B，加工程序为

G90 G03 X0 Y30 R30 Z25

A.2.5　刀具补偿功能指令

（1）**刀具半径补偿指令 G40/G41/G42**

指令格式：

$$G17 \begin{Bmatrix} G00 \\ G01 \end{Bmatrix} \begin{Bmatrix} G41 \\ G42 \end{Bmatrix} X\_ Y\_ D\_ (F\_)$$

$$G17 \begin{Bmatrix} G00 \\ G01 \end{Bmatrix} G40X\_ Y\_ D\_ (F\_)$$

式中，G41 为刀具半径左补偿；G42 为刀具半径右补偿；G40 为取消刀具半径补偿；X、Y 为建立与撤消刀具半径补偿直线段的终点坐标值；D 为刀具半径补偿代号，后面一般用两位数字表示代号。

G17 可省略，G18、G19 平面指令原则一样。

（2）**刀具长度补偿 G43/G44/G49**

指令格式：

$$G00/G01 \begin{Bmatrix} G43 \\ G44 \end{Bmatrix} Z\_ H\_$$

$$G00/G01 \ G49 \ Z\_$$

式中，G43 为长度正补偿；G44 为长度负补偿；G44 为取消长度补偿；Z 为程序中指令的 Z 向坐标值；H 为长度补偿代号，后面一般用两位数字表示代号。

刀具半径补偿的建立或取消只能用 G00 或 G01 指令，不能是 G02 或 G03 指令。

A.2.6　简化编程指令

（1）旋转指令 G68/G69

在某些零件的加工过程中，经常遇到个别轮廓相对于直角坐标轴偏转了一定的角度，此时可应用旋转指令进行编程，从而简化程序。

指令格式：

G68 X ＿ Y ＿ P ＿

　　　　　⋮

G69

式中，G68 为设定坐标系旋转；G69 为取消坐标旋转；X、Y 为旋转中心的绝对坐标值，当 X、Y 省略时，G68 指令默认为当前的位置即为旋转中心；P 为旋转角度，单位是度（°），0≤P≤360°，表示实际轮廓相对于编程轮廓的旋转角度，逆时针旋转时角度为正，顺时针旋转时角度为负。

在有刀具半径补偿的情况下，使用旋转指令时，最好先旋转后建立刀补；轮廓加工完成后，最好先取消刀补再取消旋转，以免刀具路径的变化发生过切现象；在有缩放功能的情况下，先缩放后旋转。

（2）镜像功能 G24/G25

指令格式：

G24 X ＿ Y ＿ Z ＿

M98 P ＿

G25 X ＿ Y ＿ Z ＿

式中，G24 表示建立镜像；G25 表示取消镜像；X、Y、Z 为镜像的轴位置。当工件相对于某一轴具有对称形状时，可以利用镜像功能和子程序，只对工件的一部分编程，而加工出工件的对称部分。当某一轴镜像有效时，该轴执行与编程方向相反的运动。

（3）缩放功能 G50/G51

指令格式：

G51 X ＿ Y ＿ Z ＿ P ＿

M98 P ＿

G50

式中，G51 表示建立缩放；G50 表示取消缩放；X、Y、Z 为缩放中心的坐标值，G90 表示缩放中心在工件坐标系中的坐标，G91 表示缩放中心相对于当前点的坐标；P 为缩放倍数。

G51 既可指定平面缩放，也可指定空间缩放。在 G51 后，运动指令的坐标值以（X、Y、Z）为缩放中心，按 P 规定的缩放比例进行运算。

在有刀具补偿的情况下，先进行缩放，再进行刀具半径补偿和长度补偿。

A.2.7　固定循环指令

在数控加工中，一般来说，一个动作就应编制一个程序段。但是在钻孔、镗孔等加工时，往往需要快速接近工件、工进速度钻孔以及孔加工完后快速返回三个固定动作。固定循环指令是数控系统为简化编程工作，将一系列典型动作预先编好程序，成为一个特定指令，执行固定循环动作。固定循环功能主要用于孔加工，包括钻孔、镗孔、攻螺纹等，使用一个程序段就可以完成一个孔加工的全部动作，从而简化编程工作。

固定循环指令的功能见表 A-6。

表 A-6 华中（HNC-21/22M）系统固定循环指令的功能

G 代码	钻削（−Z 方向）	在孔底动作	回退（+Z 方向）	应用
G73	间歇进给	可暂停数秒	快速移动	高速深孔钻削循环
G74	切削进给	暂停→主轴正转	切削进给	攻左螺纹循环
G76	切削进给	主轴定向停止	快速移动	精镗循环
G80	—	—	—	取消固定循环
G81	切削进给	—	快速移动	点钻、钻孔循环
G82	切削进给	可暂停数秒	快速移动	锪孔、钻阶梯孔循环
G83	间歇进给	可暂停数秒	快速移动	深孔往复排屑钻循环
G84	切削进给	暂停→主轴反转	切削进给	正转攻右旋螺纹循环
G85	切削进给	主轴正转	切削进给	精镗孔循环
G86	切削进给	主轴停止	快速移动	镗孔循环
G87	切削进给	主轴正转	快速移动	反镗孔循环
G88	切削进给	暂停→主轴停止	手动移动	镗孔循环
G89	切削进给	可暂停数秒	切削进给	精镗阶梯孔循环

固定循环通常由六个基本动作组成，如图 A-6 所示。固定循环动作图形符号说明见表 A-7。

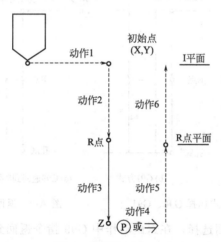

图 A-6 固定循环动作

表 A-7 固定循环动作图形符号说明

图 形 符 号	动 作 含 义	图 形 符 号	动 作 含 义
→	切削进给	R	Z 向 R 点平面
⇢	快速移动	Q,K	设置的参数
⇒	刀具偏移	Z	Z 向孔底平面
⌇	手动操作	X,Y	初始点
(P)	孔底暂停	⌂ ⌐	刀具
(OSS)	主轴定向停止		

① X、Y 轴定位。刀具快速定位到孔加工的位置。

② 快速进给到 R 点平面。刀具自初始点快速进给到 R 点平面，准备切削。

③ 孔加工。以切削进给方式钻孔或镗孔等。

④ 孔底的动作。包括暂停、主轴定向停止、刀具位移等动作。

⑤ 返回到 R 点平面。

⑥ 快速返回到初始点平面。

华中数控（HNC-21/22M）系统指令格式：

$$\begin{Bmatrix} G90 \\ G91 \end{Bmatrix} \begin{Bmatrix} G99 \\ G98 \end{Bmatrix} G\square\square X\_Y\_Z\_R\_Q\_P\_I\_J\_K\_F\_L\_$$

式中，G□□表示固定循环指令 G73～G89。

G90，G91：绝对方式与增量方式选择。固定循环指令中地址 R 与 Z 的数值指定与 G90 或 G91 的方式选择有关，如图 A-7 所示。采用绝对方式 G90 时，R 与 Z 一律取其终点绝对坐标值；采用增量方式 G91 时，R 是指自初始点到 R 点的增量距离，Z 是指自 R 点到孔底的增量距离。

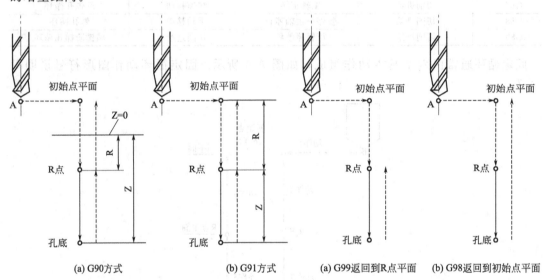

(a) G90方式　　　　　　(b) G91方式　　　　(a) G99返回到R点平面　(b) G98返回到初始点平面

图 A-7　绝对方式与增量方式选择 G90、G91　　　　图 A-8　返回点平面选择 G99、G98

G99，G98：返回点平面选择。在返回动作中 G99 指令返回到 R 点平面，G98 指令返回到初始点平面，如图 A-8 所示。通常，最初的孔加工用 G99，最后加工用 G98，可以减少辅助时间。用 G99 状态加工孔时，初始点平面也不变化。

X、Y：孔加工位置 X、Y 轴坐标值。

Z：孔加工位置 Z 轴坐标值。采用 G90 方式时 Z 值为孔底绝对坐标值；采用 G91 方式时 Z 值为孔底相对于参考点 R 的增量坐标值。

R：采用 G90 方式时为 R 点平面的绝对坐标值；采用 G91 方式时为参考点 R 相对于初始点的增量距离。

Q：在 G73、G83 方式中，Q 规定每次加工的深度。Q 值始终为增量值，且用负值表示。

P：规定在孔底的暂停时间，用整数表示，以 s 为单位。

F：切削进给速度，一般用 mm/min 为单位。这个指令是模态的，即使取消了固定循环，在其后的加工中仍然有效。

数控铣削编程与加工项目教程

K：每次退刀距离，为正值，一般在 2mm 左右。

L：固定循环的重复次数。

I、J：刀具在 X 和 Y 轴方向的偏移量（G76/G87）。I 为 X 轴方向偏移量；J 为 Y 轴方向偏移量。

固定循环指令是模态指令，一旦指定则一直有效，直到用 G80 指令取消为止。此外 G00、G01、G02、G03 指令也可以起取消固定循环指令的作用。

固定循环指令中的数据不一定全部都写，根据需要可省去若干地址和数据。

【例 A-1】 如图 A-9 所示，试用子程序加工零件上的 8 个槽，槽深 2mm。

以工件左下角的上表面为原点建立 G54 工件坐标系。用直径为 φ6mm 铣刀加工。需要注意的是，由于

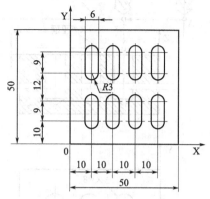

图 A-9 子程序加工零件

G90 和 G91 均为模态代码，当从主程序 G90 方式调用子程序中的 G91 增量方式后，再回到主程序，系统依然继续保持 G91 状态，因此，调用完子程序后，不要忘记在主程序里改回 G90 方式，如下面主程序中 N60 段所示。

在华中数控系统中，子程序要接在主程序结束指令（M02 或 M30）后面写，和主程序在同一个文件名下，程序名不能和主程序名或其他子程序名相同。

加工程序如下：

```
O2118;              文件名
%1122;              主程序名
N10 G90 G54;        绝对值编程,建立 54 工件坐标系
N20 M03 S1000;      主轴正转,1000r/min
N30 G00 X10 Y10;    快速定位
N40     Z10;        Z 向快速定位
N50 M98 P1002L4;    调用%1002 子程序 4 次
N60 G90 G00 Z50;    重新指令 G90 绝对方式,Z 向快速抬刀
N70     X0 Y0;      快速定位
N80 M05;            主轴停止
N90 M02;            程序结束

%1002;              子程序名
G91 G01 Z-12 F50;   增量方式,Z 负向进给
    Y9;             Y 正向进给,加工第 1 个槽
G00 Z12;            抬刀
    Y12;            Y 向移动,加工第 2 个槽
G01 Z-12;           Z 负向进给
    Y9;             Y 正向进给,加工第 2 个槽
G00 Z12;            抬刀
    Y-30;           Y 负向移动
    X10;            X 正向移动到第 2 列槽起点
M99;                子程序结束,返回主程序
```

【例 A-2】 用 G83 指令加工如图 A-10 所示零件上的 3 个直径为 φ8mm 的深孔。设定 Q＝－16mm，R 点的 Z 向绝对坐标为 2mm，K＝2mm，建立 G58 工件坐标系。其工作原理如图 A-11 所示。首先刀具从起刀点 A 移动到初始点平面 B 点，然后快速移

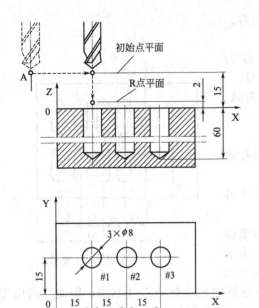

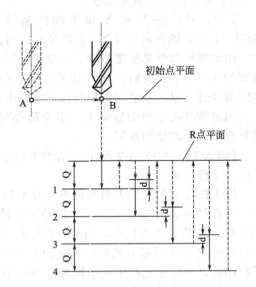

图 A-10　用 G83 指令加工零件　　　　　　　图 A-11　G83 指令动作顺序

动到 R 点平面。从 R 点平面钻削进给一个距离 Q 值（例中 Q＝16mm），到第一次孔底 1 处，然后快速返回到 R 点平面。当第二次钻削时，刀具先快速移动到刚加工完的孔底上方一个距离 d 处，然后钻削进给至 2Q 深度的孔底 2 处。然后又快速返回到 R 点平面。这样每当钻削一刀，都要快速移动到上一刀的孔底上方一个距离 d 处，然后钻削进给一个 Q 深度，直到加工完毕返回到 R 点平面。

① 绝对值编程

O1166	文件名
%1234	程序名
N10 G90 G58	绝对值编程,建立 58 工件坐标系
N20 M03 S600	主轴正转,600r/min
N30 G00 X0 Y0	快速定位
N40　　Z15	Z 轴快速定位到初始点平面
N50 G90 G99 G83 X15 Y15 Z-60 R2 Q-16 K2 F80	钻 1 孔,间断钻削,每次返回 R 点平面
N60　　X30	钻 2 孔,每次返回 R 点平面
N70　　X45	钻 3 孔,每次返回 R 点平面
N80　　Z50	提刀
N90 G00 X0 Y0	快速定位
N100 M05	主轴停止
N110 M02	程序结束

② 增量值编程

O1166	文件名
%1234	程序名
N10 G90 G58	绝对值编程,建立 58 工件坐标系
N20 M03 S600	主轴正转,600r/min
N30 G00 X0 Y15	快速定位
N40　　Z15	Z 轴快速定位到初始点平面
N50 G91 G99 G83 X15 Z-62 R-13 Q-16 K2 F80 L3	钻 1、2、3 孔

N60	Z50	提刀
N70	G90 G00 X0 Y0	快速定位
N80	M05	主轴停止
N90	M30	程序结束

A.3 华中（HNC-21/22M）系统宏程序

A.3.1 宏变量及常量

（1）宏变量

华中（HNC-21/22M）系统的宏变量用变量符号#后跟变量号指定，如#1；变量号也可以用变量或表达式来代替，此时变量或表达式必须写在中括号内，如# ［#8］、# ［#1+#2］。

华中（HNC-21/22M）系统的宏变量见表 A-8。

表 A-8 华中（HNC-21/22M）系统的宏变量

变量号	变量类型	变量号	变量类型
#0～#49	当前局部变量	#450～#499	5 层局部变量
#50～#199	全局变量	#500～#549	6 层局部变量
#200～#249	0 层局部变量	#550～#599	7 层局部变量
#250～#299	1 层局部变量	#600～#699	刀具长度寄存器 H0～H99
#300～#349	2 层局部变量	#700～#799	刀具半径寄存器 D0～D99
#350～#399	3 层局部变量	#800～#899	刀具寿命寄存器
#400～#449	4 层局部变量	#1000～#1199	200 个具体意义宏变量

华中（HNC-21/22M）系统变量类型中，#599 以后用户不得使用。#599 以后的变量仅供系统程序编辑人员参考。

（2）常量

PI 表示圆周率 π；TRUE 表示条件成立（真）；FALSE 表示条件不成立（假）。

A.3.2 运算符与表达式

变量的算术与逻辑运算见表 A-9。

表 A-9 华中（HNC-21/22M）系统变量的各种运算

类别	表 示 符 号
算术运算符	加（+），减（—），乘（＊），除（/）
条件运算符	EQ（=），NE（≠），GT（>），GE（≥），LT（<），LE（≤）
逻辑运算符	AND（与），OR（或），NOT（非）
函数	SIN（正弦），COS（余弦），TAN（正切），ATAN（反正切），ABS（绝对值），INT（取整），SIGN（取符号），SQRT（平方根），EXP（指数）
表达式	用运算符连接起来的常数，宏变量构成表达式。例如：#3 ＊6GT14；175/SQRT[2] ＊COS[55 ＊PI/180]

注意，华中系统中角度计算时用弧度为单位，例如：SIN ［PI/2］。

A.3.3 赋值语句

把常数或表达式的值送给一个宏变量称为赋值。

格式：

宏变量＝常数或表达式

例如：$\#3=124, \#2=[175/SQRT[20]] * COS[55 * PI/180]$。

A.3.4　条件判别语句 IF，ELSE，ENDIF

格式 1：

IF 条件表达式

　：（满足条件时执行的程序段）

ELSE

　：（不满足条件时执行的程序段）

ENDIF

格式 2：

IF 条件表达式

　：（满足条件时执行的程序段）

ENDIF

格式 3：

GOTO n

无条件转向语句，n 为指定的程序段号

A.3.5　循环语句 WHILE，ENDW

格式：

WHILE 条件表达式

　：

ENDW

在 WHILE 后指定一个条件表达式。若条件式成立时，程序执行从 WHILE 到 ENDW 之间的程序段；如果条件不成立，则执行 ENDW 之后的程序段。

以上条件语句和循环语句参考 FANUC 系统相关内容。

【例 A-3】　如图 A-12 所示，工件材料为 45 钢，毛坯为 $\phi125mm \times 50mm$，试用宏程序编写 $\phi120mm \times 5mm$ 台阶的加工程序。

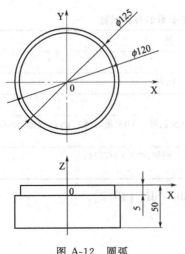

图 A-12　圆弧

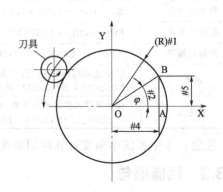

图 A-13　圆的建模

数控铣削编程与加工项目教程

此零件加工内容为圆，编制程序的关键是利用三角函数关系建模，并求出圆上各点坐标，最终把各点连在一起，形成圆。同时这里角度遵循数学原则及数控系统的规定，即逆时针方向为正，顺时针方向为负。

选用 $\phi16mm$ 平底铣刀，所以刀心轨迹半径为 $r=60+8=68mm$，起刀点的坐标为 X=68，Y=0。角度为正值，即逆时针方向走刀，为逆铣加工方式。

根据图 A-13，B 为圆上的任意一点，对应的角度 φ，建立圆的参数方程：

△OAB 中，OB=r=68mm，因

$$\sin\varphi=\frac{AB}{OB}, \cos\varphi=\frac{OA}{OB}$$

$$AB=OB\sin\varphi=r\sin\varphi, OA=OB\cos\varphi=r\cos\varphi$$

所以 B 点的坐标为

$$x=OA=r\cos\varphi, y=AB=r\sin\varphi$$

设置参数：

#1=68，圆弧半径；

#2=0°，起始角度；

#3=360°，终止角度。

华中系统中，三角函数中角度的单位用弧度表示，因此角度#2用弧度表示即为［#2 * PI/180］。

加工程序如下：

O1123	文件名
%12	程序名
G90 G55	绝对方式,G55 工件坐标系
M03 S1000	主轴正转,1000r/min
G00 Z50	Z 轴快速定位
G00 X68 Y0	快速定位至圆弧起点
M07	切削液开
G00 Z10	Z 轴快速定位
#1=68	指定圆弧半径
#2=0	起始角度为 0°
#3=360	终止角度为 360°
G01 Z-5 F100	Z 轴进刀
WHILE[#2 LE #3]	当#2≤#3,在 WHILE 与 ENDW 之间执行
#4=#1*COS[#2*PI/180]	圆上 X 的坐标值
#5=#1*SIN[#2*PI/180]	圆上 Y 的坐标值
G01 X[#4]Y[#5]F100	加工拟合的小线段
#2=#2+1	角度增加 1°
ENDW	循环语句结束
G00 Z50	Z 向提刀
M09	切削液关
M05	主轴停止
M30	程序结束

参考文献

[1]　陈为，麻庆华等主编. 数控铣床及加工中心编程与操作. 北京：化学工业出版社，2009.

[2]　吴明友编. 数控铣床（FANUC）考工实训教程. 北京：化学工业出版社，2008.

[3]　陈海舟著. 数控铣削加工宏程序. 北京：机械工业出版社，2006.

[4]　李锋，白一凡主编. 数控铣削变量编程实例教程. 北京：化学工业出版社，2007.

[5]　黄如林主编. 切削加工简明使用手册. 北京：化学工业出版社，2004.

[6]　冯志刚编著. 数控宏程序编程方法、技巧与实例. 第2版. 北京：机械工业出版社，2011.

[7]　王先奎主编. 机械加工工艺手册. 北京：机械工业出版社，2006.